기호 리스트

구 분	기 호	의 미
집합	$\bigcup_{i=1}^{n} A_i$	A_1, …, A_i의 합집합
	$\bigcap_{i=1}^{n} A_i$	A_1, …, A_i의 교집합
함수	$f(x)$	x의 함수값
	$f : A \to B$	f는 A에서 B로의 함수
	$f + g$	f와 g의 합
	IA	항등함수
	$f-1$	역함수
	$f \circ g$	g와 f의 합성함수
	$a \bmod b$	a를 b로 나누었을 때 나머지
	$a \operatorname{div} b$	a를 b로 나누었을 때 몫
	$\lvert x \rvert$	절대값함수
	$\lfloor x \rfloor$	내림함수
	$\lceil x \rceil$	올림함수
	$n!$	n factorial
	$O(g(x))$	big-oh of g(x)
	$\Omega(g(x))$	big-omega of g(x)
	$\Theta(g(x))$	big-theta of g(x)
행렬	$(aij)m \times n$	원소가 a_{ij} 인 m×n 행렬
	$A+B$	A와 B의 덧셈
	$A-B$	A와 B의 뺄셈
	kA	상수 k를 A에 곱한다.
	AB	A와 B의 곱셈
	I_n	단위행렬
	A^T	A의 전치행렬
	A^{-1}	A의 역행렬
	$A \vee B$	A와 B의 조인
	$A \wedge B$	A와 B의 미트
	$A \odot B$	A와 B의 부울곱

컴퓨터학을 위한

이산수학

Discrete Mathematics

for Computer Science & Engineering

박덕원 저

도서출판 그린

머리말

이산수학은 컴퓨터학을 공부하는 학생들에게는 전공과목을 공부하기 전에 배우게 되는 선수과목이라고 할 수 있다. 내용은 주로 수학과 관련된 논제들로 이루어져 있으며 전산수학이라고도 부른다. 이 과목은 컴퓨터 관련학과와 수학 관련학과 학생들에게는 모두 필요한 과목으로 상당히 방대한 분량이다. 그래서 너무 수학적인 부분들은 컴퓨터 관련학과 학생들에게는 일부 불필요하고 어려운 부분이 있어서 주로 컴퓨터에 관련된 부분만을 선수과목으로 배울 수 있도록 구성을 하였다.

이 책은 1장 집합으로부터 10장 알고리즘 까지 전부 10장으로 구성되어 있으며, 각각의 장이 어떻게 구성되어 있으며, 어느 전공과목과 관련이 있는가를 보면 다음과 같다.

1장은 논리로 명제와 논리 연산자들에 대해서 설명하였으며 어떠한 명제로부터 결론을 이끌어내는 추론과 알고리즘의 타당성을 입승하는네 중요한 수학적 귀납법에 대해서 자세하게 기술하였다.

2장은 수학의 가장 기본이 되는 개념으로 집합에 대한 부분을 설명한 장으로서 집합의 연산, 집합의 대수, 분할, 멱집합 등에 대해서 기술하였으며, 자연언어를 처리하는데 유용한 자데가 제안한 퍼지이론과 퍼지집합에 대해서 기술하였다. 이 장은 컴퓨터학 전공의 계산이론, 인공지능 등과 관련이 있다.

3장은 프로그램을 작성하다 보면 많이 접하게 되는 행렬에 대한 기본 이론, 행렬연산과 행렬식 등에 대해서 자세하게 기술하였다. 이 부분은 영상처리 등의 이미지를 처리하는 알고리즘이나 고급 프로그램을 작성하기 위해서 필요한 중요한 부분으로 컴퓨터학 전공의 프로그램 언어론, 컴퓨터구조 등과 관련이 있다.

4장은 관계에 대해 기술한 장으로서 우리 생활 주변에 존재하는 많은 관계들을 표현하고 그 관계들의 원소에 따른 성질들을 공부하는 부분이다. 또한 이런 관계를 어떻게 표현하여 컴퓨터로 처리하는가를 잘 이해할 수 있도록 자세하게 설명하였다. 이 장은 컴퓨터학 전공의 자료구조와 데이터베이스 등과 관련이 있다.

5장은 여러 가지 함수에 대한 기본이론과 종류 등에 대해서 기술하였다. 일상생활에서 많은 부분들을 함수로 나타낼 수 있으며, 그 함수가 어떤 성질을 갖는 함수인가에 따라서 컴퓨터로 처리하는 방법이 다를 수 있다. 특히 되부름 함수는 함수의 한 종류로 볼 수 있는데 컴퓨터로 어떠한 문제를 해결하려고 할 때 많이 나올 수 있는 중요한 함수 중에 하나이다. 그래서 이 장에서는 수학적인 함수를 컴퓨터로 처리하기 위해 필요로 하는 부분에 대해서 자세하게 기술하였다. 이 장은 컴퓨터학 전공의 운영체제, 프로그램 언어론, 각종 언어, 자료구조와 관련이 있다.

6장은 그래프 이론에 대한 기본 개념, 그래프의 종류, 표현 방법, 컴퓨터 처리 등에 대해서 공부하는 부분으로서 컴퓨터학을 공부하는 학생들에게 가장 흥미가 있는 장이다. 그래프는 일상 생활에서 가장 많이 나올 수 있는 형태이며, 복잡한 구조를 갖고 있다. 그래서 이러한 것을 컴퓨터로 처리하기 위한 다양한 방법들이 연구되고 있으며 많은 알고리즘이 있다. 이 장에서는 특히 그래프를 컴퓨터가 이해할 수 있도록 표현하고 컴퓨터로 처리하는데 많은 부분을 기술하고 있다. 이 장은 컴퓨터학 전공의 인공지능, 자료구조, 알고리즘 등과 관련이 있다.

7장은 트리로서 6장에 그래프의 특수한 형태로 볼 수 있다. 그래프를 컴퓨터로 처리하기 위해서 가장 많이 표현하는 것이 트리이다. 그래서 이 장에서는 각종 트리의 종류와 기본 이론에 대해서 자세하게 설명하였으며, 트리의 특수한 형태로 이용되는 여러 가지 문제를 해결하기 위한 방법과 알고리즘에 대해서 자세하게 기술하였다. 이 장은 컴퓨터학 전공의 인공지능, 자료구조, 알고리즘, 컴퓨터 네트워크 등과 관련이 있다.

8장은 부울대수에 관련된 부분으로 전자회로를 분석하고 설계하는데 없어서는 안 되는 부분으로 부울대수의 기본 이론, 논리 게이트, 간소화, 논리회로 설계에 대해서 자세하게 기술하였다. 이 장은 이산수학을 배우기 전에 디지털 논리회로를 배운 학생은 배우지 않고 넘어가도 무방하다. 이 장은 컴퓨터학 전공의 컴퓨터 구조, 컴퓨터조직론, 마이크로프로세서 등과 관련이 있다.

9장은 형식언어에 대한 기본 이론과 문법, 유한상태기계, 유한상태오토마타 등을 공부하는 장으로서 자연언어를 컴퓨터로 처리하기 위해서 어떻게 표현하고 어떻게 변화시켜서 처리 할 수 있는가에 대한 해답을 줄 수 있는 부분이다. 결국 유한상태기계가 어떻게 만들어지는가에 대한 해답을 줄 수 있는 장이라고 할 수 있다. 이 장은 컴퓨터학 전공의 컴파일러, 프로그램 언어론, 인공지능, 계산이론, 각종 언어 등과 관련이 있다.

10장은 마지막 장으로서 알고리즘에 대한 부분으로 함수와 알고리즘을 분석하는 장이다. 예로서 동일한 결과를 구하는 2개의 알고리즘에서 어느 알고리즘이 더 우수한가를 분석하는데 필요로 하는 부분들을 자세하게 기술하였다. 이 장은 컴퓨터학 전공의 자료구조, 프로그램 언어론 등과 관련이 있다.

이 책을 집필하면서 이산수학이 아주 광범위하고 중요한 많은 이론들을 포함한 학문분야라는 것을 새삼 알게 되었으며, 그렇게 만만한 과목이 아니라는 사실을 아울러 알게 되었다. 부디 이 책을 가지고 공부하는 학생이 전에 수학에서 배운 일부분의 쉬운 내용이라고 소홀히 하지 말고 보다 체계적으로 공부하여 주 전공을 공부해 나가는데 많은 도움이 되었으면 한다.

마지막으로 이 책을 출판하는데 도움을 준 연구실의 학생들과 가족에게 감사를 드리며, 이 책이 나오기 까지 지원과 조언을 해주신 도서출판 그린 관계자 여러분께도 감사를 드립니다.

저 자

차 례

C·H·A·P·T·E·R 1

제 1 장 논리(Logic)

이 장의 인물

Aristolle (BC 384 ~ 322)
그리스태생의 철학자, 플라톤의 제자

George Boole (1815 ~ 1864)
영국태생의 수학자, 대수학의 발견, 부울대수

Baron Gottfried Wilhelm Leibniz (1646 ~ 1716)
독일태생의 수학자, 철학자

Augustus De Morgan (1806 ~ 1871)
인도태생의 수학자, 드모르간의 법칙

John Venn (1834 ~ 1923)
영국태생의 수학자, 벤다이어그램

1.1 명제(propositions)

논리(Logic)란 추론에 대한 기법이나 원리를 연구하는 것이다. 논리에 대한 최초의 논문은 논리의 아버지라고 불리는 고대 그리스의 철학자 아리스토텔레스(Aristotle)에 의해 시작되었다. 그 후 독일의 철학자이며 수학자인 라이브니쯔(Gottfried Leibniz)에 의해서 현대에 사용되는 기호 논리학(symbol logic)으로 발전시켰으나 중요한 학문으로 자리를 잡지 못하다가 영국의 수학자 부울(George Boole)이 체계적으로 다시 정리하고 나서부터 논리는 중요한 학문으로 자리를 잡았다. 논리는 수학이나 컴퓨터과학을 연구하는 모든 분야에서 가장 중요한 역할을 한다. 컴퓨터과학에서는 프로그램 언어의 개발, 논리 회로 설계, 인공 지능, 관계 데이터베이스 그리고 컴파일러 등의 컴퓨터 전반에 걸쳐 사용된다.

논리학은 논법이나 추론이 타당한지를 결정하는 것이며, 논리는 인간이 의사를 표현하는 언어 중에 내포되어 있는 법칙을 체계적으로 추구하며 그 언어의 구조를 정확하게 분석하고 탐구하는 수학의 한 연구 분야로서 논리는 추론을 위한 규칙의 집합으로 구성된다. 논리는 일반적으로 명제논리(propositional logic)와 술어논리(predicate logic)로 구분된다.

명제논리는 주어와 술어를 구분하지 않고 전체를 하나의 문장으로 보고 참 또는 거짓을 판별하는 것이고, 술어논리는 주어와 술어로 구분하여 참 또는 거짓을 따지는 것이다.

정의 1.1 명제(propositions)

> 참(true) 또는 거짓(false) 중 하나를 갖는 문장이나 수학적 식을 명제라고 하며 영문자의 소문자 p, q, r, s, t, … 등으로 표기한다.

어떤 명제가 참 또는 거짓의 값을 가질 때 그 값을 명제의 진리값(truth value)이라고 하며, 참일 때는 T(true), 거짓일 때는 F(false)로도 표시한다. 컴퓨터에서는 0 또는 1로도 표시한다. 즉, 어떤 문장이나 식이 애매하지 않고, 참이나 거짓의 2가지 중에 하나로 분명히 구분할 수 있어야 한다.

[예제 1.1] 다음의 예들은 명제이다. 참 또는 거짓을 말하라.

1) 소크라테스는 그리스 철학자이다.
2) 4 + 3 = 5
3) 대한민국의 수도는 서울이다.
4) 15는 소수이다.

풀이

1) 참
2) 거짓
3) 참
4) 거짓

[예제 1.2] 다음의 예들은 명제가 아니다.

1) 문을 열어라.
2) x + 3 = 5
3) 게임은 재미있다.
4) 의사는 좋은 직업이다.
5) 소고기 값은 비싸다.

명제 중에서도 하나의 문장이나 식으로 구성되어 참이나 거짓을 구분하는 것을 단순명제(simple proposition)라고 하고, 몇 개의 단순명제가 합쳐져서 참 또는 거짓을 구분하는 것을 합성명제(composition proposition)라고 한다. 이런 경우 단순명제들을 연결시켜 주는 역할을 하는 것을 논리 연산자(logical operators)라고 한다. 논리 연산자에는 부정(negation), 논리곱(conjunction), 논리합(disjunction), 함축(implication) 등이 있다.

정의 1.2 합성명제(composition proposition)

단순명제가 논리연산을 통하여 새로운 명제로 생성될 때 이 명제를 합성명제라고 한다.

합성명제의 진리값은 그 명제를 구성하는 단순명제의 진리값과 논리 연산자의 연산에 따라 참 또는 거짓이 정해진다. 예를 들어, '나는 어제 결석했다'와 '나는 어제 야유회를 갔다'는 각각 단순명제이다. 그리고 '나는 어제 결석했다'의 진리값은 거짓이고,'나는 어제 야유회를 갔다'는 참이라고 하면 이들의 합성명제 '나는 어제 결석하고 야유회를 갔다'는 진리값이 거짓이다. 이와 같이 합성명제는 그 명제를 구성하는 단순명제들의 진리값과 논리 연산자에 따라 값이 진리값이 결정된다. 그리고 진리값을 결정할 때 논리 연산자에 따라 간단한 도표로 그려서 합성명제의 진리값을 보다 쉽게 구할 수 있다. 이 표를 진리표(truth table)라고 한다. 진리표에는 먼저 단순명제들을 표시하고 그 명제들이 가질 수 있는 모든 경우의 진리값을 표시한다. 하나의 단순명제는 T 또는 F의 값의 2가지를 가지므로, n개의 단순명제가 있을 때 진리값의 경우의 수는 2^n개가 나온다.

(1) 논리곱(conjunction)

두 개의 임의의 명제 p, q가 논리연산자 AND로 연결되어 있을 때 논리곱이라고 하며 기호 ∧을 사용한다. 그리고 두 개의 명제 p, q의 논리곱은 $p \wedge q$로 표시하고 'p 그리고 q'라고 읽는다. 또한 명제 p와 q가 진리값으로 T 또는 F를 가지므로 전체 경우의 수는 다음과 같이 4가지가 나온다.

- p는 참이고, q도 참이다.
- p는 참이고, q는 거짓이다.
- p는 거짓이고, q는 참이다.
- p는 거짓이고, q는 거짓이다.

이 4가지 경우를 트리와 진리표를 이용하여 그린 것이 그림 1.1과 표 1.1에 있다.

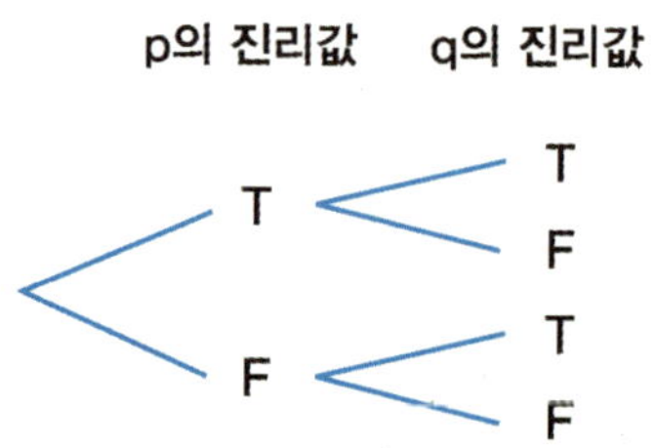

그림 1.1 명제 p, q의 진리값을 트리로 표현

표 1.1 명제 p, q에 대한 진리표

p	q	p?q
T	T	
T	F	
F	T	
F	F	

표 1.1의 진리표에서 p, q의 AND 연산 p∧q는 명제 p, q가 참인 경우에만 참이고 그렇지 않으면 거짓인 결과를 갖는다. 표 1.2와 같다.

표 1.2 명제 p, q의 논리곱에 대한 진리표

p	q	p∧q
T	T	T
T	F	F
F	T	F
F	F	F

정의 1.3 논리곱(conjunction)

임의의 명제 p, q에 대한 논리곱은 p∧q로 표기하며, 명제 p와 q가 동시에 참인 경우에만 참이고 그렇지 않으면 거짓의 진리값을 갖는다(표 1.2).

이번에는 3개의 명제 p, q, r의 AND 연산을 보면, 명제 p, q, r의 논리곱 p∧q∧r은 3개의 명제가 모두 참인 경우에만 참의 진리값을 갖고, 그렇지 않으면 모두 거짓의 진리값을 갖는다. 논리곱 p∧q∧r에 대한 진리표는 표 1.3과 같다.

표 1.3 명제 p, q, r의 논리곱에 대한 진리표

p	q	r	p∧q∧r
T	T	T	T
T	T	F	F
T	F	T	F
T	F	F	F
F	T	T	F
F	T	F	F
F	F	T	F
F	F	F	F

[예제 1.3] 다음의 명제 p ,q에 대한 논리곱 p∧q를 구하여라.

p : 나는 어제 결석했다.
q : 나는 어제 야유회를 갔다.

풀이 명제 p, q의 논리곱을 한 합성명제는
'나는 어제 결석을 하고 야유회를 갔다'가 된다.

(2) 부정(negation)

명제 p가 있을 때 그 명제에 대한 부정은 기호 ~을 사용하여 ~p로 나타내고, p의 진리값이 참이면 ~p의 진리값은 거짓이 되고, p의 진리값이 거짓이면, ~p의 진리값은 참이 된다. ~p의 진리값은 표 1.4에 나타나 있다.

표 1.4 명제 p의 부정에 대한 진리표

p	~P
T	F
F	T

명제 P의 부정은 ~p이고 다시 ~p에 부정을 취하면 ~(~p)가 된다. 이것은 표 1.5와 같이 명제 p와 같다.

표 1.5 명제 ~p의 부정에 대한 진리표

p	~p	~(~p)
T	F	T
F	T	F

[예제 1.4] 다음의 명제 p ,q에 대한 ~p, ~p∧q, p∧~q을 구하여라.

p : 어제는 비가 왔다.
q : 오늘은 날씨가 좋다.

풀이

- ~p는 어제는 비가 오지 않았다.
- ~p∧q는 어제는 비가오지 않았고 오늘은 날씨가 좋다.
- p∧~q는 어제는 비가 왔고 오늘은 날씨가 좋지 않다.

이것을 진리표를 이용하여 그리면 표 1.6과 같다.

표 1.6 진리표

p	q	~p	~q	~p∧q	p∧~q
T	T	F	F	F	F
T	F	F	T	F	T
F	T	T	F	T	F
F	F	T	T	F	F

(3) 논리합(disjunction)

임의의 두 명제 p, q가 OR로 연결되어 있을 때 논리합이라고 하며 기호 ∨을 사용한다. 두 개의 명제 p, q의 논리합은 p∨q로 표시하고, p 또는 q라고 읽는다. 두 명제의 논리합 p∨q는 표 1.7과 같이 두 명제 중 어느 하나가 참인 경우에는 참의 진리값을 갖고 모두 거짓인 경우만 거짓의 진리값을 갖는다.

표 1.7 명제 p, q의 논리합에 대한 진리표

p	q	p∨q
T	T	T
T	F	T
F	T	T
F	F	F

[예제 1.5]

다음의 식의 참 또는 거짓의 진리값을 구하여라. 여기서 a = 4, b = 7 그리고 c = 8이다.

1) $[\sim(a>b)]\wedge(b\leq c)$
2) $\sim[(a\leq b)\vee(b\geq c)]$

풀이

1) $(a>b)$는 거짓이므로 $\sim(a>b)$는 참이다. $b\leq c$는 참이다. 그러므로 참과 참의 논리곱은 참이 된다. 즉, $[\sim(a>b)]\wedge(b\leq c)$는 참이다.
2) $(a\leq b)$는 참이다. $(b\geq c)$는 거짓이다. 그러므로 $[(a\leq b)\vee(b\geq c)]$는 참이 된다. 결과적으로 이것의 부정은 거짓이 된다. $\sim[(a\leq b)\vee(b\geq c)]$는 거짓이다.

[예제 1.6]

다음의 합성명제의 진리값을 구하여라.

1) 대한민국의 수도는 서울이고 중국의 수도는 연변이다.
2) 대한민국의 수도는 서울이거나 또는 중국의 수도는 연변이다.
3) 3은 홀수이고 3은 소수이다.
4) $3\leq 2$ 또는 $4\times 2=6$이다.

풀이

1) 거짓이다. 2) 참이다. 3) 참이다. 4) 거짓이다.

(4) 배타적논리합(exclusive disjunction)

배타적논리합은 임의의 명제 p, q에 대해서 기호 ⊕을 사용하여 p⊕q로 표기하고, 진리값은 명제 p와 q 중에 어느 하나가 참인 경우에 참이 된다. 즉, 명제 p, q가 서로 다른 진리값을 가질 때 참이 된다. 표 1.8과 같다.

표 1.8 명제 p, q의 배타적논리합에 대한 진리표

p	q	p⊕q
T	T	F
T	F	T
F	T	T
F	F	F

[예제 1.7] 다음의 명제 p ,q에 대한 p⊕q를 구하여라.

p : 어제는 비가 내렸다.
q : 오늘은 날씨가 좋다.

풀이 p ⊕ q는 '어제는 비가 내렸고 오늘은 날씨가 나쁘다' 또는 '어제는 비가 오지 않았고 오늘은 날씨가 좋다'이다.

(5) 함축(implication)

논리연산자 함축을 조건문(conditional statement)이라고도 한다. 임의의 명제 p, q의 함축연산자는 기호 →을 사용하며, p→q로 표시하고, 'p이면 q이다(if p, then q)'라고 읽는다. 함축명제(implication proposition) p→q의 진리값은 명제 p의 진리값이 참이고 q의 진리값이 거짓일 때만 거짓의 진리값을 갖고, 그 이외의 경우에는 모두 참의 진리값을 갖는다. 예를 들어서 다음의 함축명제에 대한 것을 보자.

p→q : **네가 내 차를 세차하면, 너에게 5000원을 주겠다.**

이것을 명제 p와 q로 나누어 보면 다음과 같이 4가지 경우의 수가 나온다.

- 네가 내차를 세차하면(T), 너에게 5000원을 주겠다(T).
- 네가 내차를 세차하면(T), 너에게 5000원을 주지 않겠다(F).
- 네가 내차를 세차하지 않으면(F), 너에게 5000원을 주겠다(T).
- 네가 내차를 세차하지 않으면(F), 너에게 5000원을 주지 않겠다(F).

여기서 명제 P가 거짓인 경우에는 돈을 줄 것인지 안줄 것인지 확실하지 않다. 그래서 명제 p가 거짓인 경우에는 함축연산에서는 참으로 한다. 표 1.9와 같다.

표 1.9 명제 p, q의 함축에 대한 진리표

p	q	p→q
T	T	T
T	F	F
F	T	T
F	F	T

함축연산자 →는 'p이면 q이다' 뿐만 아니라, 다양하게 표현한다. 같은 의미를 갖는 다른 표현들을 살펴보면 다음과 같다.

- p이면 q이다(if p, then q, if p, q).
- q이다 p이면(q if p)
- p는 q를 **함축한다**(p implies q).
- p는 q의 **충분조건이다**(p is sufficient for q).
- q는 p의 **필요조건이다**(q is necessary for p).

[예제 1.8] 다음의 명제들에 대한 진리값을 구하여라.

1) 지구가 자전하지 않는다면, 태양은 서쪽에서 뜬다.
2) 지구가 자전한다면, 태양은 서쪽에서 뜬다.
3) 인간이 새라면, 인간은 하늘을 날을 수 있다.
4) 6 + 5 〉 5 이면, 3 〈 5 이다.

풀이

1) 명제 p '지구가 자전하지 않는다면'은 거짓이고, 명제 q '태양은 서쪽에서 뜬다'도 거짓이다. 명제 p의 진리값이 거짓이므로 q의 진리값에 무관하게 함축연산 p→q의 진리값은 참이다.
2) 명제 p '지구가 자전한다면'은 참이고, 명제 q '태양은 서쪽에서 뜬다'는 거짓이다. 명제 p의 진리값은 참이나 q의 진리값이 거짓이므로 함축연산 p→q의 진리값은 거짓이다.
3) 명제 p의 '인간이 새라면'이 거짓이므로 명제 '인간은 하늘을 날을 수 있다.'의 진리값에 무관하게 참이다.
4) 명제 p '6+5〉5'는 참이고, 명제 q '3〈5'도 참이므로 p→q의 진리값은 참이다.

두 명제 p, q의 함축명제 p→q는 논리합으로도 표현이 가능하다. 표 1.10과 같이 p→q는~p∨q와 논리적 동치로서 같은 결과 값을 갖는다.

표 1.10 진리표

p	q	~p	p→q	~p∨q
T	T	F	T	T
T	F	F	F	F
F	T	T	T	T
F	F	T	T	T

(6) 역(converse), 이(inverse), 대우(contrapositive)

함축명제 p→q의 역은 q→p로 표현하고, 이는 ~p→~q로 표현하고, 그리고 대우는 ~q→~p로 표시한다. 이것을 진리표로 표현하면 표 1.11과 같다. 대우는 함축명제 p→q의 진리값과 같은 진리값을 가진다. 함축명제 p→q와 이것의 역, 이, 대우를 알기 쉽게 그림으로 그려보면 그림 1.2와 같다.

표 1.11 함축명제 p→q의 역, 이, 대우의 진리표

p	q	~p	~q	p→q	q→p	~p→~q	~q→~p
T	T	F	F	T	T	T	T
T	F	F	T	F	T	T	F
F	T	T	F	T	F	F	T
F	F	T	T	T	T	T	T

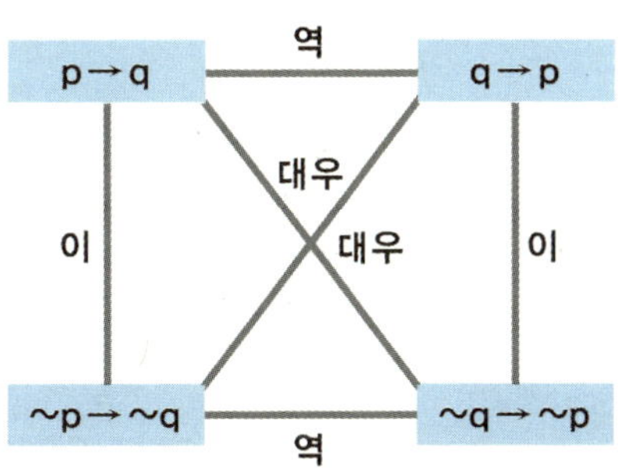

그림 1.2 함축명제와 역, 이, 대우의 관계

[예제 1.9] 다음 명제의 역, 이, 대우를 구하여라.

'15≤3이라면 해는 서쪽에서 뜬다'

풀이

명제 p는 '15≤3'이고, 명제 q는 '해는 서쪽에서 뜬다'이다.

- 역 : '해가 서쪽에서 뜬다면 15≤3이다'
- 이 : '15>3이라면 해는 서쪽에서 뜨지 않는다'
- 대우 : '해가 서쪽에서 뜨지 않는다면 15>3이다'

[예제 1.10] 다음 명제의 역, 이, 대우를 구하여라.

'지구가 자전하지 않는다면, 태양은 동쪽에서 뜬다'

풀이

명제 p는 '지구가 자전하지 않는다', 명제 q는 '태양은 동쪽에서 뜬다'이다.

- 역 : 태양이 동쪽에서 뜬다면, 지구는 자전하지 않는다.
- 이 : 지구가 자전한다면, 태양은 동쪽에서 뜨지 않는다.
- 대우 : 태양이 동쪽에서 뜨지 않는다면, 지구가 자전한다.

(7) 쌍조건(biconditional statement)

함축은 어느 한 방향으로의 조건이었는데 쌍조건은 두 명제 사이의 양쪽 모두의 조건문이 있다. 임의의 명제 p, q의 쌍조건은 기호 ↔을 사용해서 p↔q로 표기하고, 'p이면 q이고, q이면 p이다(p if and only if q)'라고 읽는다. 쌍조건의 진리값은 명제 p, q가 모두 참(T)이거나 또는 거짓일 때만 참이고, 그 이외에는 모두 표 1.12와 같이 거짓(F)의 값을 갖는다.

표 1.12 명제 p, q의 쌍조건 대한 진리표

p	q	p↔q
T	T	T
T	F	F
F	T	F
F	F	T

[예제 1.11] 쌍방 조건 $p \leftrightarrow q$와 $(p \rightarrow q) \wedge (q \rightarrow p)$이 같음을 보여라.

풀이 $p \leftrightarrow q$의 진리값과 $(p \rightarrow q) \wedge (q \rightarrow p)$의 진리값이 같다는 것을 진리표를 이용하여 보이면 표 1.13과 같다.

표 1.13 진리표

p	q	$p \rightarrow q$	$q \rightarrow p$	$p \leftrightarrow q$	$(p \rightarrow q) \wedge (q \rightarrow p)$
T	T	T	T	T	T
T	F	F	T	F	F
F	T	T	F	F	F
F	F	T	T	T	T

1.2 논리적 동치(logical equivalences)

어떤 합성명제의 진리값이 단순명제의 진리값에 관계없이 항상 참이 되는 것을 항진명제(tautology)라고 하며, 단순명제의 진리값에 관계없이 항상 거짓이 되는 합성명제를 모순명제(contradiction)라고 한다.

정의 1.4 항진명제(tautology)

합성명제 p의 진리값이 그 명제를 구성하는 단순명제들의 진리값에 관계없이 항상 참인 값을 가질 때 그 합성명제를 항진명제라고 한다.

정의 1.5 모순명제(contradiction)

합성명제 p의 진리값이 그 명제를 구성하는 단순명제들의 진리값에 관계없이 항상 거짓인 값을 가질 때 그 합성명제를 모순명제라고 한다.

p를 항진명제라고 할 때 항진명제 p의 부정 ~p는 모순명제가 되며, q를 모순명제라고 할 때 모순명제 q의 부정 ~q는 항진명제가 된다.

[예제 1.12] 명제 p가 단순명제일 때 p∨(~p)는 항진명제이고, p∧(~p)는 모순명제임을 보여라.

풀이 합성명제 p∨(~p)와 p∧(~p)을 진리표로 표현하여 진리값이 모두 참 또는 거짓임을 보이면 된다(표 1.14)

표 1.14 진리표

p	~p	p∨(~p)	p∧(~p)
T	F	T	F
F	T	T	F

두 개의 합성명제 p, q가 비록 보기에는 다르지만 같은 진리값을 갖는다면 이 두 명제는 논리적으로 동치라고 한다.

정의 1.6 논리적 동치(logical equivalence)

두 개의 합성명제 p, q의 진리값이 같은 값을 갖는다면 이 두 명제는 논리적으로 동치라고 하며, p⇔q 또는 p≡q라고 표기한다. 다시 말하면, 쌍조건 p↔q가 항진 명제이면 두 명제 p, q는 논리적 동치가 된다.

[예제 1.13] 함축명제와 이 명제의 대우가 논리적 동치임을 보여라.

$p \to q \equiv \sim q \to \sim p$

풀이 표 1.15의 진리표에서 $p \to q \equiv \sim q \to \sim p$임을 알 수 있다.

표 1.15 진리표

p	q	~p	~q	p→q	~q→~p
T	T	F	F	T	T
T	F	F	T	F	F
F	T	T	F	T	T
F	F	T	T	T	T

[예제 1.14] $\sim(p \wedge q) \equiv (\sim p) \vee (\sim q)$임을 보여라.

풀이 $\sim(p \wedge q) \equiv (\sim p) \vee (\sim q)$은 드모르간 법칙 중의 하나로서 복잡한 명제를 간단하게 정리하는데 많이 사용된다. 표 1.16의 진리표에서 보면 $\sim(p \wedge q) \equiv (\sim p) \vee (\sim q)$이 됨을 알 수 있다.

표 1.16 진리표

p	q	~p	~q	p∧q	~(p∧q)	(~p)∨(~q)
T	T	F	F	T	F	F
T	F	F	T	F	T	T
F	T	T	F	F	T	T
F	F	T	T	F	T	T

합성명제의 논리적 동치를 나타내는 기본법칙이 표 1.17에 있다. 이 법칙은 두 명제가 동치 관계인 것을 증명할 때 하나의 명제로부터 기본 법칙을 이용하여 다른 명제로 유도해 내는데 이용된다. 그러나 이러한 방법 보다는 두 명제에 대한 진리표를 구하고 두 명제의 진리값이 같음을 증명하는 것이 더 편리한 경우가 많다. 표 1.17에서 p, q, r은 임의의 명제이고, t는 항진명제, f는 모순명제일 때 다음이 성립한다.

표 1.17 논리의 기본 법칙

종 류	기본 법칙
멱등법칙(idempotent laws)	1. $p \wedge p \equiv p$ 2. $p \vee p \equiv p$
항등법칙(identity laws)	3. $p \wedge t \equiv p$ 4. $p \vee f \equiv p$
이 법칙(inverse laws)	5. $p \wedge (\sim p) \equiv f$ 6. $p \vee (\sim p) \equiv t$
지배법칙(domination laws)	7. $p \vee t \equiv t$ 8. $p \wedge f \equiv f$
교환법칙(commutative laws)	9. $p \wedge q \equiv q \wedge p$ 10. $p \vee q \equiv q \vee p$
이중부정법칙(double negation law)	11. $\sim(\sim p) \equiv p$
결합법칙(associative laws)	12. $p \wedge (q \wedge r) \equiv (p \wedge q) \wedge r$ 13. $p \vee (q \vee r) \equiv (p \vee q) \vee r$
분배법칙(distributive laws)	14. $p \wedge (q \vee r) \equiv (p \wedge q) \vee (p \wedge r)$ 15. $p \vee (q \wedge r) \equiv (p \vee q) \wedge (p \vee r)$
드모르간의 법칙(De Morgan's laws)	16. $\sim(p \wedge q) \equiv \sim p \vee \sim q$ 17. $\sim(p \vee q) \equiv \sim p \wedge \sim q$
함축변환법칙(implication conversion law)	18. $p \rightarrow q \equiv \sim p \vee q$
대우법칙(contrapositive law)	19. $p \rightarrow q \equiv \sim q \rightarrow \sim p$

[예제 1.15] 부울식으로 표현한 다음의 식을 논리의 기본 법칙을 이용하여 간소화 시켜라.

$(p \wedge \sim q) \vee q \vee (\sim p \wedge q)$

풀이

$(p \wedge \sim q) \vee q \vee (\sim p \wedge q)$	$\equiv [(p \wedge \sim q) \vee q] \vee (\sim p \wedge q)$	결합법칙
	$\equiv [q \vee (p \wedge \sim q)] \vee (\sim p \wedge q)$	교환법칙
	$\equiv [(q \vee p) \wedge (q \vee \sim q)] \vee (\sim p \wedge q)$	분배법칙
	$\equiv [(q \vee p) \wedge t] \vee (\sim p \wedge q)$	$q \vee \sim q \equiv t$
	$\equiv (q \vee p) \vee (\sim p \wedge q)$	$r \wedge t \equiv r$
	$\equiv (\sim p \wedge q) \vee (p \vee q)$	교환법칙
	$\equiv [\sim p \vee (p \vee q)] \wedge [q \vee (p \vee q)]$	분배법칙
	$\equiv [(\sim p \vee p) \vee q)] \wedge [q \vee (p \vee q)]$	결합법칙
	$\equiv [t \vee q)] \wedge [q \vee (p \vee q)]$	$\sim p \vee p \equiv t$
	$\equiv t \wedge [q \vee (p \vee q)]$	$t \vee q \equiv t$
	$\equiv q \vee (p \vee q)$	$t \wedge r \equiv r$

$\equiv q \vee (q \vee p)$	교환법칙
$\equiv (q \vee q) \vee p$	결합법칙
$\equiv q \vee p$	멱등법칙
$\equiv p \vee q$	교환법칙

1.3 술어논리와 한정기호(predicates logic and quantifies)

술어논리(predicates logic)는 명제논리가 전체를 하나의 문장으로 보고 참 또는 거짓만을 판별하는 것과는 다르게, 주어와 술어로 구분하여 참 또는 거짓을 따지는 것이다. 예를 들어서 '$x^2+2x+1=0$'이라는 명제는 x의 값이 -1일 경우에 참의 값을 갖고 그 외에는 거짓의 값을 갖는다.

'인간은 죽는다'라는 문장에서 '인간은'이 문장의 주어이며 술어 부분은 '죽는다'이다. 이 문장에서 객체를 x라고 생각할 때 다음과 같이 기술된다.

x는 죽는다.

이 명제를 p라고 할 때 p(x)로 표시하고, p(x)를 변수 x에 대한 명제술어(propositional predicate)라고 하며 명제논리와 구분하여 명제술어에 대한 논리를 술어논리라고 한다.

정의 1.7 술어(predicate)

> 술어는 대상(object)의 성질이나, 대상들 간의 관계를 나타내는 것으로 대상을 x라 하면 그 문장을 p(x)로 표현한다.

[예제 1.16] p(x)를 '$x^2-7x+12=0$'라고 했을 때 p(1)과 p(4)의 진리값을 구하고 참 또는 거짓을 말하라.

풀이 p(1)의 진리값은 x에 1을 대입하여 $x^2-7x+12=0$이 성립하는가를 보면 된다. $p(1) = 1^2-7 \cdot 1+12=6 \neq 0$이므로 거짓이다. p(4)는 $p(4)=(4)^2-7 \cdot 4+12=0$이므로 참이 된다.

위의 술어논리 '인간은 죽는다'에서 객체인 '인간'을 한정하는 표현이 있다. 예를 들면, 모든 인간은 또는 어떤 인간은 등이다. 여기서 모든 또는 어떤 등과 같이 객체를 한정하는 것을 한정기호(quantifier)라고 한다. 이러한 한정기호는 모든 또는 전체를 나타내는 전체한정기호, ∀(universal quantifier)와 어떤 또는 존재를 나타내는 존재한정기호, ∃(existential quantifier)가 있다. ∀는 for all, for every, for each 등을 나타내며, ∃는 for some, there exists, for at least one을 나타낸다.

정의 1.8 전체한정기호(universal quantifier)

변수 x가 가질 수 있는 모든 값을 나타내며, ∀x라고 표기한다. 예를 들어, ∀xp(x)는 '모든 x ∈U에 대하여 p(x)는 참이다'를 의미한다.

정의 1.9 존재한정기호(existential quantifier)

변수 x가 가질 수 있는 어떤 값을 나타내며, ∃x로 표기한다. 예를 들어, ∃xp(x)는 'p(x)가 참이 되는 x∈U가 존재한다'를 의미한다.

p(x)에 대한 전체 한정 ∀xp(x)가 참이 되기 위한 필요충분조건은 술어 p(x)가 x의 전체 집합 U에 대하여 성립하여야 하며, p(x)에 대한 존재 한정 ∃xp(x)이 참이기 위한 필요충분조건은 전체집합 U안에 p(x)를 만족시키는 x가 적어도 하나 존재하여야 한다.

[예제 1.17] 한정기호를 사용해서 표기한 다음의 명제를 서술하여라.

1) $\forall x p(x)$
2) $\exists x p(x)$
3) $\sim(\forall y p(y))$
4) $\forall x \forall y p(x,y)$

풀이

1) 모든 x에 대해서 p(x)가 성립한다.
2) p(x)가 성립하는 x가 존재한다.
3) 모든 y에 대하여 p(y)가 성립하는 것은 아니다.
4) 모든 x와 y에 대하여 p(x,y)가 성립한다.

[예제 1.18] y를 정수라고 하고, 명제 p(y)는 'y는 짝수이다', q(y)는 'y는 홀수이다', s(y)는 'y는 음수이다', t(y)는 'y는 양수이다'라고 힐 때 다음의 명제를 시술하여라.

1) $\exists y s(y)$
2) $\forall y(p(y) \vee q(y))$
3) $\exists y(s(y) \rightarrow q(y))$
4) $\sim(\forall y q(y))$
5) $\exists y(t(y) \wedge q(y))$

풀이

1) 음수인 정수가 존재한다.
2) 모든 정수는 짝수이거나 홀수이다.
3) 음수이면 홀수인 정수가 존재한다.
4) 모든 정수가 홀수는 아니다. 즉, 홀수가 아닌 정수가 존재한다.
5) 양수이면서 홀수인 정수가 존재한다.

[예제 1.19] y가 실수일 경우 다음의 주어진 명제의 진리값을 구하여라.

1) $\forall y(y^2 \geq 0)$
2) $\forall y(|y|>0)$

풀이

1) 모든 실수의 제곱은 양수임으로 $\forall y(y^2 \geq 0)$은 참(T)이다.
2) 모든 수를 절대값을 취한 것은 양수가 아니며, $|0|=0$이므로 $\forall y(|y|>0)$은 거짓(F)이다.

[예제 1.20] 다음의 명제를 한정기호를 이용하여 표기하여라.

1) 모든 정수 x에 대해서 x−y=0을 만족하는 정수 y가 존재한다.
2) 모든 정수 y에 대해서 x−2y=0을 만족하는 정수 x가 존재한다.
3) 모든 정수 x와 y에 대해서 2xy=2yx가 성립한다.
4) x−y=6을 만족하는 정수 x와 y가 존재한다.

풀이

1) $\forall x \exists y(x-y=0)$
2) $\exists x \forall y(x-2y=0)$
3) $\forall x \forall y(2xy=2yx)$
4) $\exists x \exists y(x-y=6)$

명제의 한정기호를 부정할 수 있다. 예를 들어서 전체 한정기호에 대한 부정으로서 '모든 x에 대하여 p(x)가 성립한다'를 부정하면 '모든 x에 대하여 p(x)가 성립하는 것은 아니다'가 된다. 다시 말하면 'p(x)가 성립하지 않는 x가 존재한다'가 된다. 이것을 한정기호를 사용하여 표기하면 다음과 같다.

$$\sim(\forall x p(x)) \Leftrightarrow \exists x(\sim p(x))$$

존재 한정기호에 대한 부정은 'p(x)가 성립하는 x가 존재한다'의 부정은 'p(x)가 성립하는 x가 존재하는 것은 아니다'가 된다. 다시 말하면 'p(x)가 성립하지 않는 x가 존재한다'가 된다. 이것을 한정기호를 사용하여 표기하면 다음과 같다.

$$\sim(\exists x p(x)) \Leftrightarrow \forall x(\sim p(x))$$

이것은 드모르간의 법칙을 적용한 것과 같다.

[예제 1.21] 다음 명제의 부정을 구하여라.

1) $\forall y(y^2=y)$
2) $\exists y(2y \geq 0)$

풀이

1) $\sim\forall y(y^2=y) \Leftrightarrow \exists y(\sim(y^2=y))$
$\Leftrightarrow \exists y(y^2 \neq y)$
2) $\sim\exists y(2y \geq 0) \Leftrightarrow \forall y(\sim(2y \geq 0))$
$\Leftrightarrow \forall y(2y < 0)$

[예제 1.22] x는 '새'이고, p(x)는 'x는 하늘을 난다' 일 경우 다음 문장을 한정기호를 이용하여 표기하고, 그 부정도 한정기호를 이용하여 표기하여라.

1) 모든 새는 하늘을 난다.
2) 하늘을 나는 새가 있다.
3) 모든 새가 하늘을 날지는 않는다.

풀이

1) $\forall xp(x)$
부정은 $\sim(\forall xp(x)) \Leftrightarrow \exists x(\sim p(x))$이 된다.
2) $\exists xp(x)$
부정은 $\sim(\exists xp(x)) \Leftrightarrow \forall x(\sim p(x))$이 된다.
3) $\forall x(\sim p(x))$
부정은 $\sim(\forall x(\sim p(x))) \Leftrightarrow \exists x(\sim(\sim p(x)))$.
$\Leftrightarrow \exists xp(x)$이 된다.

1.4 추론(inference)

추론은 어떠한 전제로부터 결론을 유도해 내는 것으로서 전제는 여러 개의 명제들로 구성되며, 이들 명제가 참인 것을 근거로 결론이 참이 되는 것을 유도해 내는 방법이다. 결론도 명제가 된다. 예를 들어서 주어진 명제들이 p_1, p_2, …, p_n으로 이들을 전제라 하고 새로이 유도된 명제 q를 결론이라고 하면 주어진 명제 모두가 참일 경우 결론이 참 또는 거짓인 것을 유도하는 것이다. 이때에 주어진 전제가 모두 참일때 결론도 참인 추론을 유효추론(valid argument)이라 하고 결론이 거짓인 추론을 허위추론(invalid argument)이라 한다. 결론이 참인지 거짓인지는 진리표를 이용하는 것이 간단하다. 이것을 기호로 나타내면 다음과 같이 나타낼 수 있다.

$$p_1,\ p_2,\ p_3,\ \cdots,\ p_n \vdash q$$

여기서 기호 ⊦ 는 '그러므로'라고 읽는다.

[예제 1.23] 다음 추론의 가정과 결론을 구별하여라.

나는 키가 크거나 작다.
나는 키가 크지 않다.
그러므로 나는 키가 크다.

풀이

가정 : 나는 키가 크거나 작다 와 나는 키가 크지 않다.
결론 : 나는 키가 크다.

[예제 1.24] 명제 p, q가 다음과 같고, 추론식이 p→q, p ⊦ q일 경우 이 추론식을 설명하여라.

p : 오늘은 눈이 온다.
q : 나는 외출을 한다.

풀이

오늘 눈이 온다면 나는 외출을 한다.
오늘은 눈이 온다.
그러므로 나는 외출을 한다.

[예제 1.25] 위의 예제 1.24가 유효추론인지 허위추론인지를 말하여라.

풀이

추론이 유효추론인지 허위추론인지를 밝히는 것은 전제가 모두 참인 경우 결론이 참이면 유효추론이고 거짓이면 허위추론이다. 표 1.18과 같이 진리표를 그려보면 쉽게 알 수 있다.

표 1.18 진리표

p	q	p→q	p	q
T	T	***T***	***T***	***T***
T	F	F	T	F
F	T	T	F	T
F	F	T	F	F

전체 p→q와 p가 참이다.

표 1.18에서 전제가 모두 참이 되는 경우가 1개가 있는데(고딕 이탤릭체) 이때 결론 q가 참이므로 이 추론은 유효추론이다.

[예제 1.26] 다음 주어진 추론이 유효추론인지 허위추론인지를 말하여라.

$p \to q,\ q \vdash \sim p$

풀이

추론 $p \to q,\ q \vdash \sim p$에 대한 진리표를 만들면 표 1.19와 같다.

표 1.19 진리표

p	q	p→q	q	~p
T	T	***T***	***T***	***F***
T	F	F	F	F
F	T	***T***	***T***	***T***
F	F	T	F	T

전체 p→q와 q가 참이다.

표 1.19에서 전제가 모두 참이 되는 경우가 2개가 있는데(고딕이탤릭체) 이때 결론 ~p가 하나는 참이고 하나는 거짓이므로 모두 참이 아니다. 그러므로 이 추론은 허위추론이다.

1.5 수학적 귀납법(mathematical induction)

증명이라는 것은 그것이 복잡하든 간단하든가를 떠나서 수학에서는 아주 중요한 분야이다. 이러한 증명은 수학의 결과나 알고리즘의 타당성을 입증하는데 이용해 왔으며, 또 한편으로는 수학의 발전에 없어서는 안 될 중요한 이론으로 자리를 잡아왔다. 수학에서 많이 이용되는 증명법은 수학적 귀납법, 모순 증명법, 직접 증명법, 반례 증명법 등이 있으나 여기서는 수학적 귀납법에 대해서만 설명을 한다.

수학적 귀납법에 의한 증명은 명제 P_1, P_2, …, P_n이 사실이라고 할 때 P_{n+1}일 때도 사실인 것을 보이면 된다. 증명 방법은 첫 번째로 n이 1인 경우에 P(1)이 성립하는 것을 보이고, 두 번째에는 모든 양의 정수 n에 대해 P(n)이 성립한다고 가정하고, 마지막으로 n+1의 경우에도 P(n+1)이 성립하는 것을 보이면 된다. 다시 말해서 모든 정수 n에 대해서 임의의 명제 P(n)이 주어졌을 경우 P(n)이 $n \geq 1$인 모든 양의 정수에 대해 참이라는 것을 수학적 귀납법으로 증명하기 위한 것은 다음과 같다.

- **1단계(기초단계)** : P(1)이 참인 것을 보인다.
- **2단계(귀납가정)** : P(n)인 경우에 참이라고 가정한다.
- **3단계(귀납단계)** : P(n)이 참이라는 것을 가정 하에 P(n+1)이 참인 것을 보인다.

[예제 1.27] 다음의 식을 수학적 귀납법으로 증명하여라.

$$1+2+3+4+\cdots+n=\frac{n(n+1)}{2}$$

풀이

1) 1단계

n=1일 때 P(1)이 성립하는 것을 보이면 된다.

좌변은 1이고, 우변은 $\frac{1(1+1)}{2}=1$ 이다. 그러므로 성립한다.

2) 2단계

P(n)인 경우에 성립한다고 가정하자.

3) 3단계

P(n)인 경우에 성립한다고 가정하고 P(n+1)이 참인 것을 밝히면 된다.

$$\begin{aligned}1+2+3+4+\cdots+n+(n+1) &= \frac{n(n+1)}{2}+(n+1)\\ &= \frac{n(n+1)+2(n+1)}{2}\\ &= \frac{n^2+n+2n+2}{2}\\ &= \frac{(n+1)(n+2)}{2}\end{aligned}$$

즉, P(n+1)인 경우에 성립함으로 이 식은 P(n)에 대해서도 참인 것을 알 수 있다.

[예제 1.28] 수학적 귀납법에 의해서 그림 1.3과 같이 높이가 $k \geq 0$인 완전 2진 트리에서 최대 2^k개의 잎(leaf)노드를 가짐을 증명하여라.

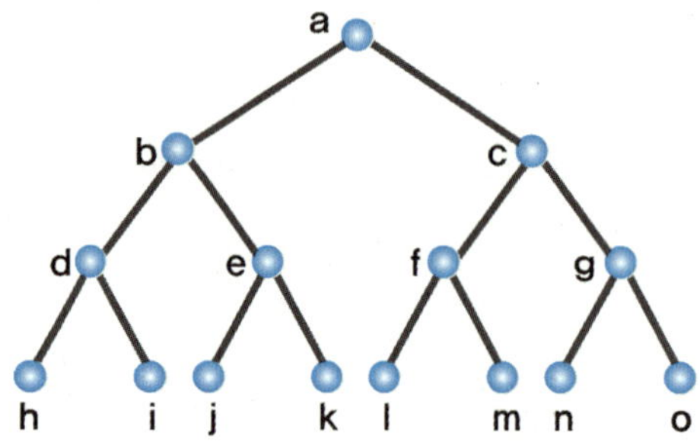

그림 1.3 높이가 3인 완전 2진트리

풀이

1) 1단계
P(0)인 경우에는 k=0이 되어 $2^0=1$이 된다. 결국 루트노드 하나뿐인 트리이다. 성립한다.

2) 2단계
트리의 높이가 k인 경우 2^k개의 잎노드를 가진다고 가정하자.

3) 3단계
높이가 k인 경우에는 2^k개의 잎노드를 갖는다고 2단계에서 가정하였다. 이 경우에 완전 2진 트리에서는 하나의 노드는 2개씩의 잎노드를 갖는다. 그러므로 높이가 k+1인 트리에서는 잎 노드의 수는 $2^k \cdot 2=2^{k+1}$이다. 따라서 k+1인 경우에도 성립한다. 즉, 높이가 $k \geq 0$인 완전 2진 트리에서는 잎노드는 2^k개를 갖는다.

연습문제

1. 다음 용어를 설명하여라.

1) 명제
2) 항진명제
3) 모순명제
4) 술어논리

2. '3+9=12'를 명제 P라고 하고, '책은 종이로 만들어졌다'를 명제 q라고 할 때 다음 문제를 기호로 표시하여라.

1) $3+9 \neq 12$
2) $3+9 \neq 12$ 이고 책은 종이로 만들어지지 않았다.
3) $3+9 \neq 12$ 이거나 책은 종이로 만들어지지 않았다.
4) 만일 $3+9 \neq 12$ 이라면, 책은 종이로 만들어졌다.
5) 만일 책은 종이로 만들어졌다면, $3+9=12$ 이다.

3. 다음 중 명제인 것은 어느 것인가?

1) 지구는 타원형이다.
2) 오늘은 비가 온다.
3) 한국의 수도는 부산이다.
4) 여자는 예쁘다.
5) 문을 닫아라.

4. 다음 명제들의 참, 거짓을 구별하여라.

1) 한국의 수도는 서울이다.
2) 0은 자연수이다.
3) $4-5=0$
4) 이등변 삼각형은 두변의 길이가 같다.
5) 소수는 모두 홀수이다.
6) $7 \times 6=42$

5. 명제 p, q가 다음과 같을 때 아래의 합성명제를 서술하여라.

p : 정삼각형은 세변의 길이가 모두 같다.
q : 정사각형은 4각이 모두 같다.

1) $p \wedge q$
2) $p \vee q$
3) $\sim(p \vee q)$
4) $(\sim p) \rightarrow q$
5) $p \rightarrow (\sim q)$

6. 다음의 기호로 표현한 것을 진리표로 작성하여라.

1) $p \wedge q$
2) $\sim(p \vee q)$
3) $(\sim p) \rightarrow (\sim q)$
4) $(p \rightarrow q) \rightarrow r$
5) $(\sim p \vee q) \rightarrow r$

7. 다음 표현 중에서 어느 것이 p→q와 논리적으로 동치인가?

1) $\sim p \rightarrow q$
2) $\sim q \rightarrow p$
3) $\sim p \rightarrow (\sim q)$
4) $(\sim q) \rightarrow (\sim p)$
5) $p \vee (\sim q)$
6) $\sim p \vee q$
7) $\sim p \wedge q$
8) $p \wedge q$

8. 진리표를 이용하여 다음이 논리적 동치임을 보여라.

1) $p \wedge (q \wedge r)$ 와 $(p \wedge q) \wedge r$
2) $p \wedge (q \vee r)$ 와 $(p \wedge q) \vee (p \wedge r)$
3) $\sim(p \wedge q)$ 와 $\sim p \vee \sim q$
4) $p \rightarrow q$ 와 $\sim p \vee q$
5) $p \rightarrow q$ 와 $\sim q \rightarrow \sim p$

9. 다음을 드모르간 법칙을 이용하여 간소화 하여라.

1) $\sim(p \vee \sim q)$
2) $\sim(\sim p \wedge q)$
3) $\sim((p \wedge \sim q) \vee (\sim p \wedge r))$
4) $\sim((p \vee q) \wedge (\sim p \wedge \sim r))$

10. 합성명제의 진리값을 구하여라.

1) (5〈8) 그리고 (4+6=10)
2) 만일 3=6 이라면 5〈4 이다.

11. t는 항진명제이고, p는 임의의 명제일 때 진리값을 구하여라.

1) $p \rightarrow t$
2) $(p \vee t) \rightarrow (\sim t)$
3) $p \rightarrow (p \wedge t)$
4) $p \leftrightarrow (p \wedge t)$

12. 항진명제인가를 밝혀라.

1) $(p \wedge (p \rightarrow q)) \rightarrow q$
2) $((p \vee q) \wedge (\sim q)) \rightarrow p$
3) $p \wedge (\sim p)$

13. 모순명제인가를 밝혀라.

1) $p \wedge (\sim p)$
2) $p \leftrightarrow (\sim p)$
3) $\sim p \leftrightarrow (p \vee (\sim p))$

14. 다음 항등식이 성립함을 증명하여라.

1) $p \lor q \equiv q \lor p$
2) $\sim(p \to q) \equiv p \land (\sim q)$
3) $p \land (q \land r) \equiv (p \land q) \land r$
4) $(p \lor q) \to r \equiv (p \to r) \land (q \to r)$

15. x를 정수라고 할 때 p(x)는 $x+2>0$, q(x)는 $x^2-2x=24$ 이다. 다음의 진리값을 구하여라.

1) $\forall x p(x)$
2) $\exists x p(x)$
3) $\forall x q(x)$
4) $\exists x q(x)$
5) $\exists x(\sim q(x))$
6) $\forall x(\sim p(x))$
7) $\forall x(p(x) \lor q(x))$
8) $\exists x(p(x) \lor q(x))$

16. 양의정수 n에 대해서 다음식이 성립함을 수학적 귀납법으로 증명하여라.

$2^0 + 2^1 + 2^2 + \cdots + 2^n = 2^{n+1}-1$

C·H·A·P·T·E·R 2

제 2 장 집합(Sets)

이 장의 인물

Georg Cantor (1845 ~ 1918)
러시아태생의 수학자, 집합을 제안

Lotfi A. Zadeh (1921 ~)
아제르바이잔태생의 수학자, 퍼지이론을 제안

John Venn (1834 ~ 1923)
영국태생의 수학자, 벤다이어그램

2.1 집합의 개념(concept of a set)

집합은 러시아의 수학자 칸토(Georg Cantor)에 의해서 19세기 말에 처음으로 제안되었으나, 그 당시의 학자들은 칸토의 생각을 인정하지 않았다. 그러나 지금은 수학의 기본 개념으로 빼 놓을 수 없는 부분이 되었다. 특히 이산수학에서는 집합이 관계, 함수, 그래프 분야 등에서 많이 이용되어지고 있다.

정의 2.1 집합(sets)

집합이란 잘 정의 된 객체들(objects)의 모임으로서 이 모임의 하나하나의 객체들을 원소(element)라고 한다.

일반적으로 집합을 나타낼 때는 알파벳 대문자를 이용하여 나타낸다. 예를 들면 A, B, C, D, … 등으로 나타내며, 소문자는 a, b, c, d, …는 집합의 원소를 나타낸다. 집합 A가 a, b, c 3개의 원소로 구성된 집합이라면 A={a,b,c}로 표기하며, a는 집합 A의 원소이므로 a∈A로 표기한다. 여기서 b∈A, c∈A이다. 그러나 d는 집합 A에 속하지 않으므로 원소가 아니다. 그래서 d∉A로 표기한다.

[예제 2.1] 집합 B가 서울시의 구들의 모임으로 이루어진 집합이라 하면 B = {종로구, 은평구, 중구, … }로 표기할 수 있으며, 다음과 같이 표현할 수 있다.

종로구∈B
은평구∈B
중구 ∈B
서구 ∉B

집합을 나타내는 방법은 원소나열법(listing method)과 조건제시법(set-builder notation)의 두 가지 방법이 있다. 원소나열법은 집합의 원소들을 모두 다 하나씩 나열하는 방법이다. 예를 들어, 집합 A가 1,2,3,4의 4개의 원소로 이루어져 있다면 다음과 같이 표현한다.

A = {1,2,3,4}

조건제시법은 집합의 원소들이 가지고 있는 특정한 성질을 기술하여 나타내는 방법이며 표현은 다음과 같다.

A = {x | S(x)}

여기서 x는 원소들을 나타내는 변수이고, S(x)는 원소 x들이 가지고 있는 성질을 기술한다. 이들 두 가지 방법은 표현하려고 하는 집합의 특성에 따라서 적절하게 사용하는 것이 효과적이다. 어떤 집합은 원소나열법이 표현하기 쉽고 어떤 집합은 조건제시법이 더 알기 쉽게 표현할 수 있다.

[예제 2.2]

다음 집합을 원소나열법으로 표현하여라.

1) x는 자연수이고 5보다 크고 x는 10보다 작은 수의 집합
2) 고속열차 KTX가 정차하는 역들의 집합
3) 자연수 중에서 짝수의 집합

풀이

1) A={6,7,8,9}
2) B={서울역, 광명역, …}
3) C={2,4,6,8,…}

[예제 2.3]

다음 집합을 조건제시법으로 표현하여라.

1) x는 자연수이고 5보다 크고 x는 10보다 작은 수의 집합
2) 자연수 중에서 짝수의 집합
3) 1년 12개월 중에서 31일 까지 있는 달의 집합

풀이

1) A={x | x는 자연수, 5<x<10}
2) B={x | x, n은 자연수, x=2n }
3) C={x | x는1월에서 12월 중 31일 까지 있는 달}

여기서 집합 C를 원소나열법으로 표현하면

C={1월,3월,5월,7월,8월,10월,12월}

A, B 두 개의 집합에서 원소들의 순서는 바뀌어도 A의 원소와 B의 원소가 같다면 두 집합은 같은 집합으로 A=B로 표현한다. 예를 들어서 A={1,2,3,4}이고 B={4,1,2,3}이라면 A와 B는 같은 집합이다.

[예제 2.4]

A = {as,to,in,an,is}와 B={an,is,to,in,as}인 경우 A와 B 두 개의 집합은 같다.
C = {x,y,y,z,x}와 D={x,y,z}의 두 집합도 같은 집합이다.

집합 A에서 원소의 개수를 그 집합의 원소수라 하고 |A|로 표시한다. 예를 들어, 위의 예제 2.2에서 집합 A의 원소는 4개, 집합 C의 원소는 무한 개수이므로 |A|=4, |C|= ∞로 표시한다. 따라서 집합의 원소수를 정확하게 헤아릴 수 있는 값일 경우 그 집합을 유한집합이라 하며, 헤아릴 수 없는 집합을 무한집합이라 한다.

정의 2.2 유한집합(finite set)과 무한집합(infinite set)

집합 A의 원소의 개수가 0 또는 양의 정수인 헤아릴 수 있는 값을 가질 때 집합 A를 유한집합이라고 하며, 헤아릴 수가 없는 ∞의 값을 가질 경우 집합 A를 무한집합이라 한다.

[예제 2.5]

Z를 정수의 집합, N을 자연수의 집합, R을 실수의 집합, Q를 유리수의 집합이라고 하면 다음과 같이 표현할 수 있다. 여기서 집합 Z, N, R, Q는 모두 무한집합이다.

Z = {⋯,−2,−1,0,1,2,⋯}
N = {1,2,3,⋯}
Q = {p/q | p,q∈Z, q≠0}
R = {x|x는 실수}

일반적으로 집합은 원소의 개수에 따라서 유한집합과 무한집합으로 나누나 이것 이외에도 원소수가 하나도 없는 공집합, 모든 원소를 다 포함하는 전체집합 등의 특수집합이 있다. 이것을 다시 집합의 원소 수에 따라서 분류하면 유한집합, 무한집합, 공집합, 전체집합으로 나눌 수 있다.

정의 2.3 공집합(empty set)과 전체집합(universal set)

공집합은 원소를 하나도 갖지 않는 집합으로서 ∅ 또는 { }로 표시한다. 전체집합은 집합론의 응용에서 일정한 크기의 집합에 속하고 연구 대상이 되는 모든 원소의 집합을 전체집합이라 하고 U로 표기한다.

집합 A={∅}와 B=∅일 때 집합 A와 B는 같지 않나. 집합 A는 ∅라는 원소를 하나 갖는 집합이고, 집합 B는 원소가 하나도 없는 집합이다. 그리고 집합 A의 하나의 원소는 ∅이므로 ∅∈A 또한 성립한다. 결과적으로 ∅≠{∅}라는 것을 알 수 있다.

두 개의 집합 A, B 사이에서 서로 동일한 원소를 갖는 것에 따라서 두 집합의 포함관계를 나타낼 수 있으며, 특수한 형태로서 집합 A의 모든 원소가 집합 B의 원소에 모두 속하면 집합 A가 집합 B에 부분집합이라고 한다. A⊆B으로 표현한다.

정의 2.4 부분집합(subset)과 진부분 집합(proper subset)

집합 A, B에서 집합 A의 모든 원소가 집합 B의 원소에 속하면 '집합 A는 집합B에 포함된다' 또는 '집합 A는 집합 B의 부분집합'이라 하며, A⊆B로 표기한다. 이때 집합 A, B가 같을 때도 부분집합이 된다. 진부분 집합은 부분집합에서 A≠B인 부분집합을 말하며, A⊂B로 표기한다.

한편, 집합 A가 집합 B의 부분집합이 아니면 A⊈B로 표기하며, A가 B의 진부분 집합이 아니면 A⊄B로 표기한다.

집합 A의 원소의 개수가 n개 이면 A의 부분집합의 개수는 2^n개이며, 진부분 집합의 개수는 집합 A와 같은 것을 제외하므로 $(2^n -1)$개이다. 예로서 집합 A의 원소의 수가 $|A|=3$이면 집합 A의 부분집합의 수는 $2^3=8$개이고, 진부분 집합의 수는 $2^3 -1=7$개이다.

[예제 2.6] 집합 A = {a,b,c}의 부분집합은 ∅,{a},{b},{c},{a,b},{a,c},{b,c},{a,b,c}로 8개이고, 진부분 집합은 자기 자신인 {a,b,c}를 제외한 7개이다.

[정리 2.1]

집합 A, B, C가 임의의 집합이라 할 때 전체집합 U에 대하여 다음이 성립한다.

1) $\varnothing \in \{\varnothing\}$
2) $\varnothing \subseteq A \subseteq U$
3) $A \subseteq A$
4) $A \subseteq B$이고 $B \subseteq C$이면 $A \subseteq C$이다
5) $A \subseteq B$이고 $B \subseteq A$이면 $A = B$이다
6) $\varnothing \subseteq \{\varnothing\}$

2.2 집합의 연산(operations with sets)

이 절에서는 어떤 주어진 집합들로부터 새로운 집합을 정의 할 수 있다. 이렇게 주어진 어떤 집합들로부터 새로운 집합을 정의하는 집합의 연산자들에 대하여 살펴본다. 주어진 집합들은 전체집합 U의 부분집합이라 생각할 수 있으며, 새롭게 만들어지는 집합도 전체집합 U의 부분집합이다.

집합의 연산을 쉽게 이해하고 각 집합들의 원소 포함관계를 잘 알아보기 위해서 벤 다이어그램(venn diagram)을 이용한다. 예로서 두 집합 A, B 사이의 관계를 그림 2.1처럼 표현할 수 있다.

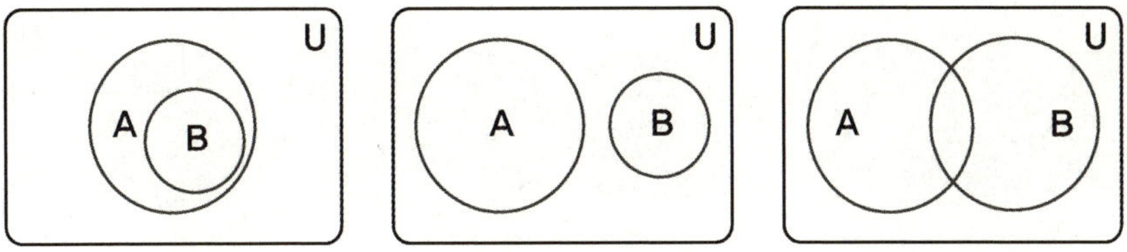

(a) 완전 포함 (b) 포함되지 않았음 (c) 일부분 포함

그림 2.1 집합 A, B 사이의 관계를 벤다이어그램으로 표시

집합에서 사용되는 연산자는 합집합, 교집합, 여집합, 차집합, 대칭차집합, 곱집합 등이 있다.

(1) 합집합(union)

임의의 두 집합 A, B에서 집합 A와 B의 합집합은 집합 A의 원소이거나 또는 집합 B의 원소를 구하는 것을 말하며, A∪B로 표기한다. 이것은 집합 A, B 중 어느 집합에 포함된 원소이거나 두 집합에 모두 포함된 원소이다.

정의 2.5 합집합(union)

임의의 집합 A, B에 대한 합집합은 집합 A의 원소이거나, 또는 집합 B의 원소에 속하는 모든 원소의 집합을 말하며, A∪B로 표기한다.

$$A \cup B = \{x \mid x \in A \text{ 또는 } x \in B\}$$

임의의 집합 A, B에 대한 다양한 형태의 합집합 A∪B를 벤다이어그램으로 표현하면 그림 2.2와 같다.

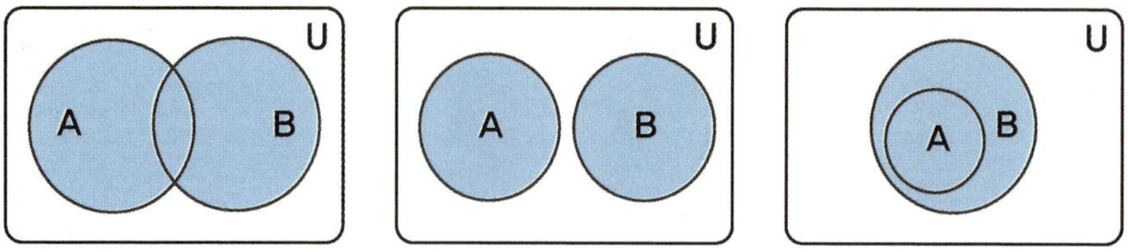

(a) 일부분 포함 (b) 포함되지 않았음 (c) 완전 포함

그림 2.2 여러 가지 A∪B를 벤다이어그램으로 표시

[예제 2.7] 집합 A, B, C, D에서 A = {1,2,3,4}, B = {2,3,5,7,8}, C = {a,b,c}, D = {b,e,f,g}일 때 A∪B, A∪C, C∪D 그리고 B∪D를 구하여라.

A∪B = {1,2,3,4,5,7,8}
A∪C = {1,2,3,4,a,b,c}
C∪D = {a,b,c,e,f,g}
B∪D = {2,3,5,7,8,b,e,f,g}

(2) 교집합(intersection)

두 개의 집합 A와 B의 교집합은 집합 A의 원소이고 집합 B의 원소인 것을 구하는 것을 말하며, A∩B로 표기한다. 이것은 집합 A, B 모두에 포함된 원소를 말한다.

정의 2.6 교집합(intersection)

임의의 집합 A, B에 대한 교집합은 집합 A의 원소이고 집합 B의 원소에 속하는 모든 원소의 집합을 말하며, A∩B로 표기한다.

$$A \cap B = \{x \mid x \in A \text{ 이고 } x \in B\}$$

임의의 집합 A, B에 대한 다양한 형태의 교집합 A∩B를 벤다이어그램으로 표현하면 그림 2.3과 같다.

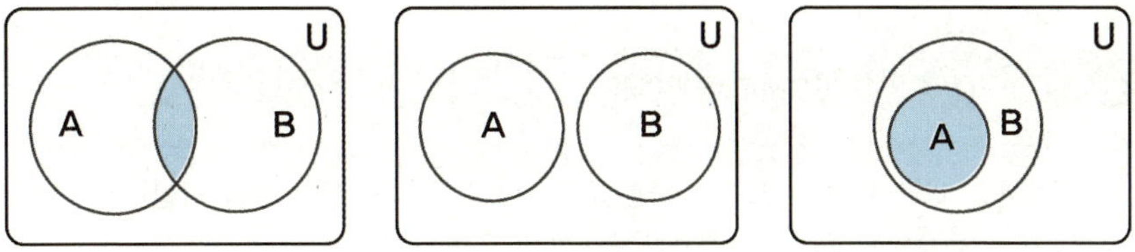

(a) 일부분 포함 (b) 포함되지 않았음 (c) 완전 포함

그림 2.3 여러 가지 A∩B를 벤다이어그램으로 표시

[예제 2.8] 집합 A, B, C, D에서 A = {1,2,3,4}, B = {2,3,5,7,8}, C = {a,b,c}, D = {b,e,f,g}일 때 A∩B, A∩C, C∩D 그리고 B∩D를 구하여라.

풀이

$A \cap B = \{2, 3\}$
$A \cap C = \varnothing$
$C \cap D = \{b\}$
$B \cap D = \varnothing$

예제 2.8에서 $A \cap C = \varnothing$, $B \cap D = \varnothing$와 같이 공통된 원소가 하나도 없는 경우 집합 A와 C 그리고 집합 B와 D는 서로소(disjoint)라고 한다.

[예제 2.9] 집합 A, B, C에서 A = {a,b,c,d,g}, B = {b,c,d,e,f}, C = {b,c,e,g,h}일 때 A∪(B∩C)와 (A∪B)∩(A∪C)를 구하라.

풀이

$B \cap C = \{b, c, e\}$이므로 $A \cup (B \cap C) = \{a, b, c, d, e, g\}$이다.
$A \cup B = \{a, b, c, d, e, f, g\}$, $A \cup C = \{a, b, c, d, e, g, h\}$이므로
$(A \cup B) \cap (A \cup C) = \{a, b, c, d, e, g\}$이다.

(3) 여집합(complement)

임의의 집합 A에서 A의 여집합은 집합 A의 원소는 아니나 전체 집합 U의 원소인 것을 말하고, A^C 또는 A'로 표기한다. 이것은 전체집합 U에는 있는 원소이나, A에는 없는 원소를 말한다.

정의 2.7 여집합(complement)

여집합은 전체집합 U와 주어진 임의의 부분집합을 A라 할 때, 집합 A의 여집합은 U에 속하나 A에 속하지 않는 원소들의 집합을 나타내며 A^C 또는 A'로 표기한다.

$$A' = \{x \mid x \in U,\ x \notin A\}$$

집합 A의 여집합 A'를 벤다이어그램을 이용하여 그리면 그림 2.4와 같다. 즉, U=A∪A'가 된다.

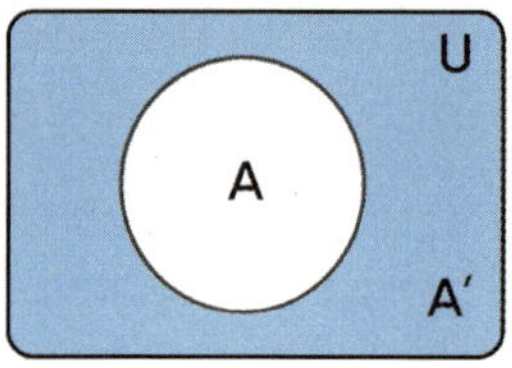

그림 2.4 집합 A의 여집합(A')

[예제 2.10] 전체집합 U = {a,b,c,d,e,f,g}이고, 그의 부분집합 A, B, C가 A = {a,c} B = {a,b,c,g,}, C = {a,b,c,d,e,f,g}로 주어졌을 때 A', B', C'를 구하여라.

A'={b,d,e,f,g}, B'={d,e,f}, C'=∅이다.

(4) 차집합(difference)

임의의 집합 A와 B에서 집합 A에 대한 집합 B의 차집합은 집합 A의 원소들 중에서 집합 B에 있는 원소와 같은 것을 제외한 A에만 속해 있는 원소를 말하며, A−B로 표기한다.

정의 2.8 차집합(difference)

임의의 집합 A, B에 대한 차집합은 A−B로 표시하며 집합 A의 원소이면서 집합 B의 원소에는 속하지 않는 모든 원소의 집합을 말한다.

$$A-B = \{x \mid x \in A \text{ 이고 } x \notin B\}$$

임의의 집합 A, B에 대한 차집합 A−B를 벤다이어그램으로 표현하면 그림 2.5와 같다.

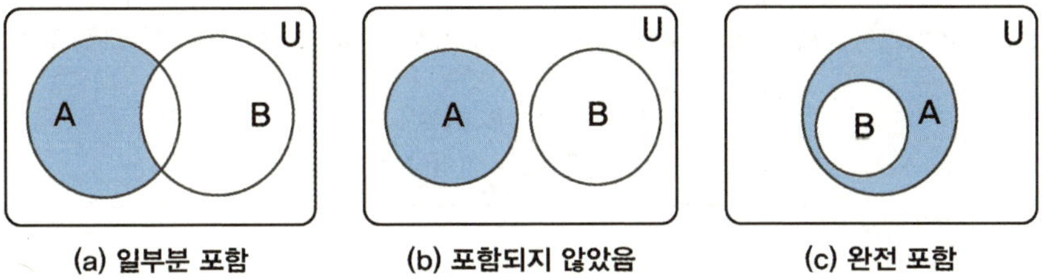

그림 2.5 여러 가지 A−B를 벤다이어그램으로 표시

[예제 2.11] 집합 A, B, C, D에서 A = {1,2,3,4}, B = (2,3,5,7,8}, C = {a,b,c}, D = {b, e,f,g}일 때 A−B, C−D 그리고 A−C를 구하여라.

풀이

A−B = {1,4}
C−D = {a,c}
A−C = {1,2,3,4}

[예제 2.12] 집합 A, B, C에서 A = {a,b,c,d,g}, B = (b,c,d,e,f}, C = {b,c,e,g,h}일 때 A∪(B−C)와 (A−B)∩(A−C)를 구하라.

풀이

B−C={d,f}이므로 A∪(B−C)={a,b,c,d,f,g}이다.
A−B={a,g}, A−C={a,d}이므로 (A−B)∩(A−C)={a}이다.

(5) 대칭차집합(symmetric difference)

임의의 집합 A와 B에서 집합 A에 대한 집합 B의 대칭차집합은 집합 A의 원소이면서 집합 B의 원소가 아니거나, 집합 B의 원소이면서 집합 A의 원소가 아닌 원소를 말하며, A⊕B로 표기한다. 다시 말하면 집합 A와 B의 모든 원소들 중에서 두 집합에 공동으로 들어있는 원소를 제외한 원소를 말한다.

정의 2.9 대칭차집합(symmetric difference)

임의의 집합 A, B에 대한 대칭차집합은 집합 A의 원소이면서 집합 B의 원소가 아니거나 집합 A의 원소가 아니면서 집합 B의 원소에 속하는 모든 원소의 집합을 말하며, A⊕B로 표기한다.

$$A \oplus B = \{x \mid x \in A \cup B \text{ 이고 } x \notin A \cap B\}$$
$$= \{x \mid x \in A - B \text{ 이거나 } x \in B - A\}$$

임의의 집합 A, B에 대한 대칭차집합 A⊕B를 벤다이어그램으로 표현하면 그림 2.6과 같다. 다른 집합 연산자를 이용해서 표현하면 A⊕B=(A−B)∪(B−A)이다.

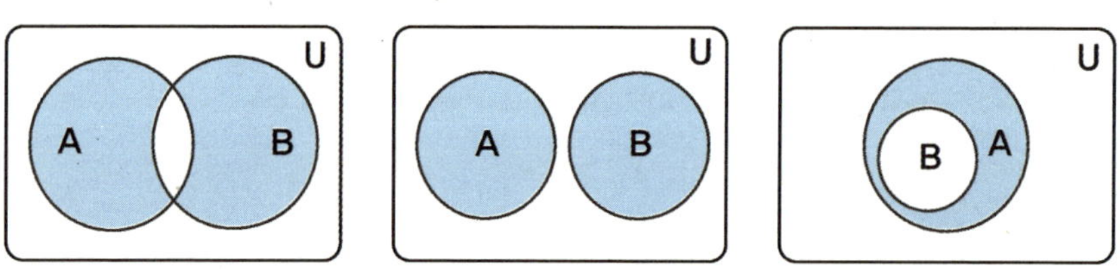

(a) 일부분 포함 (b) 포함되지 않았음 (c) 완전 포함

그림 2.6 여러 가지 A⊕B를 벤다이어그램으로 표시

[예제 2.13] 집합 A, B에서 A = {1,2,3,4,5,6}이고 B = {1,3,5,7,9}일 때 A⊕B를 구하여라.

풀이

A−B = {2,4,6}이고 B−A={7,9}이므로
A⊕B = (A−B)∪(B−A) = {2,4,6,7,9}이다.

집합 연산과 논리 연산 사이에는 아주 밀접한 관계가 있다. 논리 연산에 대해서는 뒤에 부울 함수에서 다루지만, 여기서는 두 연산간의 관계를 보면 표 2.1과 같다.

표 2.1 집한 연산과 논리연산

집합연산자(set operator)	논리연산자(logic operator)
$A \cap B$	A AND B
$A \cup B$	A OR B
A'	NOT A
$A \oplus B$	A XOR B

(6) 곱집합(cartesian product)

임의의 두 집합 A, B의 곱집합은 $a \in A$이고 $b \in B$일 때 구할 수 있는 모든 순서쌍 (a,b)의 집합을 말하며, $A \times B$로 표시한다. 즉, 곱집합은 두 집합의 원소들 사이에서 구할 수 있는 모든 순서쌍의 집합으로서 표시하는데 이때 순서쌍(ordered pair)은 집합의 원소를 표현하는 것과는 다르다. 예를 들면, 집합 A가 a,b 두 개의 원소를 갖는다면 A={a,b}로 표현하며 이런 경우 원소 a, b를 바꾸어서 표현을 하더라도 A={a,b}={b,a}은 같은 집합이다. 그러나 순서쌍에서는 원소의 순서를 바꾸면 다른 순서쌍이 된다. 예를 들어서 $a \neq b$이면 $(a,b) \neq (b,a)$이고 두 순서쌍이 (a,b)=(c,d)이라면, a=c이고 c=d이다. 곱집합에서 집합 A끼리의 곱집합은 $A \times A$ 또는 A^2이라고 쓴다.

집합 A, B의 곱집합의 원소는 (a,b)로 표현되고 원소의 개수는 집합 A의 원소의 개수와 집합 B의 원소의 개수를 곱한 것과 같다. 집합 A의 원소의 개수를 n이라 하고 집합 B의 원소의 개수를 m이라 하면 A, B의 곱집합의 원소의 개수는 $n \times m$이 된다.

$$
\begin{aligned}
|A \times B| &= |A| \times |B| \\
&= n \times m
\end{aligned}
$$

만약 집합 A의 원소가 4개이고 집합 B의 원소가 2개라면 곱집합 $A \times B$의 원소 수는 8개이다.

정의 2.10 곱집합(cartesian product)

임의의 두 집합 A, B의 곱집합은 A×B로 표시하며, a∈A이고 b∈B일 때 구할 수 있는 모든 순서쌍 (a,b)의 집합을 말한다.

$$A \times B = \{(a,b) \mid a \in A,\ b \in B\}$$

[예제 2.14] 집합과 순서쌍에서 다음의 식이 성립한다.

1) {a,b}={b,a}
2) {a}={a,a}={a,a,a}
3) (a,b)≠(b,a)

[예제 2.15] 집합 A, B에서 A = {1,2,3,4}이고 B = {a,b}라 할 때 A×B와 B×B를 구하여라.

풀이

A×B={(1,a),(1,b),(2,a),(2,b),(3,a),(3,b),(4,a),(4,b)}
B×B={(a,a),(a,b),(b,a),(b,b)}
로 A×B는 8개의 원소를 갖고, B×B는 4개의 원소를 갖는다.

2.3 집합의 대수(algebra of sets)

임의의 두 개의 집합이 같다는 것을 증명하기 위한 방법으로는 벤다이어그램을 그려서 같은 것을 증명하거나 진리표를 이용해서 증명하는 방법 등이 있다. 또한 집합에 관한 방정식은 양변의 원소가 같다는 것을 증명하면 된다. 이러한 경우에 이용되는 집합 연산에 대한 대수법칙이 표 2.2에 나타나 있다.

표 2.2 집합의 대수법칙

종 류	기본 법칙
멱등법칙(idempotent law)	$A \cup A = A$, $A \cap A = A$
항등법칙(identity law)	$A \cup \varnothing = A$, $A \cap \varnothing = \varnothing$, $A \cup U = U$, $A \cap U = A$
교환법칙(commutative law)	$A \cup B = B \cup A$, $A \cap B = B \cap A$
결합법칙(associative law)	$(A \cup B) \cup C = A \cup (B \cup C)$, $(A \cap B) \cap C = A \cap (B \cap C)$
분배법칙(distributive law)	$A \cup (B \cap C) = (A \cup B) \cap (A \cup C)$, $A \cap (B \cup C) = (A \cap B) \cup (A \cap C)$
흡수법칙(absorption law)	$(A \cap B) \cup A = A$, $(A \cup B) \cap A = A$
보수법칙(complement law)	$(A')' = A$
역 법칙(inverse law)	$A \cup A' = U$, $A \cap A' = \varnothing$
드모르간의 법칙(Demorgan's law)	$(A \cup B)' = A' \cap B'$, $(A \cap B)' = A' \cup B'$
기타법칙	$A - B = A \cap B'$, $A \oplus B = (A - B) \cap (B - A)$

집합의 대수법칙에서 일정한 원칙을 적용하면 새로운 대수법칙을 만들 수 있다. 이중에서 유용하게 이용되는 것으로 쌍대의 법칙(principle of duality)이 있다. 이 법칙은 어떤 식을 교집합은 합집합으로, 합집합은 교집합으로 바꾸며 전체 집합 U는 공집합 $\varnothing$로, 공집합 $\varnothing$는 전체 집합 U로 바꾸어서 새로운 식을 만드는 것이다. 이렇게 바꾼 식은 처음의 식이 성립하는 식이라면 이렇게 바뀐 식도 성립을 한다는 것이다. 예를 들어서 표 2.2 집합의 대수법칙에서 역 법칙은 서로 쌍대이다. 명제 $A \cup A' = U$에 쌍대의 법칙을 적용하면 $A \cap A' = \varnothing$이 성립한다.

정의 2.11 쌍대의 법칙(Principle of duality)

> 집합에 관한 명제에서 그 명제 안에 있는 교집합은 합집합으로, 합집합은 교집합으로 바꾸며 전체집합 U는 공집합 $\varnothing$로, 공집합 $\varnothing$는 전체집합 U로 바꾸어서 만들어진 새로운 명제를 원래 명제의 쌍대라고 한다.

[예제 2.16] 표 2.2 집합의 대수법칙에서 항등법칙(identity law)은 서로 쌍대이다. 예를 들면, 명제 $A \cup \varnothing = A$에 쌍대의 법칙을 적용하면 $A \cap U = A$가 되며, $A \cap \varnothing = \varnothing$에 쌍대의 법칙을 적용하면 $A \cup U = U$가 된다.

집합 A에서 첨자를 사용하여 집합을 표현하는 경우가 있는데 이때의 집합을 인덱스 집합이라고 표기한다. 인덱스 집합 A_i의 합집합과 교집합은 다음과 같이 표기할 수 있다. 여기서 i = 1, 2, 3, ⋯, n이다.

$$\bigcup_{i \in I}^{n} A_i = A_1 \cup A_2 \cup A_3 \cup \cdots \cup A_n$$

$$\bigcap_{i \in I}^{n} A_i = A_1 \cap A_2 \cap A_3 \cap \cdots \cap A_n$$

[예제 2.17] $A_1=\{1,2\}$, $A_2=\{2,3,4\}$, $A_3=\{2,5,7\}$, $A_4=\{2,4,6,8,9\}$라고 할 때 A_i의 합집합과 교집합을 구하여라.

풀이

$A_i = A_1 \cup A_2 \cup A_3 \cup A_4$
$= \{1,2,3,4,5,6,7,8,9\}$
$A_i = A_1 \cap A_2 \cap A_3 \cap A_4$
$= \{2\}$

2.4 멱집합과 분할(power sets and partitions)

집합 A의 부분집합들로 이루어진 모임을 집합류(class)라고 하며 A의 모든 부분집합으로 이루어진 집합을 멱집합이라고 한다. 멱집합은 A의 원소수가 $|A|=n$일 때 2^n개의 부분집합을 구할 수 있으므로 2^n개의 원소수를 갖는 집합이다. 이것을 집합 A의 카디낼러티(cardinality)로 표현하면 $2^{|A|}$가 된다.

정의 2.12 멱집합(power set)

임의의 집합 A에 대하여 A의 모든 부분집합(B)을 원소로 갖는 집합을 집합 A의 멱집합이라고 하고, p(A)로 표시한다.

$$p(A)=\{B \mid B \subseteq A\}$$
$$|p(A)| = 2^{|A|}$$

멱집합 p(A)는 2^A로 표기하기도 한다. ∅와 자기 자신의 집합(A)은 어떤 집합이든 부분집합이 되기 때문에 ∅와 A는 항상 그 집합의 멱집합의 원소가 된다.

[예제 2.18] 집합 A가 A={a,b,c}라고 할 때 집합 A의 부분집합 중에서 3개의 원소를 갖는 집합류 Q, S를 구하여라.

풀이

Q = {{a},{c},{b.c}}
S = {∅,{a,b},{a.b.c}}
이 되며 이런 집합류는 여러 가지 더 많이 구할 수 있다.

[예제 2.19] 집합 A가 A={a,b,c}라고 할 때 집합 A의 멱집합 p(A)를 구하여라.

풀이

p(A)={∅,{a},{b},{c},{a,b},{b,c},{a,c},{a,b,c}}로 모두 8개의 집합을 원소로 갖는 집합이다.

집합 S를 여러 개의 집합으로 분할 할 수 있다. 예를 들어서 S={a,b,c,d,e,f}일 때 부분집합 S_1={a,c}, S_2={b,d,e}, S_3={f}로 나눌 수 있다. 이런 경우 다음의 3가지 성질을 만족하는 것을 집합 S의 분할(partitions)이라 한다.

> 1) S_i는 공집합이 아닌 집합 S의 부분집합이다. 여기서 i=1, ⋯ , n.
> 2) $S=S_1 \cup S_2 \cup \cdots \cup S_n$
> 3) S_i들 사이에서는 서로소이다. 즉, $i \neq j$이면, $S_i \cap S_j = \varnothing$.

임의의 집합 S가 분할이 된다면 집합 S의 부분집합들 S_i 중에서 원소가 서로소이며, S_i 집합들의 합집합이 원래의 집합 S가 되어야 한다.

[예제 2.20]

집합 S가 S={a,b,c,d,e,f,i,g,h}일 때 부분집합 S_1={a,b}, S_2={c}, S_3={d,e,f}, S_4={g,h}, S_5={i}으로 나눌 수 있다. 여기서 집합 P를 S의 분할이라 하면 그림 2.7과 같이 P={S_1,S_2,S_3,S_4,S_5}가 된다.

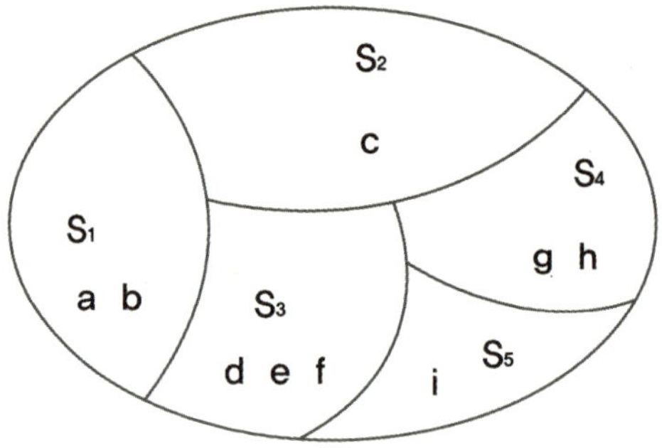

그림 2.7 집합 S의 분할

[예제 2.21]

집합 Z_i를 5로 나누어 떨어지는 자연수의 집합이라고 한다. 첨자 i는 나머지를 나타낸다. 0≤ i ≤4 .

Z_0 = { ⋯ −10,−5,0,5,10,⋯ }
Z_1 = { ⋯ −9,−4,1,6,11,⋯ }
Z_2 = { ⋯ −8,−3,2,7,12,⋯ }
Z_3 = { ⋯ −7,−2,3,8,13,⋯ }
Z_4 = { ⋯ −6,−1,4,9,14,⋯ }

분할은 P = {Z_0,Z_1,Z_2,Z_3,Z_4}가 되며 그림 2.8과 같다.

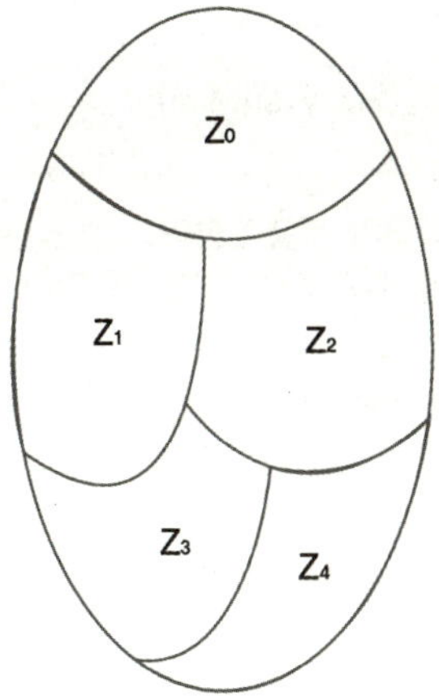

그림 2.8 집합의 분할

2.5 퍼지집합(fuzzy sets)

우리가 사용하는 자연언어(natural language)에는 애매한 표현들이 많이 있다. 예를 들면, '내일 비가 조금 올 것 같다', '오늘은 날씨가 아주 덥다', '그녀는 너무 아름답다' 등은 조금, 아주, 너무 등이 어느 정도를 나타내는 것인지 정확하게 계량화하기 어렵다. 그래서 이런 논리에 적합한 이론이 퍼지이론이다. 이 이론은 미국의 버클리대학의 자데(Lofti A. Zadeh)가 제안하였다. 제안 당시에는 별로 사용이 안 되었으나 지금은 이 이론이 인공지능 뷰야에서 널리 사용되고 있으며, 특히 전문가 시스템 등에서 근시치를 추정해 내는데 이용된다. 퍼지이론에 대한 집합의 표현은 집합 A의 원소 x와 원소 x의 확률($d_A(x)$)로서 이루어진 순서쌍($x, d_A(x)$)으로 나타낸다.

정의 2.13 **퍼지집합(fuzzy set)**

퍼지집합 A는 집합 A의 원소 x와 x 원소의 확률($d_A(x)$)로서 이루어진 순서쌍($x, d_A(x)$)들의 집합이다.

정의 2.14 퍼지 부분집합(fuzzy subset)

퍼지집합 A, B에서 집합 A가 집합 B의 부분집합이고 집합 A의 모든 원소의 확률이 집합 B의 원소의 확률보다 작거나 같으면 A를 B의 퍼지 부분집합이라고 한다.

$$A = \{(x,\ d_A(x)) \mid x \in A,\ d_A(x)\text{는 } x\text{의 확률}\}$$

예를 들어서 퍼지집합 S와 T가 다음과 같다면, S는 T의 퍼지 부분집합이 된다.

S={(Betsey,0.6), (Tom,0.5)},
T={(Betsey,0.8), (John,0.3), (Mary,0.5), (Tom,0.7)}

퍼지집합도 집합에서의 연산과 같이 합집합, 교집합, 차집합 등의 연산이 있으며 다음과 같이 합집합, 교집합, 차집합을 구할 수 있다.

$$(A \cup B) = \{(x, d_{A\cup B}(x)) \mid x \in A \text{ 또는 } x \in B,\ d_{A\cup B}(x) = \max\{d_A(x),\ d_B(x)\}$$
$$(A \cap B) = \{(x, d_{A\cap B}(x)) \mid x \in A\text{이고 } x \in B,\ d_{A\cap B}(x) = \min\{d_A(x),\ d_B(x)\}$$
$$A' = \{(x, d_{A'}(x)) \mid x \in A,\ d_{A'}(x) = 1 - d_A(x)\}$$

[예제 2.22] 퍼지집합 S, T가 다음과 같을 때 S∪T, S∩T, S'를 구하여라.

S = {(Betsey,0.6), (Tom,0.5)}
T = {(Betsey,0.8), (John,0.3), (Mary,0.5), (Tom,0.7)}

풀이

S∪T = {(Betsey,0.8), (John,0.3), (Mary,0.5), (Tom,0.7)}
S∩T = {(Betsey,0.6), (Tom,0.5)}
S' = {(Betsey,0.4), (Tom,0.5)}

연습문제

1. 다음의 용어를 간단하게 설명하여라.

1) 유한집합 2) 멱집합
3) 진부분집합 4) 쌍대

2. 다음 집합을 원소 나열법으로 표현하여라.

1) x는 자연수이고 10보다 크고 x는 20보다 작은 수의 집합
2) 한국의 광역시들의 집합
3) 자연수 중에서 3의 배수의 집합

3. 다음 집합을 조건 제시법으로 표현하여라.

1) x는 자연수이고 5보다 작고 x는 0보다 큰 수의 집합
2) x는 사연수 중에서 홀수의 집합
3) x는 1년 12개월 중에서 30일까지 있는 달의 집합

4. 다음이 참인가 거짓인가를 말하여라.

1) $a \in \{a,b,c\}$ 2) $b \subseteq \{a,b,c\}$
3) $\{a\} \subseteq \{a,b,c\}$ 4) $\{0\} = \varnothing$
5) $0 \in \varnothing$ 6) $\{\varnothing\} = 0$
7) $\{\varnothing\} = \varnothing$ 8) $\varnothing \subseteq \varnothing$
9)$\varnothing \in \{\varnothing\}$ 10) $\varnothing$는 모든 집합의 부분집합이다.

5. 멱집합을 구하여라.

1) $\{\varnothing,\{\varnothing\}\}$
2) $\{a,b\}$
3) $\{1,\{2,3\},4\}$

6. $U = \{1,2,3,4,\cdots,10\}$, $A = \{1,2,3,4,5,6\}$, $B = \{1,3,5,7,9\}$, $C = \{3,5,6,8,9,10\}$일 때 다음 집합을 구하여라.

1) B' 2) $B \cap C'$
3) $(A \cap B)'$ 4) $(A-B) \cap C$
4) $(A \cup B)-C$ 6) $A \cup (B-C')$
7) $(A-B)-C$ 8) $A-(B \cap C)$
9) $A' \cup B \cap C'$ 10) $A \cap B' \cup C'$

7. 전체집합 U와 A, B집합에 대해서 다음을 벤다이어그램으로 증명하여라.

1) (A')'=A
2) A∪(A∩B)=A
3) A∩(A∪B)=A
4) (A∩B)'=A'∪B'
5) A⊕A=∅
6) A−B=A∩B'
7) A⊕U=A'
8) A⊕B=B⊕A

8. 주어진 벤다이어그램을 이용하여 다음을 구하여라.

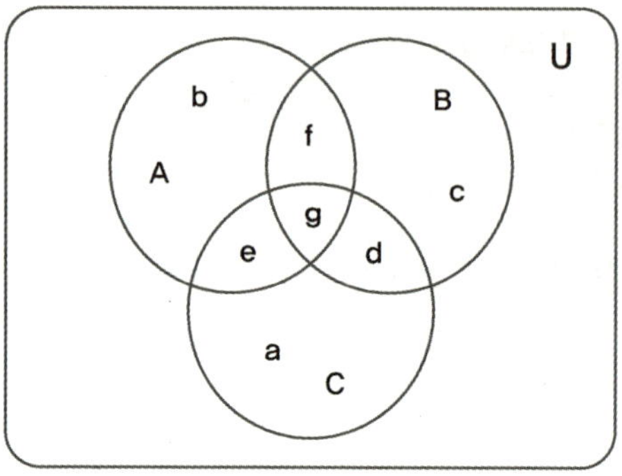

1) A−(B∩C)
2) (A∪B)−C
3) (A−B)−C
4) A⊕B
5) A−(B⊕C)
6) A∪(B⊕C')

9. 다음의 식을 간단하게 간소화 시켜라.

1) (A'∪B')'∪(A'∩B)
2) (A−(B∪C))∩((B∩C)−A)
3) (A∪B')∩(A'∪B)∩(A'∪B')

10. 퍼지 집합 A, B에서 A={(영수,0.6), (태식,0.3), {정일,0.7)}, B={(정화,0.8), (재욱,0.5)} 라고 할 때 다음을 구하여라.

1) A∪B'
2) A'∩B
3) A⊕B'

11. 집합 A_i={1,2,3,4, ⋯, i), 1≤i≤12일 때 다음을 구하여라.

1) $\bigcup_{i=1}^{n} A_i$
2) $\bigcap_{i=1}^{n} A_i$

C·H·A·P·T·E·R 3

제 3 장 행렬(Matrices)

이 장의 인물

Arthur Cayley (1821–1895)
영국태생의 수학자, 행렬을 처음 사용

James Joseph Sylvester (1814–1897)
영국의 수학자, 유태인, 행렬을 처음 사용

Joseph Louis Lagrange (1736–1813)
이탈리아의 수학자, 라그랑제 보간법

Richard Wesley Hamming (1915–1998)
미국태생의 수학자, 유태인, 해밍코드

3.1 행렬의 개념(concept of matrices)

행렬(matrices)은 1850년에 영국의 수학자 Arthur Cayley와 James Joseph Sylvester에 의해서 처음으로 사용한 후 수학의 전 분야에 걸쳐서 이용이 되고 있으며, 컴퓨터 분야에도 많은 이용분야를 가지고 있다. 그 예로서 그래프나 트리를 컴퓨터로 처리하기 위해서 행렬로 표현한다든가, 복잡한 선형 방정식을 다루기 위하여 행렬로 표현하는 등 많은 분야에서 아주 중요하게 사용된다. 컴퓨터에서 일반적으로 자료를 배열(array)로 표시할 때 1차원 배열은 벡터(vector)라고 하며, 2차원 배열은 행렬이라고 한다. 그러므로 벡터는 행렬의 특수한 형태로 볼 수 있다.

행렬은 숫자 또는 문자를 2차원 배열의 형태로 나타내는 것을 말한다. m, n을 양의 정수라고 할 때, 실수들로 이루어지는 행렬은 $A=(a_{ij})$이다. 여기서 $i=1,\cdots,m$, $j=1,\cdots,n$이다. 예를 들어, 3×3행렬은 다음과 같이 표현한다.

$$A = \begin{bmatrix} 1 & 2 & 3 \\ 4 & 5 & 6 \\ 7 & 8 & 9 \end{bmatrix}$$

그리고 행렬을 일반식으로 표현하면 다음과 같이 표현 할 수 있다. 이 행렬 A를 m X n행렬이라 부른다.

$$A = \begin{bmatrix} a_{11} & a_{12} & \cdots & a_{1n} \\ a_{21} & a_{22} & \cdots & a_{2n} \\ \vdots & \vdots & \ddots & \vdots \\ a_{m1} & a_{m2} & \cdots & a_{mn} \end{bmatrix}$$

이 행렬은 m개의 행(row)과 n개의 열(column)을 가지고 있다. 제 1열은

$$\begin{bmatrix} a_{11} \\ a_{21} \\ \vdots \\ a_{m1} \end{bmatrix}$$

이고, 제2행은 $(a_{21}, a_{22}, \cdots, a_{2n})$이다. a_{ij}를 이 행렬의 ij-항 혹은 ij-성분이라고 부른다.

[예제 3.1] 다음은 3X3행렬이다. 이 행렬은 3개의 행과 3개의 열을 가진다.

$$\begin{bmatrix} 4 & 2 & 3 \\ 1 & -1 & -2 \\ 1 & -4 & -5 \end{bmatrix}$$

이 행렬에서 3개의 행은 (4,2,3), (1,−1,−2), (1,−4,−5)이고, 3개의 열은

$$\begin{bmatrix} 4 \\ 1 \\ 1 \end{bmatrix} \quad \begin{bmatrix} 2 \\ -1 \\ -4 \end{bmatrix} \quad \begin{bmatrix} 3 \\ -2 \\ -5 \end{bmatrix}$$

이다.

이와 같이 행렬의 각 행은 가로의 n개의 순서쌍으로 볼 수 있고, 각 열은 세로의 m개의 순서쌍으로 볼 수 있으며, 가로의 n개의 순서쌍을 행벡터(row vector), 세로의 m개의 순서쌍을 열벡터(column vector)라고도 부른다. 행렬 $A=a_{ij}$에서 i는 행, j는 열의 번호를 나타낸다. 예를 들어, 다음의 행렬 A에서 $a_{11}=4$, $a_{22}=4$, $a_{32}=-8$이 된다.

$$A = \begin{bmatrix} 4 & 5 & 6 \\ -3 & 4 & 7 \\ 2 & -8 & 7 \end{bmatrix}$$

행렬 $A=a_{ij}$에서 m=n인 경우 이를 정방행렬(square matrix)이라고 부른다. 그리고 행렬 $A=a_{ij}$의 모든 i, j에 대해서 $a_{ij}=0$인 행렬을 영행렬(zero matrix)이라고 부른다.

정의 3.1 **정방행렬(square matrix)**

행렬 $A=a_{ij}$가 m×n 행렬이고, m=n인 경우 이 행렬을 정방행렬이라고 부른다.

영행렬(zero matrix)
행렬 $A=a_{ij}$가 m×n 행렬이고, 모든 i,j에 대해서 $a_{ij}=0$인 행렬을 영행렬이라고 부른다.

행렬 A에서 열과 행을 바꾼 행렬을 전치행렬이라고 하며, A^T로 표기한다. 이 경우에 A가 정방행렬이고 전치행렬 A^T와 행렬 A가 같을 때 행렬 A를 대칭행렬(symmetric matrix)라고 한다.

정의 3.2 **전치행렬(transpose matrix)**

$A=(a_{ij})$를 m×n행렬이라 할 때, $b_{ji}=a_{ij}$가 되는 n×m 행렬 $B=(b_{ji})$를 A의 전치행렬이라고 한다. 그리고 A^T로 표기한다.

대칭행렬(symmetric matrix)
행렬 A가 정방행렬이고 $A=A^T$가 될 때 행렬 A를 대칭행렬이라고 한다.

다시 말해서 어떤 행렬 A의 전치행렬은 행렬 A의 행과 열을 바꾸면 된다. 예를 들어서 행렬 A가

$$A=\begin{bmatrix} 2 & -1 & 0 \\ 0 & 3 & 1 \\ 2 & 0 & 4 \end{bmatrix}$$

일 때 전치행렬 A^T는 다음과 같다.

$$A^T=\begin{bmatrix} 2 & 0 & 2 \\ -1 & 3 & 0 \\ 0 & 1 & 4 \end{bmatrix}$$

[예제 3.2] 다음의 정방행렬 A는 대칭행렬임을 보여라.

$$A=\begin{bmatrix} 2 & 0 & -1 \\ 0 & 4 & -3 \\ -1 & -3 & 1 \end{bmatrix}$$

풀이 행렬 A = A^T가 됨으로 A는 대칭행렬이다.

$$A^T=\begin{bmatrix} 2 & 0 & -1 \\ 0 & 4 & -3 \\ -1 & -3 & 1 \end{bmatrix}$$

행렬 중에서 대각선을 제외한 모든 원소가 0인 행렬을 대각행렬이라고 한다. 또한 대각행렬 중에서 대각선의 원소가 모두 1인 경우를 단위행렬이라고 한다.

정의 3.3 대각행렬(diagonal matrix)

A=(a_{ij})를 m X n행렬이라 할 때, i≠j인 원소는 모두 a_{ij}=0이 되는 행렬을 대각행렬이라고 한다. 즉, 대각선의 원소 a_{ij}(i=j)를 제외하고는 모두 0의 값을 갖는 행렬을 말한다.

정의 3.4 단위행렬(identity matrix)

A=(a_{ij})를 n X n행렬이라 할 때, i≠j인 원소는 모두 a_{ij}=0이 되며, i=j인 원소는 모두 a_{ij}=1이 되는 행렬을 단위행렬이라고 하며, I로 표기한다.

이러한 행렬은 특수한 행렬로서 다음 행렬 A, B에서 행렬 A는 대각선의 원소가 {1,-2,4}인 행렬로서 i≠j인 원소가 모두 a_{ij}=0이 아니므로 대각행렬은 아니다. 그러나 행렬 B는 대각선의 원소가 {2,1,-3}인 대각행렬이다.

$$A=\begin{bmatrix} 1 & 3 & -3 \\ 2 & -2 & -4 \\ -1 & 0 & 4 \end{bmatrix} \qquad B=\begin{bmatrix} 2 & 0 & 0 \\ 0 & 1 & 0 \\ 0 & 0 & -3 \end{bmatrix}$$

[예제 3.3] 다음의 A, B 두 개의 행렬은 단위행렬이다.

$$A = \begin{bmatrix} 1 & 0 \\ 0 & 1 \end{bmatrix} \qquad B = \begin{bmatrix} 1 & 0 & 0 \\ 0 & 1 & 0 \\ 0 & 0 & 1 \end{bmatrix}$$

[정리 3.1]

$A=(a_{ij})$를 n X n행렬이라 하고, I를 n X n 단위행렬이라 할 때 AI=IA=A가 성립한다.

특수한 행렬의 다른 한 형태로서 행렬의 모든 원소가 0 또는 1로만 이루어진 행렬을 영과일 행렬이라고 한다.

정의 3.5 영과일 행렬(zero-one matrix)

$A=(a_{ij})$를 n X n행렬이라 할 때, a_{ij}가 0 또는 1로만 이루어진 행렬을 영과일 행렬이라고 한다.

영과일 행렬은 2진수로 표현되는 부울 함수를 나타내는 행렬로서 이용된다. 다음의 행렬 A는 영과일 행렬이다.

$$A = \begin{bmatrix} 1 & 0 & 1 \\ 0 & 1 & 1 \\ 1 & 1 & 1 \end{bmatrix}$$

3.2 행렬의 연산(operations on matrices)

일반적인 행렬의 연산에는 덧셈, 뺄셈 그리고 곱셈이 있으며, 영과일 행렬에는 조인, 미트 그리고 부울곱 연산이 있다. 행렬의 덧셈은 행렬의 크기가 다른 임의의 행렬은 덧셈이 안 되고 크기가 같은 형의 행렬일 때에 한해서 가능하다. 즉, $A=(a_{ij})$와 $B=(b_{ij})$가 모두 m X n이라 할 때, $C=(c_{ij})=A+B$를 계산하는 방법은 두 행렬 A, B의 첨자 ij 성분을 더한다. $c_{ij}=a_{ij}+b_{ij}$이 된다. 다시 말하면 행렬의 덧셈이란 같은 크기의 행렬 두 개의 각각 ij 성분이 같은 것을 더하는 것이다.

[정리 3.2]

행렬 $A=(a_{ij})$, $B=(b_{ij})$ 그리고 $C=(c_{ij})$가 모두 m X n 행렬이라고 할 때 다음의 식이 성립한다.

1) A+B=B+A
2) (A+B)+C=A+(B+C)
3) A+Z=A, 여기서 Z는 영행렬이다.
4) A−A=Z, A+(−A)=Z

[예제 3.4] 다음의 A, B 행렬의 덧셈을 구하여라.

$$A=\begin{bmatrix} 2 & -1 \\ 5 & 7 \\ -3 & 4 \end{bmatrix} \qquad B=\begin{bmatrix} -3 & -2 \\ 1 & 6 \\ 8 & 2 \end{bmatrix}$$

풀이

$$A+B=\begin{bmatrix} 2 & -1 \\ 5 & 7 \\ -3 & 4 \end{bmatrix}+\begin{bmatrix} -3 & 2 \\ 1 & 6 \\ 8 & 2 \end{bmatrix}$$

$$=\begin{bmatrix} 2+(-3) & (-1)+2 \\ 5+1 & 7+6 \\ (-3)+8 & 4+2 \end{bmatrix}$$

$$=\begin{bmatrix} -1 & 1 \\ 6 & 13 \\ 5 & 6 \end{bmatrix}$$

어떤 행렬 A에 실수 k를 곱한 것은 kA로 표시한다, 이것은 행렬 A의 각 원소에 k를 곱한 것과 같다. 다시 말하면 행렬 $A=(a_{ij})$에 k를 곱하면, $kA=(ka_{ij})$가 된다.

[예제 3.5] 다음의 행렬 A에 상수 3을 곱한 행렬을 구하여라.

$$A = \begin{bmatrix} 2 & 1 \\ 3 & 5 \\ 7 & 2 \end{bmatrix}$$

풀이

$$3A = 3\begin{bmatrix} 2 & 1 \\ 3 & 5 \\ 7 & 2 \end{bmatrix} = \begin{bmatrix} 3 \cdot 1 & 3 \cdot 1 \\ 3 \cdot 3 & 3 \cdot 5 \\ 3 \cdot 7 & 3 \cdot 2 \end{bmatrix} = \begin{bmatrix} 6 & 3 \\ 9 & 15 \\ 21 & 6 \end{bmatrix}$$

두 행렬 $A=(a_{ij})$와 $B=(b_{ij})$에서 $C=(c_{ij})=A\times B$를 계산하는 것이 행렬의 곱셈이다. 이 연산은 영상처리 분야에 많은 응용분야를 갖고 있는 빈번하게 사용되는 연산이다. 임의의 두 행렬을 항상 곱셈을 할 수 있는 것은 아니다. 행렬 A가 $m\times n$이고 행렬 B가 $n\times p$일 때 가능하다. 즉, 행렬 A의 열과 B의 행이 같은 행렬일 때 곱셈이 가능하다. 이 곱셈은 연산횟수가 많아서 행렬이 큰 경우에는 처리 시간이 다른 연산에 비해서 많이 걸린다.

[예제 3.6] 다음의 행렬 A와 B를 곱한 행렬 $C=A\times B$를 구하여라.

$$A = \begin{bmatrix} 2 & -3 \\ -2 & 4 \\ 5 & -1 \end{bmatrix} \quad B = \begin{bmatrix} 2 & 3 & 4 & -2 \\ -1 & -3 & 6 & 5 \end{bmatrix}$$

풀이 우선 2행과 3열 C_{23}을 구하는 것을 보면

$$\begin{array}{c} \\ row2 \rightarrow \end{array} \begin{bmatrix} 2 & -3 \\ -2 & 4 \\ 5 & -1 \end{bmatrix} \times \begin{bmatrix} 2 & 3 & \overset{\overset{column\ 3}{\downarrow}}{4} & -2 \\ -1 & -3 & 6 & 5 \end{bmatrix}$$

$$= \begin{bmatrix} - & - & - & - \\ - & - & C_{23} & - \\ - & - & - & - \end{bmatrix}$$

$$C_{23} = (-2)(4) + 4(6) = 16$$

이런 방법으로 C를 구하면

$$C = AB = \begin{bmatrix} 7 & 15 & -10 & -19 \\ -8 & 18 & -16 & 24 \\ 11 & 18 & -14 & -15 \end{bmatrix}$$

이 된다.

[예제 3.7] 다음의 행렬 A와 B를 곱한 행렬 $C_1 = A \times B$와 $C_2 = B \times A$를 구해서 같은가를 비교해 보아라.

$$A = \begin{bmatrix} 1 & 2 \\ 3 & 1 \end{bmatrix} \qquad B = \begin{bmatrix} 2 & -1 \\ 3 & 2 \end{bmatrix}$$

풀이

$$C_1 - AB = \begin{bmatrix} 8 & 3 \\ 9 & -1 \end{bmatrix} \qquad C_2 = BA = \begin{bmatrix} -1 & 3 \\ 9 & 8 \end{bmatrix}$$

$$C_1 \neq C_2$$

위의 예제 3.7에서 A×B와 B×A의 결과는 같지 않다. 즉, A×B≠B×A인 것을 알 수 있다.

[정리 3.3]

행렬 $A=(a_{ij})$, $B=(b_{ij})$ 그리고 $C=(c_{ij})$가 모두 m×n 행렬이라고 할 때 다음의 식이 성립한다.

1) (AB)C=A(BC)
2) A(B+C)=AB+AC

[정리 3.4]

행렬 $A=(a_{ij})$, $B=(b_{ij})$ 그리고 $C=(c_{ij})$가 모두 m×n 행렬이라고 할 때 다음의 식이 성립한다. 여기서 m=n이며, p, q는 실수이다.

1) p(qA)=(pq)(A)
2) (p+q)A=pA+qA
3) p(A+B)=pA+pB
4) p(AB)=(pA)B=A(pB)

연산에는 지금까지 설명했던 연산은 우리가 일반적으로 사용하는 산술연산에 대한 덧셈과 곱셈이 있고, 이런 연산 이외에도 2진수 형태를 다루는 논리연산으로 조인(join), 미트(meet)가 있다. 이런 연산은 부울함수의 연산과 같다.

조인은 기호 ∨으로 나타내며, 미트는 기호 ∧으로 표현한다. 행렬의 임의의 두 원소에 대한 조인과 미트는 다음과 같다.

$$a \wedge b = \begin{cases} 1, \text{ if } a=b=1 \\ 0, \ otherwise \end{cases}$$

$$a \vee b = \begin{cases} 1, \text{ if } a=1 \ or \ b=1 \\ 0, \ otherwise \end{cases}$$

정의 3.6 **조인(join)과 미트(meet)**

영과일 행렬 $A=(a_{ij})$, $B=(b_{ij})$는 m×n 행렬이다. 행렬 A와 B의 조인은 $A \vee B$로 표시하며, 연산 $a_{ij} \vee b_{ij}$를 하고, 행렬 A와 B의 미트는 $A \wedge B$로 표시하며, 연산 $a_{ij} \wedge b_{ij}$를 한다.

[예제 3.8] 다음의 영과일 행렬 A, B에 대해서 $A \vee B$와 $A \wedge B$를 구하여라.

$$A = \begin{bmatrix} 1 & 1 & 0 \\ 0 & 1 & 1 \\ 1 & 0 & 1 \end{bmatrix} \qquad B = \begin{bmatrix} 1 & 0 & 1 \\ 1 & 1 & 0 \\ 0 & 0 & 0 \end{bmatrix}$$

풀이

1) 조인한 결과 $A \vee B$

$$A \vee B = \begin{bmatrix} 1\vee 1 & 1\vee 0 & 0\vee 1 \\ 0\vee 1 & 1\vee 1 & 1\vee 0 \\ 1\vee 0 & 0\vee 0 & 1\vee 0 \end{bmatrix} = \begin{bmatrix} 1 & 1 & 1 \\ 1 & 1 & 1 \\ 1 & 0 & 1 \end{bmatrix}$$

2) 미트한 결과 $A \wedge B$

$$A \wedge B = \begin{bmatrix} 1\wedge 1 & 1\wedge 0 & 0\wedge 1 \\ 0\wedge 1 & 1\wedge 1 & 1\wedge 0 \\ 1\wedge 0 & 0\wedge 0 & 1\wedge 0 \end{bmatrix} = \begin{bmatrix} 1 & 0 & 0 \\ 0 & 1 & 0 \\ 0 & 0 & 0 \end{bmatrix}$$

가 된다.

두 행렬 A와 B의 미트 C=A∧B는 $C_{ij}=a_{ij} \wedge b_{ij}$로서 두 행렬의 해당되는 한 원소만을 논리 AND해서 구하는 것이다. 이 연산은 일반 행렬에서의 곱셈과는 다르다. 영과일 행렬에서도 이런 형식으로 곱셈을 할 수 있는데 이것을 부울곱이라고 하며, 기호 ⊙을 사용한다.

정의 3.7 부울곱(boolean product)

영과일 행렬 $A=(a_{ij})$는 m X n 행렬이고, $B=(b_{ij})$는 n X p 행렬이다. 행렬 A와 B의 부울곱은 A⊙B로 표시하며, $A \odot B=C=(c_{ij})$는 m X p 행렬이 된다. 그리고 c_{ij}는

$$C_{ij} = \bigcup_{k=1}^{n} (a_{ik} \wedge b_{kj})$$

위의 정리의 공식 $C_{ij} = \bigcup_{k=1}^{n} (a_{ik} \wedge b_{kj})$에서 C_{11}을 구해보면 다음과 같다.

$$C_{11}=(a_{11} \wedge b_{11}) \vee (a_{12} \wedge b_{21}) \vee \cdots \vee (a_{1n} \wedge b_{n1})$$

[예제 3.9] 다음의 영과일 행렬 A, B에 대해서 A⊙B를 구하여라.

$$A=\begin{bmatrix} 1 & 0 & 1 \\ 0 & 1 & 1 \end{bmatrix} \qquad B=\begin{bmatrix} 1 & 0 \\ 1 & 1 \\ 0 & 0 \end{bmatrix}$$

풀이 부울곱을 한 결과 A⊙B는

$$A \odot B=\begin{bmatrix} (1\wedge1)\vee(0\wedge1)\vee(1\wedge0) & (1\wedge0)\vee(0\wedge1)\vee(1\wedge0) \\ (0\wedge1)\vee(1\wedge1)\vee(1\wedge0) & (0\wedge0)\vee(1\wedge1)\vee(1\wedge0) \end{bmatrix}$$

$$=\begin{bmatrix} 1\vee0\vee0 & 0\vee0\vee0 \\ 0\vee1\vee0 & 0\vee1\vee0 \end{bmatrix}$$

$$=\begin{bmatrix} 1 & 0 \\ 1 & 1 \end{bmatrix}$$

이 된다.

3.3 정방행렬의 행렬식(determinants of square matrix)

행렬 A는 n X n행렬이고, I는 n X n 단위행렬이라고 할 경우 임의의 행렬 B가 AB=I와 BA=I를 만족시키면, 행렬 B를 A의 역행렬(inverse matrix)이라고 부르고 A^{-1}이라고 표기한다. 이런 경우 행렬 B도 n X n이며, A의 역행렬인 B는 유일하게 존재한다.

정의 3.8 **역행렬(inverse matrix)**

행렬 $A=(a_{ij})$는 n X n행렬이고, $B=(b_{ij})$는 n X n 행렬일 때 AB=BA=I를 만족하면 행렬 B를 행렬 A의 역행렬이라고 하며, A^{-1}로 표기한다.

예를 들어서 행렬 A와 B가 다음과 같은 경우

$$A=\begin{bmatrix} 2 & -5 \\ -1 & 3 \end{bmatrix} \qquad B=\begin{bmatrix} 3 & 5 \\ 1 & 2 \end{bmatrix}$$

AB와 BA는 단위행렬 I가 되므로 B는 A의 역행렬이라고 한다. 그러므로 $AA^{-1} = A^{-1}A = I$가 성립한다. 여기서 $B=A^{-1}$이다.

$$AB=\begin{bmatrix} 1 & 0 \\ 0 & 1 \end{bmatrix} \qquad BA=\begin{bmatrix} 1 & 0 \\ 0 & 1 \end{bmatrix}$$

[정리 3.5]

행렬 $A=(a_{ij})$는 n X n 행렬이고, 행렬 B, C를 A의 역행렬이라고 하면 다음의 식이 성립한다.

1) B = C
2) $(AB)^{-1} = B^{-1}A^{-1}$

[정리 3.6]

행렬 $A=(a_{ij})$는 n X n 행렬이고, 행렬 A의 역행렬이 A^{-1}이라고 하면 다음의 식이 성립한다.

1) $(A^{-1})^{-1} = A$
2) $(A^{n})^{-1} = (A^{-1})^{n}$
3) $(kA)^{-1} = (1/k)A^{-1}$

행렬 A가 2×2행렬이며, 다음과 같을 경우

$$A = \begin{bmatrix} a & b \\ c & d \end{bmatrix}$$

(ad−bc)를 행렬 A의 행렬식이라고 하며, D=ad−bc로 표기한다. 역행렬은 D≠0인 경우에만 존재한다. 행렬 A의 역행렬을 구해보면

$$A^{-1} = \frac{1}{ad-bc}\begin{bmatrix} d & -b \\ -c & a \end{bmatrix}$$

이 된다. 이것을 다시 표현하면 다음과 같이 나타낼 수 있다.

$$\begin{bmatrix} \frac{d}{ad-bc} & \frac{-b}{ad-bc} \\ \frac{-c}{ad-bc} & \frac{a}{ad-bc} \end{bmatrix} \begin{bmatrix} a & b \\ c & d \end{bmatrix} = \begin{bmatrix} 1 & 0 \\ 0 & 1 \end{bmatrix}$$

또한 행렬 A의 행렬식을 값은 det(A) 또는 D(A)로 표기한다.

[예제 3.10] 다음 3×3 행렬의 역행렬을 구하여라.

$$A=\begin{bmatrix} 1 & 2 & -3 \\ 2 & -1 & 4 \\ -1 & 0 & 5 \end{bmatrix}$$

풀이 행렬 A와 단위행렬 I를 다음과 같이 합쳐서 앞부분의 행렬 A가 단위행렬이 될 때까지 반복하여 계산을 하면 뒷부분에 나오는 처음의 단위행렬 I가 A의 역행렬이 된다.

$$\begin{bmatrix} 1 & 2 & -3 & 1 & 0 & 0 \\ 2 & -1 & 4 & 0 & 1 & 0 \\ -1 & 0 & 5 & 0 & 0 & 1 \end{bmatrix}$$

다음은 위의 행렬식으로부터 역행렬을 구하는 과정이다. 여기서 $R_1, R_2, \cdots$는 행의 순서를 나타낸다.

$$\begin{matrix} \\ -2R_1+R_2 \\ R_1+R_3 \end{matrix} \begin{bmatrix} 1 & 2 & -3 & 1 & 0 & 0 \\ 0 & -5 & 10 & -2 & 1 & 0 \\ 0 & 2 & 2 & 1 & 0 & 1 \end{bmatrix}$$

$$\begin{matrix} \\ -\frac{1}{5}R_2 \\ \\ \end{matrix} \begin{bmatrix} 1 & 2 & 3 & 1 & 0 & 0 \\ 0 & 1 & -2 & \frac{2}{5} & -\frac{1}{5} & 0 \\ 0 & 2 & 2 & 1 & 0 & 1 \end{bmatrix}$$

$$\begin{matrix} \\ \\ -2R_2+R_3 \end{matrix} \begin{bmatrix} 1 & 2 & -3 & 1 & 0 & 0 \\ 0 & 1 & -2 & \frac{2}{5} & -\frac{1}{5} & 0 \\ 0 & 0 & 6 & \frac{1}{5} & \frac{2}{5} & 1 \end{bmatrix}$$

$$\begin{matrix} \\ \\ -\frac{1}{6}R_3 \end{matrix} \begin{bmatrix} 1 & 2 & -3 & 1 & 0 & 0 \\ 0 & 1 & -2 & \frac{2}{5} & -\frac{1}{5} & 0 \\ 0 & 0 & 1 & \frac{1}{30} & \frac{1}{15} & \frac{1}{6} \end{bmatrix}$$

$$\begin{matrix} 3R_3+R_1 \\ 2R_3+R_2 \\ \\ \end{matrix} \begin{bmatrix} 1 & 2 & 0 & \frac{11}{10} & \frac{1}{5} & \frac{1}{2} \\ 0 & 1 & 0 & \frac{7}{15} & -\frac{1}{15} & \frac{1}{3} \\ 0 & 0 & 1 & \frac{1}{30} & \frac{1}{15} & \frac{1}{6} \end{bmatrix}$$

$$\left[\begin{array}{ccc|ccc} 1 & 0 & 0 & \frac{1}{6} & \frac{1}{3} & -\frac{1}{6} \\ 0 & 1 & 0 & \frac{7}{15} & -\frac{1}{15} & \frac{1}{3} \\ 0 & 0 & 1 & \frac{1}{30} & \frac{1}{15} & \frac{1}{6} \end{array}\right]$$

[예제 3.11] 다음 행렬 A의 행렬식을 구하여라.

$$A = \begin{bmatrix} 2 & -3 \\ -1 & 5 \end{bmatrix}$$

풀이

$$\begin{aligned} \det(A) &= 2 \cdot 5 - (-1)(-3) \\ &= 7 \end{aligned}$$

[정리 3.7]

행렬 A를 다음과 같은 3x3 행렬이라 할 때

$$A = \begin{bmatrix} a_{11} & a_{12} & a_{13} \\ a_{21} & a_{22} & a_{23} \\ a_{31} & a_{32} & a_{33} \end{bmatrix}$$

det(A)는 다음과 같다.

$$\det(A) = a_{11}\det\left(\begin{bmatrix} a_{22} & a_{23} \\ a_{32} & a_{33} \end{bmatrix}\right) - a_{12}\det\left(\begin{bmatrix} a_{21} & a_{23} \\ a_{31} & a_{33} \end{bmatrix}\right) + a_{13}\det\left(\begin{bmatrix} a_{21} & a_{22} \\ a_{31} & a_{32} \end{bmatrix}\right)$$

[예제 3.12] 다음의 행렬 A의 det(A)를 구하여라.

$$A = \begin{bmatrix} 2 & -1 & 3 \\ 1 & -2 & 3 \\ -3 & 1 & -1 \end{bmatrix}$$

풀이 1) 첫 번째 행(2,−1,3)을 이용

$$\det(A) = 2\det\left(\begin{bmatrix}-2 & 3\\ 1 & -1\end{bmatrix}\right) - (-1)\det\left(\begin{bmatrix}1 & 3\\ -3 & -1\end{bmatrix}\right) + 3\det\left(\begin{bmatrix}1 & -2\\ -3 & 1\end{bmatrix}\right)$$

$= 2(2-3) + (-1+9) + 3(1-6)$

$= -2 + 8 - 15$

$= -9$

2) 두 번째 열(−1,−2,1)을 이용

$$\det(A) = -(-1)\det\left(\begin{bmatrix}1 & 3\\ -3 & -1\end{bmatrix}\right)$$

$$+(-2)\det\left(\begin{bmatrix}2 & 3\\ -3 & -1\end{bmatrix}\right) - 1\det\left(\begin{bmatrix}2 & 3\\ 1 & 3\end{bmatrix}\right)$$

$= 8-14-3$

$= -9$

위에서 행렬A가 3x3의 행렬일 때 행렬식을 구하는 것을 보았는데 여기서 det(A)는 다음과 같다.

$$\det(A) = a_{11}\det(A_{11}) - a_{12}\det(A_{12}) + a_{13}\det(A_{13})$$

det(A)는 어느 행을 이용하든 어느 열을 이용하든 항상 같은 결과가 나온다. 여기서 부호 + 또는 −는 다음과 같이 부여된다. 즉, 행렬 A=a_{ij}에서 a_{ij}의 부호는 $(-1)^{i+j}$가 된다.

$$\begin{bmatrix} + & - & + & - & \vdots \\ - & + & - & + & \vdots \\ + & - & + & - & \vdots \\ \cdots & \cdots & \cdots & \cdots & \end{bmatrix}$$

[예제 3.13] 다음의 행렬 A의 det(A)를 구하여라.

$$A = \begin{bmatrix} 3 & 0 & 1 \\ 1 & 2 & 5 \\ -1 & 4 & 2 \end{bmatrix}$$

풀이

두 번째 열(0,2,4)로 간소화 하여 행렬식을 구하면

det(A) = a_{12}det(A_{12}) − a_{22}det(A_{22}) + a_{32}det(A_{32})를 구하면 된다.

여기서 a_{12}=0 이므로

$$\det(A) = 2\begin{bmatrix} 3 & 1 \\ -1 & 2 \end{bmatrix} - 4\begin{bmatrix} 3 & 1 \\ 1 & 5 \end{bmatrix}$$
$$= 2(6+1) - 4(15-1)$$
$$= 14 - 56$$
$$= -42$$

[예제 3.14] 다음의 행렬 A의 det(A)를 구하여라.

$$A = \begin{bmatrix} 2 & -1 & 3 & 1 \\ 4 & 0 & -2 & 5 \\ 1 & -3 & 0 & -4 \\ -5 & 6 & 3 & 7 \end{bmatrix}$$

풀이

$$\begin{aligned} \det(A) = &(-1)^{1+1} \cdot a_{11} \cdot \det(A_{11}) \\ &+(-1)^{1+2} \cdot a_{12} \cdot \det(A_{12}) \\ &+(-1)^{1+3} \cdot a_{13} \cdot \det(A_{13}) \\ &+(-1)^{1+4} \cdot a_{14} \cdot \det(A_{14}) \end{aligned}$$

에서 우선 $\det(A_{11})$, $\det(A_{12})$, $\det(A_{13})$, $\det(A_{14})$ 를 구하면,

$$\det(A_{11}) = \det\left(\begin{bmatrix} 0 & -2 & 5 \\ -3 & 0 & -4 \\ 6 & 3 & 7 \end{bmatrix}\right)$$
$$= 0 \cdot \det\left(\begin{bmatrix} 0 & -4 \\ 3 & 7 \end{bmatrix}\right) + (-1)^{1+2} \cdot (-2)$$
$$+(-1)^{1+3} \cdot 5\det\left(\begin{bmatrix} -3 & 0 \\ 6 & 3 \end{bmatrix}\right)$$

$$\det(A_{12}) = \det\left(\begin{bmatrix} 4 & -2 & 5 \\ 1 & 0 & -4 \\ -5 & 3 & 7 \end{bmatrix}\right)$$
$$= (-1)^{2+1} \cdot 1 \cdot \det\left(\begin{bmatrix} -2 & 5 \\ 3 & 7 \end{bmatrix}\right) + 0$$
$$+ (-1)^{2+3}(-4)\det\left(\begin{bmatrix} 4 & -2 \\ -5 & 3 \end{bmatrix}\right)$$

$$\det(A_{13}) = \det\left(\begin{bmatrix} 4 & 0 & 5 \\ 1 & -3 & -4 \\ -5 & 6 & 7 \end{bmatrix}\right)$$
$$= (-1)^{1+1}\, 4 \cdot \det\left(\begin{bmatrix} -3 & -4 \\ 6 & 7 \end{bmatrix}\right) + 0$$
$$+ (-1)^{1+3}\, 5 \cdot \det\left(\begin{bmatrix} 1 & -3 \\ -5 & 6 \end{bmatrix}\right)$$

$$\det(A_{14}) = \det\left(\begin{bmatrix} 4 & 0 & -2 \\ 1 & -3 & 0 \\ -5 & 6 & 3 \end{bmatrix}\right)$$
$$= (-1)^{1+1}\, 4 \bullet \det\left(\begin{bmatrix} -3 & 0 \\ 6 & 3 \end{bmatrix}\right) + 0$$
$$+ (-1)^{1+3}(-2)\det\left(\begin{bmatrix} 1 & -3 \\ -5 & 6 \end{bmatrix}\right)$$

그러므로

$$\det(A) = a_{11}(-1)^{1+1}\det(A_{11}) + a_{12}(-1)^{1+2}\det(A_{12})$$
$$+ a_{13}(-1)^{1+3}\det(A_{13}) + a_{14}(-1)^{1+4}\det(A_{14})$$
$$= 2 \cdot 1 \cdot (-39) + (-1)(-1) \cdot 37 + 3 \cdot 1 \cdot (-33) + 1 \cdot (-1)(-18)$$
$$= -78 + 37 - 99 + 18$$
$$= -122$$

[정리 3.8]

정방행렬 $A=(a_{ij})$는 $n \times n$ 행렬이고, 행렬 A의 전치행렬이 A^T라고 할 때 $\det(A)=\det(A^T)$가 성립한다.

[정리 3.9]

행렬 A와 단위행렬 I에 대하여 다음이 성립한다.

1) 행렬 A에서 두 열이 같으면 행렬식은 det(A)=0이다.
2) 단위행렬 I의 행렬식 det(I)=1이다.
3) 행렬 A의 어느 한 열(행)이 모두 0이면 det(A)=0이다.
4) 두개의 행렬 A, B에서 det(AB)=det(A)det(B)이다.
5) 행렬 A의 i, j를 $1 \le i \le n$, $1 \le j \le n$, $i \ne j$인 정수라 할 때 행렬 A의 i번째 열과 j번째 열을 교환하면 행렬식의 값은 부호만 바뀐다.
6) 행렬 A의 임의의 어떤 열(행)의 스칼라 배를 다른 열(행)에 더하여도 행렬식의 값은 변하지 않는다.

연습문제

1. 다음 용어를 설명하여라.

1) 열벡터
2) 전치행렬
3) 역행렬
4) 대칭행렬

2. A, B 행렬이 다음과 같을 때 다음을 구하여라.

$$A=\begin{bmatrix} 2 & -1 \\ 0 & 8 \\ -5 & 3 \end{bmatrix} \qquad B=\begin{bmatrix} -1 & 5 \\ 9 & 2 \\ 3 & 2 \end{bmatrix}$$

1) 2A
2) –5A
3) –6B
4) A+(–2B)
5) A+B
6) B–A
7) A–B
8) (–5A)–3B
9) 2A+(–3B)
10) 2A+(–3A)

3. 행렬 A의 전치행렬 A^T를 구하여라.

1) $A=\begin{bmatrix} 3 & -3 \\ -4 & 4 \end{bmatrix}$

2) $A=\begin{bmatrix} 2 & -1 & 1 \\ 4 & -3 & 3 \\ -5 & 1 & -4 \end{bmatrix}$

4. A, B 행렬이 다음과 같을 때 다음을 구하여라.

$$A=\begin{bmatrix} 2 & -1 & 3 \\ 0 & 8 & 5 \\ -5 & 3 & 2 \end{bmatrix} \qquad B=\begin{bmatrix} -1 & 5 & 4 \\ 9 & 2 & 1 \\ 3 & 2 & 5 \end{bmatrix}$$

1) A×B
2) B×A

5. 영과 일 행렬 A, B에 대해서 다음을 구하여라.

$$A=\begin{bmatrix} 0 & 1 & 1 \\ 1 & 0 & 1 \\ 1 & 1 & 1 \end{bmatrix} \qquad B=\begin{bmatrix} 1 & 0 & 1 \\ 0 & 1 & 0 \\ 0 & 1 & 1 \end{bmatrix}$$

1) A∨B
2) B∨A
3) A∧B
4) A ⊙ B

6. 역행렬이 존재하면 역행렬을 구하여라.

1) $A=\begin{bmatrix} 7 & -3 \\ -1 & 4 \end{bmatrix}$

2) $A=\begin{bmatrix} 3 & -3 \\ -4 & 4 \end{bmatrix}$

3) $A=\begin{bmatrix} -1 & 5 & 4 \\ 9 & 2 & 1 \\ 3 & 2 & 5 \end{bmatrix}$

4) $A=\begin{bmatrix} -1 & 3 & 2 \\ 3 & 2 & -5 \\ 1 & 2 & 5 \end{bmatrix}$

7. 행렬 A의 det(A)를 구하여라.

1) $A=\begin{bmatrix} 3 & 5 \\ -4 & 1 \end{bmatrix}$

2) $A=\begin{bmatrix} 2 & -1 & 1 \\ 4 & -3 & 3 \\ -5 & 1 & -4 \end{bmatrix}$

3) $A=\begin{bmatrix} 8 & 6 & 3 \\ 1 & -2 & 3 \\ -5 & 3 & 7 \end{bmatrix}$

4) $A=\begin{bmatrix} 3 & -1 & 3 & 7 \\ 5 & 2 & -0 & 5 \\ 1 & -4 & 0 & -1 \\ -3 & 9 & 3 & 2 \end{bmatrix}$

8. 2×2 행렬 A가 $A=\begin{bmatrix} a & b \\ c & d \end{bmatrix}$일 때 역행렬이 $A^{-1}=\frac{1}{ad-bc}\begin{bmatrix} d & -b \\ -c & a \end{bmatrix}$이 됨을 유도하여라.

9. A, B 두 개의 행렬의 크기가 A는 m×n이고, B는 n×p일 경우에 A×B의 곱셈을 하기 위해서 각 원소들의 전체 곱셈 횟수는 얼마인가?

C·H·A·P·T·E·R 4

제 4 장 관계(Relations)

이 장의 인물

Helmut Hasse (1898 ~ 1979)
독일태생의 수학자, 하세도형 제안

Stephen Warshall (1935 ~)
미국태생의 수학자, 전이폐쇄알고리즘

Stephen Cole Kleene (1909 ~ 1994)
미국태생의 논리학자, 클린클로우저

4.1 관계의 개념(concept of relations)

우리 생활 주변에는 많은 관계들이 존재한다. 사람들 사이에도 어른과 아이, 학생과 선생님, 의사와 환자, 부모와 자식 등의 다양한 관계가 있다. 숫자 사이에는 같다와 작다, 크다와 크지 않다 등의 관계가 있으며, 두 집합 사이에도 관계(relations)가 있다.

두 집합 A, B 사이에서 집합 A에 있는 원소 a와 집합 B에 있는 원소 b에 대하여 a=b 인 관계가 있다고 하고 그 관계를 R이라고 하면 다음과 같이 나타낼 수 있다.

$$R = \{(a,b) \mid a \in A \text{ 이고 } b \in B,\ a=b\}$$

여기서 $(a,b) \in R$은 aRb로도 표기한다. 만약 순서쌍 (a,c)가 관계가 없을 경우에는 $a \not R c$ 또는 $(a,c) \notin R$로 표시한다. 숫자만으로 된 두 집합 A, B에서 $A=\{1,2,3,4\}$, $B=\{2,3,5,6\}$일 때 집합 A에 있는 원소 a와 집합 B에 있는 원소 b에 대하여 a=b 인 관계가 있다고 했을 때 관계 R은 다음과 같다.

$$R=\{(2,2),(3,3)\}$$

이것은 2R2, 3R3으로 표시한다. 결국 관계 R은 두 집합의 곱집합 $A \times B$의 부분집합으로 나타낼 수 있다. 또한 관계 R이 두 집합 A, B 사이의 관계이면 이 관계를 이항관계(binary relation)라고 한다. 관계에 대한 표기를 기호로 나타내면 다음과 같다.

$$aRb \Leftrightarrow (a,b) \in R$$
$$a \not R b \Leftrightarrow (a,b) \notin R$$

정의 4.1 **이항관계(binary relation)**

두 집합 A, B에 대하여 A로부터 B로의 관계 R이 두 집합의 곱집합 A×B의 부분집합이 될 때 R을 이항관계라고 한다. A×B의 원소인 순서쌍 (a,b)가 주어졌을 때 aRb 또는 (a,b)∈R라고 표기한다.

일반적으로 관계라고 말할 때는 주로 이항관계를 의미한다. 두 개 이상인 원소에 대한 관계는 n-ary관계라고 한다. 예를 들어, 4원소의 관계는 4-ary 관계이다.

[예제 4.1] 두 집합 A, B에서 A={0,1,2}, B={1,2,3}이고 A집합의 원소 a와 B집합의 원소 b가 a=b인 관계 R을 구하라.

풀이 우선 곱집합 A×B를 구하면 A×B = {(0,1),(0,2),(0,3),(1,1),(1,2),(1,3),(2,1),(2,2),(2,3)}이고, 이 곱집합으로부터 a=b인 관계 R을 구하면 R={(1,1),(2,2)}이다. R은 곱집합의 부분집합 R⊆(A×B)임을 알 수 있다.

두 집합 A, B로부터 구해진 곱집합 A×B는 순서쌍의 집합으로써 첫 번째 원소는 집합 A에 속하고, 두 번째 원소는 집합 B에 속한다. 관계 R의 첫 번째 원소의 집합을 정의역(domain)이라 하고, Dom(R)로 표시하며 두 번째 원소의 집합은 치역(range)이라 하고, Ran(R)으로 표시한다. 이것을 조건제시법으로 나타내면 다음과 같다.

$$\mathrm{Dom}(R) = \{a \mid a \in A,\ b \in B,\ (a,b) \in R\}$$
$$\mathrm{Ran}(R) = \{b \mid a \in A,\ b \in B,\ (a,b) \in R\}$$

정의역은 집합 A의 부분집합이며, 치역은 집합 B의 부분집합이다.

[예제 4.2] 집합 A = {1,2}이고 B = {1,2,3,4}일 경우 A집합의 원소 a와 B집합의 원소 b가 a〉b인 관계 R이다.

1) 곱집합 A X B를 구하여라.
2) 관계 R을 구하여라.
3) Dom(R)과 Ran(R)을 구하여라.

풀이

1) A X B={(1,1),(1,2),(1,3),(1,4),(2,1),(2,2),(2,3),(2,4)}로 8개의 순서쌍을 갖는 집합이다.
2) 곱집합 A X B에서 A집합의 원소 a와 B집합의 원소 b가 a〉b인 관계 R을 구하면 R={(2,1)}이다. 순서쌍 1개를 갖는 집합이다.
3) Dom(R)={2}
   Ram(R)={1}

[예제 4.3] 집합 A={2,3,5}이고 B={2,3,4,6,7}일 경우 관계 R과 S는 다음과 같다.

R={(a,b)| a∈A, b∈B, a는 b의 약수}
S={(a,b)| a∈A, b∈B, a는 b로 나누어 떨어진다}

1) 관계 R을 구하여라.
2) Dom(R)과 Ran(R)을 구하여라.
3) 관계 S를 구하여라.
4) Dom(S)과 Ran(S)을 구하여라.

풀이

1) R={(2,2),(2,4),(2,6),(3,3),(3,6)}
2) Dom(R)={2,3}
   Ram(R)={2,3,4,6}
3) S={(2,2),(3,3)}
4) Dom(S)={2,3}
   Ram(S)={2,3}

어떤 관계 R에서 모든 순서쌍 (a,b)의 순서를 바꾸어 (b,a)로 나타낸 관계를 관계 R의 역관계라고 하며, R^{-1}로 표시한다.

정의 4.2 역관계(inverse relation)

임의의 관계 R에 대한 역관계는 관계 R의 모든 순서쌍 (a,b)의 순서를 바꾸어 (b,a)로 나타낸 관계를 관계 R의 역관계라고 하며, R^{-1}로 표시한다.

$$R^{-1}=\{(b,a) \mid (a,b)\in R\}$$

[예제 4.4] 두 집합 A, B에서 A={a,b,c}, B={b,d,e,f}로부터 유도된 관계 R이 R = {(a,b), (a,d),(b,b),(c,b),(c,e)}인 경우 역관계 R^{-1}을 구하여라.

풀이 $R^{-1}=\{(b,a),(d,a),(b,b),(b,c),(e,c)\}$

정의 4.3 항등관계(identity relation)

관계 R은 임의의 집합 A에 대한 관계이며, 집합 A의 모든 원소가 (a,a)∈R일 때 이런 관계를 집합 A의 항등관계라고 하며, I_A로 표시한다.

$$I_A = \{(a,a) \mid a\in A\}$$

4.2 관계의 부울행렬(boolean matrices of relations)

3장의 행렬과 관련이 있는 장으로서 관계를 표현하는 경우 행렬 형태로 표현하는 것이 알기 쉽고 컴퓨터로 처리하는데 편리함으로 많이 이용된다. 그래서 이장에서는 관계를 행렬로 표현하는데 필요로 하는 부분만을 간단하게 설명한다. 부울행렬은 행렬의 모든 원소를 0 또는 1만으로 표현한 행렬이다. a_{ij}=0 또는 1을 갖는 $A=(a_{ij})_{m\times n}$ 행렬이다.

$$A = \begin{bmatrix} a_{11} & a_{12} & \cdots & a_{1n} \\ a_{21} & a_{22} & \cdots & a_{2n} \\ \vdots & \vdots & \ddots & \vdots \\ a_{m1} & a_{m2} & \cdots & a_{mn} \end{bmatrix} \qquad A = \begin{bmatrix} 1 & 0 & 0 \\ 0 & 1 & 0 \\ 1 & 0 & 0 \\ 0 & 1 & 1 \end{bmatrix}$$

(1) 조인(join)과 미트(meet)

행렬 A, B를 AND 연산에 의해서 연산을 하는 것을 미트이라고 하며 A∧B로 표기하고, OR 연산을 하는 것을 조인이라고 하며 A∨B로 표기한다. A∧B는 $A \wedge B = (a_{ij} \wedge b_{ij})$와 같이 A의 원소와 B의 해당되는 원소를 논리 AND를 수행하는 것이다. A∨B는 $A \vee B = (a_{ij} \vee b_{ij})$와 같이 A의 원소와 B의 해당되는 원소를 논리 OR를 수행하는 것이다.

[예제 4.5] 행렬 A, B가 다음과 같은 경우 A∧B와 A∨B를 구하여라.

$$A = \begin{bmatrix} 1 & 0 \\ 1 & 0 \end{bmatrix}, \qquad B = \begin{bmatrix} 1 & 1 \\ 1 & 0 \end{bmatrix}$$

풀이

$$A \wedge B = \begin{bmatrix} 1\wedge 1 & 0\wedge 1 \\ 1\wedge 1 & 0\wedge 0 \end{bmatrix} = \begin{bmatrix} 1 & 0 \\ 1 & 0 \end{bmatrix}$$

$$A \vee B = \begin{bmatrix} 1\vee 1 & 0\vee 1 \\ 1\vee 1 & 0\vee 0 \end{bmatrix} = \begin{bmatrix} 1 & 1 \\ 1 & 0 \end{bmatrix}$$

(2) 부울행렬의 곱

논리적 부울행렬의 곱이란 일반적으로 행렬의 곱과 비슷하나 일반적인 행렬의 곱에서는 행렬의 원소가 임의의 정수로 이루어진 것이나 부울행렬은 원소들이 0 또는 1의 값만 가지고 있기 때문에 한 행과 한 열의 곱에서 원소 각각의 곱을 더하는 것이 아니라 논리적 OR을 해야 한다. 그렇게 하면 결과도 원소들이 0 또는 1의 값만 갖는 부울행렬이 된다. 집합 A의 원소가 $\{a_1, a_2, \cdots, a_n\}$, 집합 B의 원소가 $\{b_1, b_2, \cdots, b_m\}$ 그리고 집합 C의 원소가 $\{c_1, c_2, \cdots, c_p\}$이다. 이때 A에서 B로의 관계를 R, B에서 C로의 관계를 S

라 하면, 관계 R의 행렬은 크기가 n×m행렬로서 M_R이 되고 관계 S의 행렬은 크기가 m×p인 M_S가 된다. 그리고 합성관계 R∘S의 행렬은 크기는 n×p인 $M_{R.S}$가 된다. $M_{R\circ S}[i,j]$은 다음과 같이 구할 수 있다. i=1,2,3, ⋯, n, j= 1,2,3, ⋯, m.

$$
\begin{aligned}
&M_{R\circ S}[1,1]=(M_R[1,1]\wedge M_S[1,1])\vee(M_R[1,2]\wedge M_S[2,1]) \cdots \vee(M_R[1,m]\wedge M_s[n,1])\\
&M_{R\circ S}[1,2]=(M_R[1,1]\wedge M_S[1,1])\vee(M_R[1,2]\wedge M_S[2,2]) \cdots \vee(M_R[1,m]\wedge M_s[n,2])\\
&\qquad\vdots \qquad\qquad\qquad\qquad\qquad \vdots\\
&M_{R\circ S}[i,j]=(M_R[i,1]\wedge M_S[1,j])\vee(M_R[i,2]\wedge M_S[2,j]) \cdots \vee(M_R[i,m]\wedge M_s[n,j])
\end{aligned}
$$

예를 들어서 M_R과 M_S가 다음과 같다고 할 때 $M_{R\circ S}$를 구해보면 다음과 같다.

$$
M_R = \begin{bmatrix} 1 & 0 & 0 \\ 0 & 1 & 0 \\ 1 & 0 & 0 \\ 0 & 1 & 1 \end{bmatrix} \qquad M_S = \begin{bmatrix} 1 & 0 & 0 \\ 1 & 1 & 0 \\ 1 & 0 & 1 \end{bmatrix}
$$

$$
\begin{aligned}
M_{R\cdot S} &= M_R \cdot M_S \\
&= \begin{bmatrix} 1 & 0 & 0 \\ 0 & 1 & 0 \\ 1 & 0 & 0 \\ 0 & 1 & 1 \end{bmatrix} \cdot \begin{bmatrix} 1 & 0 & 0 \\ 1 & 1 & 0 \\ 1 & 0 & 1 \end{bmatrix} \\
&= \begin{bmatrix} 1\cdot1+0\cdot1+0\cdot1 & 1\cdot0+0\cdot1+0\cdot0 & 1\cdot0+0\cdot0+0\cdot1 \\ 0\cdot1+1\cdot1+0\cdot1 & 0\cdot0+1\cdot1+0\cdot0 & 0\cdot0+1\cdot0+0\cdot1 \\ 1\cdot1+0\cdot1+0\cdot1 & 1\cdot0+0\cdot1+0\cdot0 & 1\cdot0+0\cdot0+0\cdot1 \\ 0\cdot1+1\cdot1+1\cdot1 & 0\cdot0+1\cdot1+1\cdot0 & 0\cdot0+1\cdot0+1\cdot1 \end{bmatrix} \\
&= \begin{bmatrix} 1 & 0 & 0 \\ 1 & 1 & 0 \\ 1 & 0 & 0 \\ 1 & 1 & 1 \end{bmatrix}
\end{aligned}
$$

4.3 관계의 표현(representation of relations)

집합 형태로 표현했던 관계를 컴퓨터 등으로 처리를 하려면 다른 방법으로 표현을 해야 한다. 관계는 순서쌍을 원소로 하는 집합임으로 이 순서쌍을 적절하게 표현하는 것이 필요하다.

관계를 표현하는 방법으로는 순서쌍의 원소들 간의 관계를 그래프로 표현하는 방법으로 화살표 도표와 방향그래프(digraphs)가 있고, 2차원의 x, y 좌표를 이용하여 표현하는 좌표 도표가 있으며, 그리고 부울행렬(boolean matrix)로 표현하는 관계행렬이 있다.

(1) 화살표 도표(arrow diagram)

화살표 도표를 이용하여 관계를 표현하는 방법은 집합 A의 원소 a가 집합 B의 원소 b와 관계가 있는 경우 화살표를 이용하여 표현하는 것이다. 두 집합 A와 B 사이의 관계를 R이라 하고 $(a, b) \in R$일 때 집합 A에 있는 원소 a에서 집합 B에 있는 원소 b로 화살표를 그려서 관계 R을 표현한다.

[예제 4.6] 두 집합 A, B에서 $A = \{1,2,3,4\}$, $B = \{a,b,c\}$이며 관계 R이 $R = \{(1,a), (2,b), (3,c), (4,b)\}$일 경우, 관계 R을 화살표 도표를 이용하여 나타내면 그림 4.1과 같다.

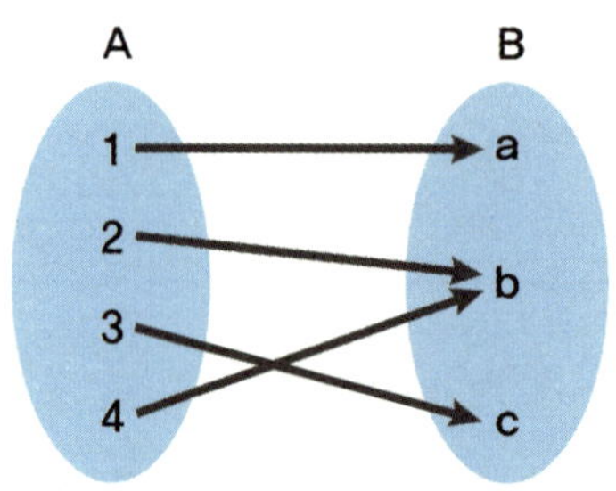

그림 4.1 화살표 도표

(2) 방향그래프(digraphs)

화살표 도표는 두 집합 사이의 원소들의 관계를 표현하는데 편리하나, 두 집합 사이의 관계가 아니고 하나의 집합에 대한 관계일 때 관계 R의 순서쌍에 속해 있는 집합의 원소들 사이의 관계를 표현하는 데에는 화살표 도표는 좀 불편하다. 그래서 이런 경우에는 각 원소들 사이의 관계를 표현하는데 편리한 방법이 방향그래프(directed **graph**)이다. 관계의 순서쌍 (a,b)는 a≠b라면 (a,b)≠(b,a)이다. 그러므로 방향이 있어야 한다.

방향그래프에서는 원소를 나타내는 점(point)을 정점(vertex) 또는 노드(node)라고 하며, 방향을 나타내기 위한 선을 연결선(edge)라고 한다. 방향그래프를 그리는 방법은 관계 R에서 (a,b)∈R 이면은 a에서 b로 연결선을 그리고 (a,b)∉R 이면 연결선을 그리지 않는다.

[예제 4.7] 집합 A={2,3,4,6,10}이고 관계 R은 다음과 같을 경우 방향그래프를 구하여라.

R = {(a,b) | (a,b)∈A×A, a는 b의 약수}

풀이 관계 R은 R={(2,2)(2,4),(2,6),(2,10),(3,3),(,3,6),(4,4),(6,6),(10,10)}의 방향그래프는 그림 4.2와 같다.

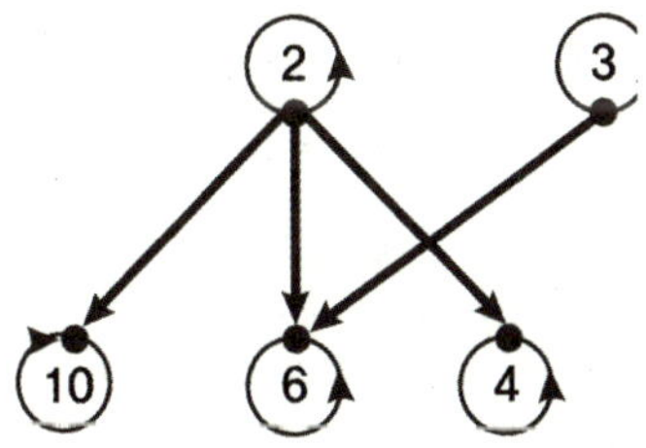

그림 4.2 관계 R의 방향그래프

[예제 4.8] 집합 A = {2,3,4,6,8}이고 관계 R은 다음과 같을 경우 방향그래프를 구하여라.

R={(a,b) | (a,b)∈A×A, a는 b로 나누어 떨어진다. a≠b이다}

풀이 관계 R은 R={(4,2),(6,2),(6,3),(8,2),(8,4)}이며 방향 그래프는 그림 4.3과 같다.

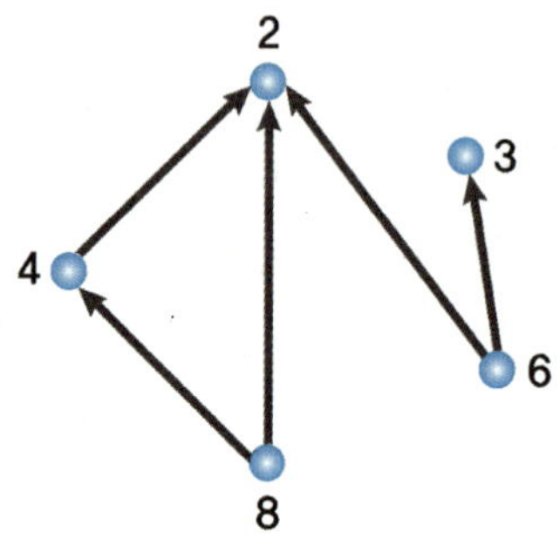

그림 4.3 방향그래프

(3) 좌표 도표(coordinate diagram)

관계를 나타내는 또 다른 방법으로는 좌표 도표를 이용하여 나타내는 방법이 있다. 이 방법은 관계 R이 집합 A에서 B로의 관계일 때 집합 A의 원소를 x축 위의 점으로 나타내고 집합 B의 원소를 y축 위의 점으로 나타내어 (a,b)∈R이면 x 좌표축에서 a에 해당되는 곳과 y 좌표축에서 b를 해당되는 곳을 연결하여 만나는 곳을 점으로 표시한다.

[예제 4.9] 두 집합 A, B에서 A = {1,2,3,4}, B = {2,3,4}이고, 관계 R이 다음과 같을 때 좌표 도표를 이용하여 그려라.

R = {(1,2),(1,4),(2,3),(3,3),(4,2),(4,4)}

풀이 관계 R을 좌표 도표로 그리면 그림 4.4와 같다.

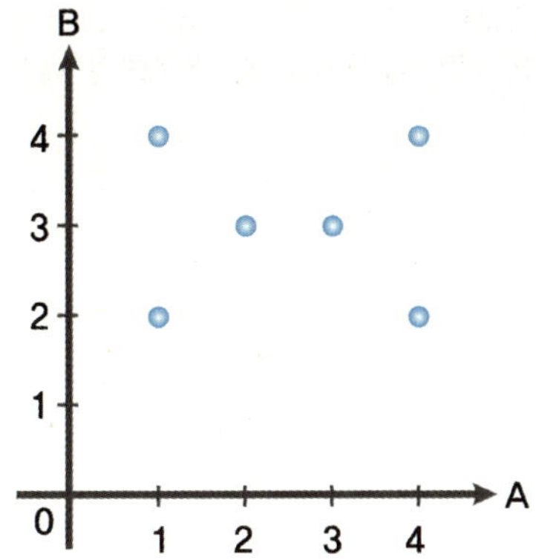

그림 4.4 좌표 도표

(4) 관계행렬(relation matrix)

관계를 표현하는 방법 중 가장 많이 이용되고 컴퓨터로 문제를 해결하기 위해서 가장 좋은 방법으로서 부울행렬을 이용하여 표현하는 관계행렬이 있다.

부울행렬은 행렬 안에 있는 모든 원소들이 0 또는 1 두 가지로만 표현되는 행렬을 말한다. 관계 R은 집합 A, B 사이의 관계이며, 집합 A는 n개의 원소를 갖는 $A=\{a_1, a_2, \cdots, a_n\}$라 하고 집합 B는 m개의 원소를 갖는 $B=\{b_1, b_2, \cdots, b_m\}$라 했을 때 관계행렬은 n개의 행(row)과 m개의 열(column)을 갖는 n×m인 부울행렬이며 $M_R = m_{ij}$로 표현한다.

$$m_{ij} = \begin{cases} 1 & \text{if } a_i R b_j \\ 0 & otherwise \end{cases}$$

집합 A={chicken, dog, cat}, B={fish, rice, iron)이며 관계 R을 집합 A에서 B로의 관계라고 하고 R={(chicken, fish), (chicken, rice), (dog, fish), (dog, rice), (cat, fish), (cat, rice)}인 경우에 관계행렬은 다음과 같다.

$$M_R = \begin{matrix} \\ \text{chicken} \\ \text{dog} \\ \text{cat} \end{matrix} \begin{matrix} \begin{matrix} \text{fish} & \text{rice} & \text{iron} \end{matrix} \\ \begin{bmatrix} 1 & 1 & 0 \\ 1 & 1 & 0 \\ 1 & 1 & 0 \end{bmatrix} \end{matrix}$$

[예제 4.10] 두 집합 A, B에서 집합 A = {1,2,3}, B = {a,b,c}에 대한 관계 R이 R = {(1,a),(1,b),(2,a),(3,b),(3,c)}일 때 관계행렬 M_R을 구하여라.

풀이 관계행렬 M_R은 3X3 행렬로서 다음과 같다.

$$M_R = \begin{array}{c} \\ 1 \\ 2 \\ 3 \end{array} \begin{array}{c} \begin{array}{ccc} a & b & c \end{array} \\ \begin{bmatrix} 1 & 1 & 0 \\ 1 & 0 & 0 \\ 0 & 1 & 1 \end{bmatrix} \end{array}$$

[예제 4.11] 집합 A={2,3,4,6}이고 관계 R은 다음과 같을 경우 관계행렬 M_R을 구하여라.

R={(a,b) | (a,b)∈A×A, a는 b의 약수}

풀이 관계 R은 R={(2,2)(2,4),(2,6),(3,3),(3,6),(4,4),(6,6)}이므로 M_R은 4×4 행렬로서 다음과 같다.

$$M_R = \begin{array}{c} \\ 2 \\ 3 \\ 4 \\ 6 \end{array} \begin{array}{c} \begin{array}{cccc} 2 & 3 & 4 & 6 \end{array} \\ \begin{bmatrix} 1 & 0 & 1 & 1 \\ 0 & 1 & 0 & 1 \\ 0 & 0 & 1 & 0 \\ 0 & 0 & 0 & 1 \end{bmatrix} \end{array}$$

4.4 관계의 컴퓨터표현(computer representations of relations)

유한집합으로 표현되는 관계는 부울행렬로 표현이 가능하다. 컴퓨터에서 관계를 표현하는 직접적인 방법은 방향그래프를 관계행렬로 표현하는 것이다. 과거에 다이나믹 연결리스트를 제공하지 못하는 언어에서는 연결리스트(linked list)를 배열관계로 표현하는 방법이 있었다. 집합 A={a,b,c,d}에 대한 관계 R이 R={(a,b), (a,d), (b,a), (b,b), (b,c), (c,b), (d,c)}일 때 이것을 방향그래프로 표현하면 그림 4.5와 같다.

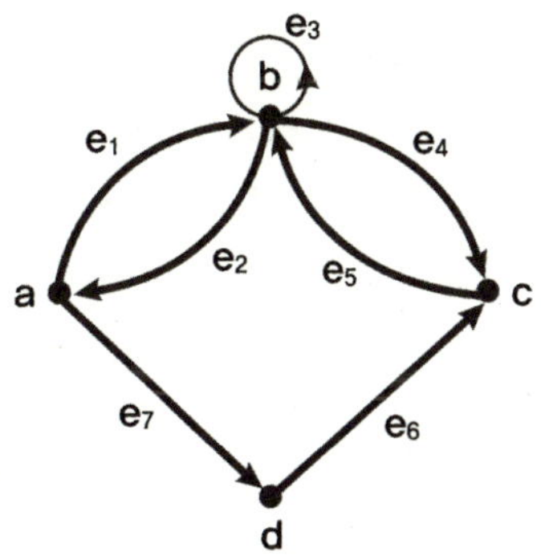

그림 4.5 방향그래프

그림 4.5에서 7개의 연결선은 e_1에서 e_7까지이다. 연결선 e_1은 (a,b) 순서쌍이다. 순서쌍의 첫 번째 원소를 꼬리(tail) 또는 시작점이라고 하며, 두 번째 원소를 머리(head) 또는 끝점이라고 한다. 그러면 연결선 e_1의 꼬리는 a이고 머리는 b가 된다. 이것을 $T=t_i$, $H=h_i$인 1차원 배열로 나타낸 것이 그림 4.6이다.

	Tail	Head	
1	b	b	e_3
2	d	c	e_6
3	a	b	e_1
4	b	c	e_4
5	b	a	e_2
6	a	d	e_7
7	c	b	e_5

그림 4.6 연결선

연결선 e_1은 t_3=a와 h_3=b에 저장이 되어 있다. 그림4.6에서 연결선이 저장된 순서는 별로 중요하지 않다. 예를 들면, 연결선 e_1은 t_3와 h_3인 곳에 저장되어 있다. 따라서 그림 4.7처럼 시작변수는 인덱스 3의 값을 가지면 된다. 그리고 인덱스 3으로부터 시작해서 다음의 연결선을 찾아가는 순서가 그림 4.8과 같이 부여된다. 그림 4.8에서 N(Next)은 다음 연결선을 찾아가는 번호를 의미한다. 예를 들어서 3에 e_1이 있으므로 3에서 시작하여 그 다음에 찾아가는 연결선은 3의 N값이 5이므로 e_2를 찾아간다. 다음은 5의 N값이 1이므로 e_3을 찾아가게 된다.

시작: 3 → 3

	Tail	Head	
1	b	b	e_3
2	d	c	e_6
3	a	b	e_1
4	b	c	e_4
5	b	a	e_2
6	a	d	e_7
7	c	b	e_5

그림 4.7 연결선

시작: 3 → 3

	Tail	Head	Next	
1	b	b	4	e_3
2	d	c	6	e_6
3	a	b	5	e_1
4	b	c	7	e_4
5	b	a	1	e_2
6	a	d	0	e_7
7	c	b	2	e_5

그림 4.8 관계를 리스트로 표현

최근의 프로그램 언어에서는 다이나믹(dynamic) 데이터구조를 제공한다. 이런 구조를 제공하는 프로그램언어에서의 데이터 구조를 표현하는데는 연결리스트가 많이 이용된다. 연결리스트를 표현하기 위한 데이터 또는 노드들은 그림 4.9와 같이 데이터필드(data field)와 연결필드(link field)를 갖는다. 프로그램언어에서의 연결리스트는 노드들의 연결 상태를 나타내는데 그림 4.10과 같이 나타낸다. 연결리스트에서 닐(Nil)은 연결의 마지막으로 더 이상 연결이 없음을 의미한다.

Data Field	Link Field

그림 4.9 노드

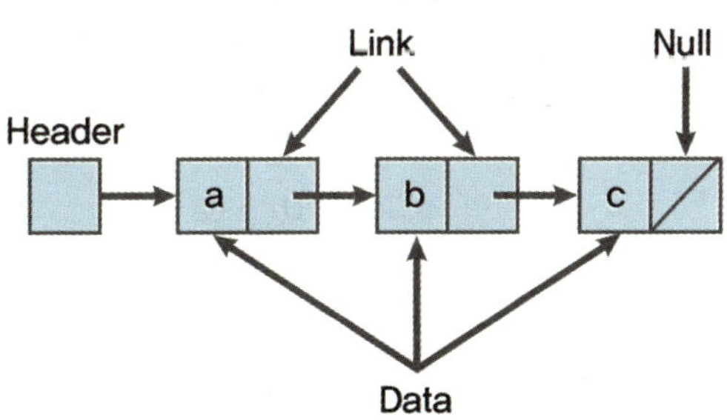

그림 4.10 연결리스트

연결리스트의 작성은 각 정점들을 그 정점에 인접해 있는 정점들의 연결리스트로 구성하면 된다. 예로서 관계 R={(1,2),(1,4)(2,1),(2,2),(2,3),(3,2),(3,3),(4,3)}의 연결리스트는 그림 4.11과 같다.

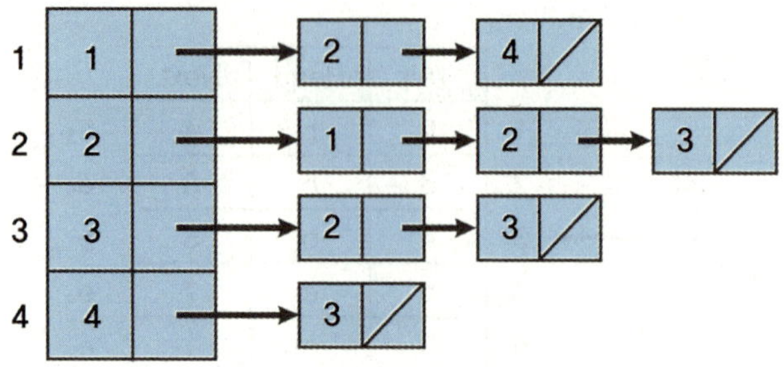

그림 4.11 연결리스트

그림 4.11에서 헤더노드의 포인터를 생략하여 간단하게 그림 4.12와 같이 나타낼 수 있으며, 이것을 관계행렬로 표현하면 다음과 같다.

$$M_R = \begin{array}{c} \\ 1 \\ 2 \\ 3 \\ 4 \end{array} \begin{array}{c} \begin{array}{cccc} 1 & 2 & 3 & 4 \end{array} \\ \begin{bmatrix} 0 & 1 & 0 & 1 \\ 1 & 1 & 1 & 0 \\ 0 & 1 & 1 & 0 \\ 0 & 0 & 1 & 0 \end{bmatrix} \end{array}$$

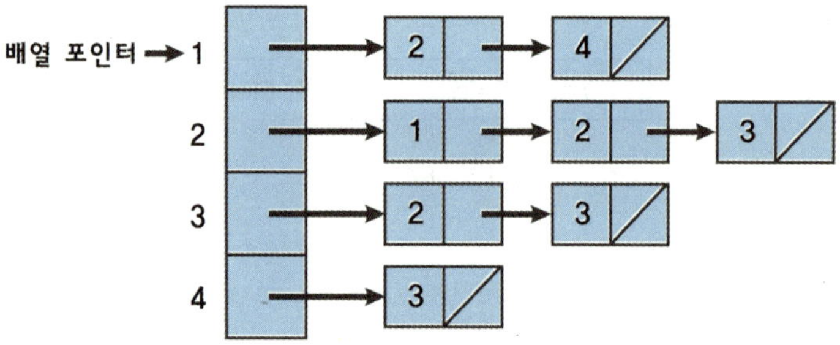

그림 4.12 연결리스트

[예제 4.12] 그림 4.13의 연결리스트를 관계행렬로 표현하여라.

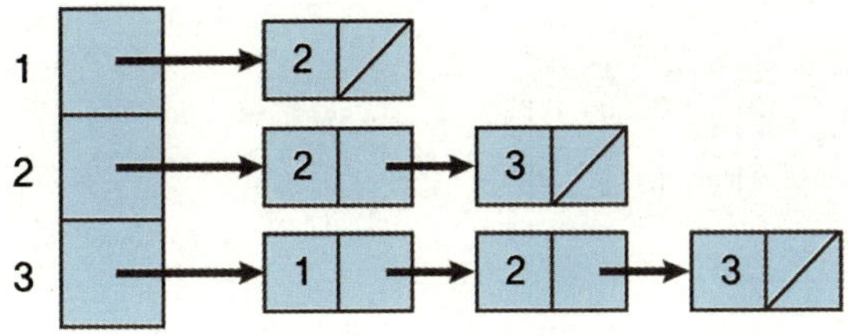

그림 4.13 연결리스트

풀이 연결리스트를 관계 R로 표현하면,
R = {(1,2),(2,2),(2,3),(3,1),(3,2),(3,3)}이 된다. 그러므로 관계행렬 M_R은 다음과 같다.

$$M_R = \begin{array}{c} \\ 1 \\ 2 \\ 3 \end{array}\begin{array}{c} \begin{array}{ccc} 1 & 2 & 3 \end{array} \\ \begin{bmatrix} 0 & 1 & 0 \\ 0 & 1 & 1 \\ 1 & 1 & 1 \end{bmatrix} \end{array}$$

[예제 4.13] 그림 4.14의 연결리스트를 관계행렬로 표현하여라.

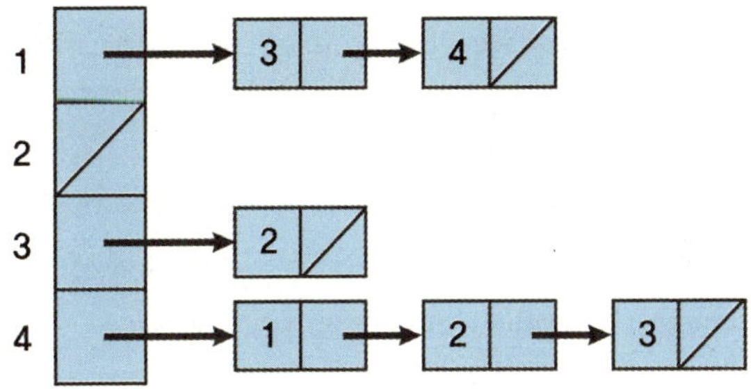

그림 4.14 연결리스트

풀이 연결리스트를 관계 R로 표현하면,
R = {(1,3),(1,4),(3,2),(4,1),(4,2),(4,3)}이 된다. 그러므로 관계행렬 M_R은 다음과 같다.

$$M_R = \begin{array}{c} \\ 1 \\ 2 \\ 3 \\ 4 \end{array}\begin{array}{c} \begin{array}{cccc} 1 & 2 & 3 & 4 \end{array} \\ \begin{bmatrix} 0 & 0 & 1 & 1 \\ 0 & 0 & 0 & 0 \\ 0 & 1 & 0 & 0 \\ 1 & 1 & 1 & 0 \end{bmatrix} \end{array}$$

4.5 합성관계(composition of relations)

관련이 있는 두 개 이상의 관계를 합성하여 새로운 관계를 구할 수 있다. 이렇게 구해진 관계를 합성관계라고 한다.

정의 4.4 합성관계(composite relation)

세 집합 A, B, C에서 R을 집합 A에서 집합 B로의 관계라 하고, S를 집합 B에서 집합 C로의 관계라 하면, 관계 R과 S를 합성한 것을 R∘S로 표기하며 이것을 합성관계라 부른다.

$$R \circ S = \{(a,c) \mid a \in A, b \in B, c \in C, (a,b) \in R\text{이고 } (b,c) \in S\}$$

3개의 집합 A, B, C에서 관계 R을 집합 A에서 집합 B로의 관계라 하고, S를 집합 B에서 집합 C로의 관계라 하면, 합성관계 R∘S는 집합 A에서 집합 C로의 관계이다. 이렇게 두 관계를 합성하기 위해서는 관계 R과 S는 연관성이 있어야 한다. R의 치역(range)이 S의 정의역(domain)이 되어야 합성 명제 R∘S를 구할 수 있다. 합성관계 R∘S의 정의역과 치역은 다음과 같다.

$$\text{Dom}(R \circ S) = \{a \mid a \in A,\ c \in C,\ (a,c) \in R \circ S\}$$
$$\text{Ran}(R \circ S) = \{c \mid a \in A,\ c \in C,\ (a,c) \in R \circ S\}$$

합성관계를 구하는 방법은 그림 4.15와 같이 화살표 도표를 이용하여 구하거나 관계행렬을 이용하여 구할 수도 있다. 관계행렬로 구하는 방법은 관계 R의 관계행렬 M_R과 관계 S의 관계행렬 M_S의 부울곱으로 구할 수 있다.

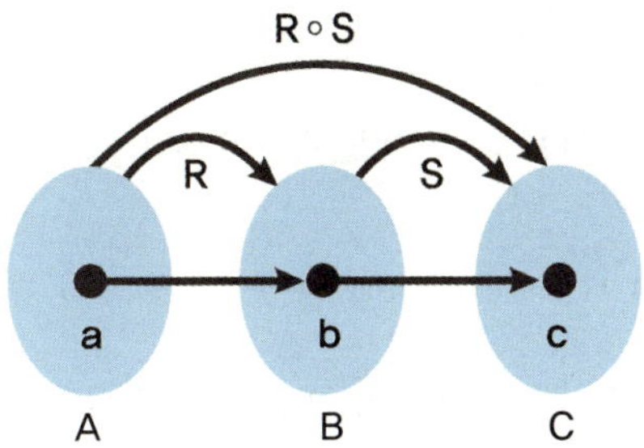

그림 4.15 합성관계를 구하는 화살표 도표

[예제 4.14] 세 집합 A, B, C에서 A = {1,2,3,4}, B = {a,b,c}, C = {x,y,z}이고, 관계 R은 집합 A에서 집합 B로의 관계이고, 관계 S는 집합 B에서 집합 C로의 관계이다. 관계 R과 S가 다음과 같을 때 합성관계 R∘S를 구하여라.

R = {(1,a),(2,a),(2,b),(3,c),(4,b),(4,c)}
S = {(a,x),(b,y),(c,x),(c,z)}

1) 화살표 도표를 이용하여 구하여라.
2) 관계행렬을 이용하여 구하여라.

풀이 1) 관계 R과 S를 화살표 도표로 나타내면 그림 4.16이다. 이 도표로부터 합성관계 R∘S를 구한 것이 그림 4.17이다.

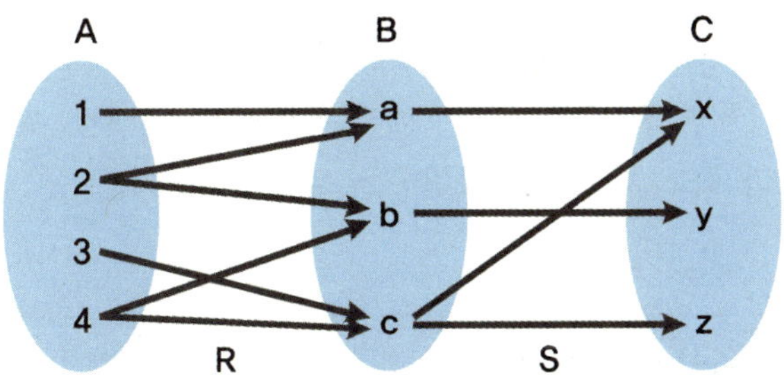

그림 4.16 관계 R과 S의 화살표 도표

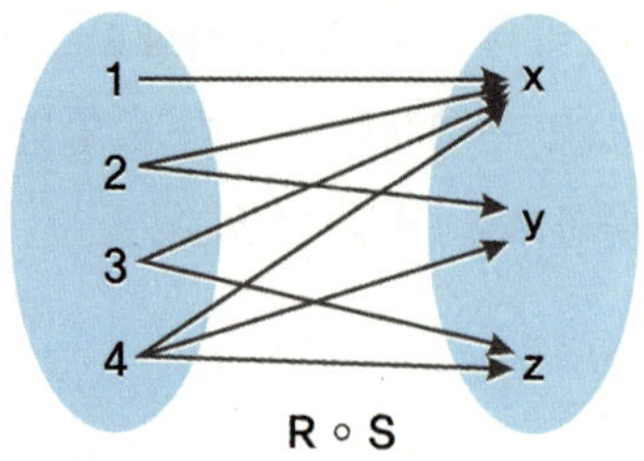

그림 4.17 합성관계 R∘S의 도표

그림 4.17로부터 다음과 같이 R∘S를 구할 수 있다.

R∘S={(1,x),(2,x),(2,y),(3,x),(3,z),(4,x),(4,y),(4,z)}

2) 관계행렬 M_R과 M_S가 다음과 같을 때 합성관계 R∘S는 다음과 같이 구할 수 있다.

$$M_R = \begin{bmatrix} 1 & 0 & 0 \\ 1 & 1 & 0 \\ 0 & 0 & 1 \\ 0 & 1 & 1 \end{bmatrix} \quad M_S = \begin{bmatrix} 1 & 0 & 0 \\ 0 & 1 & 0 \\ 1 & 0 & 1 \end{bmatrix} \quad M_{R \cdot S} = \begin{bmatrix} 1 & 0 & 0 \\ 1 & 1 & 0 \\ 0 & 0 & 1 \\ 0 & 1 & 1 \end{bmatrix} \cdot \begin{bmatrix} 1 & 0 & 0 \\ 0 & 1 & 0 \\ 1 & 0 & 1 \end{bmatrix} = \begin{bmatrix} 1 & 0 & 0 \\ 1 & 1 & 0 \\ 1 & 0 & 1 \\ 1 & 1 & 1 \end{bmatrix}$$

합성관계 R·S는 $M_{R \circ S}$으로부터 구하면 다음과 같다.

R∘S={(1,x),(2,x),(2,y),(3,x),(3,z),(4,x),(4,y),(4,z)}

합성관계를 화살표 도표와 관계행렬로 구하는 예를 보았다. 그러나 이 방법 이외에도 방향그래프를 이용하여 구할 수도 있다. 방향그래프는 관계를 표현하는 방법의 하나로서 주로 어느 한 집합 A 사이의 관계를 표현하는데 편리하다. 물론 집합 A 사이의 관계를 다른 방법으로 표현 할 수도 있다. 예를 들어서 집합 A가 A={1,2,3,4}이고 관계 R이 A에 대한 관계라 하고 다음과 같다면

R = {(1,3),(2,2),(2,4),(3,2),(4,1)}

합성관계 R∘R을 부울곱을 이용하여 구하면 다음과 같다.

$$M_{R\circ R} = \begin{bmatrix} 0 & 0 & 1 & 0 \\ 0 & 1 & 0 & 1 \\ 0 & 1 & 0 & 0 \\ 1 & 0 & 0 & 0 \end{bmatrix} \cdot \begin{bmatrix} 0 & 0 & 1 & 0 \\ 0 & 1 & 0 & 1 \\ 0 & 1 & 0 & 0 \\ 1 & 0 & 0 & 0 \end{bmatrix}$$

$$= \begin{bmatrix} 0 & 1 & 0 & 0 \\ 1 & 1 & 0 & 1 \\ 0 & 1 & 0 & 1 \\ 0 & 0 & 1 & 0 \end{bmatrix}$$

이것을 이번에는 방향그래프를 이용하여 구하면 그림 4.18과 같다. 합성관계 R∘R을 R^2로 표시하기도 한다. 방향그래프 상에서 합성관계 R^2를 구하는 것은 그림 4.18 (a)의 방향그래프 R에서 임의의 정점들로부터 경로(path)의 길이기 2가 되는 정점들의 쌍을 모두 나타낸다. 다시 말하면 임의의 정점에서 시작하여 두 번 만에 도달할 수 있는 모든 정점들을 화살표로 나타낸 것이다. 예를 들면, 정점 1에서 정점 3을 거쳐 2에 도달할 수 있으며 정점 1로부터는 길이가 2가 되는 것은 이것밖에 없다. 그러므로 합성관계에서 정점 1로부터 구할 수 있는 쌍은 (1,2)∈R∘R 하나이다.

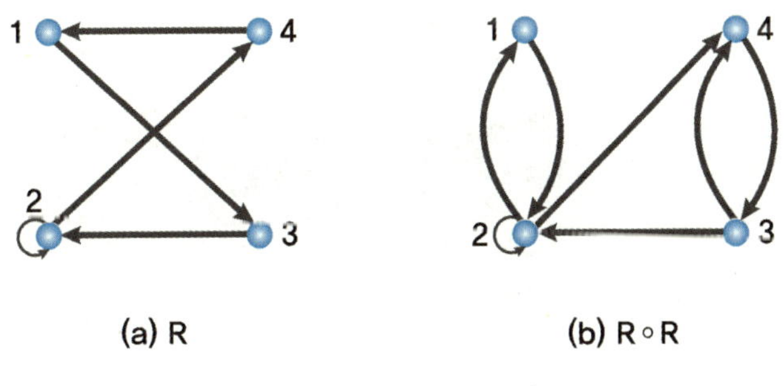

그림 4.18 방향그래프

일반적으로 합성관계를 n번하여 R^n이라 하면 임의의 정점에서 경로의 길이가 n이 되는 정점들의 쌍을 구하면 되며 aR^nb으로 표기한다. 다시 말하면 aR^nb은 a와 b 사이에 길이가 n이 되는 연결이 있다는 것을 의미한다.

[예제 4.15]

3개의 집합 A,B,C에서 A = {a,b,c}, B = {1,2,3,4}, C = {w,x,y,z}이고, 관계 R과 S가 다음과 같을 때 합성관계 R◦S를 구하여라.

R = {(a,1),(a,3),(b,2),(c,4)}
S = {(1,x),(1,y),(2,w),(3,z),(4,y)}

풀이

우선 관계 R과 관계 S를 화살표 도표로 그리면 그림 4.19와 같으며, 이것을 이용하여 합성관계 R◦S를 화살표 도표로 그리면 그림 4.20과 같다.
R◦S={(a,x),(a,y),(a,z),(b,w),(c,y)}이다.

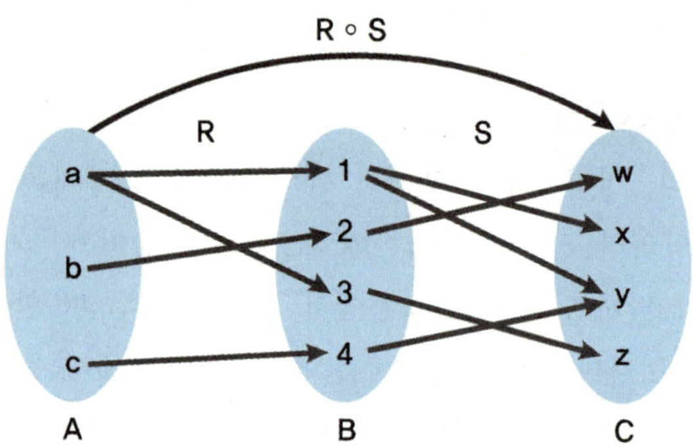

그림 4.19 관계 R과 S의 그래프

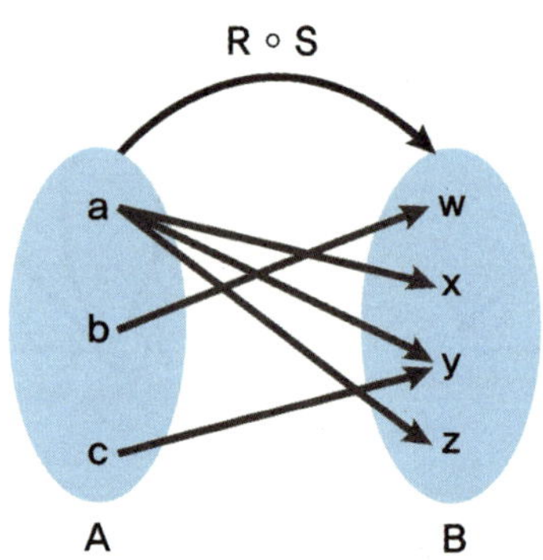

그림 4.20 R◦S의 합성관계 그래프

[예제 4.16]

표 4.1의 고객화일(F1)과 표 4.2의 청구화일(F2)의 데이터베이스 파일이 다음과 같을 때 두 개 파일의 합성파일 F1◦F2를 구하여라. F1화일은 고객의 이름과 전화번호의 순서쌍으로 되어 있고, F2화일은 전화번호와 청구금액의 순서쌍으로 되어 있다.

표 4.1 F1 파일

이름	전화번호
박정수	623-4567
김근석	225-5061
정구성	624-3987
유덕화	239-3883
명전도	834-3434
이정민	345-5678

표 4.2 F2 파일

전화번호	청구액
623-4567	39.45
623-0011	25.00
243-1111	47.50
624-3987	23.35
624-8958	73.30
834-3434	95.65
345-5678	51.95
628-9876	64.85

풀이 합성화일 F1∘F2은 고객에 따른 청구금액의 순서쌍을 구한 것이 된다. 표 4.3과 같다.

표 4.3 F1∘F2의 합성화일

이름	청구액
박정수	39.45
정구성	23.15
명전도	95.65
이정민	51.95

[정리 4.1]

합성관계에서 다음이 성립한다.

1) $R \circ R = R^2$
2) $R^n = R \circ R^{n-1}$
3) $R^n \circ R^m = R^{n+m}$
4) $(R^n)^m = R^{nm}$, $(n, m \in N)$

[예제 4.17] 집합 A가 A={a,b,c,d}이고, 관계 R이 다음과 같을 때 R∘R(R^2)과 R∘R∘R(R^3)을 구하여라.

R = {(a,b),(a,d),(b,a),(b,c),(c,d),(d,a)}

풀이 우선 관계 R에 대한 방향그래프를 그리면 그림 4.21과 같다.

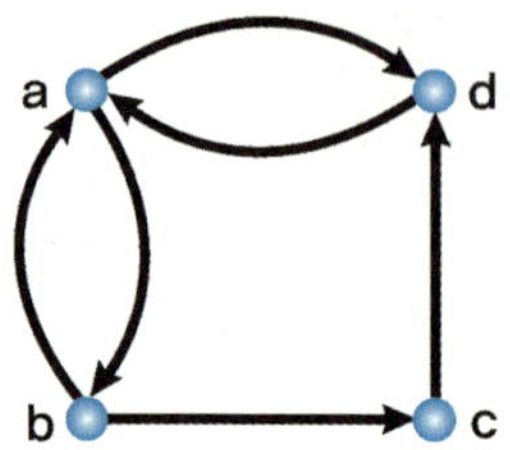

그림 4.21 관계 R의 방향그래프

그림 4.21로부터 R^2는 각 정점에서 길이가 2인 정점을, R^3는 길이가 3인 정점을 찾아서 연결선으로 이어 주면 된다. 이런 방식으로 구해진 R^2와 R^3에 대한 방향그래프가 그림 4.22이다.

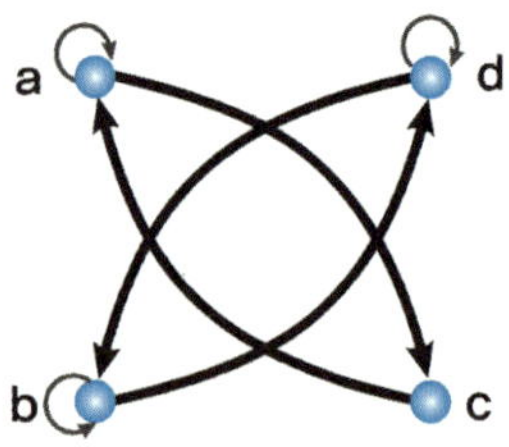

(a) R^2

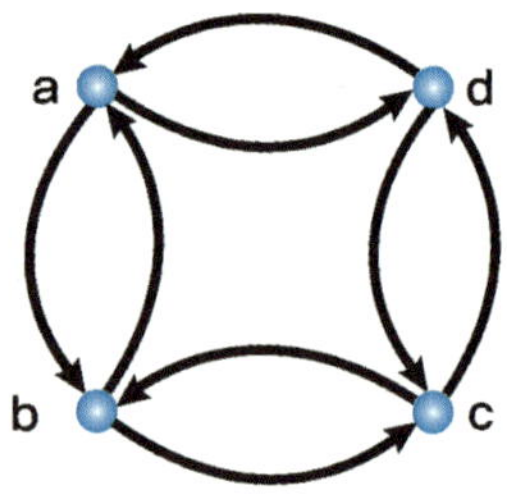

(b) R^3

그림 4.22 R^2와 R^3에 대한 방향그래프

[정리 4.2]

집합 A, B, C에서 R⊆A×B, S⊆B×C 그리고 T⊆C×D일 때 다음이 성립한다.

1) R∘(S∘T)=(R∘S)∘T

[정리 4.3]

집합 A, B, C에서 $R \subseteq A \times B$와 $S \subseteq B \times C$일 때 다음이 성립한다.

1) $(R \circ S)^{-1} = S^{-1} \circ R^{-1}$

[정리 4.4]

집합 A, B에서 $R \subseteq A \times B$이고, I_A, I_B가 집합 A와 B의 항등관계라고 하면 다음이 성립한다.

1) $I_A \circ R = R \circ I_B = R$

[예제 4.18]

두 집합 A, B에서 A = {1,2,3,4}, B = {1,2,3,4}일 때 집합 A와 집합 B 사이의 관계 R과 S는 다음과 같다.

$R = \{(1,2),(1,3),(2,2),(3,1),(4,2)\}$
$S = \{(1,1),(1,3),(2,3),(3,3),(4,1),(4,4)\}$

1) $R \circ S$를 구하여라.
2) $(R \circ S)^{-1}$을 구하여라.
3) I_A를 구하여라.
4) I_B를 구하여라.

풀이

1) $R \circ S = \{(1,3),(2,3),((3,1),(3,3),(4,3)\}$
2) $(R \circ S)^{-1} = \{(3,1),(3,2),(1,3),(3,3),(3,4)\}$
3) $I_A = \{(1,1),(2,2),(3,3),(4,4)\}$
4) $I_B = \{(1,1),(2,2),(3,3),(4,4)\}$

4.6 관계의 성질(properties of relations)

집합들로부터 만들어지는 관계 R은 그 집합의 원소와 이들 원소로부터 어떤 조건에 따라서 이루어진 관계의 순서쌍들의 집합이다. 이때 집합의 원소와 관계의 순서쌍들 사이에 특정한 성질을 갖는 것이 있는데 이런 성질에 따라서 관계는 반사적(또는 반사관계), 비반사적(또는 비반사관계), 대칭적(또는 대칭관계), 반대칭적(또는 반대칭관계), 그리고 추이적(또는 추이관계) 등으로 나눈다.

(1) 반사적(reflexive relations)

집합 A로 이루어지는 관계 R이 집합 A에 속하는 모든 원소에 대해서 aRa, 즉 (a,a) ∈R이면 이 관계를 반사적이라고 한다. 예를 들어서 집합 A={1,2}이고, 관계 R이 집합 A에 대한 관계이다. 그리고 R={(1,1),(1,2),(2,2)}이라면 집합 A의 원소 1, 2가 모두 (1,1)∈R, (2,2)∈R이므로 관계 R은 반사적이다.

정의 4.5 반사적(reflexive relations)

> 집합 A로 이루어지는 관계 R이 집합 A에 속하는 모든 원소에 대해서 aRa, 즉 (a,a)∈R이면 이 관계를 반사적이라 한다.
>
> R ={(a,a) | a∈A이고 모든 A의 원소는 R의 순서쌍이다}

[예제 4.19] 집합 A에서 A={1,2,3,4}이고 집합 A로 이루어진 관계 R이 다음과 같을 때 반사적인가를 알아보아라.

1) R_1 = {(1,1),(1,2),(1,3),(2,1),(2,2),(3,3),(3,4),(4,4)}
2) R_2 = {(1,3),(2,2),(3,3),(4,4)}
3) R_3 = {(3,2),(3,3),(4,4),(4,1),(2,3),(1,1),(2,2),(1,3)}
4) R_4 = ∅

풀이

1) R_1은 집합 A의 4개 원소 모두 (a,a)의 순서쌍을 갖고 있으므로 반사적이다.
2) R_2는 집합 A의 원소 중 $1 \not R 1$이므로 반사적이 아니다.
3) R_3는 집합 A의 4개 원소 모두 (a,a)의 순서쌍을 갖고 있으므로 반사적이다.
4) R_4는 공집합 관계이므로 반사적이 아니다.

관계 R을 관계행렬로 표현해 보면 쉽게 반사적이라는 것을 알 수 있다. 관계행렬 M_R = (m_{ij})에서 관계 R이 반사적이라고 하는 것은 그림 4.23과 같이 $m_{ii}=1$ 일 때이다. 그림 4.23에서 m_{ii}를 제외한 다른 원소의 값은 어떤 값을 갖든지 상관없다.

$$M_R = \begin{bmatrix} 1 & & & & \\ & 1 & & & \\ & & \cdot & & \\ & & & \cdot & \\ & & & & \cdot \\ & & & & & 1 \end{bmatrix}$$

그림 4.23 반사적 성질을 갖는 관계행렬

관계 R을 방향그래프로 그려보면 더 쉽게 알 수 있다. 각 정점에서 자기 자신으로의 연결선이 있으면 반사적이다.

[예제 4.20] 집합 A에서 A={a,b,c,d}이고 집합 A로 이루어진 관계 R이 다음 그림 4.24와 같은 경우 반사적이다.

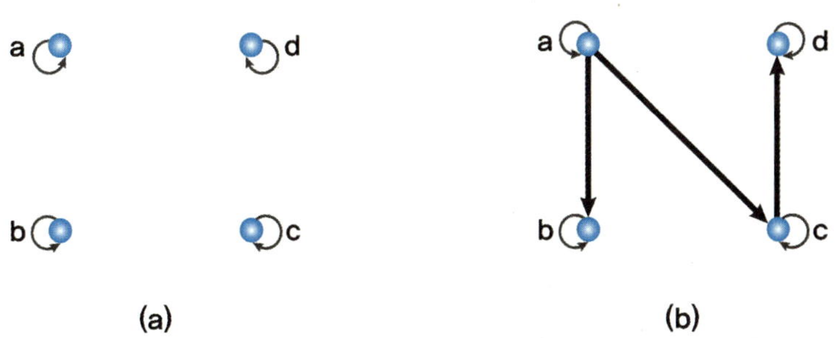

그림 4.24 반사관계를 갖는 그래프

(2) 비반사적(irreflexive relations)

반사적과는 반대로 집합 A의 모든 원소 a에 대하여 $a \not R a$일 때 R을 비반사 관계(Irreflexive relation)라고 한다. 즉, R의 원소 중에는 (a,a) 형태의 순서쌍을 하나도 가지고 있지 않아야 한다. 예를 들어서 집합 A={1,2}이고, 관계 R이 집합 A에 대한 관계이다. 그리고 R={(1,2),(2,1)}이라면 집합 A의 원소 1, 2가 모두 $(1,1) \notin R$, $(2,2) \notin R$이므로 관계 R은 비반사적이다. 어떤 관계 R이 반사적이면, 그 관계 R은 비반사적이다. 그러나 반사적이 아니라고 반드시 비반사적이지는 않다.

정의 4.6 비반사적(irreflexive relations)

집합 A로 이루어지는 관계 R이 집합 A에 속하는 모든 원소에 대해서 $a \not R a$이면 이 관계를 비반사적이라 한다.

$$R = \{(a,b) \mid a,\ b \in A\text{이고 모든 A의 원소에 대해 } a \neq b\}$$

[예제 4.21] 집합 A가 A = {a,b,c,d}이고 집합 A에 대한 관계 R이 다음과 같을 때 반사적인가 비반사적인가를 구분하여라.

1) R_1 = {(a,b),(b,a),(c,a),(c,b),(d,d)}
2) R_2 = {(a,b),(b,a),(b,d),(c,d)}
3) R_3 = {(a,a),(b,b),(b,d),(c,c),(c,d),(d,d)}

풀이

1) 관계 R_1은 집합 A의 원소 중 $a \not R a$, $b \not R b$ 그리고 $c \not R c$이므로 반사적이 아니다. 또한 dRd이므로 비반사적도 아니다.
2) 관계 R_2는 집합 A의 모든 원소 a에 대하여 $a \not R a$이므로 비반사적이다. 반사적이 아니다.
3) R_3은 집합 A의 모든 원소 a에 대하여 aRa이므로 반사적이나 비반사적은 아니다.

(3) 대칭적(symmetric relations)

집합 A에 대해서 관계 R이 대칭적이라는 것은 R의 원소 중 순서쌍 (a,b)가 존재하면, (b,a)가 반드시 관계 R의 원소이어야 한다.

정의 4.7 **대칭적(Symmetric Relations)**

집합 A로 이루어지는 관계 R이 집합 A에 속하는 모든 원소에 대해서 aRb이면 bRa가 성립하면 이 관계를 대칭적이라 한다.

R ={(a,b),(b,a) | a,b∈A, aRb이면 bRa이다}

관계 R이 대칭적이라면 이것을 관계행렬로 표현했을 때 그림 4.25와 같이 대각선을 중심으로 행렬이 서로 대칭이 되어야 한다.

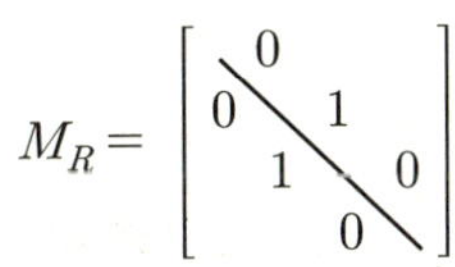

그림 4.25 대칭적인 성질을 갖는 관계행렬

대칭적인 관계 R을 방향그래프로 나타내면 그림 4.25와 같이 하나의 정점에서 다른 정점으로 연결선이 있으면, 그 반대도 연결선이 있어야 한다.

$$M_R = \begin{array}{c} \\ 1 \\ 2 \\ 3 \\ 4 \end{array}\begin{array}{c} \begin{array}{cccc} 1 & 2 & 3 & 4 \end{array} \\ \begin{bmatrix} 0 & 1 & 0 & 1 \\ 1 & 0 & 1 & 0 \\ 0 & 1 & 0 & 1 \\ 1 & 0 & 1 & 1 \end{bmatrix} \end{array}$$

(a) 관계행렬

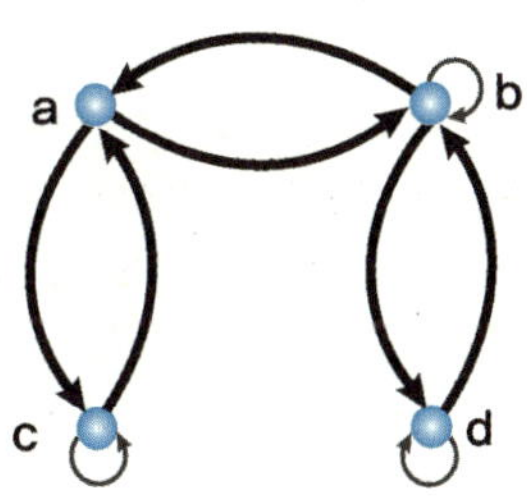

(b) 방향그래프

그림 4.25 대칭적인 관계를 갖는 그래프

[예제 4.22] 집합 A에서 A={x,y,z}일 때 다음 관계가 대칭적인지를 구별하여라.

1) R_1 = {(x,x),(y,y),(z,z)}
2) R_2 = {(x,z)}
3) R_3 = {(x,y),(y,x)}
4) R_4 = {(x,x),(x,z),(z,x),(y,z)}

풀이

1) 관계 R_1은 대칭적이다.
2) 관계 R_2는 (x,z)가 R의 원소이나 (z,x)가 R의 원소가 아니므로 대칭적이 아니다.
3) 관계 R_3는 대칭적이다.
4) 관계 R_4는 (y,z)가 R의 원소이나 (z,y)가 R의 원소가 아니므로 대칭적이 아니다.

[예제 4.23] a, b가 자연수의 집합 N의 원소일 때 다음의 관계들이 대칭적인지를 구별하여라. 관계 R_1, R_2 R_3은 자연수의 관계이다.

1) R_1 = {(a,b) | a∈N, b∈N, a=b}
2) R_2 = {(a,b) | a∈N, b∈N, a≤b}
3) R_3 = {(a,b) | a∈N, b∈N, a+b=10}

풀이

1) 집합 N의 어떤 원소에 대해서 a=b이고, (a,b)∈R_1이면 (b,a)∈R_1가 된다. 그러므로 R_1은 대칭적이다.
2) 집합 N의 어떤 원소에 대해서 a=2이고 b=4이면 2≤4이므로, (2,4)∈R_2이나, (4,2)∉R_2이므로 R_2는 대칭적이 아니다.
3) a+b=10일 때 (a,b)∈R_3이면 (b,a)∈R_3이므로, R_3은 대칭적이다. 예를 들어서 a=4이면 b=6이 되어 (4,6)∈R_3이다. 또한 a=6이면 b=4가 되어 (6,4)∈R_3이 된다.

(4) 반대칭적(antisymmetric relations)

집합 A에 대한 관계 R이 반대칭적 이라는 것은 (a,b)∈R이고 (b,a)∈R이면 반드시 a=b가 성립할 때를 말한다.

정의 4.8 반대칭적(Antisymmetric Relations)

집합 A로 이루어지는 관계 R이 집합 A에 속하는 모든 원소에 대해서 aRb이고 bRa일 때 a=b가 성립하면 이 관계를 반대칭적이라 한다.

R ={(a,b),(b,a) | a,b∈A, aRb이고 bRa일 때 a=b}

대부분의 경우에 대칭적과 반대칭적은 서로 반대적인 성질을 가지고 있다. 그러나 특수한 경우에는 대칭적과 반대칭적인 관계가 같이 성립할 수도 있다. 예를 들어서 집합 A={a,b,c}이며 관계 R이 집합 A로부터 이루어진 R={(a,a),(b,b), (c,c)}인 경우 관계 R은 대칭적이며, 반대칭적인 관계도 성립된다. 왜냐하면, aRb이고 bRa인 관계가 하나도 없으므로 관계 R은 반대칭적인 관계가 된다. 반대칭적인 관계 R을 관계행렬로 표현하면 그림 4.27과 같다.

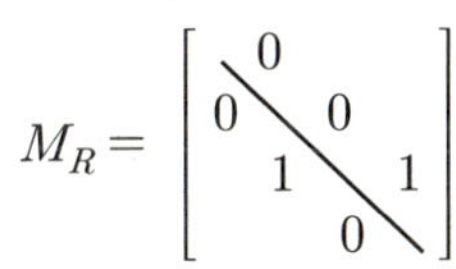

그림 4.27 반대칭인 관계행렬

[예제 4.24] 집합 A에서 A={x,y,z}일 때 다음 관계가 반대칭적인 관계인지를 구별하여라.

1) R_1 = {(x,x),(y,y),(z,z)}
2) R_2 = {(x,z)}
3) R_3 = {(x,y),(y,x)}
4) R_4 = {(x,x),(x,z),(z,x),(y,z)}

풀이

1) 관계 R_1은 해당되는 조건이 없으므로 반대칭적이다.
2) 관계 R_2는 해당되는 조건이 없으므로 반대칭적이다.
3) 관계 R_3은 xRy이고 yRx이나 x≠y이므로 반대칭적이 아니다.
4) 관계 R_4는 xRz이고 zRx이나 x≠z이므로 반대칭적이 아니다.

[예제 4.25] 집합 A={a,b,c}에 대한 관계행렬 M_R이 반대칭적인 관계인지를 구별하여라.

$$M_R = \begin{bmatrix} 1 & 1 & 0 \\ 0 & 0 & 0 \\ 0 & 1 & 1 \end{bmatrix}$$

풀이 관계 R은 관계행렬로부터 구하면 R={(a,a),(a,b),(c,b),(c,c)}이다. 관계 R에는 해당되는 조건이 없으므로 반대칭적이다.

(5) 추이적(transitive relations)

집합 A로 이루어지는 관계 R이 집합 A에 속하는 모든 원소에 대해서 aRb이고 bRc이면 aRc가 성립할 때 이 관계는 추이적이라고 한다.

정의 4.9 추이적(Transitive Relations)

집합 A로 이루어지는 관계 R이 집합 A에 속하는 모든 원소에 대해서 aRb이고 bRc이면 aRc가 성립하는 관계를 추이적이라 한다.

R ={(a,c) | a,b,c∈A ,aRb 이고 bRc 일 때 aRc}

추이적인 관계는 논리에서 명제 p→q이고 q→r이면 p→r이 되는 추론관계와 같다. 또한 논리적으로 p⇔q이고 q⇔r이면 p⇔r이 논리적 동치관계가 성립되는 것과 같은 것이다. 여기서는 관계 R의 모든 순서쌍에 대해서 (a,b)∈R이고 (b,c)∈R이면 (a,c)∈R이 성립하는 경우에 추이적인 관계라고 한다. 방향그래프로 추이적인 관계를 그려보면 그림 4.28과 같다.

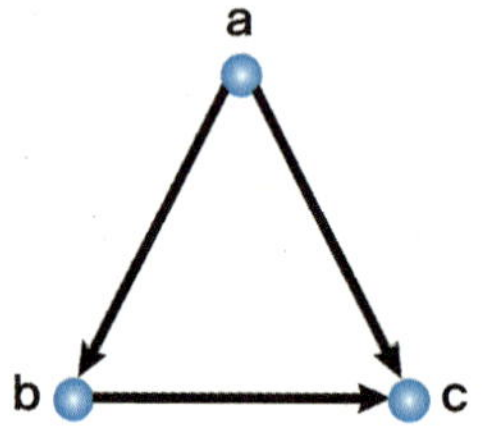

그림 4.28 추이적인 관계 그래프

[예제 4.26] 집합 A에서 A={a,b,c}일 때 다음 관계가 추이적인 관계인지를 구별하여라.

1) R_1 = {(a,b),(b,c),(a,c)}
2) R_2 = {(a,a),(a,b),(a,c),(b,a),(b,c)}
3) R_3 = {(a,a),(b,b),((c,c)}
4) R_4 = {(a,b),(b,c)}

풀이

1) 관계 R_1은 aRb이고 bRc일 때 aRc이므로 추이적이다.
2) 관계 R_2는
   aRa이고 aRb일 때 aRb이고
   aRa이고 aRc일 때 aRc이고
   aRb이고 bRa일 때 aRa이고
   aRb이고 bRc일 때 aRc이고
   bRa이고 aRb일 때 $b \not R b$이므로 추이적이 아니다.
3) 관계 R_3는 해당 조건이 없으므로 추이적이다.
4) 관계 R_4는 aRb이고 bRc일 때 $a \not R c$이므로 추이적이 아니다.

[예제 4.27] 다음의 그림 4.29의 방향그래프가 추이적관계인가를 구별하여라.

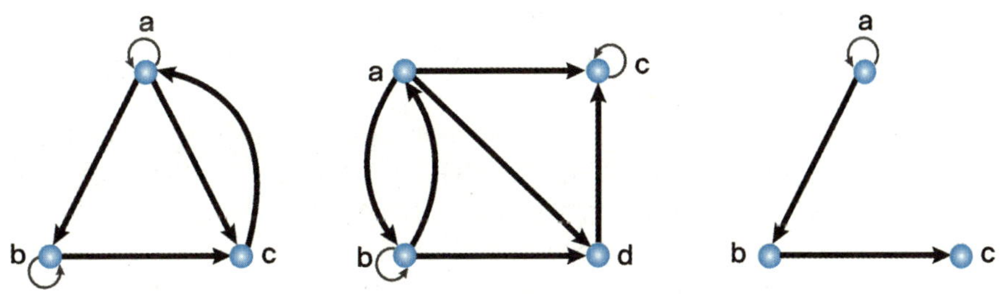

(a) R1 (b) R2 (c) R3

그림 4.29 방향그래프

풀이

a) R1={(a,a),(a,b),(a,c),(b,b),(b,c),(c,a)}에서(c,a)∈R이고 (a,c)∈R이나 (c,c)∉R이므로 추이적인 관계가 아니다.
b) R2={(a,b),(a,c),(a,d),(b,a),(b,b),(b,d),(c,c),(d,c)}에서 (a,b)∈R 이고 (b,a)∈R이나 (a,a)∉R이므로 추이적인 관계가 아니다.
c) R3={(a,a),(a,b),(b,c)}에서 (a,b)∈R이고 (b,c)∈R이나 (a,c)∉R 이므로 추이적인 관계가 아니다.

[예제 4.28] 집합 A={a,b,c,d}에 대한 관계행렬 M_R이 추이적인 관계인가를 구별하여라.

$$M_R = \begin{array}{c} \\ a \\ b \\ c \\ d \end{array} \begin{array}{c} \begin{array}{cccc} a & b & c & d \end{array} \\ \begin{bmatrix} 1 & 0 & 0 & 1 \\ 1 & 1 & 0 & 0 \\ 0 & 1 & 1 & 1 \\ 0 & 0 & 1 & 1 \end{bmatrix} \end{array}$$

풀이

관계행렬로부터 관계 R은
R={(a,a),(a,d),(b,a),(b,b),(c,b),(c,c),(c,d),(d,c),(d,d)}에서
(a,d)∈R이고 (d,c)∈R이나 (a,c)∉R이므로 추이적인 관계가 아니다.

[예제 4.29] 집합 A에서 A={1,2,3,4}일 때 다음의 관계들에 대하여 그 관계가 반사적, 비반사적, 대칭적, 반대칭적, 추이적인 관계인지를 구별하여라.

1) R_1={(1,1),(1,2),(2,1),(2,4),(3,3),(4,2),(4,4)}
2) R_2={(1,1),(1,2),(2,1),(2,2),(2,3),(3,2),(3,3),(4,4)}
3) R_3={(1,1),(2,2),(3,3),(4,4)}
4) R_4={(1,4),(3,4)}

풀이

1)
- (2,2)∉R_1이므로, 반사적이 아니다.
- (1,1)∈R_1이므로 비반사적이 아니다.
- (1,2)∈R_1일 때 (2,1)∈R_1이고, (2,4)∈R_1일 때 (4,2)∈R_1 이므로 대칭적이다.
- (2,4)∈R_1이고 (4,2)∈R_1일 때 2≠4이므로, 반대칭적이 아니다.
- (2,1)∈R_1이고 (1,2)∈R_1이나 (2,2)∉R_1이므로, 추이적인 관계가 아니다.

2)
- 모든 원소에 대해서 (a,a)∈R_2이므로 반사적이다.
- 반사적이므로 비반사적이 아니다.
- (1,2)∈R_2일 때 (2,1)∈R_2이고, (2,3)∈R_2일 때 (3,2)∈R_2이므로 대칭적이다.
- (1,2)∈R_2이고 (2,1)∈R_2일 때 1≠2이므로, 반대칭적이 아니다.
- (1,2)∈R_2이고 (2,3)∈R_2인데 (1,3)∉R_2이므로 추이적이 아니다.

3)
- R_3는 반사적, 대칭적, 반대칭적, 추이적적인 관계가 성립한다. 그러나 비반사적은 아니다.

4)
- (1,1)∉R_4이므로 반사적이 아니다.
- 모든 원소에 대해서 (a,a)∉R_4이므로 비반사적이다.
- (1,4)∈R_4일 때 (4,1)∉R_4이므로 대칭적이 아니다.
- 조건을 만족하는 것이 없으므로 반대칭적이다.
- 조건을 만족하는 것이 없으므로 추이적이다.

앞에서 관계 R의 추이 클로우저(transitive closure)는 R^*로 표기하며 다음과 같이 정의하였다.

$$R^* = \bigcup_{i=1}^{n} R^n = R \cup R^2 \cup R^3 \cup \cdots \cup R^n$$

관계 R이 집합 A에 대한 관계라고 하면 R*는 집합 A에 속해 있는 모든 원서 a, b에 대해 (a,b)∈R이고 (b,c)∈R일 때 (a,c)∉R이면 관계 R에 (a,c)를 추가한다. 이런 방법으로 관계 R에 속해있는 모든 순서쌍과 추가된 순서쌍을 대상으로 추이적인 관계가 있는 것을 추가해 나간다. 이렇게 구해진 것이 R*이다. 여기서 R⊆R*가 됨을 알 수 있다.

[예제 4.30] 집합 A={a,b,c}이고, 이 집합으로부터의 관계 R={(a,b),(b,a),(b,c)}, S={(a,a),(b,b),(c,c)} 그리고 T=∅일 때 R^*, S^*, T^*를 구하여라.

풀이

1) R^*는 관계 R에서 (a,b)∈R이고 (b,a)∈R인데 (a,a)∉R이므로 관계 R에 (a,a)를 추가하고, (a,b)∈R이고 (b,c)∈R인데 (a,c)∉R이므로 관계 R에 (a,c)를 추가한다. 이렇게 해서R_1= {(a,a),(a,b),(a,c),(b,a),(b,c)}이 구해진다. 그리고 R_1으로부터 (b,a)∈R이고 (a,b)∈R인데 (b,b)∉R이므로 관계 R에 (b,b)를 추가해서 R_2={(a,a), (a,b),(a,c),(b,a),(b,b),(b,c)}를 구한다. 더이상은 새로운 순서쌍이 구해지지 않으므로 $R_2=R^*$이다. 이것을 방향그래프로 그려보면 그림 4.30이다.
2) S^*는 더 이상 순서쌍이 구해지지 않는다. $S=S^*$이다.
3) 관계 T는 공집합이므로 T^*도 공십합이다.

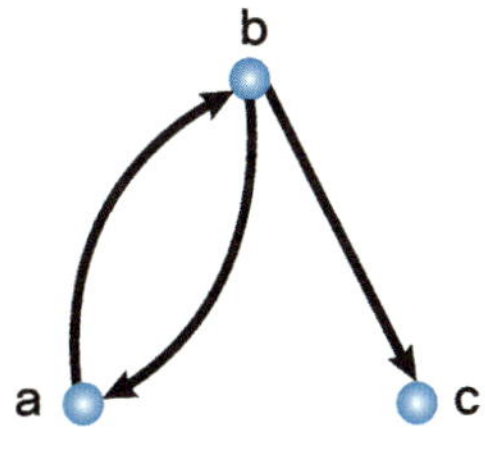

(a) R

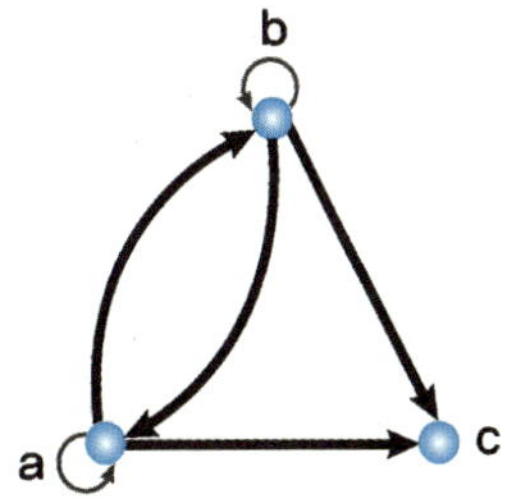

(b) R*

그림 4.30 방향그래프

4.7 관계의 폐쇄(closures of relations)

집합 A로부터의 관계 R이 반사적, 대칭적, 추이적인 관계 등을 가지고 있지 않을 수도 있다. 만일 관계 R이 어느 특정한 성질을 가지고 있지 않으면, 그 성질을 가질 때까지 관계 R에 새로운 순서쌍을 추가할 수 있다. 새로운 순서쌍을 추가할 때는 가능하면 가장 적은 수의 순서쌍을 추가하는 것으로 한다. 이렇게 해서 우리가 원하는 특정 성질을 갖도록 최소의 순서쌍을 관계 R에 추가하여 집합 A에 대한 새로운 관계 S를 만들 수 있다. 그렇지만 이러한 관계 S는 존재하지 않을 수도 있다. 그러나 S와 같은 관계가 존재하면 우리가 원하는 성질, 즉 반사적, 대칭적, 추이적적인 관계에 관한 R의 폐쇄(closure of R)라고 한다. 즉, 새로운 관계 S는 R을 포함하면서 특정 성질을 갖도록 최소의 순서쌍을 추가한 관계이다.

특정 성질이 반사적일 경우에는 반사적 폐쇄라 하고, 대칭적일 경우에는 대칭적 폐쇄라고 하며, 추이적일 경우에는 추이적 폐쇄라고 한다.

정의 4.10 **반사적 폐쇄(reflexive closure)**

집합 A에 대한 관계 R에서 반사적 폐쇄 S는 다음의 조건이 성립할 때를 말한다.

$$S = R \cup \{(a,a) \mid a \in A\}\text{이다.}$$

관계 R에 대한 반사적 폐쇄는 방향그래프로 그렸을 경우에 집합 A의 모든 원소에 대해서 자기 자신으로의 화살표가 존재하는 것이다.

[예제 4.31] 집합 A={1,2,3}에 대한 관계 R이 R={(1,1),(1,3),(2,1),(2,2),(3,2)} 일 때 반사적 폐쇄 S를 구하여라.

풀이 관계 R이 집합 A에 대해 반사적 폐쇄가 되기 위해서는 A의 모든 원소 a에 대해 aRa가 성립하면 된다. 따라서 R에 (3,3)을 포함시키면 된다. 그래서 반사적 폐쇄 S를 구하면 다음과 같다.

S={(1,1),(1,3),(2,1),(2,2),(3,2),(3,3)}

정의 4.11 대칭적 폐쇄(symmetric closure)

집합 A에 대한 관계 R에서 대칭적 폐쇄 S는 다음의 조건이 성립할 때를 말한다.

$$S = R \cup \{(b,a) \mid (a,b) \in R\}$$
$$= R \cup R^{-1}$$

관계 R에 대한 반사적 폐쇄는 방향그래프로 그렸을 경우에 집합 A의 원소에 대해서 화살표가 양방향으로 존재하는 것이다.

[예제 4.32] 집합 A={1,2,3}에 대한 관계 R이 다음과 같을 때 R의 대칭적 폐쇄 S를 구하여라.

R={(1,2),(1,3),(2,2),(3,2)}

풀이 R이 집합 A에 대해 대칭적 폐쇄가 되기 위해서는 관계 R의 모든 순서쌍 aRb에 대해서 대해 대칭 관계가 성립하면 된다. 따라서 (1,2)에 대해 (2,1)을 (1,3)에 대해 (3,1)을 (3,2)에 대해 (2,3)을 포함시키면 된다.

S={(1,2),(1,3),(2,1),(2,2),(2,3),(3,1),(3,2)}

정의 4.12 추이적 폐쇄(transitive closure)

집합 A에 대한 관계 R에서 추이적 폐쇄 S는 다음의 조건이 성립할 때를 말한다.

$$S = R \cup \{(a,c) \mid (a,b) \in R \text{ 그리고 } (b,c) \in R\}$$

집합 A에 대한 관계 R이 추이적인 관계가 아니라고 가정해 보자. 그러면, 관계 R의 추이적 폐쇄는 (a,b)∈R이고 (b,c)∈R이면 (a,c)∈R을 추가함으로써 만들 수 있다. 따라서 추이적 폐쇄(transitive closure)는 추이적인 관계가 성립하도록 현재의 순서쌍에 새로운 순서쌍을 더 이상 필요 없을 때까지 계속 반복해서 추가하면 된다. 추이적 폐쇄는 앞 절의 추이적 클로우저와 같다.

[예제 4.33] 집합 A={1,2,3}에 대한 관계 R이 R={(1,2),(2,1),(2,3),(3,1)}일 때 R의 추이적 폐쇄 S를 구하라.

풀이 R의 순서쌍에 새로운 순서쌍을 추가하여 R이 추이적 성질을 갖도록 하기 위해서, (1,2)와 (2,3)에 의해 (1,3)을 추가, (3,1)과 (1,2)에 의해 (3,2)를 추가, (1,2)와 (2,1)에 의해 (1,1)을 추가, (2,3)과 새로 추가된 (3,2)에 의해 (2,2)를 추가, (3,1)과 새로 추가된 (1,3)에 의해 (3,3)을 추가하면 R의 추이적 폐쇄 S가 된다.

S={(1,1),(1,2),(1,3),(2,1),(2,2),(2,3),(3,1),(3,2),(3,3)}

4.8 동치관계와 분할(equivalence relations and partitions)

관계의 성질에는 관계 R이 반사적, 비반사적, 대칭적, 반대칭적, 추이적인 관계가 있는데 이들 중에서 반사적, 대칭적, 추이적인 관계를 동시에 만족하는 관계가 있을 때 논리적으로 동치라고 하고 이런 성질을 갖는 명제들의 집합을 동치관계라고 한다.

정의 4.13 **동치관계(equivalence relation)**

집합 A로 이루어지는 관계 R이 반사적, 대칭적, 추이적인 관계를 동시에 만족할 때 동치관계라고 한다.

[예제 4.34] 집합 A={1,2,3,4}이고 관계 R이 집합 A에 대한 관계이다. R이 동치관계가 됨을 보여라.

R={(1,1),(1,3),(2,2),(2,4),(3,1),(3,3),(4,2).(4,4)}

풀이

- 집합 A의 모든 원소에 대하여 (a,a)∈R이므로 반사적이다.
- (1,3)∈R이고 (3,1)∈R이며, (2,4)∈R이고 (4,2)∈R이므로 관계 R은 대칭적이다.
- 그리고 집합 A의 모든 원소 a, b, c에 대하여 (a,b)∈R이고, (b,c)∈R일 때 (a,c)∈R이므로 추이적이다. 그러므로, 관계 R은 동치 관계이다.

[예제 4.35] 집합 A={1,2,3,4,6,8}이고, 관계 R이 다음과 같을 때 관계 R이 동치관계임을 보여라.

R={(a,b) | A×A∈R, a−b는 2로 나누어진다}

풀이

- (a−a)는 0이므로 항상 2로 나누어 떨어진다. 그러므로 관계 R은 반사적이다.
- (a,b)∈R이고 (a−b)가 2로 나누어 떨어진다면 (b−a)는 반드시 2로 나누어 떨어진다. 따라서 R은 대칭적이다.
- (a,b)∈R이고 (b,c)∈R일 때 (a−b)와 (b−c)가 2로 나누어 떨어지려면 a,b,c는 모두 홀수 이거나 짝수가 되어야 한다. 그러므로 모두 홀수일 때는 홀수에서 홀수를 빼면 짝수라 2로 나누어지고, 모두 짝수일 때는 짝수에서 짝수를 빼면 짝수가 되어 2로 나누어 떨어진다. 결국 관계 R은 추이적인 관계이다.
  관계 R은 반사적, 대칭적, 추이적인 관계를 만족하므로 동치관계이다.

집합 A에 대한 관계 R이 동치관계일 때 관계 R의 모든 순서쌍 (a,b)의 첫 번째 원소 (a)가 같은 두 번째 원소(b)의 집합을 동치류라고 하며 [a]로 표기한다. 동치류의 집합 [a]는 [a]={b,...} 이다.

정의 4.13 **동치류(equivalence class)**

집합 A에 대한 관계 R이 동치 관계일 경우 집합 A의 모든 원소 a에 대하여 관계 R의 모든 순서쌍 (a,b)의 첫 번째 원소(a)가 같은 두 번째 원소(b)의 집합을 동치류라고 하며 [a]로 표기한다.

$$[a] = \{b \mid a,b \in A,\ (a,b) \in R\}$$

관계 R이 반사적이므로 A의 모든 원소 a에 대한 동치류가 존재한다. 따라서 공집합이 되는 동치류는 나오지 않는다. 또한 R이 대칭적이므로 동일한 원소를 갖는 동치류 [a]=[b]가 나올 수 있다.

[예제 4.36] 집합 A={a,b,c}이고 집합 A에 대한 관계 R이 동치관계이고 R={(a,a),(a,b),(b,a),(b,b),(c,c)}일 경우 동치류를 구하여라.

풀이 관계 R에서 첫 번째 원소가 a인 순서쌍은 (a,a), (a,b)이므로 [a]={a,b}이다. 같은 방법으로 [b]={a,b}, [c]={c}이다. 여기서 [a]=[b]={a,b}가 된다.

A의 동치류의 모임을 A의 상집합(quotient set)이라 하며, A/R로 표시한다. 그리고 상집합 A/R은 집합 A의 분할이 된다.

$$A/R = \{[a] \mid a \in A,\ (a,b) \in R\}$$

[정리 4.5]

공집합이 아닌 집합 A의 분할은 A의 부분집합의 모임 $\{A_1, A_2, \cdots A_n\}$으로 표현하며, 다음 조건을 만족시켜야 한다.

1) $A_i \neq \varnothing, 1 \leq i \leq n$
2) $A = \bigcup_{i=1}^{n} A_i$
3) $A_i \cap A_j = \varnothing,\ i \neq j$

[예제 4.37] 집합 A={a,b,c}이고 집합 A에 대한 관계 R이 동치관계이고 R={(a,a),(a,b),(b,a),(b,b),(c,c)}일 때 상집합을 구하고 분할이 되는가를 보여라.

풀이 동치류는 각각 [a]=[b]={a,b}, [c]={c}이다. 그러므로 상집합 A/R은 A/R = {{a,b},{c}}로서 집합 A의 분할이 된다.

[예제 4.38] 정수의 집합 Z에 대한 관계 R이 (a−b)를 5로 나누어 떨어지는 관계라 하고 a≡b(mod 5)로 표기한다.

1) 관계 R이 동치관계가 되는 것을 보여라.
2) 정수 집합 Z의 동치류를 구하여라.
3) 상집합 Z/R을 구하여라.

풀이

1)
- Z에 속하는 모든 a에 대해서 a−a 는 5로 나누어 떨어지므로 반사적이다.
- (a,b)∈R이고 (a−b)가 5로 나누어 떨어지면 (b−a)도 5로 나누어 떨어진다. (b,a)∈R이 된다. 그러므로 대칭적이다.
- (a,b)∈R이고 (b,c)∈R이면서 (a−b)와 (b−c)가 5로 나누어 떨어진다면 ((a−b)−(b−c))=(a−c)가 되어 5로 나누어 떨어진다. (a,c)∈R가 된다. 추이적관계가 성립한다. 그러므로 관계 R은 동치관계이다.

2) 동치관계 R은 나머지가 [0],[1],[2],[3],[4]인 5개의 동치류를 갖는다. 예를 들어 [0]은 [0]={x | x∈Z, (x−0)이 5로 나누어 떨어진다} 이다.

[0] = {⋯, −10, −5, 0, 5, 10,⋯}
[1] = {⋯, −9, −4, 1, 6, 11,⋯}
[2] = {⋯, −8, −3, 2, 7, 12,⋯}
[3] = {⋯, −7, −2, 3, 8, 13,⋯}
[4] = {⋯, −6, −1, 4, 9, 14,⋯}

3) 상집합 Z/R은 분할이 된다.
Z/R = {[0],[1],[2],[3],[4]}
결국 Z=[0]∪[1]∪[2]∪[3]∪[4] 로서 상집합은 분할이 됨을 알 수 있다.

4.9 반순서 관계(partially ordered relation)

앞 절에서 관계 R이 반사적, 대칭적, 추이적인 관계를 만족하면 동치관계라 했다. 이 절에서는 동치관계와는 다른 새로운 관계에 대해서 알아보자. 관계 R이 반사적, 반대칭적, 추이적인 관계를 만족하면 반순서 관계라고 하며, 순서쌍 (A,R)을 반순서 집합(partially ordered set, poset)이라고 한다.

반순서라는 것은 집합 A의 원소의 모든 쌍이 관계를 갖는 것은 아니기 때문이다. 반순서 관계는 기호 '≤'를 사용하며 (A,≤)로 표기한다. 반순서 집합을 나타내는데 (A,≤)라는 기호를 사용하는 것은 A는 집합을 의미하고 ≤은 A의 반순서 관계를 나타낸다. 만약 집합 A에 대한 관계 R이 반순서 관계이면, A의 두 원소 a, b에 대하여 (a,b)∈R을 a≤b로 표기하고, 'a'가 b를 선행하거나 같다(precedes or equals)라고 하며 a<b는 a가 b를 선행한다(precedes)고 한다.

정의 4.15 반순서 관계(partially ordered relation)

집합 A로 이루어지는 관계 R이 반사적, 반대칭적, 추이적인 관계를 동시에 만족할 때 반순서 관계라고 한다. 부분순서 관계라고도 한다.

[예제 4.39] 다음의 관계들이 반순서 관계임을 보여라.

1) 자연수의 집합 N에 대한 관계 ≤
2) 집합 R의 부분 집합 간의 포함 관계 ⊂

풀이

1) 자연수 a에 대하여 a≤a이므로 반사적인 관계가 성립한다.
임의의 N에 속하는 서로 다른 a,b에 대해서 a≤b일 때 b≤a가 되려면 반드시 a=b이므로 반대칭적이다. 또한 N에 속하는 임의의 a,b,c에서 a≤b이고 b≤c이면 a≤c이므로 추이적이다. 따라서, 관계 ≤은 반순서 관계이다.
2) 임의의 부분 집합 A에 대하여 A⊂A이므로 반사적인 관계가 성립한다. 임의의 두 개의 서로 다른 부분 집합 A, B에 대하여 A⊂B이고 B⊂A가 되려면 반드시 A=B이므로 반대칭적이다.
서로 다른 부분 집합 A, B, C에 대하여 A⊂B이고 B⊂C이면 A⊂C이므로 추이적인 관계이다. 따라서 포함 관계 ⊂은 반순서 관계이다.

[예제 4.40] 집합 A={1,2,3,4}에 대해서 그림4.31의 방향그래프 (a), (b), (c)는 모두 반순서 관계를 갖는다.

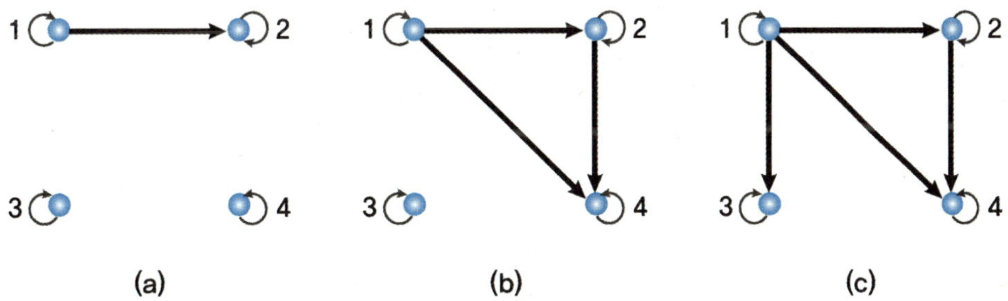

그림 4.31 방향그래프

반순서 집합은 방향그래프로 표현할 수 있다. 이를 하세도형(hasse diagram, poset diagram)이라고 한다. 하세도형은 독일의 수학자 하세(Helmut Hasse)가 제안하여 그의 이름을 따서 하세도형이라고 했으며, 방향그래프의 일종이다. 그리는 방법은 방향그래프에서 화살표는 표시하지 않고 모든 연결선이 아래 방향을 향하고 있다고 생각하고 그린다. 또한 모든 순환(cycle)은 표시하지 않고 집합 A의 원소 a, b, c에서 a≤b이고 b≤c를 만족하는 b가 존재하지 않을 경우에만 a에서 c로의 연결선을 그려준다. 다시 말하면 a≤b이고 b≤c를 만족하는 경우 a에서 c로의 연결선을 그리지 않는다. 예를 들어, 관계 R이 반순서 관계이고 이것의 방향그래프가 그림 4.32 (a)와 같을 경우 이것을 하세도형으로 바꾼 것이 그림 4.32 (b)이다.

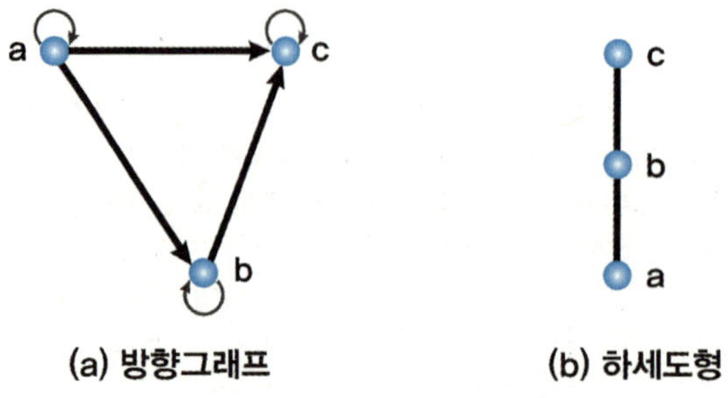

그림 4.32 그래프

[예제 4.41] 집합 A={1,2,3,6,8,12}일 경우 집합 A에 대한 관계 R이 다음과 같을 때 반순서 집합 (A, |)의 하세도형을 그려라. a | b 는 a를 b로 나누어 떨어지는 것이다.

R={ (b,a) | a, b∈A에 대해서 a≤b ⇔ a | b }

풀이 R={(1,1),(1,2),(1,3),(1,6),(1,8),(1,12),(2,2),(2,6),(2,8),(2,12),(3,3)(3,6),(3,12),(6,6),(6,12),(8,8),(12,12)}이다. 이것을 반순서 집합 (A, |)의 방향그래프로 그리면 그림 4.33과 같다. 그림 4.33으로부터 다음의 3단계를 거쳐 하세도형을 그린다.

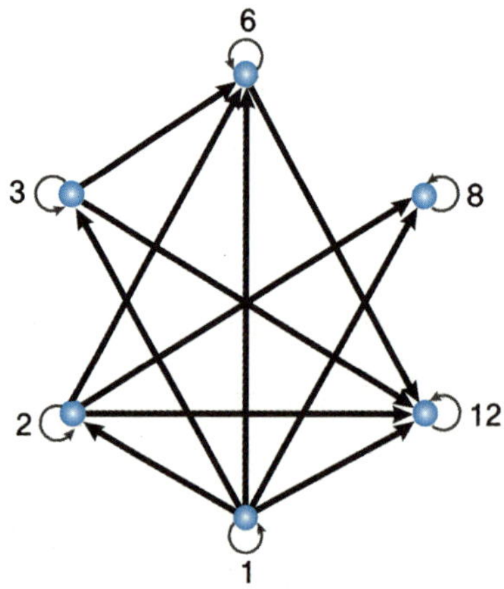

그림 4.33 방향그래프

1) 1단계 : 각 정점에서 자신에 연결된 연결선을 지운다(그림 4.34).

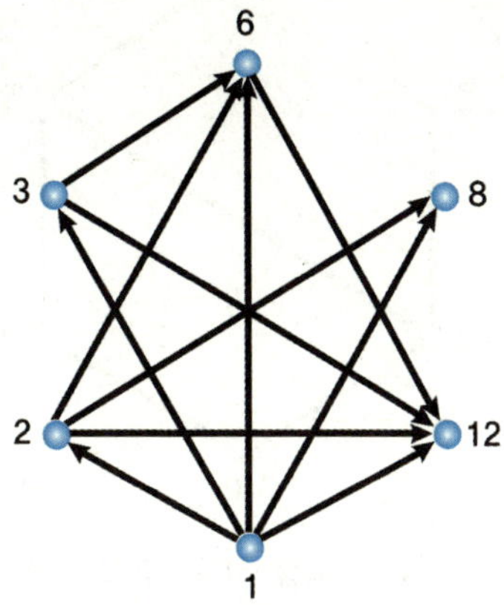

그림 4.34 방향그래프를 하세도형으로 바꾸는 과정

2) 2단계 : 추이적인 관계인 연결선을 모두 지운다(그림 4.35).

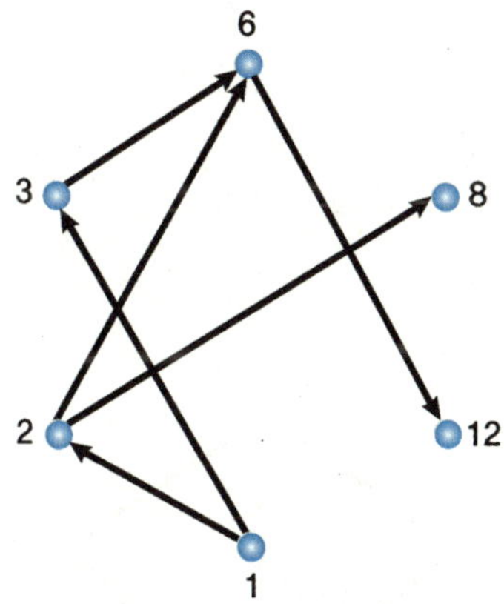

그림 4.35 방향그래프를 하세도형으로 바꾸는 과정

3) 3단계 : 화살표를 없애고, 연결선을 위로 향하도록 그린다(그림 4.36).

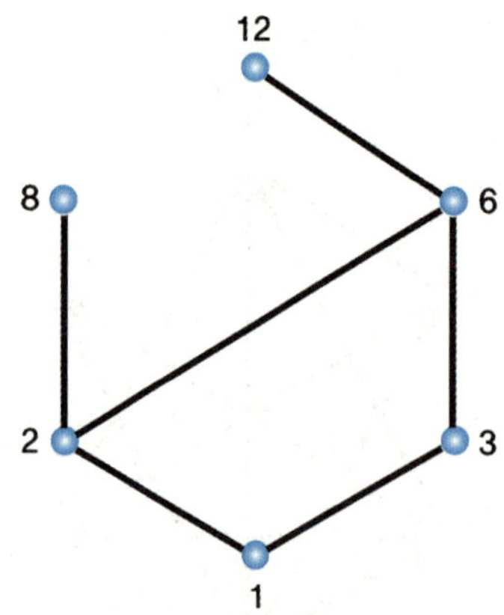

그림 4.36 방향그래프를 하세도형으로 바꾸는 과정

[예제 4.42] 집합 A = {1,2,3}의 부분 집합들에 대한 반순서 집합 (A,⊆)의 하세도형을 그려라.

풀이 집합 A의 부분 집합은 8개로서 들은 ∅, {1}, {2}, {3}, {1,2}, {2,3}, {1,3} 그리고 {1,2,3}이고 이들의 반순서 집합 (A,⊆)을 하세도형으로 나타내면 그림 4.37과 같다.

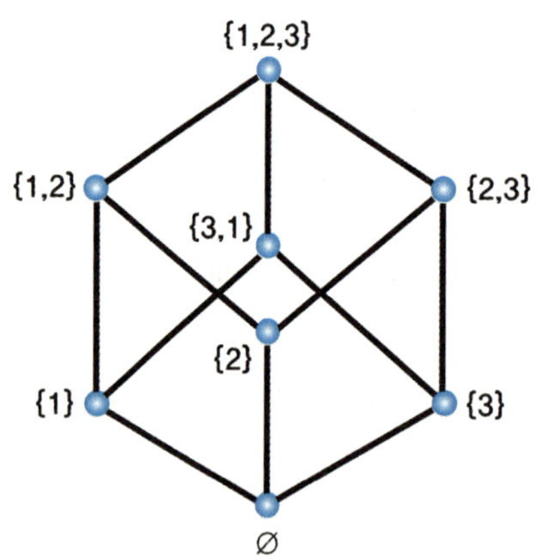

그림 4.37 하세도형

[예제 4.43] 집합 A={a,b,c,d,e}이고 집합 A로부터의 관계 R이 다음과 같은 경우 하세도형을 그려라.

R={(a,a),(a,c),(a,e),(b,b),(b,c),(b,d),(b,e),(c,c),(c,e),(d,d),(d,e),(e,e)}

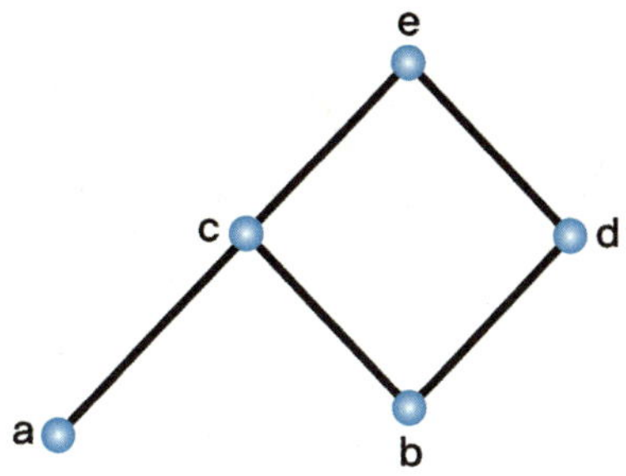

그림 4.38 하세도형

4.10 반순서 집합의 상한과 하한

반순서 관계는 집합 A에 관계 R이 반사관계, 반대칭관계, 추이적관계일 때, 관계 R을 반순서 관계 혹은 부분 순서 관계라고 하며, 반순서 관계 R을 가진 집합 A를 반순서 집합 혹은 부분 순서 집합이라 하고 (A, ≼) 또는 (A, R)로 표기했다.

반순서 집합 (A, ≼)에서 A의 두 원소 a, b가 a≼b 또는 b≼a이면 a와 b를 비교 가능하다고 하고, A의 모든 원소들이 비교 가능하면 A를 선형 순서집합(linearly ordered set)이라 하며, 이 경우의 관계 ≼를 선형 순서 관계(linearly ordered relation) 또는 전순서 관계(totally ordered relation)이라고 한다.

정의 4.16 극대원소(maximal element)와 극소원소(minimal element)

반순서 집합 (A, ≼)에서 A내의 원소 a에 대해서 a<c인 c가 A내에 존재하지 않을 때 a를 A의 극대원소라 하며 A내의 원소 b에 대해서 b>c인 c가 A내에 존재하지 않을 때 b를 A의 극소원소라고 한다.

[예제 4.44] 반순서 집합 A의 하세도형이 다음 그림 4.39와 같을 때 a, b, c는 극대원소가 되고 d, e는 극소원소가 된다.

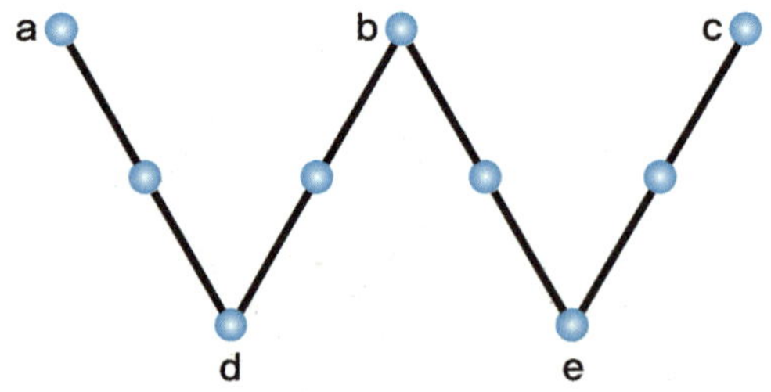

그림 4.39 하세도형

[예제 4.45] 반순서 집합 A와 B의 하세도형이 그림 4.40의 H1과 H2일 때 극대원소와 극소원소를 각각 구하라.

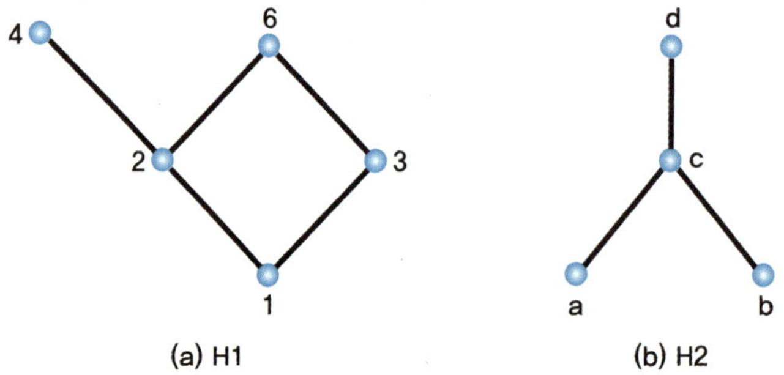

그림 4.40 하세도형

풀이 반순서 집합 A의 극대원소는 4<c, 6<c 인 c가 하세도형 H1에 없으므로 4와 6이고, 극소원소는 1>c 인 c가 존재하지 않으므로 1이 극소값이다.
반순서 집합 B에서도 반순서 집합 A에서와 같은 방법으로 구하면 극대원소는 d이고, 극소원소는 a와 b이다.

양의 정수들의 반순서 집합을 $(N, \preccurlyeq)$라 하면, 극소원소는 1이지만 극대원소는 존재하지 않는다. 또, 정수들의 반순서 집합을 $(Z, \preccurlyeq)$라 하면, 극대원소도 극소원소도 존재하지 않는다. 극대원소와 극소원소는 경우에 따라서는 여러 개가 나올 수도 있고 하나도 없을 수도 있다. 그렇지만, 반순서 집합$(A, \preccurlyeq)$에서 집합 A가 유한집합이고 공집합이 아니라면 집합 A는 적어도 1개의 극대원소와 1개의 극소원소를 갖는다.

정의 4.17 최대원소(greatest element)와 최소원소(least element)

반순서 집합 $(A, \preccurlyeq)$에서 집합 A의 원소 a가 A내의 모든 원소 x에 대해서 $x \preccurlyeq a$이면 a를 최대원소라 하고, 또 원소 a가 A내의 모든 원소 x에 대해서 $x \succcurlyeq a$이면 a를 최소원소라고 한다.

양의 정수들의 반순서 집합을 $(N, \preccurlyeq)$라 하면 최소원소는 1이지만 최대원소는 존재하지 않는다. 또한 정수들의 반순서 집합을 $(Z, \preccurlyeq)$라 하면 최소원소도 최대원소도 없다. 반순서 집합은 기껏해야 하나의 최대원소와 하나의 최소원소를 갖는다.

[예제 4.46] 반순서 집합 A의 하세도형이 다음 그림 4.41과 같을 때 극대원소, 극소원소, 최대원소, 최소원소를 구하여라.

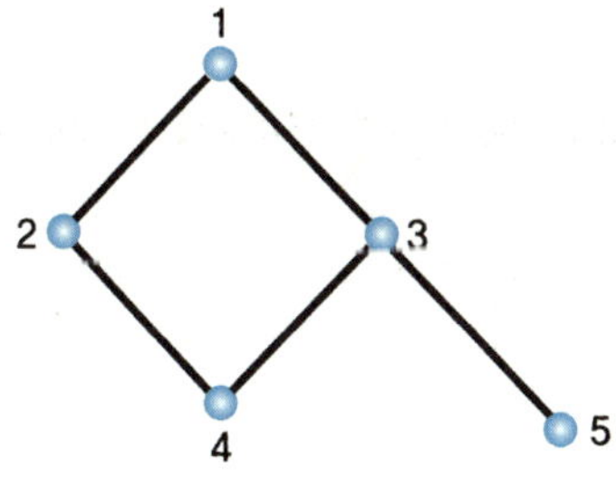

그림 4.41 하세도형

풀이

- 극대원소는 1
- 극소원소는 4, 5
- 최대원소는 1
- 최소원소는 없다.

[예제 4.47] 반순서 집합 A, B의 하세도형이 그림 4.42의 H_1과 H_2일 때 반순서 집합 A와 B의 최대원소와 최소원소를 각각 구하라.

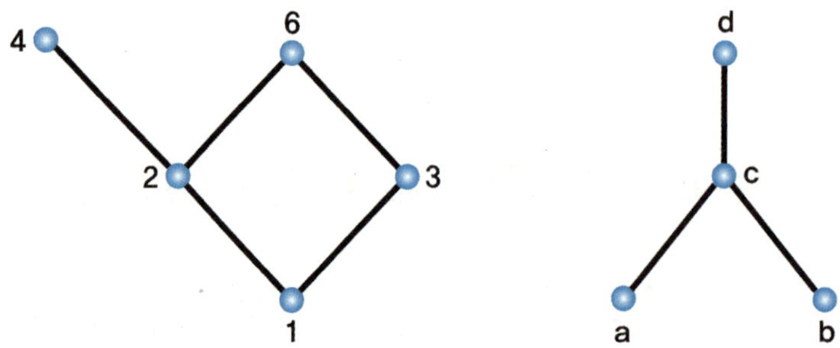

(a) H_1 (b) H_2

그림 4.42 하세도형

풀이

1) H_1의 최대원소는 4와 6은 비교 가능하지 않기 때문에 어느 것이 앞서는지 구별할 수가 없기 때문에 존재하지 않는다.
최소원소는 1이다.

2) H_2의 최대원소는 d이다. 그러나 a와 b는 비교 가능하지 않기 때문에 최소원소는 존재하지 않는다.

정의 4.18 상계(upper bound)와 하계(lower bound)

반순서 집합 A, B이고 B는 A의 부분 집합일 때 집합 A의 원소 a가 B내의 모든 원소 b에 대해서 $b \preccurlyeq a$이면 a를 B의 상계라 하고, 또 원소 a가 B 내의 모든 원소 b에 대해서 $a \preccurlyeq b$이면 a를 B의 하계라고 한다.

[예제 4.48] 반순서 집합 A={a,b,c,d,e,f,g}를 하세도형으로 그린 것이 그림 4.43이다. 이 하세도형에서 다음과 같은 부분집합의 모든 상계와 하계를 찾아라.

1) B_1 = {e,g}
2) B_2 = {d,e,f}
3) B_3 = {c,d}
4) B_4 = {a,b}

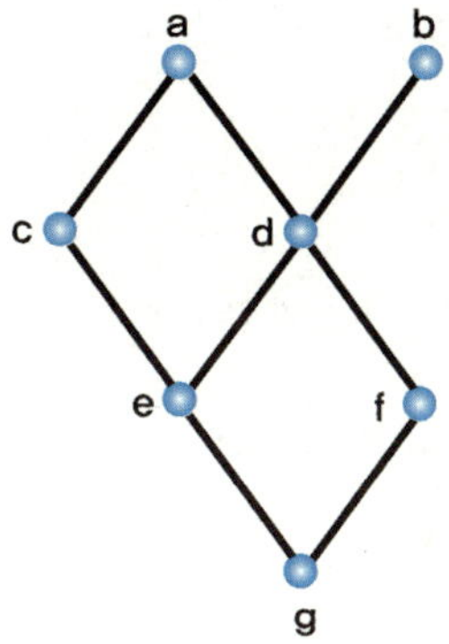

그림 4.43 하세도형

풀이

1) B_1의 상계는 a,b,c,d,e 이다(e는 f와 비교 가능하지 않다).
   B_1의 하계는 g 이다.
2) B_2의 상계는 a,b,d 이다.
   B_2의 하계는 g 이다.
3) B_3의 상계는 a 이다(b는 c와 비교 가능하지 않다).
   B_3의 하계는 e,g 이다(c는 f와 비교 가능하지 않다)
4) B_4의 상계는 존재하지 않는다.
   B_4의 하계는 d,e,f,g 이다.

정의 4.19 상한(Least Upper Bound : LUB)과 하한(Greatest Lower Bound : GLB)

A가 반순서 집합이고 B가 A의 부분 집합일 때, 집합 A의 원소 a가 B의 상계이고 모든 원소 x에 대해서 $a \preccurlyeq x$ 인 경우 a를 B의 상한이라 하며 LUB(B)로 표기한다. 다시 말해서 상한이란 상계 중에서 최소인 상계를 말한다. 또한 집합 A의 원소 a가 B의 하계이고 모든 원소 x에 대해서 $x \preccurlyeq a$인 경우 a를 B의 하한이라 하며 GLB(B)로 표기한다. 다시 말해서 하한이란 하계 중에서 최대인 하계를 말한다.

[예제 4.49] 예제 4.48에서 반순서 집합 A의 부분 집합 B_1, B_2, B_3, B_4에 대한 상한과 하한을 구하라.

풀이

1) B_1의 상한은 B_1의 상계인 a, b, c, d, e 중에서 최소인 상계 e 이다.
   B_1의 하한은 g 이다.
2) B_2의 상한은 B_2의 상계인 a, b, d 중에서 최소인 상계 d 이다.
   B_2의 하한은 g 이다.
3) B_3의 상한은 a 이다.
   B_3의 하한은 B_3의 하계인 e, g 중에서 최대인 하계 e 이다.
4) B_4는 상계가 존재하지 않기 때문에 상한도 존재하지 않는다.
   B_4의 하한은 B_4의 하계인 d, e, f, g 중에서 최대인 하계 d 이다.

연습문제

1. **다음의 용어를 설명하여라.**
   1) 항등관계　　2) 대칭관계
   3) 추이관계　　4) 동치류

2. **집합 A={1,2,3,4} 이고 B={1,2,3}이고 A집합의 원소를 a, B집합의 원소 b라고 한다.**
   1) 곱집합 A×B를 구하여라.
   2) a〉b인 관계 R1을 구하여라.
   3) a〈b인 관계 R2를 구하여라.
   4) a가 b의 배수인 관계 R3을 구하여라.
   5) b가 a의 배수인 관계 R4를 구하여라.

3. **집합 A={2,3,4,5}이고 B={2,3,4,5,6,7,8}일 경우 관계 R과 S는 다음과 같다.**

   R={(a,b)| a∈A , b∈B, a는 b의 약수}
   S={(a,b)| a∈A , b∈B, a는 b로 나누어 떨어진다}

   1) 관계 R을 구하여라.
   2) Dom(R)과 Ran(R)을 구하여라.
   3) 관계 S를 구하여라.
   4) Dom(S)과 Ran(S)을 구하여라.

4. **집합 A={1,2,3}, B={a,b,c,d} 이며, R={(1,a),(1,b),(2,c),(3,d)} 이다.**
   1) 화살표 도표로 그려라.
   2) 관계행렬로 나타내라.

5. **집합 A={2,3,5,6}, B={2,3,5,6} 이고, 관계 R이 R={(2,2),(2,6),(3,3),(5,2),(5,3),(6,5),(6,6)} 이다.**
   1) 화살표 도표로 그려라.
   2) 좌표도표로 그려라.
   3) 관계행렬로 나타내라.

6. **관계 R에 대한 관계행렬이 다음과 같을 때 R^2와 R^3을 구하여라.**

   1) R={(1,1),(2,1),(2,2),(3,1),(3,3),(4,4)}
   2) R={(1,1),(1,4),(2,2),(2,4),(3,1),(3,3),(4,3),(4,4)}

7. **연결리스트를 관계행렬로 표현하여라.**

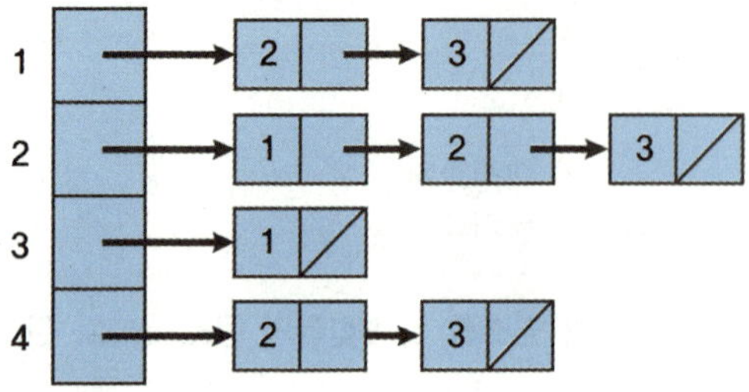

8. **다음의 관계들이 반사, 대칭, 반대칭, 또는 추이 관계가 되는지를 결정하여라.**

1) S1={(1,2),(2,3),(3,2),(2,1),(1,3),(3,1),(4,4)}
2) S2={(1,1),(2,2),(3,3),(3,4),(4,3),(4,4)}
3) S3={(a,b) | a,b∈R, $a=b^2$}

9. **다음의 방향그래프가 반사, 대칭, 반대칭, 또는 추이관계인지를 구분하여라.**

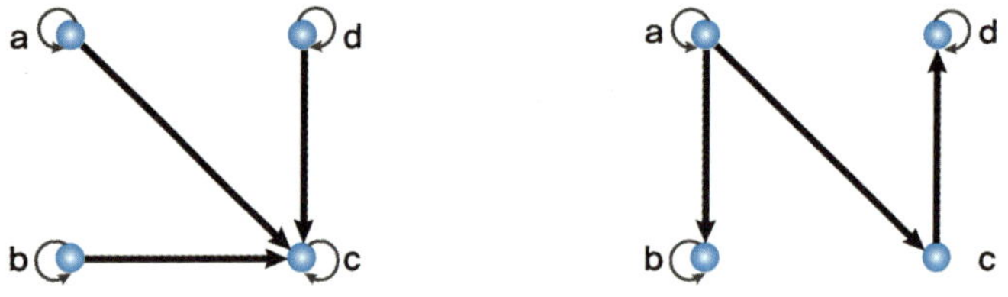

(a) (b)

10. **집합 A가 A={1,2,3,4}이고 다음의 관계 R이 A에 대한 관계라 할 경우 합성관계 R∘R을 구하여라.**

R={(1,1),(1,3),(2,2),(2,4),(3,2),(3,4),(4,1),(4,2)}

1) 관계행렬을 이용하여 구하여라.
2) 방향그래프를 이용하여 구하여라.

11. **집합 A={1,2,3,4}, B={1,2,3,4}일 때 집합 A와 집합 B 사이의 관계 R과 S는 다음과 같다.**

R={(1,2),(2,2),(3,1),(3,3),(4,2),(4,4)}
S={(1,1),(1,2),(2,2),(3,3),(4,1),(4,3),(4,4)}

1) R∘S를 구하여라.
2) $(R∘S)^{-1}$ 을 구하여라.
3) S∘R을 구하여라.
4) I_A, I_B를 구하여라.
5) $R∘I_A$를 구하여라.
6) $I_B∘RI_A$를 구하여라.

12. 집합 A={a,b,c,d}에 대한 관계행렬 M_R이 관계의 성질 중에서 어떤 성질을 만족하는가를 구별하여라.

$$M_R = \begin{array}{c} \\ a \\ b \\ c \\ d \end{array} \begin{array}{c} \begin{array}{cccc} a & b & c & d \end{array} \\ \begin{bmatrix} 1 & 1 & 0 & 1 \\ 1 & 1 & 0 & 0 \\ 0 & 0 & 1 & 1 \\ 1 & 0 & 1 & 1 \end{bmatrix} \end{array}$$

13. 집합 A={a,b,c} 이고 집합 A에 대한 관계 R이 동치관계일 경우 동치류와 상집합을 구하여라.

R={(a,a),(a,b),(a,c),(b,a),(b,b),(c,a),(c,c)}

14. 집합 A={1,2,4,6,8,16}일 경우 집합 A에 대한 관계 R이 다음과 같을 때 반순서 집합 (A, |)의 하세도형을 그려라. a | b는 a를 b로 나누어 떨어지는 것이다.

R={(a,b)|a,b∈A 에 대해서 a≤b ⇔ a | b}

15. 반순서 집합 A와 B의 하세도형이 다음과 같을 때 극대원소와 극소원소를 각각 구하라.

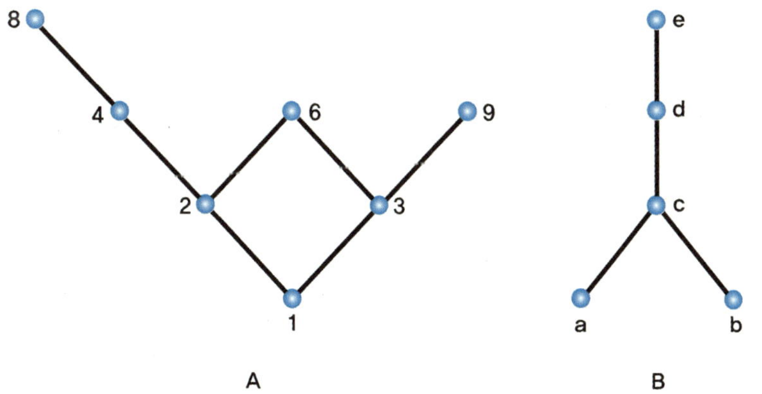

C·H·A·P·T·E·R 5

제 5 장 함수(Functions)

이 장의 인물

Kenneth E. Iverson (1920 ~)
캐나다태생의 수학자, 내림함수와 올림함수 APL 언어 개발에 참여

Joseph Louis Lagrange (1736 ~ 1813)
이탈리아태생의 수학자, Σ 기호 사용

Leonardo Fibonacci (1170 ~ 1250)
이탈리아태생의 수학자, 피보나치 수

5.1 함수의 개념(concept of functions)

함수는 많은 수학적 도구 중에서 가장 중요한 개념 중의 하나이며, 거의 모든 분야에서 아주 중요하게 이용되는 기본 이론이다. 컴퓨터학의 여러 분야에서도 기본적인 함수 개념이 널리 사용되고 있다. 함수를 잘 이해하고 적절한 응용력과 분석에 대한 능력을 키움으로써 컴퓨터 분야에서 주어진 문제를 해결하는데 많은 도움이 될 것이다. 이 이외에도 우리 주변에서 일어나는 무수한 일들이 함수와 관련을 가지고 있다. 예를 들어 보면 어디를 가나 볼 수 있는 각종의 자동판매기나 컴퓨터 등도 함수와 밀접한 관계를 갖고 있다.

함수는 앞장에서 배운 관계의 특수한 형태로도 볼 수 있다. 관계에서 첫 번째 원소가 같지 않은 순서쌍들의 집합이다. 예를 들어, 학교에서 학생들이 시험을 보면 그 점수에 따라서 학점을 부여하는데 이런 경우 일정한 규칙에 따라서 부여한다. 이런 규칙은 학생이 받은 점수와 학점 간에 일정한 대응관계에 따르는 함수관계라고 할 수 있다.

정의 5.1 함수(functions)

두 집합을 X, Y라 할 때, 함수 f는 집합 X의 모든 원소 $x \in X$가 집합 Y에 있는 원소 $y \in Y$ 중 한 개와 관계가 있을 때 함수라고 한다. 즉, 집합 X에서 Y로의 관계의 부분 집합으로 볼 수 있다. 집합 X에서 집합 Y로의 함수 f는 다음과 같이 표기한다.

$f : X \rightarrow Y$

함수 f를 사상(mapping)이라고도 하며, f는 X에서 Y로 사상한다라고도 한다. 함수 f가 집합 X에서 Y로의 함수일 때 집합 X를 함수 f의 정의역(domain)이라고 하며 dom(f)라고 표기하며, 집합 Y를 함수 f의 공변역(codomain)이라고 하며 codom(f)라고 표기한다. 또한 집합 Y 중에서 함수 f에서 대응된 원소들의 집합을 치역(range)이라고 하며 ran(f)라고 한다.

$dom(f) = \{x \mid (x,y) \in f, x \in X, y \in Y\}$
$codom(f) = \{y \mid y \in Y\}$
$ran(f) = \{y \mid (x,y) \in f, x \in X, y \in Y\}$

또한 두 개의 함수 f와 g가 같은 정의역과 같은 공변역을 갖는다면, 두 함수 f와 g는 동일하다고 말하며, 모든 원소 x에 대하여 f(x)=g(x)라 표기한다. 함수 f를 집합 X에서 Y로의 함수라고 할 때 $x \in X$와 $y, z \in Y$에 대하여 $(x,y) \in f$ 이고 $(x,z) \in f$ 이면, y=z 이다. 만약 $y \neq z$ 이면 함수가 아니다. 함수 f를 y=f(x)라 표기하며, y를 f에 의한 x의 상(image) 이라고 한다. 또는 함수 값이라고 한다.

[예제 5.1] 집합 x={1,2,3}와 Y={a,b,c,d}로 이루어진 다음의 관계가 함수인가를 구분하고, 함수인 경우에는 정의역, 공변역 그리고 치역을 구하여라.

1) R1={(1,a),(1,c),(2,c),(3,b)}
2) R2={(1,a),(2,b),(3,c)}
3) R3={(1,a),(3,d)}
4) R4={(1,b),(2,d),(3,c)}

풀이

1) 관계 R1은 (1,a)과 (1,c)가 관계에 속함으로 함수가 아니다. 즉, 집합 X의 원소 1이 유일하게 집합 Y에 대응되지 않으므로 함수가 아니다.
2) 관계 R2는 집합 X의 원소가 모두 유일하게 집합 Y의 원소에 대응이 됨으로 함수이다.
   dom(R1) = {1,2,3}
   codom(f) = {a,b,c,d}
   ran(f) = {a,b,c}
3) 관계 R3은 집합 X의 원소 중 2에 대응되는 집합 Y의 원소가 없으므로 함수가 아니다.
4) 관계 R4는 집합 X의 원소가 모두 유일하게 집합 Y의 원소에 대응이 됨으로 함수이다.
   dom(R1) = {1,2,3}
   codom(f) = {a,b,c,d}
   ran(f) = {b,c,d}

[예제 5.2] 다음의 A와 B가 함수인가를 구분하고, 함수인 경우에는 정의역, 공변역 그리고 치역을 구하여라. 여기서 R은 실수의 집합이고, N은 자연수의 집합이다.

1) A={(x,y) | x,y∈R, y−x=1}
2) B={(x,y) | x,y∈N, y−x=1}

풀이

1) 관계 A에서 y−x=1이므로 y=x+1이다. 이 식에서 x의 어떤 값도 유일하게 y에 대응된다. 그러므로 함수이다. dom(A)와 codom(A)은 R이고, ran(A)은 y의 각각에 대하여 y=x+1을 만족시키는 실수 x가 존재하므로 R이다.
2) 관계 B도 역시 함수이다. dom(B)와 codom(B)은 자연수의 집합 N이고, 그러나 ran(B)은 x가 자연수일 때 y=x+1이므로 y의 범위는 y≥2인 자연수이다. 즉, 치역은 {2,3,4,⋯}이다.

[예제 5.3] 다음 그림 5.1의 관계그래프가 함수인가 아닌가를 보여라.

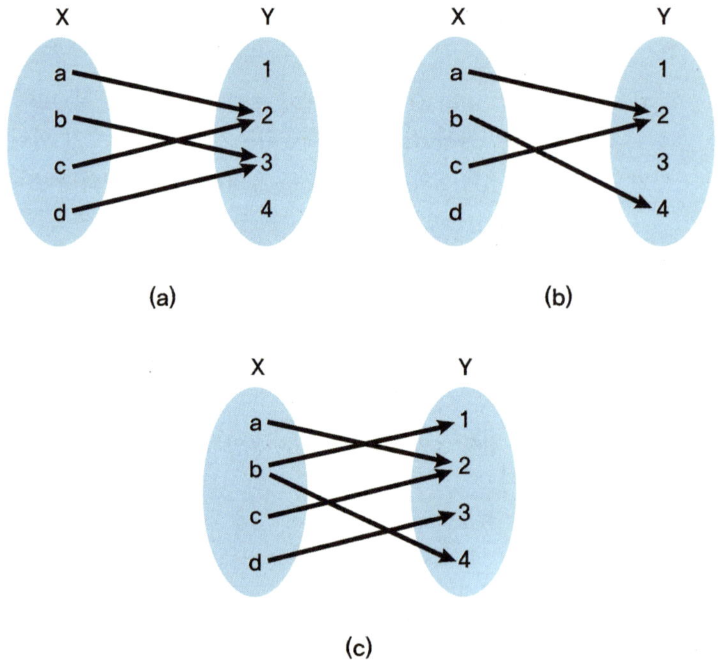

그림 5.1 관계그래프

풀이

1) 그래프 (a)는 집합 X의 원소 모두가 집합 Y의 원소에 유일하게 대응이 되므로 함수이다.
2) 그래프 (b)는 d∈X이나 Y에 대응되는 원소가 없으므로 함수가 아니다.
3) 그래프 (c)는 집합 X의 원소 b가 Y의 원소 1과 4에 대응이 되므로 유일하게 대응되는 것이 아니다. 그러므로 함수가 아니다.

[예제 5.4]

A={−1,0,1}, B={1,2,3,4}에 대한 관계가 {(x,y) | x∈A, y∈B, x+2=y}일 때 이 관계가 함수인지를 판별하고 A의 원소들에 대한 함수 값을 구하고, 정의역, 공변역 그리고 치역을 구하여라.

풀이

두 집합 A,B의 관계가 x+2=y이므로 x=−1일 때 y=1, x=0일 때 y=2, x=1일 때 y=3이 되어 집합 A의 원소가 모두 B의 원소에 그림 5.2와 같이 유일하게 대응된다. 그러므로 함수이다. A의 원소들의 함수 값은 f(−1)=1, f(0)=2, f(1)=3이다.

dom(R1) = {−1,0,1}
codom(f) = {1,2,3,4}
ran(f) = {1,2,3}

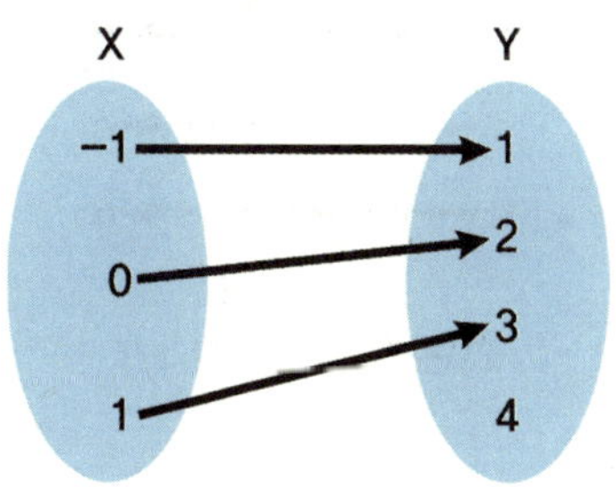

그림 5.2 관계그래프

[예제 5.5]

A={−3,−2,−1,0,1,2,3}이고 함수 f가 집합 A에서 A로의 함수이고, f(x) = | x | 일 때 Ran(f)를 구하여라.

풀이

f(−3)=3, f(−2)=2, f(−1)=1, f(0)=0 이므로 Ran(f)={0,1,2,3} 이다.

집합 A로 이루어진 함수 f가 f : A→A로의 함수이고 대응되는 원소 a∈A가 항상 f(a)=a인 경우를 항등함수라고 한다. 항등함수는 정의역, 공변역 그리고 치역이 모두 같다.

정의 5.2 항등함수(identity function)

집합 A에 대한 함수 f가 f : A→A, f(a) = a일 때 함수 f를 항등함수라 하며, I_A로 표기한다. 즉, 집합 A의 모든 원소 a에 대해서 $I_A(a)=a$이다.

[예제 5.6] A={a,b,c,d}이고 함수 f가 집합 A에서 A로의 함수일 때 항등함수 I_A를 구하고 그래프로 표현하여라.

풀이 항등함수는 I_A={(a,a),(b,b),(c,c),(d,d)}이며, 그래프는 그림 5.3과 같다.

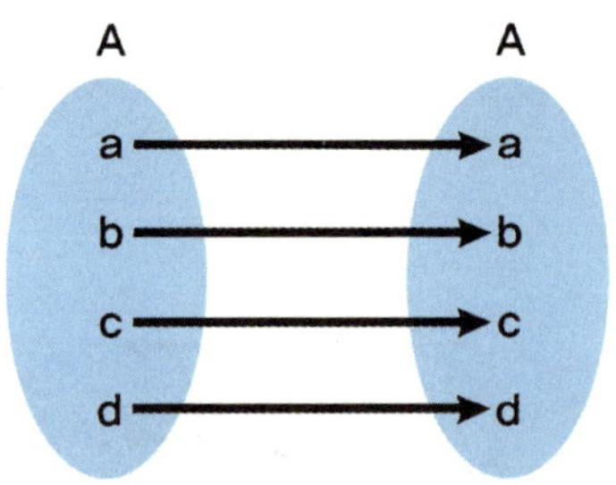

그림 5.3 관계그래프

함수 f : A→B일 때 A의 모든 원소 a가 B의 오직 한 원소하고만 대응될 때를 상수 함수라고 한다. 예를 들어 보면 f : R→R이고 f(x)=3이라고 하면 실수 집합의 어떤 실수 x에 대응되는 원소는 3이 된다.

정의 5.3 **상수함수(constant function)**

함수 f : A→B에서 집합 A의 모든 원소가 집합 B의 오직 한 원소와 대응 될 때 함수 f를 상수함수라 한다. 다시 말하면 다음과 같은 경우이다.

$$\forall a \in A,\ \exists b \in B,\ f(a)=b$$

5.2 특수함수(special functions)

이 절에서는 이산구조에서 자주 이용되는 중요한 다항함수(polynomial function), 지수함수(exponential function), 로그함수(logarithmic function), 절대값 함수(absolute value function), 올림함수(ceiling function), 내림함수(floor function), 특성함수(characteristic function), 나머지와 몫 함수(mod and div function)의 특수함수들을 간단하게 소개한다.

(1) 다항함수(polynomial function)

함수가 f : R→R이고 $f(x)=a_nx^n+a_{n-1}x^{n-1}+\cdots+a_1x+a_0$일 때 다항함수라고 한다. 여기서 $a_0, a_1, \cdots, a_n \in R$이고 $a_n \neq 0$이다. 식 $a_nx^n+a_{n-1}x^{n-1}+\cdots+a_1x+a_0$는 x의 차수가 n인 다항식이라고 한다. 다항함수 f(x)에서 n=1인 경우 선형함수(linear function)라 하고, n=2일 때를 2차함수(quadratic function)라고 한다. 예를 들어서 $f(x)=x^2+2x+1$인 2차함수의 그래프는 그림 5.4와 같다.

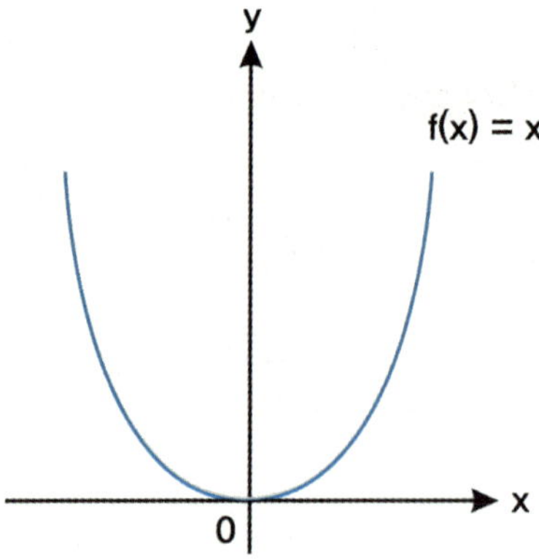

그림 5.4 2차함수의 그래프

(2) 지수함수(exponential function)

$a \in R^+$, $a \neq 1$, x는 임의의 실수라고 할 때 함수 f : $R \rightarrow R^+$이고 $f(x)=a^x$인 경우 이 함수 f를 지수함수라고 한다. 여기서 R^+는 실수의 집합에서 0을 제외한 실수집합을 의미한다. 지수함수 중에서 자주 사용하는 지수함수는 a=2인 경우이다. 지수함수의 예로서 $f(x)=2^x$인 경우를 그림으로 그려보면 그림 5.5와 같다.

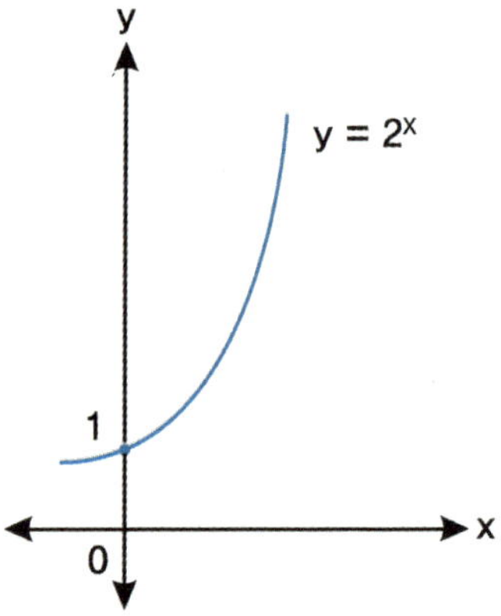

그림 5.5 지수함수의 그래프

(3) 로그함수(logarithmic function)

$a \in R^+$, $a \neq 1$, x와 y는 임의의 실수라고 할 때 $y=a^x$를 지수함수라고 하였는데 이것을 x의 식으로 정리하면, x는 밑수가 a이며 y값을 갖는 log의 식으로 표현한다. $x=\log_a y$가 된다. 이 때 함수 f : $R^+ \rightarrow R$인 $f(x)=\log_a x$로 표현한다. 이 함수를 로그함수라고 한다. 컴

퓨터과학 분야에서 주로 많이 사용하는 로그함수는 밑수가 2인 로그함수이다. $\lg x = \log_2 x$로 나타내며, 그림 5.6에 $f(x)=\log_2 x$를 보여준다. C 언어에서는 log()로 사용된다.

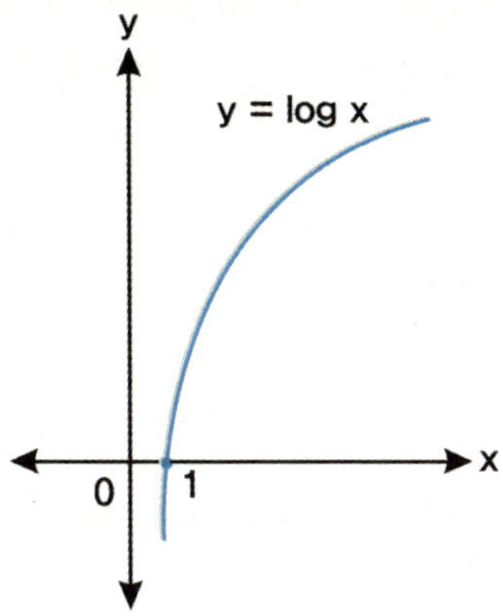

그림 5.6 로그함수의 그래프

(4) 절대값함수(absolute value function)

절대값 함수는 $f : R \rightarrow R$이고 $f(x)=|x|$인 함수를 말한다. 그림 5.7과 같다. 이 함수는 프로그램 언어에서 사용하는 함수 표현 중의 하나로서 ABS로 표현한다. 예를 들면, $y=|x|$를 C 언어에서는 abs()로 표현한다.

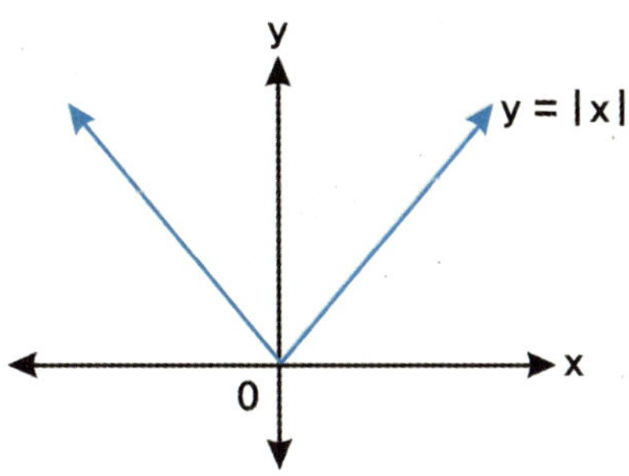

그림 5.7 절대값 함수의 그래프

(5) 내림함수와 올림함수(floor function & ceiling function)

내림함수와 올림함수는 알고리즘에서 종종 사용되는 함수이다. 임의의 실수 x에 대한 내림은 $\lfloor x \rfloor$으로 표기한다. 이것은 x보다 작거나 같은 것 중에서 가장 큰 정수를 나타낸다. 임의의 실수 x에 대한 올림은 $\lceil x \rceil$ 으로 표기한다. 이것은 x보다 크거나 같은 것 중에서 가장 작은 정수를 나타낸다. 즉, 내림함수는 프로그램에서 정수(integer)를 의미한다. 소수점이하는 절삭이 되는 것과 같다. 올림함수는 소수점 이하를 무조건 올린 것과 같다. 따라서 수를 일직선으로 표현했을 때 내림함수는 x값의 왼쪽으로 가장 가까운 정수를 나타내고 올림함수는 x값의 오른쪽에서 가장 가까운 정수를 나타낸다. 그림 5.8과 같다.

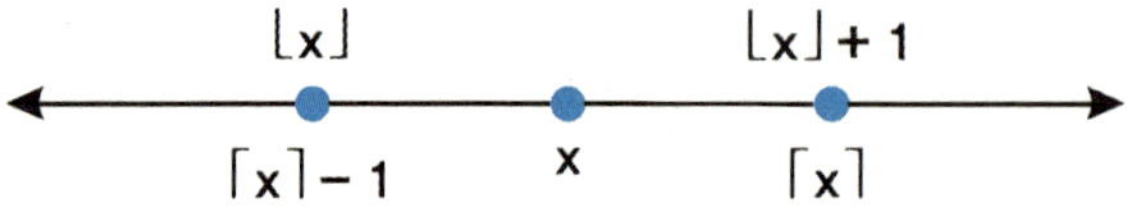

그림 5.8 내림함수와 올림함수

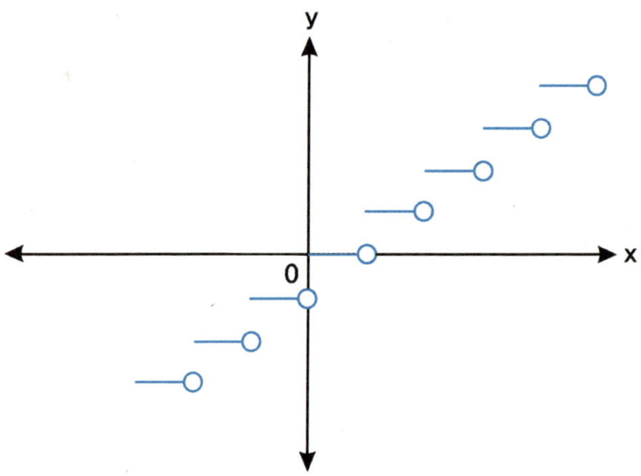

그림 5.9 내림함수의 그래프

내림함수 $f(x)=\lfloor x \rfloor$ 는 가장 큰 정수함수(greatest integer function)로 불리며, 올림함수 $f(x)=\lceil x \rceil$ 는 가장 작은 정수함수(least integer function)로 불린다. 예를 들어 보면 $\lfloor \pi \rfloor=3$, $\lfloor \lg 3 \rfloor=1$, $\lfloor -3.5 \rfloor=-4$, $\lfloor 4.1 \rfloor=4$, $\lceil \pi \rceil=4$, $\lceil \lg 3 \rceil=2$, $\lceil -3.5 \rceil=-3$, $\lceil 4.1 \rceil=5$, $\lfloor 5 \rfloor=\lceil 5 \rceil=5$.

내림함수와 올림함수의 기호는 1960년에 아이버슨(kenneth E. Iverson)에 의해서 처음으로 소개되었다. 이 함수에 대한 것이 그림 5.9와 5.10에 있다.

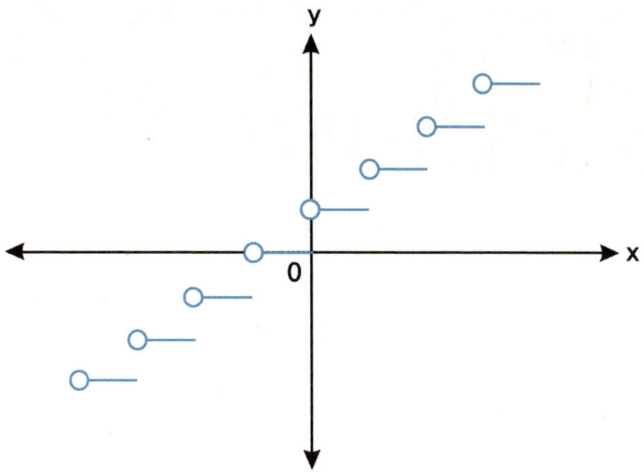

그림 5.10 올림함수의 그래프

이 함수는 PL/1, C, 자바 등의 언어에서 함수로서 제공하고 있다. FLOOR와 CEIL의 함수로 사용된다. C 언어에서는 floor(), ceil()으로 사용된다.

[정리 5.1]

임의의 실수 x와 정수 n에 대해서 다음의 식이 성립한다.

1) $\lfloor n \rfloor = n = \lceil n \rceil$
2) $\lceil x \rceil = \lfloor x \rfloor + 1$
3) $\lfloor x+n \rfloor = \lfloor x \rfloor + n$
4) $\lceil x+n \rceil = \lceil x \rceil + n$
5) $\lfloor n/2 \rfloor = (n-1)/2$, n은 홀수
6) $\lceil n/2 \rceil = (n+1)/2$, n은 홀수
7) $\lfloor x \rfloor = -\lceil -x \rceil$
8) $\lceil x \rceil = -\lfloor -x \rfloor$

(6) 특성함수(characteristic function)

U를 전체집합이라고 하고 S를 U의 부분집합이라고 할 때 함수 f_s : U→{0,1}은 다음과 같이 나타낸다. 이 함수를 S의 특성함수라고 한다.

$$f_s(x) = \begin{cases} 1 & \text{if } x \in S \\ 0 & otherwise \end{cases}$$

[예제 5.7] U={a,b,c,d,e}, A={a,c,d,e}이고 특성함수 $f_A(x)$가 다음과 같을 경우 그래프로 그려라.

$$f_A(x) = \begin{cases} 1 & when\ x = a,c,d,e \\ 0 & otherwise \end{cases}$$

풀이 $f_A(a)=f_A(c)=f_A(d)=f_A(e)=1$, $f_A(b)=0$ (그림 5.11)

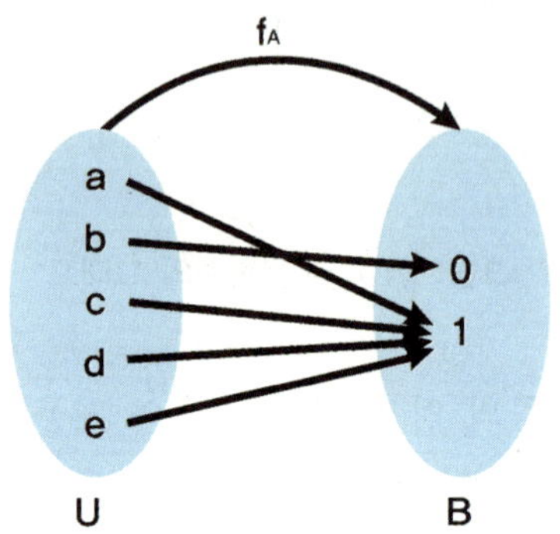

그림 5.11 관계그래프

특성함수는 전체 집합 U에서 일정한 구간을 갖는 것에 대한 함수의 표현을 할 경우에 주로 사용된다.

[정리 5.2]

$f_A(x)$와 $f_B(x)$을 특성함수라고 할 때 다음의 식이 성립한다.

1) $f_{A\cap B}(x) = f_A(x)f_B(x)$
2) $f_{A\cup B}(x) = f_A(x) + f_B(x) - f_A(x)f_B(x)$
3) $f_{A\oplus B}(x) = f_A(x) + f_B(x) - 2f_A(x)f_B(x)$
4) $f_{A'}(x) = 1-f_A(x)$

[예제 5.8] U={a,b,c,d,e}이고, A={a,b,c}, B={c,d}일 경우 다음을 구하여라.

1) $f_{A\cap B}(c)$
2) $f_{A\cap B}(b)$
3) $f_{A\cup B}(b)$
4) $f_{A\oplus B}(c)$

풀이 A의 원소가 a, b, c 이므로 $f_A(a)=f_A(b)=f_A(c)=1$, $f_A(d)=f_A(e)=0$ 이고, B={c,d} 이므로 $f_B(c)=f_B(d)=1$, $f_B(a)=f_B(b)=f_B(e)=0$ 이다. 그러므로

1) $f_{A\cap B}(c)=f_A(c)\cdot f_B(c)=1\cdot 1=1$
2) $f_{A\cap B}(b)=f_A(b)\cdot f_B(b)=1\cdot 0=0$
3) $f_{A\cup B}(b)=f_A(b)+f_B(b)-f_A(b)f_B(b)=1+0-1\cdot 0=1$
4) $f_{A\oplus B}(c)=f_A(c)+f_B(c)-2f_A(c)f_B(c)=1+1-2\cdot 1=0$

(7) 나머지와 몫함수(mod and div function)

나머지 함수 f(x,y)=x mod y로 나타내며, x를 y로 나누었을 경우 나머지를 나타낸다. 몫함수는 g(x,y)=x div y로 표현하며 x를 y로 나누었을 경우의 몫을 의미한다. c 언어에서는 mod()와 div()라는 함수로 사용된다. mod의 연산자로는 % 기호가 사용되며, 몫의 연산자로서는 / 기호가 사용된다. 예를 들어서 24mod5=4, 18div5=3, 6div9=0이 된다.

5.3 함수의 성질(properties of functions)

함수는 그 성질에 따라서 몇 가지의 함수로 구분할 수 있다. 대응되는 두 집합의 원소의 수에 따라서 단사함수(injective function), 전사함수(surjective function), 전단사함수(bijective function)로 구분할 수 있다.

(1) 단사함수(injective function)

정의 5.4 **단사함수(injective function)**

함수 f : A→B에서 a,b∈A에 대하여 f(a)=f(b)이면 a=b일 경우 함수 f를 단사함수라 한다. 즉, 집합 A의 모든 원소에 대해서 집합 B의 원소가 유일하게 대응될 때 이를 단사함수라고 한다.

집합 A의 모든 원소는 집합 B의 서로 다른 원소와 대응되기 때문에 단사함수를 1대1함수(one-to-one function)라고도 한다. 따라서 a,b∈A에 대하여 f(a)=f(b)일 때 a≠b이면 단사함수가 아니다. 단사함수에서 함수의 정의역은 집합 A이며, 치역은 공변역인 집합 B의 부분집합이 된다. 그리고 A의 집합의 원소의 수를 |A|라 하고 B의 원소의 수를 |B|라 하면 단사함수는 |A| ≤ |B|가 성립한다.

[예제 5.9] 집합 A={0,1,2, …, 126,127}이고, 함수 CHAR : A→ASCII 이다. CHAR(n) = ASCII, n은 숫자이다. 예를 들면, CHAR(60)=<, CHAR(42)=*, CHAR(65)=A, CHAR(97)=a 이때에 서로 다른 숫자는 서로 다른 문자에 대응되므로 CHAR은 단사함수이다.

(2) 전사함수(surjective function)

정의 5.5 **전사함수(surjective function)**

함수 f : A→B에서 집합 B의 모든 원소 b에 대하여 f(a)=b이 성립되는 집합 A의 원소 a가 적어도 하나 이상 존재할 때 그 함수 f를 전사함수라 한다. 즉, 집합 B의 모든 원소가 A의 원소에 의해서 대응될 때를 말한다. 그러나 유일할 필요는 없다.

전사함수의 정의에서 알 수 있는 것은 공변역인 집합 B의 모든 원소는 함수에 포함되어야 하므로 공변역과 치역이 같다. 즉, codom(f)=ran(f)이다. 전사함수는 모든 함수의 관계가 B의 모든 원소에 해당되므로 반영함수(onto function)라고도 한다. 그리고 집합 A, B의 원소의 수는 |A| ≥ |B|가 성립한다.

[예제 5.10] 다음의 그림 5.12의 함수 f_1과 f_2가 단사함수인지 전사함수인지를 구하여라.

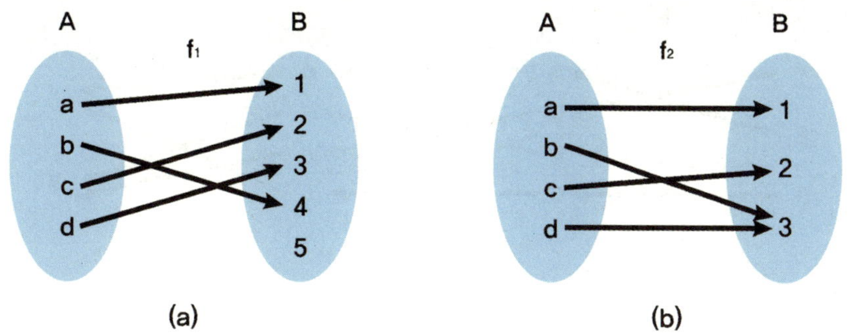

그림 5.12 함수 그래프

풀이

(a) 함수 f_1은 집합 A의 모든 원소가 집합 B의 원소에 유일하게 대응되므로 단사함수이다. 그러나 집합 B의 원소 5에 대응되는 집합 A의 원소가 없으므로 전사함수는 아니다.

(b) 함수 f_2는 집합 A의 모든 원소가 집합 B의 원소에 대응은 되나 (b,3), (d,3)으로 유일하게 대응되지 않으므로 단사함수가 아니다. 그러나 집합 B의 원소가 모두 집합 A의 원소에 대응이 되므로 전사함수이다.

(3) 전단사함수(bijective function)

정의 5.6 전단사힘수(bijective function)

함수 f : A→B에서 f가 단사함수이며 전사함수일 때, 함수 f를 전단사함수라 한다.

전단사함수는 집합 A의 모든 원소는 집합 B의 모든 원소와 하나씩 대응이 되기 때문에 1 대 1 대응함수(one-to-one correspondence)라고도 한다. 두 집합 A와 B의 원소의 수는 $|A|=|B|$가 된다.

[예제 5.11] 다음 그림 5.13의 함수 f_1, f_2 그리고 f_3가 어떤 함수인지를 구하여라.

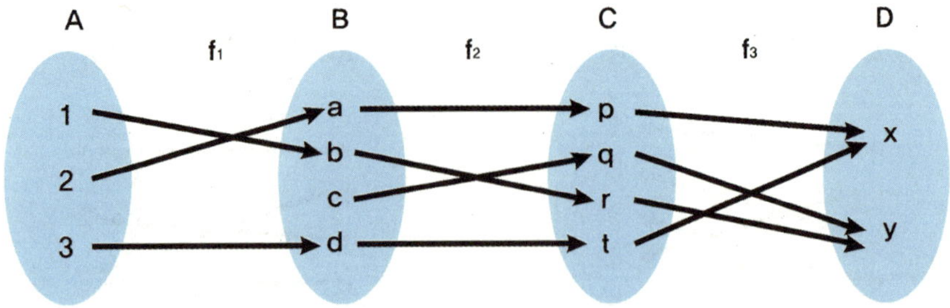

그림 5.13 함수 그래프

풀이 함수 f_1은 단사함수이고, f_2는 전단사함수이고, f_3는 전사함수이다.

[예제 5.12] 다음의 함수들이 단사함수, 전사함수 그리고 전단사함수인지를 구별하여라.

1) f_1 : N→N 이고, f(x)=3x, N은 자연수
2) f_2 : {1,2,3}→{1}
3) f_3 : {a,b,c}→{2,4,5,6}이며, f(a)=2, f(b)=6, f(c)=4
4) f_4 : R→R이고, f(x)=x+1, R은 실수

풀이

1) 함수 f_1의 정의역은 자연수이고, 치역은 자연수 중 3의 배수의 집합이므로, 이 함수는 단사함수이나 전사함수는 아니다.
2) 함수 f_2가 집합 {1,2,3}의 3개의 원소가 집합 {1}의 하나의 원소에 대응되는 함수로서 $f_2(1)=f_2(2)=f_2(3)=1$이다. 따라서 f_2는 단사함수는 아니나 전사함수이다.
3) 함수 f_3가 $f_3(a)=2$, $f_3(b)=6$ 그리고 $f_3(c)=4$이므로, 이 함수는 단사함수이나 전사함수는 아니다.
4) 함수 f_4는 단사함수이고, 전사함수이므로 전단사함수이다.

[예제 5.13] 다음의 함수들이 단사함수, 전사함수 그리고 전단사함수인지를 구별하여라.

1) $f_1(x)=\sin x$
2) $f_2(x)=2x^2$
3) $f_3(x)=2^x$
4) $f_4(x)=x^3+x^2$

5) $f_5(x)=2x+1$

풀이

1) 단사함수도 전사함수도 아니다.
2) 단사함수도 전사함수도 아니다.
3) 단사함수이다. 전사함수는 아니다.
4) 단사함수는 아니나, 전사함수이다.
5) 전단사함수이다.

함수 f에 대한 역함수를 생각할 수 있는데 어떤 함수에 대해서 항상 역함수가 존재하는 것은 아니고 함수 f가 전단사함수일 경우에 한해서만 역함수를 구할 수 있다.

정의 5.7 역함수(inverse function)

함수 f가 f : A→B로의 함수이며, 전단사함수일 때 f의 역함수는 f^{-1} : B→A로 표기하고 다음과 같이 정의한다.

$$\forall a \in A,\ \forall b \in B,\ f(a)=b,\ f^{-1}(b)=a$$

함수 f(x)와 역함수 $f^{-1}(x)$의 관계를 그림으로 그려보면 그림 5.14와 같다.

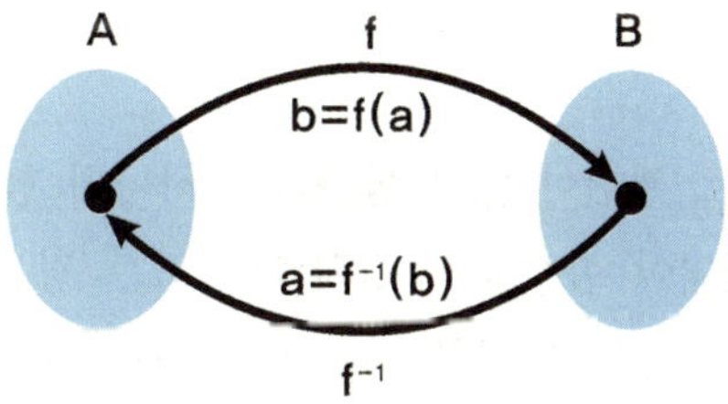

그림 5.14 함수 f의 역함수 f^{-1}

[예제 5.14] 집합 A={1,2,3,4}, B={a,b,c,d}이고 함수는 f : A→B로의 함수이다. f(1)=a, f(2)=c, f(3)=b 그리고 f(4)=d일 경우 f의 역함수 f^{-1}을 구하여라.

풀이 함수 f가 전단사함수이므로 역함수 f^{-1}이 존재한다.

$f^{-1}=\{(a,1),(c,2),(b,3),(d,4)\}$

[예제 5.15] 함수 f:R→R이 f(x)=x−2일 때 f^{-1}을 구하여라.

풀이 $f(x)=x-2,\ x\in R$의 함수 관계는 $f=\{\cdots,(-1,-3),(0,-2),(2,0),\cdots\}$이다. 따라서 그의 역함수는 f^{-1}은 $f^{-1}=\{\cdots,(-3,-1),(-2,0),(0,2),\cdots\}$이 된다. 그러므로 $f^{-1}(x)=x+2,\ x\in R$이다. 여기서 역함수 $f^{-1}(x)=x+2$는 함수 $f(x)=x-2$를 $y=x-2$로 놓고 이것을 x에 대한 식으로 변경한 후에 다시 x와 y를 바꾸면 된다. 즉, $y=x-2$를 $x=y+2$로 x에 대한 식으로 변경한 후에 x와 y를 바꾸면 $y=x+2$가 된다. $f^{-1}(x)=x+2$가 된다.

5.4 함수의 합성(composition of functions)

함수 f(x)와 g(x)가 서로 관련이 있는 함수라면 하나의 함수로 합성할 수 있다. 이때의 조건은 함수 f의 공변역이 함수 g의 정의역이 되는 경우이다. 함수 f : A→B, g : B→C인 두 함수 f(x)와 g(x)의 합성함수는 $(g\circ f)(x)$로 표기하며, 이 함수는 $g\circ f$: A→C이다. 여기서 합성함수 $(g\circ f)$는 A의 모든 원소 a에 대하여 다음이 성립한다.

$$(g\circ f)=\{(a,c)\mid a\in A,\ b\in B,\ c\in C,\ f(a)=b,\ g(b)=c\}$$
$$(g\circ f)(a)=g(f(a)),\ \text{단}\ \forall a\in A$$

합성함수 $(g\circ f)$에 대한 관계를 그림으로 나타내면 그림 5.15와 같다.

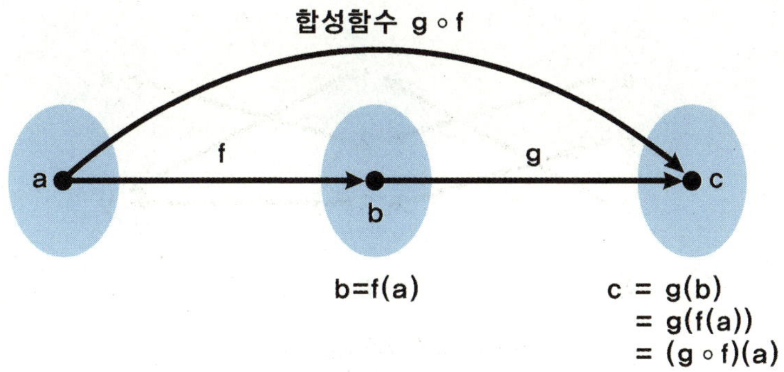

그림 5.15 합성함수 g∘f

[예제 5.16] 함수 f, g : R→R 이며, $f(x)=2x+3$, $g(x)=x^2$일 때 $(g\circ f)(x)$와 $(f\circ g)(x)$를 구하여라.

풀이

- $(g\circ f)(x) = g(f(x))$
  $= g(2x+3)$
  $= (2x+3)^2$
- $(f\circ g)(x) = f(g(x))$
  $= f(x^2)$
  $= 2x^2+3$

위의 예제에서 $(g\circ f)(x) \neq (f\circ g)(x)$임을 알 수 있다. 일반적으로 같지 않다. 같으면 $f^{-1}(x)=g(x)$가 성립한다.

[예제 5.17] f : A→B와 g : B→C가 그림 5.16과 같을 때, 두 함수 f와 g의 합성함수(g∘f)를 구하여라.

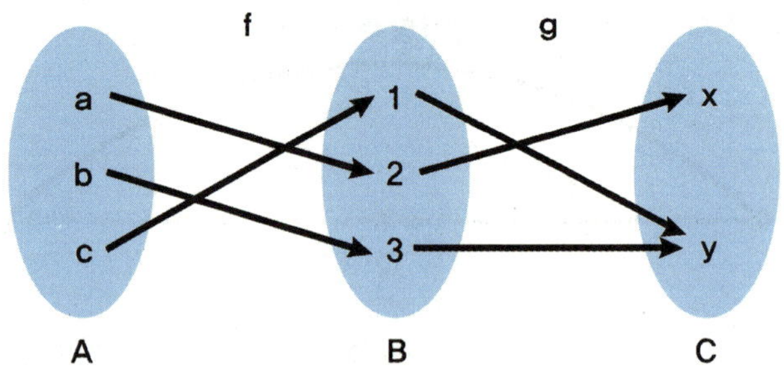

그림 5.16 함수 f와 g를 관계로 표현

풀이

$(g \circ f)(a)=g(f(a))=g(2)=x$
$(g \circ f)(b)=g(f(b))=g(3)=y$
$(g \circ f)(c)=g(f(c))=g(1)=y$ 이다.
$g \circ f$: A→C를 그림으로 나타내면 그림 5.17과 같다.

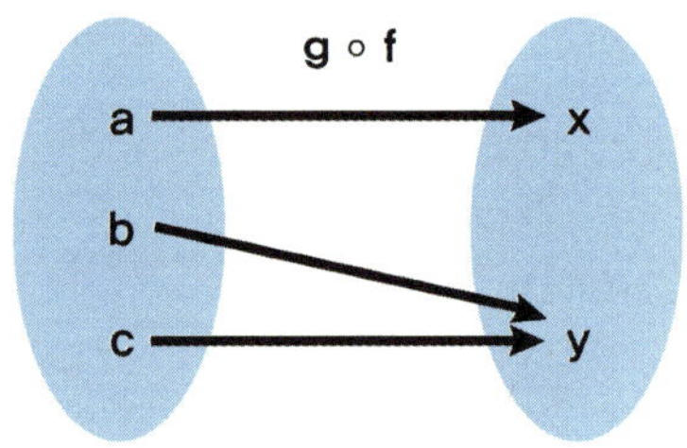

그림 5.17 g∘f 합성함수

합성함수 (g∘f)는 함수 f와 g가 어떤 함수이냐에 따라서 합성함수의 형식이 결정된다. 예를 들면, f와 g가 단사함수이면 합성함수도 단사함수이다.

[정리 5.3]

두 함수 f : A→B와 g : B→C의 합성함수 (g∘f)에 대하여 다음이 성립한다.

1) 함수 f와 g가 단사함수이면, (g∘f)도 단사함수이다.
2) 함수 f와 g가 전사함수이면, (g∘f)도 전사함수이다.
3) 함수 f와 g가 전단사함수이면, (g∘f)도 전단사함수이다.

[예제 5.18] 두 함수 f(x)=ax+b, g(x)=(x−b)/a , a≠0일 때 (g∘f)(x)와 (f∘g)(x)를 구하여라.

풀이

- $(g\circ f)(x) = g(f(x))$
  $= g(ax+b)$
  $= ((ax+b)-b)/a$
  $= x$
- $(f\circ g)(x) = f(g(x))$
  $= f((x-b)/a)$
  $= (a(x-b)/a)+b$
  $= x$

[예제 5.19] 다음 그림 5.18에서 (g∘f)(x)와 (f∘g)(x)를 구하여라.

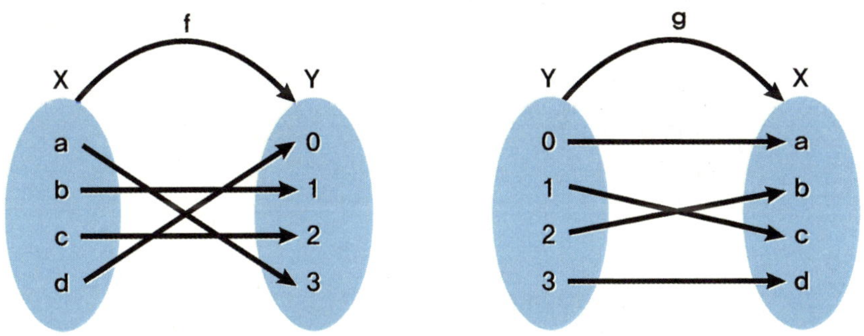

그림 5.18 합성함수

풀이

1) 합성함수 $(g\circ f)(x)=g(f(x))$ 이므로
   $(g\circ f)(a)=g(f(a))=g(3)=d$
   $(g\circ f)(b)=g(f(b))=g(1)=c$
   $(g\circ f)(c)=g(f(c))=g(2)=b$
   $(g\circ f)(d)=g(f(d))=g(0)=a$
2) 합성함수 $(f\circ g)(x)=f(g(x))$ 이므로
   $(f\circ g)(0)=f(g(0))=f(a)=3$
   $(f\circ g)(1)=f(g(1))=f(c)=2$
   $(f\circ g)(2)=f(g(2))=f(b)=1$
   $(f\circ g)(3)=f(g(3))=f(d)=0$

역함수는 f^{-1}는 항상 존재하는 것이 아니고 함수 f가 전단사함수인 경우에만 존재한다. 그러므로 역함수도 전단사함수이다. 함수 f가 $f : A \to B$일 때 집합 A의 항등함수 I_A와 집합 B의 항등함수 I_B 사이에는 $f = f \circ I_A = I_B \circ f$가 성립한다.

[정리 5.4]

함수 $f : A \to B$가 전단사함수이고, 역함수를 $f^{-1} : B \to A$라고 하면 다음이 성립한다.

1) 역함수 f^{-1}도 전단사함수이다.
2) $(f^{-1})^{-1} = f$
3) $f^{-1} \circ f = I_A$ 이고 $f \circ f^{-1} = I_B$ 이다.
4) $f = f \circ I_A = I_B \circ f$

[예제 5.20] 집합 $A=\{1,2,3,4\}$, $B=\{a,b,c,d\}$이고 함수 f가 $f : A \to B$의 함수이며, $f=\{(1,a),(2,c),(3,b),(4,d)\}$일 때 다음을 구하여라.

1) f^{-1}
2) $(f^{-1})^{-1}$
3) $f^{-1} \circ f$
4) $f \circ f^{-1}$
5) $f \circ I_A$

풀이

1) $f^{-1}=\{(a,1),(c,2),(b,3),(d,4)\}$
2) $(f^{-1})^{-1}=\{(1,a),(2,c),(3,b),(4,d)\}$
$=f$
3) $f^{-1} \circ f=\{(1,1),(2,2),(3,3),(4,4)\}=I_A$
4) $f \circ f^{-1}=\{(a,a),(b,b),(c,c),(d,d)\}=I_B$
5) $f \circ I_A=\{(1,a),(2,c),(3,b),(4,d)\}$
$= f$

5.5 되부름 함수(recursive function)

되부름 함수는 큰 프로그램에서는 자주 이용되며, 이산구조와 컴퓨터학에서는 아주 중요한 함수이다. 컴퓨터로 문제를 해결하기 위한 프로그램언어, ALGOL, C++ 그리고 java 등의 언어에서 이 함수를 제공하고 있다. 우리 주변에서 쉽게 볼 수 있는 되부름 함수를 보면 n!을 구하는 문제가 되부름 함수로 처리 된다. 0!=1이고, 1!=1, 2!=2•1!, 3!=3•2!이 된다. 이것을 일반식으로 표현하면 n!=n•(n−1)! 이다. 다시 이것을 함수로 표현하면 다음과 같다.

$$
\begin{aligned}
f(0) &= 1 \\
f(1) &= 1 \cdot f(0) \\
&\vdots \\
f(n) &= n \cdot f(n-1)
\end{aligned}
$$

이 함수에서 f(4)를 구해보면 그림 5.19와 같이 반복적으로 자신의 함수를 호출하여 구하게 된다.

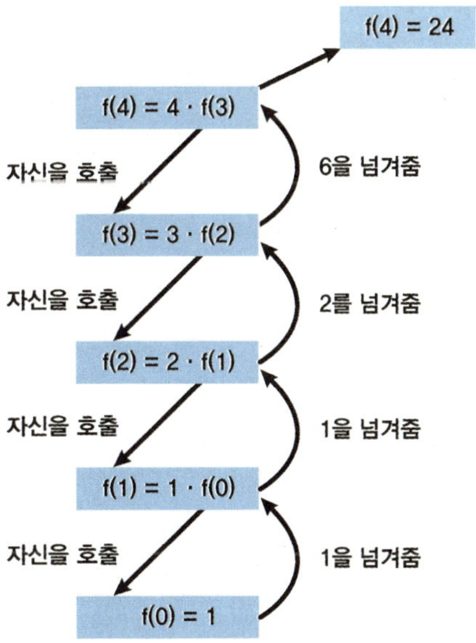

그림 5.19 factorial 되부름 함수

그림 5.19에서 계속 자신을 호출하여 제일 마지막 호출에서 f(0)=1을 되돌려주고, 그 다음은 f(1)=1 · f(0)=1 · 1=1을 되돌려준다. 그러면 f(2)=2 · f(1)=2 · 1=2를 계산하여 또 되돌려주면 f(3)=3 · f(2)=3 · 2=6을 계산하여 되돌려준다. 이렇게 해서 f(4)=4 · f(3)=24를 구하게 된다. 이것을 알고리즘으로 표현하면 알고리즘 5.1과 같다.

알고리즘 5.1

```
factorial(n)
/* 되부름 함수를 이용한 n!을 구하는 알고리즘 */
    {
        if (n=0) then
              factorial ← 1
            else
              factorial ← n • factorial(n-1)
    }
```

[예제 5.21] 어떤 회의에서 회의에 참석하는 모든 사람들이 서로 다른 사람과 한 번씩 악수를 한다고 할 때 전체 악수한 횟수를 구하는 되부름 함수를 구하여라.

풀이 n을 회의에 참석한 사람의 인원수이라고 하고 이 때 한 악수의 횟수를 h(n)이라고 하자. 먼저, 단 2명의 사람이 참석했다고 하면 한 번의 악수만 필요할 것이다. 즉, h(2)=1이 된다. 그 다음에 한 명의 참석자가 더 왔다면 먼저 와 있는 2명의 참석자와 한 번씩 2번을 하면 된다. 결국 h(2)에 2를 더하면 h(3)이 된다. h(3)=2+h(2)가 되는 것이다. 이렇게 반복해 가면 다음과 같이 나타낼 수 있다.

h(2) = 1
h(3) = 2+h(2)
h(4) = 3+h(3)
h(5) = 4+h(4)

결국 이것을 일반식으로 표현하면

h(n)=(n-1)+h(n-1)

이 된다. 만약 5사람이 참석하였다면 h(5)=4+h(4)를 구하면 된다. 그러면 다시 h(4)를 구하기 위해 자신을 호출하여 h(4)=3+h(3)를 구하면 되나 다시 자신을 호출하여 h(3)=2+h(2)=2+1=3을 구해서 되돌려주면 h(4)=3+h(3)=6을 구하고 이것을 되돌려 주어서 h(5)=4+h(4)=4+6=10을 구한다.

예제를 알고리즘으로 표현하면 알고리즘 5.2와 같다.

알고리즘 5.2

```
handshake(n)
/* 회의에 참석한 사람들이 모든 사람과 악수를 하는 횟수를 되부름 함수를 이용하여 구
   하는 알고리즘 */
   {
       if (n=1) then
             handshake ← 0
           else
             handshake ← (n-1) + handshake(n-1)
   }
```

알고리즘 5.2에서 n=4인 경우에 자기 자신을 호출하고 값을 되돌려주는 것을 보면 그림 5.20과 같다.

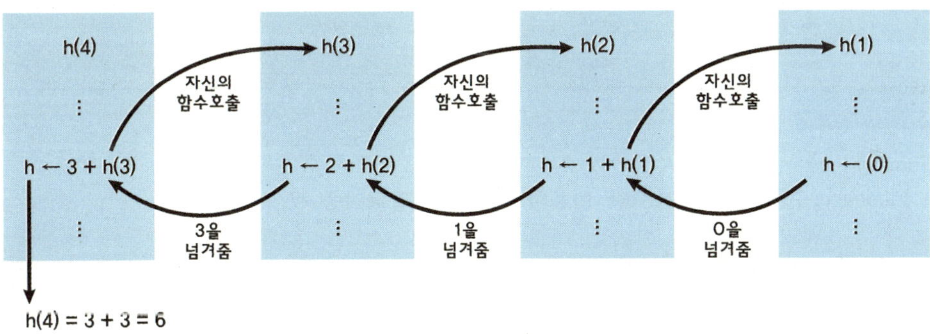

그림 5.20 악수문제 되부름 함수

이탈리아의 수학자 피보나치(Leonardo Fibonacci)는 토끼가 번식되는 문제를 제안하였다. 처음에는 새로 태어난 암놈 한 마리와 수놈 한 마리가 있다고 가정하고, 1년이면 몇 마리로 늘어나는 가를 계산해 보는 것이다. 여기서 토끼는 한 달이면 성장하고 한 달에 한 번씩 한 쌍의 새끼를 낳는다. 그러면 1월에는 처음으로 한 쌍이 태어나고, 2월에는 이 한 쌍이 임신(30일 동안)을 하므로 한 쌍 밖에 없고 3월에는 새로 태어난 새끼 한 쌍과 다 자란 한 쌍의 2쌍이 된다. 표 5.1과 같다.

표 5.1 토끼의 번식

토끼의 수	1월	2월	3월	4월	5월	6월	7월	8월	9월	10월	11월	12월
어미	0	1	1	2	3	5	8	13	21	34	55	89
새끼	1	0	1	1	2	3	5	8	13	21	34	55
합계	**1**	**1**	**2**	**3**	**5**	**8**	**13**	**21**	**34**	**55**	**89**	**144**

표 5.1에서 1년이면 144쌍의 토끼가 된다. 이것은 처음의 두 개를 제외하고는 바로 이전의 두 수를 더한 것과 같다. 1,1,2,3,5,8, …이 된다. 이 수를 피보나치 수라고 한다. 그리고 일반식으로 표현하면 다음과 같다.

$$F_1=F_2=1$$
$$F_n = F_{n-1} + F_{n-2},\ n \geq 3$$

피보나치 수를 구하는 알고리즘은 다음과 같다.

알고리즘 5.3

```
Fibonacci(n)
/* Fibonacci수를 되부름 함수를 이용하여 구하는 알고리즘 */
    {
        if (n=1) or (n=2) then
              fibonacci ← 1
           else
              fibonacci ← fibonacci(n-1) + fibonacci(n-2)
    }
```

알고리즘 5.3에서 n=5인 경우에 자기 자신을 호출하고 값을 되돌려주는 것을 보면 그림 5.21과 같다.

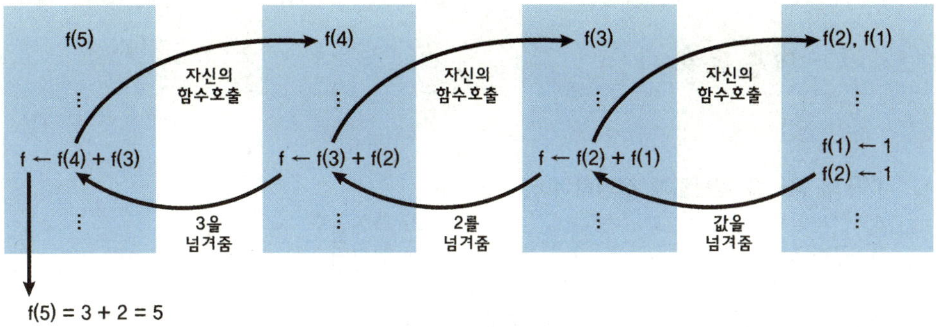

그림 5.21 피보나치 되부름 함수

연습문제

1. **다음의 용어를 간단하게 설명하여라.**
   1) 전사함수　　2) 특성함수
   3) 공변역　　4) 합성함수

2. **집합 X={1,2,3}, Y={a,b,c,d}일 때 다음의 관계가 함수인가를 구분하고, 함수인 경우에는 정의역, 공변역, 치역을 구하여라.**
   1) R1={(1,a),(2,a),(2,b),(3,b)}　　2) R2={(1,a),(2,b),(3,c)}
   3) R3={(1,a),(3,a),(3,c),(3,d)}　　4) R4={(1,b),(2,d),(3,c),(3,a)}

3. **다음 관계 그래프 (a)와 (b)가 함수인가 아닌가를 보여라.**

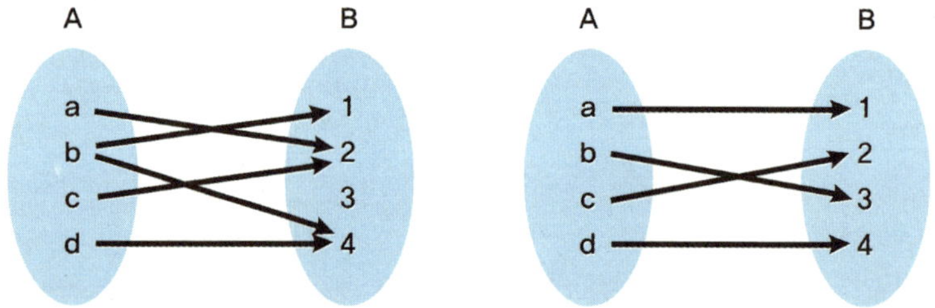

(a)　　(b)

4. **f(x,y)=3x−5y+12일 때 다음을 구하여라.**
   1) f(−2,4)　　2) f(4,7)
   3) f(−4,−8)　　4) f(0,0)

5. **다음의 함수 f:Z→Z에서 이 함수가 어떤 함수인지를 구별하고, 함수의 치역을 구하여라.**
   1) $f(x) = x-4$　　2) $f(x) = 3x+13$
   3) $f(x) = -x-1$　　4) $f(x) = x^2+2x+1$
   5) $f(x) = -x^3$　　6) $f(x) = x^2 -8$

6. **A={a,b,c,d,e}이고 함수 f가 집합 A에서 A로의 함수이다.**
   1) 항등함수 I_A를 구하여라.
   2) 그래프로 표현하여라.
   3) 치역과 공변역을 구하여라.

7. 특성함수에서 U=(a,b,c,d,e)이고 A={a,b,c,e}, B={b,e}일 경우 다음을 구하여라.
   1) $f_{A \cap B}(a)$　　2) $f_{A \cap B}(b)$
   3) $f_{A \cap B}(e)$　　4) $f_{A \cup B}(a)$
   5) $f_{A \cup B}(c)$　　6) $f_{A \cup B}(d)$
   7) $f_{A \oplus B}(a)$　　8) $f_{A \oplus B}(b)$
   9) $f_{A \oplus B}(c)$

8. 다음 그래프의 함수 f_1, f_2, f_3가 어떤 함수인지를 구하여라.

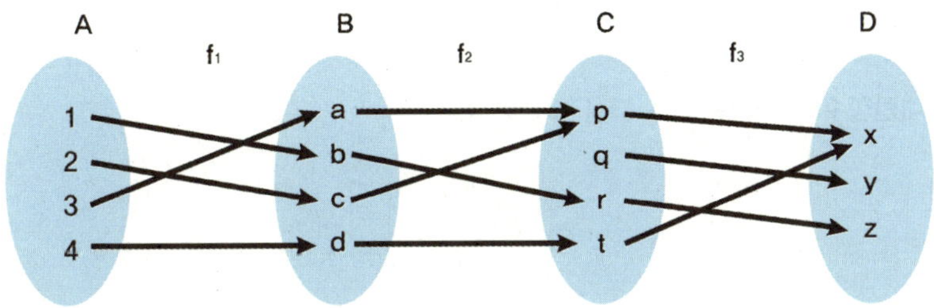

9. 함수 f와 g는 R에서 R으로의 함수이고, $f(x)=3x-1$, $g(x)=x^2+4x-1$인 경우에 다음의 합성함수를 구하여라.
   1) $(g \circ f)(-2)$　　2) $(g \circ f)(4)$
   3) $(g \circ f)(x)$　　4) $(f \circ g)(-3)$
   5) $(f \circ g)(1)$　　6) $(f \circ g)(x)$

10. 다음 그래프에서 합성함수 $g \circ f$를 구하여라.

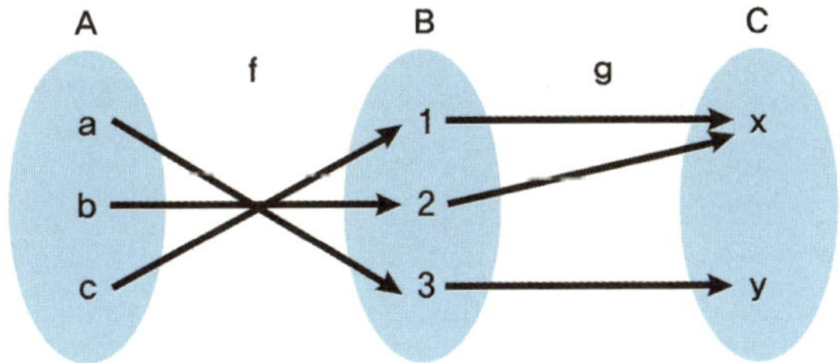

11. 집합 A={1,2,3,4}, B={a,b,c,d}이고 함수 f가 f:A→B의 함수이며, f={(1,c),(2,b),(3,d),(4,a)}일 때 다음을 구하여라.
   1) f^{-1}　　2) $(f^{-1})^{-1}$
   3) $f^{-1} \circ f$　　4) $f \circ f^{-1}$
   5) $f \circ I_A$

12. 함수 f가 f : R→R인 경우에 다음 각 함수의 역함수가 존재하는 지를 판별하고 역함수가 존재하면 f^{-1}을 구하여라.

1) $f = \{(x,y) \mid 2x-y = 12\}$
2) $f = \{(x,y) \mid ax-4y = c\}$
3) $f = \{(x,y) \mid y = x^4+5x\}$

13. 함수 f가 f : R→R인 경우에 역함수를 구하여라.

1) $f(x) = x-2$
2) $f(x) = 5x+3$
3) $f(x) = -3x-5$

14. 다음의 내림함수와 올림함수의 값을 구하여라.

1) $\left\lceil \frac{2}{5} \right\rceil$

2) $\left\lfloor \frac{5}{7} \right\rfloor$

3) $\left\lceil -\frac{1}{2} \right\rceil$

4) $\left\lfloor -\frac{1}{2} \right\rfloor$

5) $\lceil -3 \rceil$

6) $\lfloor 2 \rfloor$

7) $\left\lfloor \frac{1}{4} + \left\lceil \frac{7}{4} \right\rceil \right\rfloor$

8) $\left\lfloor \frac{1}{2} + \left\lfloor \frac{8}{5} \right\rfloor \right\rfloor$

9) $\left\lfloor \frac{1}{3} + \left\lceil \frac{5}{2} \right\rceil \right\rfloor$

C·H·A·P·T·E·R 6

제 6 장 그래프(Graphs)

이 장의 인물

Leonhard Euler (1707 ~ 1783)
스위스태생의 수학자, 그래프 이론의 아버지
오일러순회

Kazimierz Kuratowski (1896 ~ 1980)
스코틀랜드태생의 수학자, 쿠라토와스키 정리

Sir Willian Rowan Hamilton (1805 ~ 1865)
아일랜드태생의 과학자, 해밀턴 순회

Edsger Wybe Dijkstra (1930 ~ 2002)
네덜란드태생의 물리학자, 알고리즘분야에 기여

Francis Guthrie (1831–1899)
영국태생의 수학자, 4–color 문제

6.1 그래프의 개념(concept of graphs)

그래프 이론은 18세기에 스위스 태생의 뛰어난 수학자인 오일러(Leonhard Euler)가 Konigsberg 다리 문제를 해결한 것이 시작이었다. 그는 현재 그래프 이론의 아버지라고 불린다. 그래프 이론은 수학에서 흥미를 끄는 분야이며 컴퓨터학, 화학, 물리학, 경제학, 도로설계, 언어학 등의 광범위한 응용분야를 가지고 있다. 이러한 그래프 이론도 다른 중요한 이론의 발견과 마찬가지로 사소한 다리를 건너는 문제를 풀기 위해서 처음으로 연구되기 시작했다.

쾨니히스베르그 다리 문제는 프르시안(Prussian)시의 프뢰겔(Pregel)강의 쾨니히스베르그(Konigsberg) 다리를 건너는 방법에 관한 문제였는데, 그것은 그림 6.1과 같이 두 개의 섬과 양쪽 강둑 사이를 연결하는 7개의 다리가 있는데 각 다리를 꼭 한 번씩만 건너는 방법이 있는가를 찾는 것이었다. 그 당시 많은 사람들이 이 문제를 풀기 위해 노력하였으나 풀 수가 없어서 당대의 저명한 수학자인 오일러에게 물었더니 그는 그래프 이론에 입각하여 이 문제는 풀기가 불가능하다는 판정을 내렸다. 이것이 그래프 이론의 시작이었다.

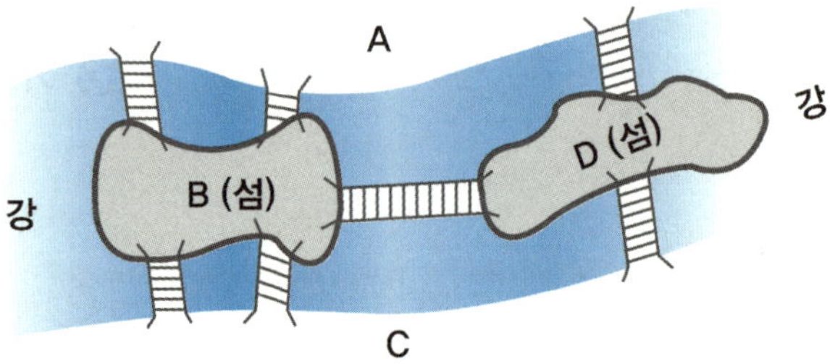

그림 6.1 쾨니히스베르그의 7개의 다리

사람들은 7개의 다리를 한 번씩만 통과하면서 모든 다리를 건너는 것은 불가능하다는 것은 알았으나 이론적으로 증명을 할 수가 없었다. 그러나 오일러는 1736년 그 문제를 해결했다고 발표를 했다. 그는 그림 6.2와 같은 수학적인 방법을 적용하여 그렸다. A, B, C, D는 두 섬과 양쪽의 강둑을 나타내며, 연결선은 다리를 나타내는 그래프였다. 그래프에서 A, B, C, D의 점을 정점(vertex)이라고 하고 정점들을 연결하는 선을 연결선(edge)이라고 한다.

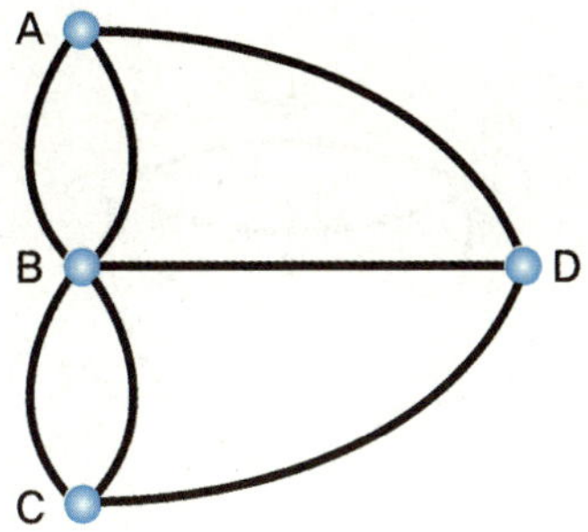

그림 6.2 쾨니히스베르그의 7개의 다리를 그래프로 표현

오일러는 이 그래프에서 각 정점들에 연결된 연결선의 개수를 구해서 그 수가 모든 정점에서 짝수를 갖든지 아니면 홀수인 정점의 개수가 2개일 경우에는 모든 연결선을 한 번씩만 통과하면서 다 통과할 수 있다는 것을 증명하였다. 이것은 어떤 그래프를 어느 정점에서 그리기 시작해서 한 번도 손을 떼지 않고 그릴 수 있는 것과 같다. 이러한 것을 오일러 경로라고 한다.

그림 6.2에서는 A, B, C, D 4개의 정점 모두가 홀수개의 연결선을 가지므로 불가능하다. 오일러의 이러한 증명은 매우 간단했으며, 이것을 시작으로 그래프 이론이 발전하게 되었다. 그래프 이론은 컴퓨터 관련 학문에서 어떤 문제를 모델링 하는데 있어서 매우 유용한 모델로 여겨지는데 데이터 흐름 모델, 알고리즘, 컴파일러, 논리회로 설계, 통신 네트워크, 운영체제, 정렬, 탐색 등에 폭넓게 활용될 수 있다.

그래프는 G=(V,E)로 표현하며 V는 유한한 개수의 정점(노드라고도 한다)들의 집합이며, E는 연결선들의 집합이며 각 연결선은 연결된 양쪽의 정점을 한 쌍으로 하는 순서쌍으로 표현한다. 그림 6.3에 그래프의 예가 있는데 그림 6.3 (a)는 a, b, c 3개의 정점으로 V={a,b,c}이며, 3개의 연결선은 e_1={a,a}, e_2={a,b}, e_3={b,c}이며 E= {e_1,e_2, e_3}={{a,a},{a,b},{b,c}}이다.

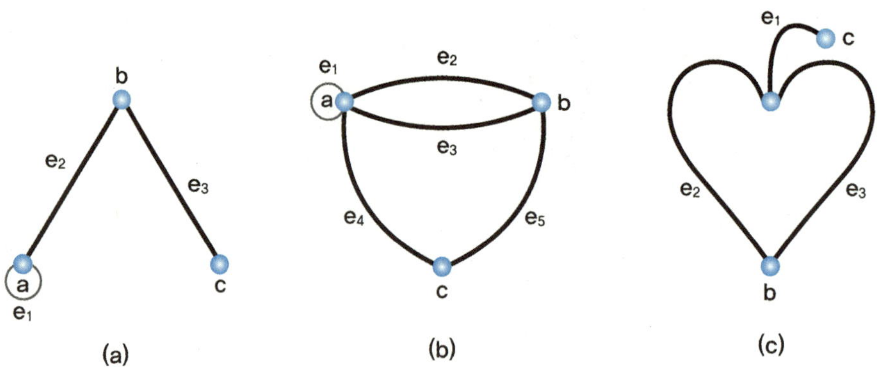

그림 6.3 그래프

그래프의 연결선이 방향을 갖고 있는 것을 방향 그래프(directed graph) 또는 다이 그래프(digraph)라고 한다. 이 그래프도 G=(V,E)로 표시하며 V는 정점들의 집합이며 E는 방향을 갖는 연결선들의 집합이다. 그림 6.4 (b)는 방향 그래프이며, (a)는 연결선을 나타낸다.

연결선	{시작점,끝점}
a	(1,4)
b	(1,2)
c	(2,4)
d	(4,4)
e	(4,2)
f	(4,3)
g	(3,1)
h	(3,2)

(a) 연결선

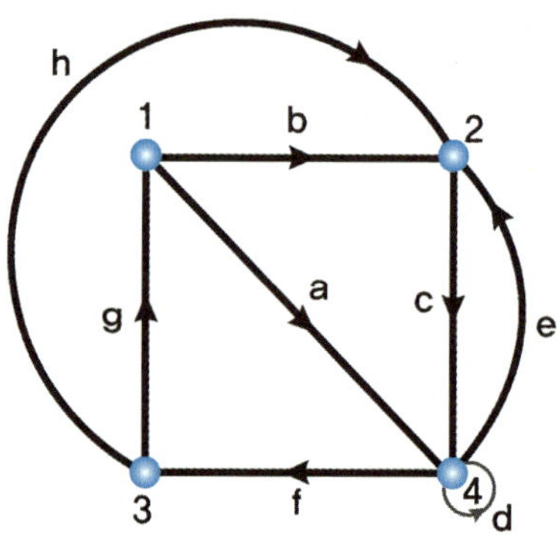

(b) 방향그래프

그림 6.4 방향그래프와 연결선

그래프는 각 정점에 연결된 연결선의 개수에 따라서 단순그래프(simple graph), 멀티그래프(multigraph)로 나누며, 각 정점에 연결된 연결선의 형태나 연결선에 부여된 가중치에 따라서 완전한 그래프(complete graph), 이분그래프(bipartite graph), 완전한 이분그래프(complete bipartite graph), 가중치그래프(weighted graph)로 나눌 수 있다.

(1) 단순그래프(simple graph)

일반적으로 그래프라고 하면 단순그래프를 말하는데 이 그래프는 임의의 두 정점 사이에는 하나 이하의 연결선만을 가지며 연결선의 시작점과 끝점이 같은 루프를 갖지 않는 그래프를 단순그래프라고 한다.

정의 6.1 **단순그래프(simple graph)**

한 쌍의 정점 사이에 연결선이 하나이거나 또는 없으며 자기 자신으로의 연결선도 없는 그래프이다. 즉, 루프(loop) 또는 병렬연결선(parallel edge)을 갖지 않는 그래프를 말한다.

[예제 6.1] 그림 6.5의 그래프는 다음과 같은 정점과 연결선을 갖는 단순그래프이다.

V = {a,b,c,d,e},
E = {{a,b},{a,c},{b,c}{,b,d},{b,e},{c,d},{d,e}}

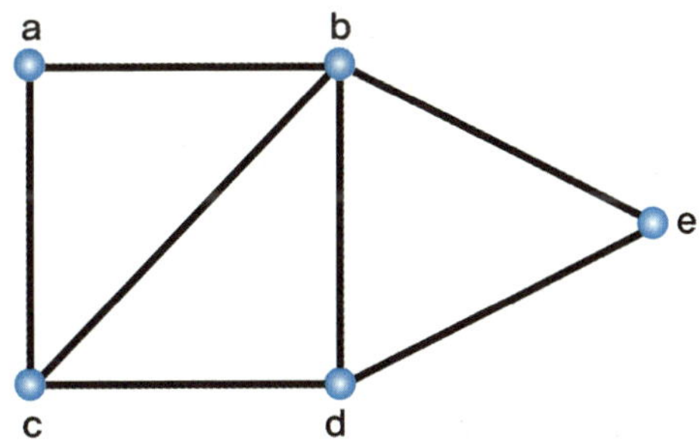

그림 6.5 단순그래프

(2) 멀티그래프(multigraph)

단순그래프는 임의의 정점들 사이의 연결선의 개수를 하나 이하로 한정하였으나 연결선의 개수에 어떠한 제한도 없는 그래프를 멀티그래프라고 한다. 앞에서 보았던 쾨니히스베르크의 7개의 다리를 그래프로 그렸던 그림 6.2가 멀티그래프이다.

정의 6.2 **멀티그래프(multigraph)**

단순그래프의 확장으로서 한 쌍의 정점 사이에 연결선의 개수의 제한이 없는 그래프이다. 즉, 루프(loop)또는 병렬연결선(parallel edge)을 허용하는 그래프를 말한다.

[예제 6.2] 그림 6.6의 그래프는 다음과 같은 정점과 연결선을 갖는 멀티그래프이다.

V = {a,b,c,d}
E = {{a},{a,b},{a,c}{b,c},{c},{c,d}}

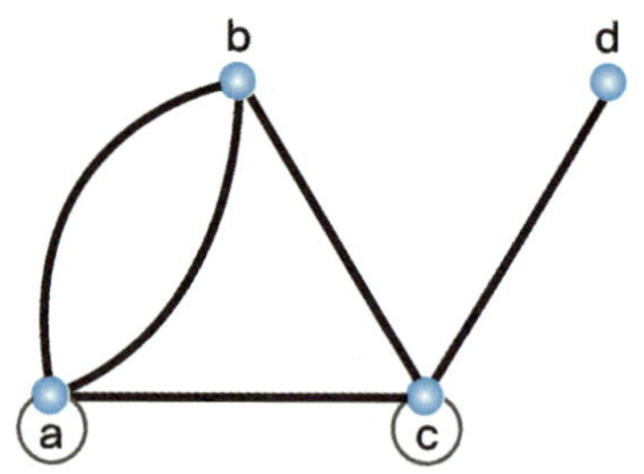

그림 6.6 멀티그래프

정의 6.3 **공그래프(empty graph)**

그래프 G(V,E)에서 E=∅인 그래프를 공그래프라고 한다. 다시 말하면 연결선이 하나도 없는 그래프를 말한다.

그래프에서 임의의 두 정점이 연결선으로 연결되어 있을 경우 그 두 정점은 인접(adjacent)해 있다고 한다. 예를 들어서 두 정점 (a,b)=e_1이라고 하면, 정점 a, b는 인접해 있다고 하며, 연결선 e_1은 정점 a와 b에 접해(incident) 있다고 한다.

정의 6.4 인접하다(adjacent)

단순그래프 G=(V,E)에서 u,v∈V인 두 정점 u와 v가 {u,v}∈E 인 경우 u와 v는 인접해 있다고 한다.

그림 6.6에서 a와 b, a와 c, b와 c, c와 d는 인접해 있다고 한다. 그러나 a와 d는 경로는 있으나 인접해 있지는 않다. 그래프 G=(V,E)에서 각 정점에 연결되어 있는 연결선의 개수를 차수(degree)라고 하며 deg(v)로 표기한다. 차수가 0인 정점을 고립점(isolated vertex)이라고 한다. 즉, deg(v)=0인 정점이며, 그 어느 정점하고도 연결이 되어 있지 않은 정점을 말한다. 또한 차수가 1인 정점을 장식(pendent)이라고 한다.

정의 6.5 차수(degree)

그래프 G=(V,E)에서 v∈V인 정점 v에 연결된 연결선의 수를 차수라 하며 deg(v)로 표현한다. 자기 자신의 정점에 연결선을 갖는 것은 차수가 2가 더해진다.

정의 6.6 고립점(isolated vertex)과 장식(pendant)

그래프 G=(V,E)에서 v∈V인 정점 v의 차수가 deg(v)=0인 정점을 고립점이라고 하며, deg(v)=1인 정점을 장식라고 한다.

[예제 6.3] 다음 그림 6.7의 그래프의 각 정점에서의 차수를 구하여라.

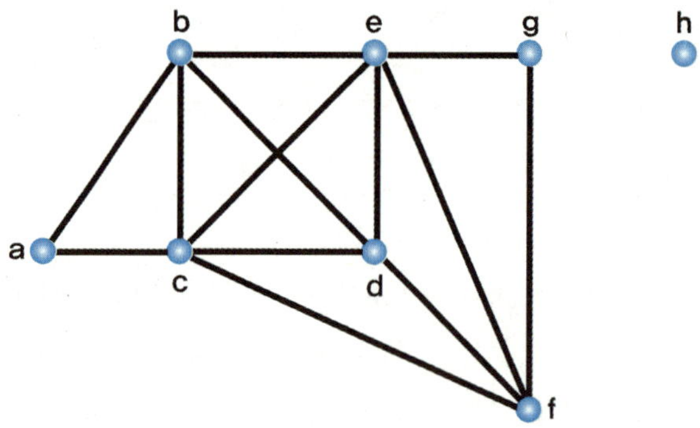

그림 6.7 그래프

풀이 deg(a)=2, deg(b)=deg(d)=deg(f)=4, deg(c)=deg(e)=5, deg(g)=2, deg(h)=0, 이 그래프에서 정점 h는 차수가 0이므로 고립점이다.

[정리 6.1]

그래프 G=(V,E)에서 모든 정점 v의 차수의 합은 모든 연결선 개수의 2배가 된다. e는 연결선의 개수.

$$\sum_{i=1}^{n} \deg(v_i) = 2e.$$

그래프에서 각 정점에서의 차수의 합은 그 그래프의 연결선 수의 2배가 되는 것은 당연하다. 하나의 연결선은 임의의 두 정점 u, v를 연결하는 선으로서 차수를 계산할 경우에는 정점 u의 deg(u)와 v의 deg(v)에서 모두 계산되기 때문이다. 그러므로 그래프 G=(V,E)에서 정점 V가 V={v_1, v_2, v_3, ⋯, v_n}이고 연결선 E가 |E| = e라면 다음이 설립한다.

$$\sum_{i=1}^{n} \deg(v_i) = 2e.$$

[예제 6.4] 다음 그림 6.8 그래프에서 각 정점에서의 차수를 구하고 차수의 합이 연결선의 2배가 되는가를 보여라.

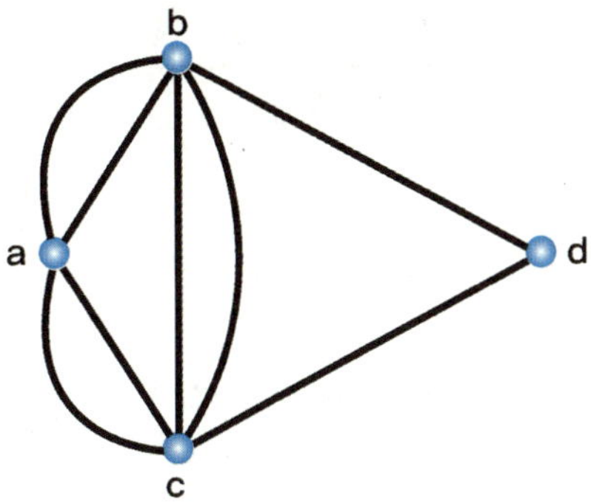

그림 6.8 그래프

풀이

- deg(a)=4, deg(b)=5 , deg(d)=2, deg(c)=5
- 4개 정점에서의 차수의 합은 16이 된다. 연결선은 8개이므로, 정점에서의 차수의 합은 연결선수의 2배가 된다.

임의의 두 개의 그래프 G=(V,E)와 $G_1=(V_1,E_1)$에서 $V_1 \subseteq V$, $E_1 \subseteq E$일 때 그래프 $G_1=(V_1,E_1)$을 G의 부분그래프(subgraph)라고 한다. 이때 $V=V_1$이고 $E_1 \subset E$이면 G_1은 G의 생성 부분그래프(spanning subgraph)라고 한다.

[예제 6.5] 그림 6.9 그래프의 부분그래프와 생성부분그래프는 그림 6.10과 같다.

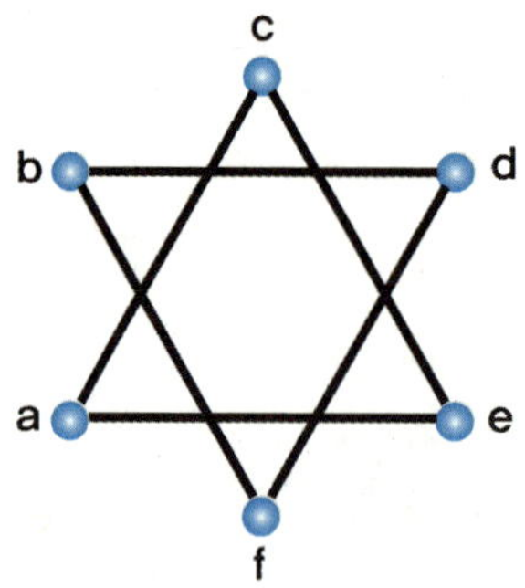

그림 6.9 그래프

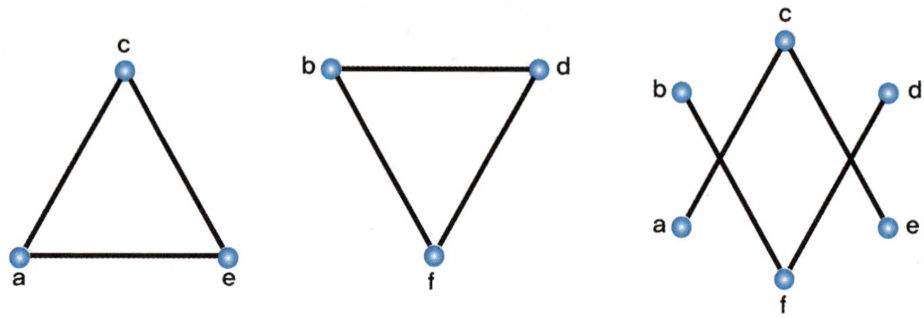

(a) 부분 그래프 (b) 부분 그래프 (c) 생성부분 그래프

그림 6.10 부분 그래프와 생성부분 그래프

두 개의 단순그래프를 하나의 그래프로 합하여 새로운 그래프인 결합그래프(union graph)를 만들 수 있다. 두개의 그래프 $G_1 = (V_1, E_1)$과 $G_2 = (V_2, E_2)$를 합해서 결합그래프 $G = (V, E)$로 만드는 것이다. 여기서 $V = V_1 \cup V_2$, $E = E_1 \cup E_2$ 이다. 즉, 그림 6.11과 같은 결합그래프 $G = G_1 \cup G_2$가 된다.

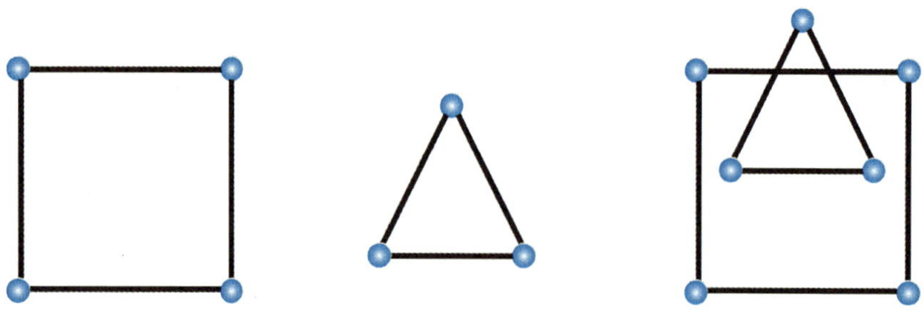

(a) G_1 (b) G_2 (c) G

그림 6.11 그래프의 결합

(3) 방향그래프(direct graph)

그래프에서 정점들을 연결하는 연결선들이 방향을 가지고 있을때 그 그래프를 방향 그래프라고 한다.

정의 6.7 방향그래프(digraph)

> 그래프 G(V,E)에서 $e \in E$인 연결선 모두가 방향을 가지고 있는 그래프를 말한다. 이때 연결선을 아크(arc)라고도 한다.

방향그래프 G에서 두 정점 u와 v사이에 연결선이 e라고 하면 (u,v)=e가 되며 이런 경우 정점 u를 시작점(initial vertex)이라고 하며, 정점 v를 끝점(terminal vertex)이라고 한다. 그림 6.12의 그래프가 방향그래프이며, 연결선 e_1의 시작점은 v_1이며, 끝점은 v_3이다.

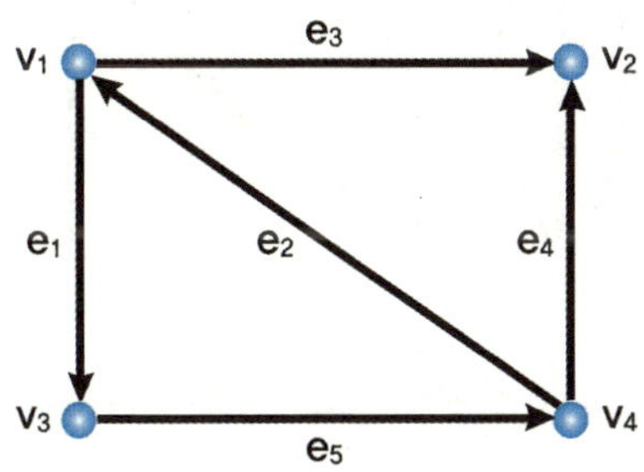

그림 6.12 방향그래프

방향그래프에서는 연결선에 화살표(arc)가 있으므로 차수를 구하는 것이 일반적인 그래프와 조금 다르다. 정점 v로 들어오는 연결선의 개수를 내입차수(indegree)라고 하며, indeg(v)로 표기한다. 정점 v로부터 나가는 연결선의 개수를 외출차수(outdegree)라고 하며, outdeg(v)로 표기한다. 내입차수, indeg(v)와 외출차수, outdeg(v)을 더한 것이 전체 차수 deg(v)가 된다.

$$deg(v) = indeg(v) + outdeg(v)$$

[정리 6.2]

방향그래프 G=(V,E)에서 모든 정점의 indeg(v) 의 합은 outdeg(v)의 합과 같으며, 모든 연결선의 개수와 같다.

$$\sum_{v \in V(G)} indeg(v) = \sum_{v \in V(G)} outdeg(v) = |E(G)|.$$

[예제 6.6] 다음 그림 6.13의 그래프에서 각 정점에서의 내입차수와 외출차수를 구하고 연결선의 개수와 같은가를 보여라.

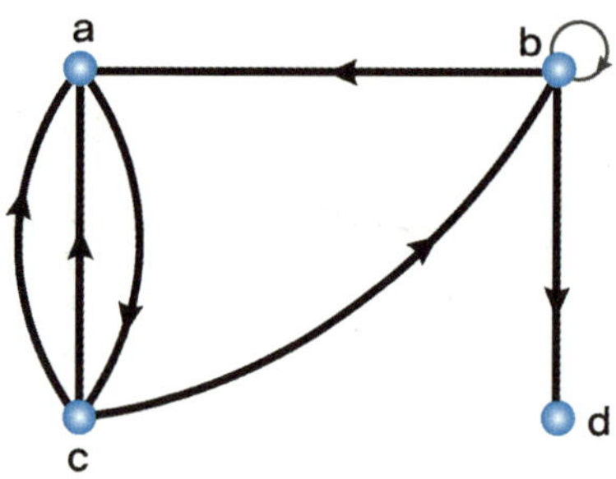

그림 6.13 그래프

풀이 내입차수와 외출차수를 구해보면 아래의 표 6.1과 같다. 이 표에서 보면 내입차수의 합 = 외출차수의 합 = 7로서 연결선의 개수 7개와 같음을 알 수 있다.

표 6.1 각 정점에서의 차수

p	a	b	c	d	합
내입차수	3	2	1	1	7
외출차수	1	3	3	0	7
차수	4	5	4	1	14

일반그래프에서 고립점은 차수가 0인 정점을 말하는데 방향그래프에서의 고립점은 내입차수와 외출차수가 모두 0인 정점을 말한다. 그리고 내입차수가 0인 정점은 소스(source)라고 하고, 외출차수가 0인 정점은 싱크(sink)라고 한다.

정의 6.8 소스(source)와 싱크(sink)

방향 그래프 G=(V,E)에서 indeg(v)=0인 정점을 소스라 하며, outdeg(v)=0인 정점을 싱크라고 한다.

[예제 6.7] 다음 그림 6.14의 그래프에서 각 정점에서의 내입차수와 외출차수를 구하고, 소스와 싱크가 있으면 구하여라.

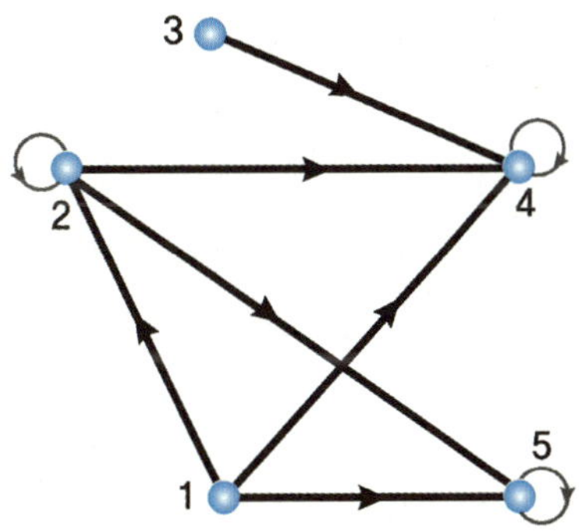

그림 6.14 그래프

풀이

- 각 정점에서의 내입차수는 indeg(1)=0, indeg(2)=2, indeg(3)=0, indeg(4)=4, indeg(5)=3
- 각 정점에서의 외출차수는 outdeg(1)=3, outdeg(2)=3, outdeg(3)=1, outdeg(4)=1, outdeg(5)=1, 표 6.2에 각 정점에서의 내입, 외출차수를 나타내었다.
- 소스는 정점 1과 3이 되며, 싱크는 없다.

표 6.2 차수

	정점					
	1	2	3	4	5	합계
내입차수	0	2	0	4	3	9
외출차수	3	3	1	1	1	9
차수	3	5	1	5	4	18

[정리 6.3]

그래프 G=(V,E)에서 정점 v의 차수가 홀수인 정점은 항상 짝수 개수가 된다.

연결선의 개수가 e인 그래프에서 짝수 차수를 가진 정점들의 차수의 합을 x라 하고, 홀수 차수를 갖는 정점들의 차수의 합을 y라 하면, x+y=2e가 된다. 여기서 x값은 짝수이므로 y=2e−x에서 y도 짝수가 되는 것을 알 수 있다. 그런데 y값은 홀수 차수를 갖는 정점들의 합이므로 이 y값이 짝수가 되기 위해서는 홀수 차수를 갖는 정점의 수가 짝수 개가 되어야만 한다. 다시 말하면, 홀수 차수를 갖는 정점의 수는 짝수개가 된다.

(4) 완전그래프(complete graph)

그래프에서 임의의 두 정점 사이에 항상 연결선이 존재하는 그래프를 완전그래프라고 한다. 즉, 각 정점이 다른 모든 정점들과 연결선을 갖는 그래프를 말하며 n개의 정점을 갖는 완전그래프를 K_n으로 표기한다.

정의 6.9 완전그래프(complete graph)

그래프 G= (V,E)의 임의의 두 정점 사이에 연결선이 존재하는 그래프를 완전그래프라고 한다. 즉, 각 정점이 다른 모든 정점들과 연결선을 갖는 그래프를 말하며 K_n으로 표기한다. 여기서 n은 그래프의 정점의 수이다.

완전그래프는 악수문제(handshake problem)와 같다. 악수문제는 축제에서 참석한 사람들이 한 사람도 빠지지 않고 각각 악수를 하는 문제이다. 그래프에서 정점을 참석한 사람이라고 하면, 연결선은 악수를 하는 것이다. 악수문제에서 악수를 한 전체 횟수는 참석한 사람을 n이라고 했을 때 h_n으로 표기한다. 다시 말하면 완전그래프 K_n에서 연결선의 개수가 h_n이 된다. 그림 6.15는 K_n에서 n=1,2,3,4,5인 경우의 완전그래프이다.

h_n = 전체 악수를 한 횟수
= K_n 에서 연결선의 개수
= ${}_nC_2$ $\left({}_nC_r = \frac{n!}{r!(n-r)!}\right)$

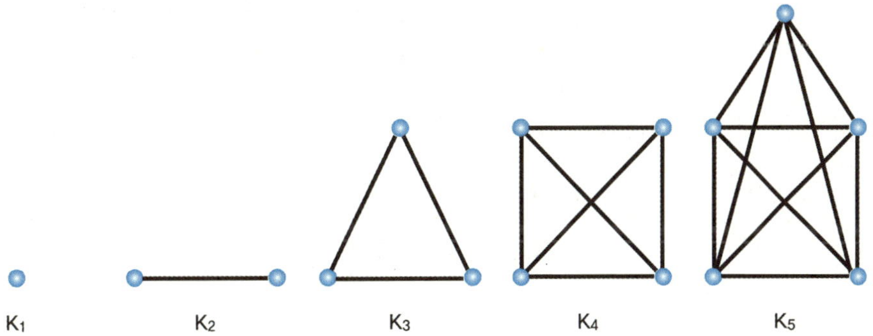

그림 6.15 완전그래프

(5) 정규그래프(regular graph)

완전그래프 하고는 조금 다른 형태로서 그래프 G=(V,E)에서 V에 속하는 모든 정점에서의 차수가 동일한 그래프를 정규그래프라 한다. 이 경우에 차수가 k이면 k차 정규그래프라 한다. k차 그래프는 각 정점에서의 연결선의 개수가 k이다. 정규그래프는 완전그래프처럼 임의의 두 정점 사이에 항상 연결선이 존재하지 않아도 된다.

정의 6.10 **정규그래프(regular graph)**

그래프 G= (V,E)의 모든 정점이 동일한 차수를 갖는 그래프를 정규그래프라고 한다. 이 때 차수가 k이면 k차 정규그래프라 한다.

그림 6.16은 2차 정규그래프이며, 그림 6.17은 정점이 4인 0차, 1차, 2차 3차 정규그래프이다.

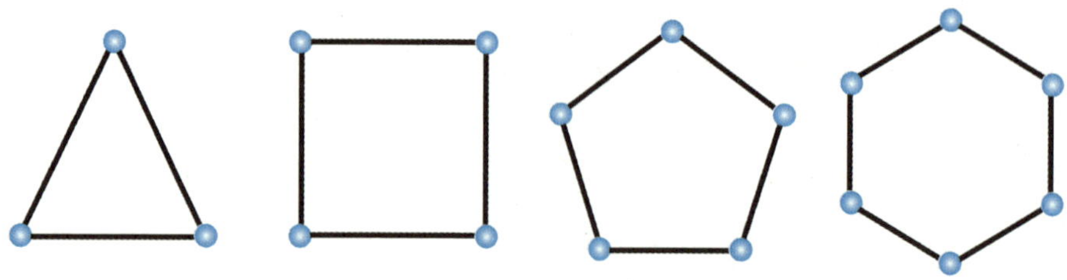

그림 6.16 2차 정규그래프

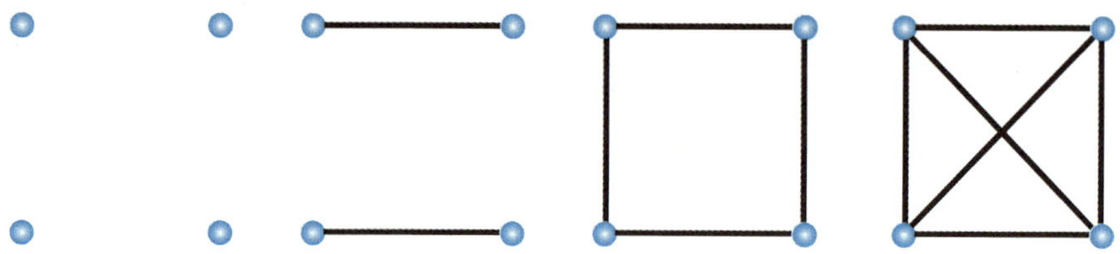

(a) 0차 (b) 1차 (c) 2차 (d) 3차

그림 6.17 정규그래프

(6) 순환그래프(cycle graph)

순환될 수 있는 그래프를 말하며, C_n으로 표기한다. n은 정점의 개수를 나타내며, $n \geq 3$이다. 예를 들어서 그림 6.18에서 C_4는 4개의 정점과 전체 연결선 수는 4개를 갖는다. 단, 각 정점에서의 차수는 2이다.

정의 6.11 순환그래프(cycle graph)

그래프 G=(V,E)가 정점 $V=\{v_1, v_2, \cdots, v_n\}$ 이고 연결선 $e=(v_i, v_{i+1})$로 구성되어 있는 그래프를 순환그래프라 하며 C_n 으로 표기한다. C_n 은 연결선의 개수가 3 이상이며 n개의 연결선으로 연결되어 있는 것을 말한다. 여기서 $1 \leq i \leq n$ 이고 $v_{n+1} = v_1$ 이다.

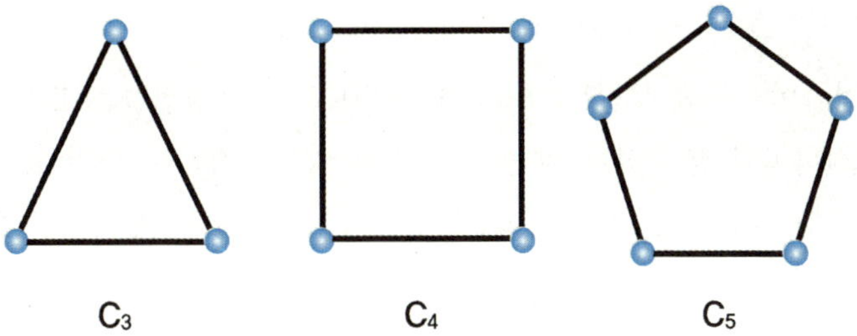

그림 6.18 순환그래프

(7) 휠그래프(wheel graph)

휠그래프는 순환그래프의 중심에 정점 v를 하나 추가해서 그 정점 v에서 다른 모든 정점으로 연결선을 추가한 그래프를 말한다. W_m으로 표기하며, $m \geq 3$이다. 단, W_m은 n개의 정점을 갖는다. m=n−1. 예를 들어서 그림 6.18에서 W_4는 5개의 정점을 가지며, 전체 연결선의 수는 2m 이다. 각 정점에서의 차수는 중심에 추가한 정점을 제외하고는 모두 3이다. 중앙에 추가한 정점의 차수는 m이다.

정의 6.12 휠그래프(wheel graph)

휠그래프는 순환그래프 C_n내에 하나의 정점 v를 추가하여 C_n의 모든 정점에서 추가한 정점 v에 연결선을 추가한 그래프를 말한다. W_m으로 표기하며, 정점의 개수가 4 이상이다. m=n−1, n은 정점의 개수.

[예제 6.8] 그림 6.19는 W_3, W_4, W_5의 그래프이다.

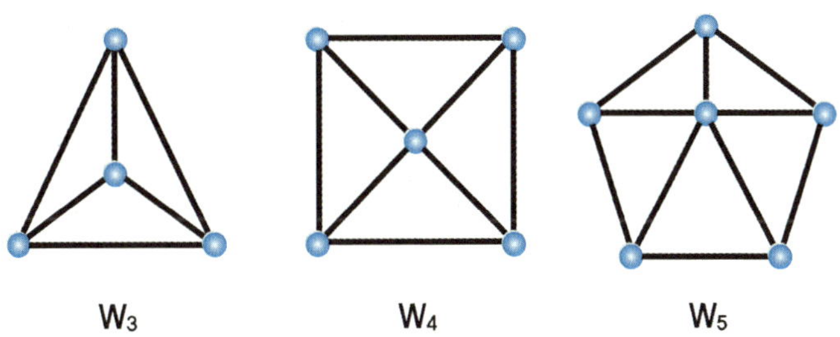

그림 6.19 휠그래프

(7) 이분그래프(bipartite graph)

그래프의 정점들이 A, B 두 부분으로 나누어지고 A의 정점들은 B의 정점하고, B의 정점은 A의 정점하고만 연결선을 갖는 그래프를 이분그래프라고 한다. 그리고 이분그래프 중에서도 A부분의 모든 정점이 B부분의 모든 정점들과 연결선을 갖고 있으면 완전이분그래프라고 한다.

정의 6.13 이분그래프(bipartite graph)

그래프 G=(V,E)에서 V가 두 부분 V_1, V_2로 나누어지면서 분할이고 V_1의 정점들이 V_2의 정점으로 연결선을 갖는 그래프 G를 이분그래프라고 한다. 이 경우 V_1과 V_2 내의 정점들 사이에는 연결선이 없어야 한다. 그리고 V_1의 모든 정점들이 V_2 내의 모든 정점들 사이에 연결선이 존재하면 완전 이분그래프(complete bipartite graph)라고 한다.

완전 이분그래프에서는 A부분의 정점을 $|V_1| = m$, B부분의 정점을 $|V_2| = n$ 이라고 할 때 $K_{m,n}$으로 표기한다. 예를 들면, $|V_1| = 2$, $|V_2| = 3$ 이면 $K_{2,3}$으로 표기 한다. 완전 이분그래프는 악수 문제에서 초대하는 사람이 m이고 초대를 받고 참석한 사람이 n이라면 초대받은 사람은 모두 초대한 사람과 악수를 하는 것과 같다. 단, 초대한 사람들과 초대받은 사람들 사이에는 악수를 하지 않는다. 그림 6.20에 이분그래프를 나타내었다.

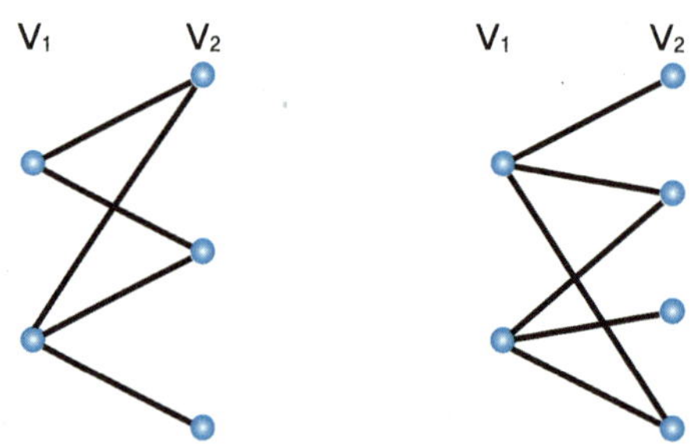

(a) 이분그래프

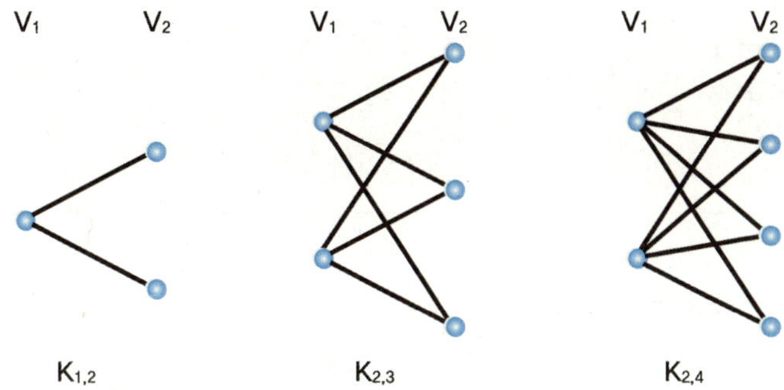

(b) 완전 이분그래프

그림 6.20 이분그래프

일반적인 악수문제는 축제에 초대하는 사람이 한 사람이 아니고 다수인 경우이다. 초대하는 사람(주인)이 m이고 초대를 받고 참석한 사람이 n이라면 초대받은 사람(손님)은 모두 초대한 사람과 악수를 하고, 그리고 초대되어 온 사람들끼리도 모두 악수를 한다. 단, 초대하는 사람들끼리는 악수를 하지 않는 것으로 한다. 전체 악수를 한 횟수를 h(n)이라고 하면 다음과 같다.

$$h(n) = {}_nC_2 + m \cdot n \qquad \left({}_nC_2 = \frac{n!}{2(n-2)!}\right)$$

예를 들어서 주인 3명이 4명을 초대하는 문제를 보면 주인 3명과 손님들 4명 사이의 악수를 하는 것은 그래프로 보면 $K_{3,4}$와 같으며, 손님들 4명 사이에 악수를 하는 것은 K_4와 같다. 그러므로 h(4)는 결합그래프 $K_{3,4} \cup K_4$의 연결선 개수와 같다. 여기서 e(G)는 그래프 G의 연결선 개수이다.

$$\begin{aligned} h(4) &= e(K_{3,4}) + e(K_4) = e(K_{3,4} \cup K_4) \\ &= 12+6 \\ &= 18 \end{aligned}$$

이것은 h(n)=C(n,2)+m• n으로 계산을 해도 같은 값을 구할 수 있다. 그래프로 보면 그림 6.21과 같다.

$$
\begin{aligned}
h(n) &= {}_{n}C_2 + m \cdot n \\
&= {}_{4}C_2 + 3 \cdot 4 \\
&= 6 + 12 \\
&= 18
\end{aligned}
$$

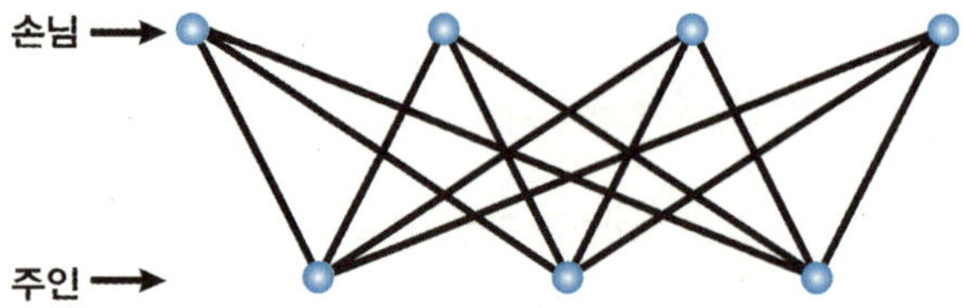

$K_{3,4}$

$e(K_{3,4}) = 12$

(a) 주인 3명과 손님 4명의 악수 그래프

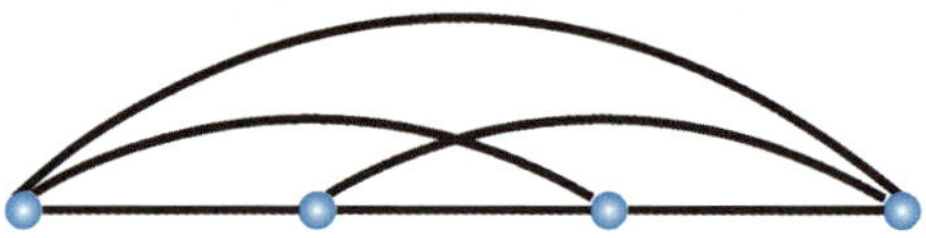

K_4

$e(K_4) = 6$

(b) 4명의 손님이 서로 악수를 하는 그래프

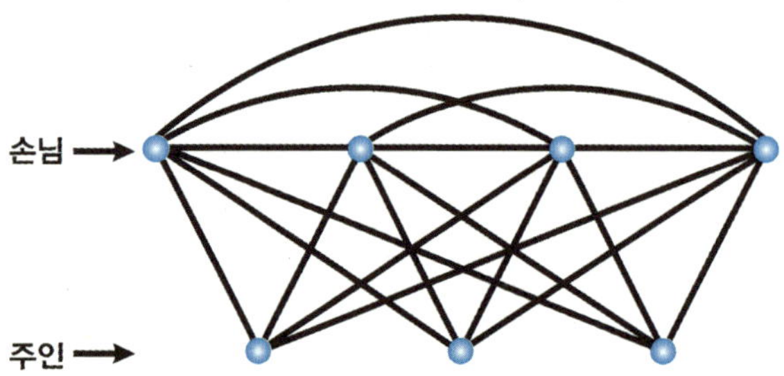

$K_4 \cup K_{3,4}$

$e(K_4 \cup K_{3,4}) = 18$

(c)

그림 6.21　악수문제 그래프

(8) 가중치그래프(weighted graph)

그래프의 연결선에 임의의 값이 부여된 그래프를 가중치그래프라고 한다. 지도를 그래프로 표현할 때 편리한 그래프이다.

정의 6.14 가중치그래프(weighted graph)

> 그래프 G=(V,E)에서 모든 연결선 e에 임의의 양수 값이 부여된 그래프를 가중치그래프라고 한다.

가중치그래프는 G=(V,E,f)로 표현 할 수도 있다. f는 연결선 e에 부여된 가중치를 의미한다. 가중치그래프는 그림 6.22와 같이 지도를 표시하는 경우에 많이 볼 수 있으며 실제 각 지역을 순회하는 가장 가까운 길을 찾는 문제 등에서 많이 이용된다.

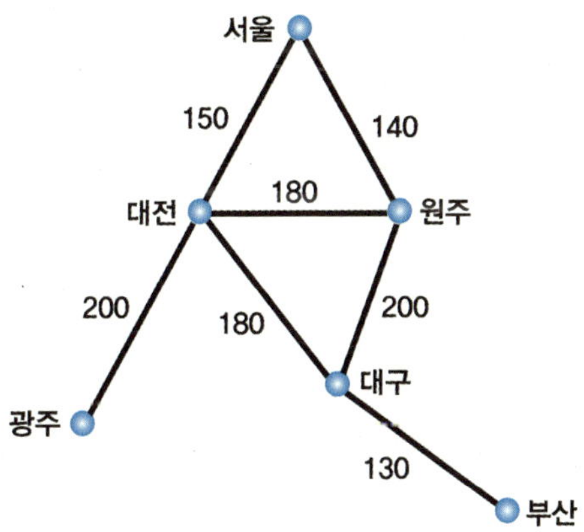

그림 6.22 가중치그래프

그래프 G=(V,E)에서 정점 v들 사이의 연결 여부에 따라 연결그래프(connected graph), 강한 연결그래프(strongly connected graph) 등으로 구분한다. 연결그래프는 그래프 G=(V,E)에서 정점 V에 속해 있는 임의의 정점 v의 차수가 deg(v)=0이 아니면 연결그래프라고 한다. 다시 말하면 어느 임의의 두 정점 u, v 사이에 경로가 존재하면 연결그래프이다. deg(v)≠0이 되어야 한다. deg(v)=0이면 정점 v는 고립점이다. 그림 6.23의 고립점을 갖는 그래프는 연결그래프가 아니다.

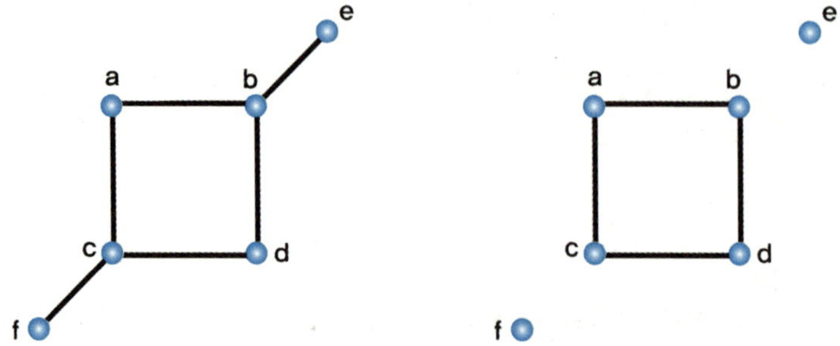

(a) 연결그래프　　(b) 연결그래프가 아니다

그림 6.23　연결그래프와 비연결그래프

방향 그래프 G=(V,E)에서 V에 속하는 임의의 두 정점 u와 v에 대해서 u에서 v로의 경로와 v에서 u로의 경로들이 존재하는 그래프를 강한 연결그래프라고 한다. 그림 6.24의 (b)가 강한 연결그래프이다. 컴퓨터에 의해서 강한 그래프를 찾는 것은 뒤에서 설명한다.

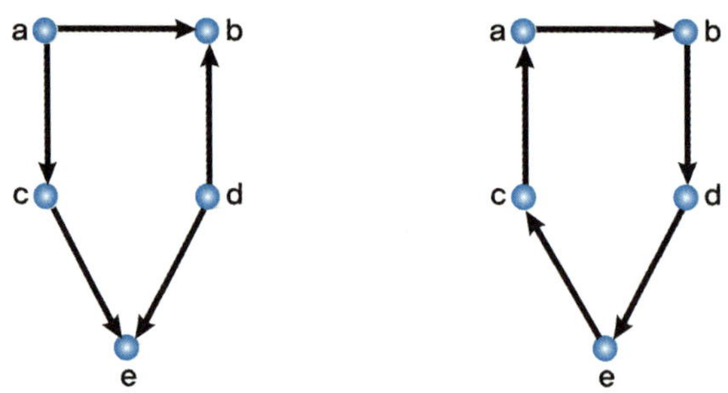

(a) 강한 연결그래프가 아니다　　(b) 강한 연결그래프

그림 6.24　연결그래프

6.2 그래프의 컴퓨터 표현(computer representations of graphs)

그래프 G=(V,E)는 그림을 이용하여 표현하는 것이 가장 자연스럽고 이해하기에 쉬운 방법이나, 컴퓨터로 처리를 하기 위해서는 컴퓨터가 알 수 있는 자료로 변환을 해야 한다. 그래서 배열로 표현하기에 편한 인접행렬(adjacency matrix)로 표현을 하든지, 그래프의 각 정점들이 어느 정점과 연결되어 있는가를 알 수 있는 인접 리스트(adjacency list)로 표현한다. 이렇게 표현된 그래프는 컴퓨터 처리에 이용되어질 수 있다.

인접 행렬은 그래프 G=(V,E)에서 |V|=n일 때 그래프 G의 인접 행렬 A는 n X n 행렬로 표현되며, 이 때 A의 각 원소 a_{ij}는 다음과 같이 정의된다.

$$a_{ij} = \begin{cases} 1 & (v_i, v_j) \in E \\ 0 & otherwise \end{cases}$$

인접행렬로 표현할 때 (V_i, V_j)에 연결선이 여러 개 있는 경우에는 1로 또는 연결선 개수만큼의 숫자로 표현한다. 그래프가 그림 6.25와 같은 경우 인접 행렬을 구해보면 다음과 같다. 각 정점에 연결되어 있는 연결선을 보면 표 6.3과 같다.

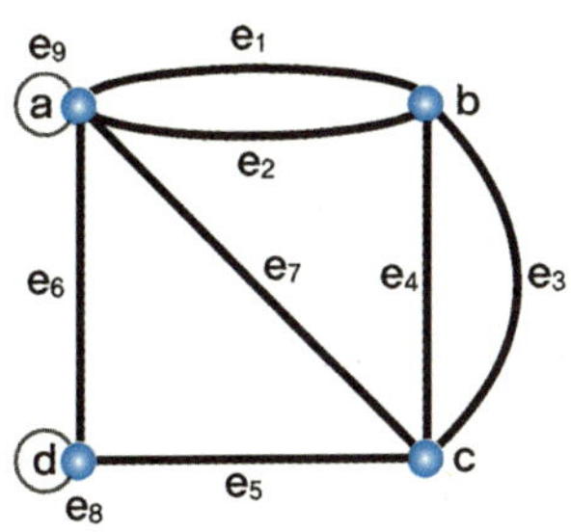

그림 6.25 그래프

표 6.3 연결선

정점	인접행렬	인접정점
a	$e_1e_2e_6e_7e_9$	b,b,d,c,a
b	$e_1e_2e_3e_4$	a,a,c,c
c	$e_3e_4e_5e_7$	b,b,d,a
d	$e_5e_6e_8$	c,a,d

그림 6.25의 그래프를 인접행렬로 표현하면 그림 6.26과 같다.

$$A(G)=\begin{array}{c} \\ a\\ b\\ c\\ d \end{array}\begin{array}{c} \begin{array}{cccc} a & b & c & d \end{array}\\ \begin{bmatrix} 1 & 1 & 1 & 1\\ 1 & 0 & 1 & 0\\ 1 & 1 & 0 & 1\\ 1 & 0 & 1 & 1 \end{bmatrix} \end{array}$$

(a) 연결선 개수에 무관하게 1로 표현

$$A(G)=\begin{array}{c} \\ a\\ b\\ c\\ d \end{array}\begin{array}{c} \begin{array}{cccc} a & b & c & d \end{array}\\ \begin{bmatrix} 1 & 2 & 1 & 1\\ 2 & 0 & 2 & 0\\ 1 & 2 & 0 & 1\\ 1 & 0 & 1 & 2 \end{bmatrix} \end{array}$$

(b) 연결선 수만큼 표현

그림 6.26 그래프를 인접행렬로 표현

[예제 6.9] 다음 그림 6.27 그래프의 인접행렬을 구하여라.

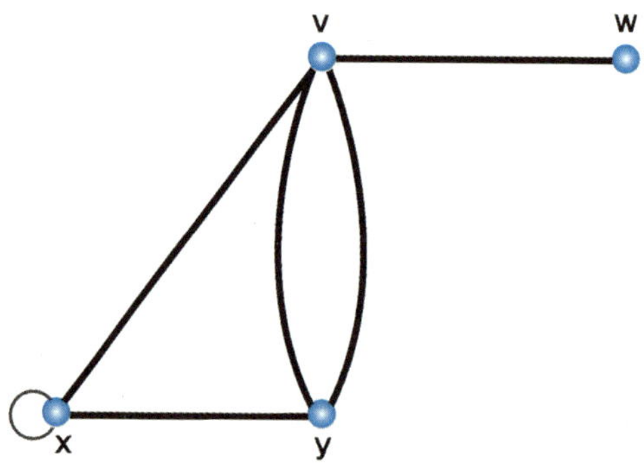

그림 6.27 그래프

풀이 2개 정점에 연결된 연결선 수에 무관하게 1로 표현하면 다음과 같다.

$$M_R = \begin{array}{c} \\ v \\ w \\ x \\ y \end{array} \begin{array}{c} \begin{array}{cccc} V & W & X & Y \end{array} \\ \begin{bmatrix} 0 & 1 & 1 & 1 \\ 1 & 0 & 0 & 0 \\ 1 & 0 & 1 & 1 \\ 1 & 0 & 1 & 0 \end{bmatrix} \end{array}$$

인접 리스트는 각 정점이 어느 정점과 연결선을 갖고 있는가를 나타내는 것으로 포인터로 연결한다. 정점 v로부터 연결선이 있는 정점들을 차례로 연결 리스트(linked list)로 표시한 것이다. 연결하는 순서는 어떤 순서든지 상관이 없다. 예를 들어서 쾨히니스베르그 다리에 관한 그래프 그림 6.28을 연결리스트로 표현하면 그림 6.29와 같다.

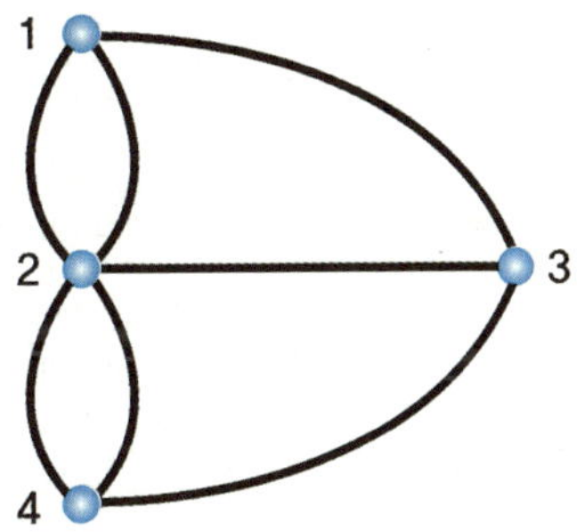

그림 6.28 쾨히니스베르그 다리에 관한 그래프

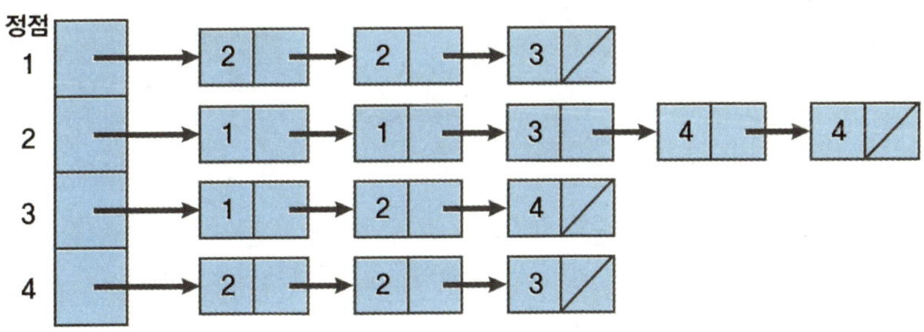

그림 6.29 연결리스트

[예제 6.10] 다음 그림 6.30 그래프의 연결리스트를 구하여라.

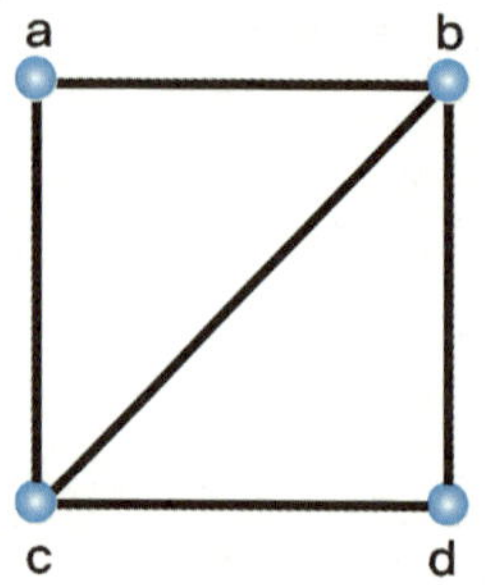

그림 6.30 그래프

풀이 정점 a는 b, c와 연결, 정점 b는 a,c,d와 연결, 정점 c는 a,b,d와 연결, 정점 d는 b,c와 연결되어 있다. 이것을 연결리스트로 표현하면 그림 6.31과 같다.

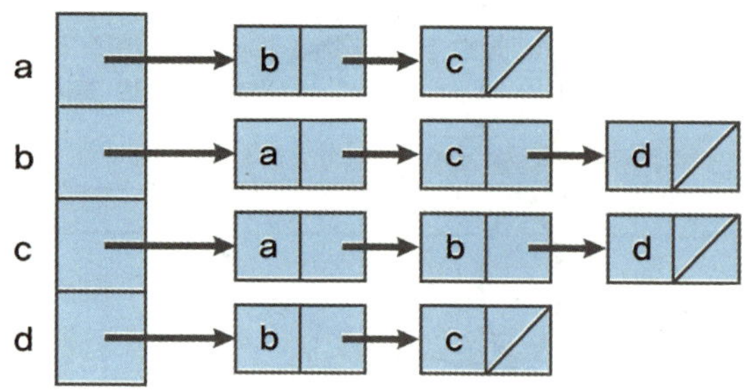

그림 6.31 연결리스트

가중치그래프를 연결리스트로 표현을 하려면 다음과 같이 가중치 값을 정점과 함께 저장을 한다.

정점	가중치	연결(pointer)

그림 6.32의 가중치그래프를 연결리스트로 표현한 것이 그림 6.33에 있다.

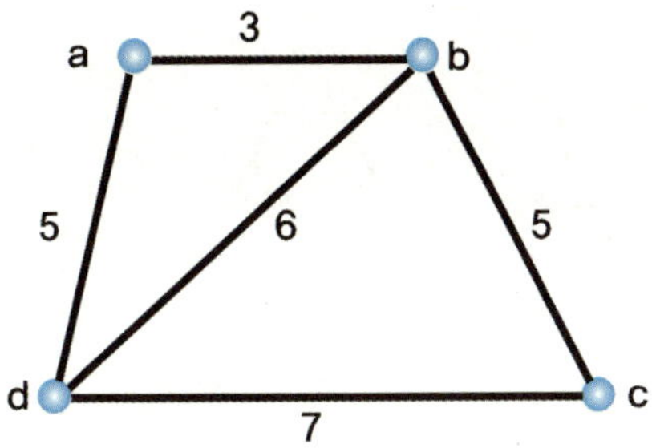

그림 6.32 가중치그래프

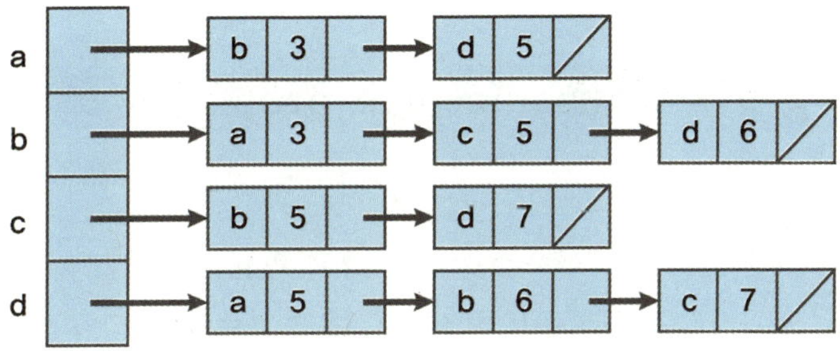

그림 6.33 연결리스트

[예제 6.11] 다음 그림 6.34의 연결리스트를 그래프로 그려라.

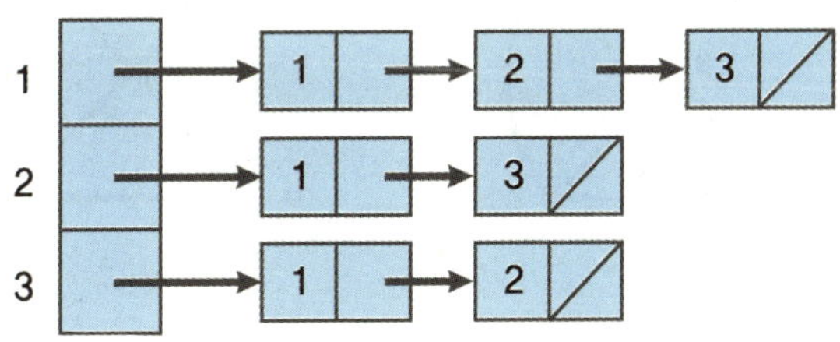

그림 6.34 연결리스트

풀이 정점 1은 1,2,3과 연결, 정점 2는 1,3과 연결, 정점 3은 1,2와 연결되어 있다. 이것을 그래프로 그리면 그림 6.35와 같다.

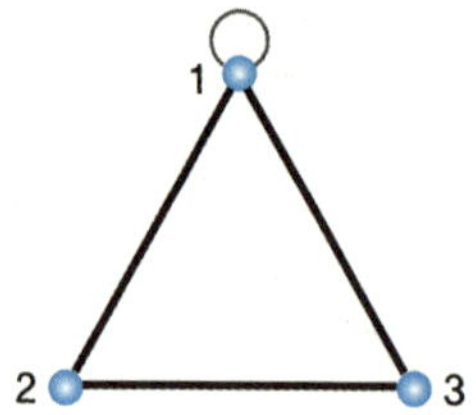

그림 6.35 그래프

6.3 동형그래프(isomorphic graphs)

두 개의 단순 그래프가 거의 비슷한 모양을 갖고 있는 것을 볼 수 있다. 그림 6.36의 두 개의 그래프 G_1, G_2는 모양은 다르지만 아주 동일한 성질을 갖는다. 보기에는 다르지만 정점의 개수나 연결선의 개수도 같고, G_2 그래프의 정점을 움직여서 일부 변경하면 G_1과 같아진다. 이렇게 두 개의 그래프가 모양은 다르지만 동일한 성질을 가지면서 정점과 연결선을 추가나 삭제하지 않고 일부분을 움직여서 모양을 변경하면 같은 모양으로 변경이 가능할 때 그 두 개의 그래프는 동형그래프라 한다.

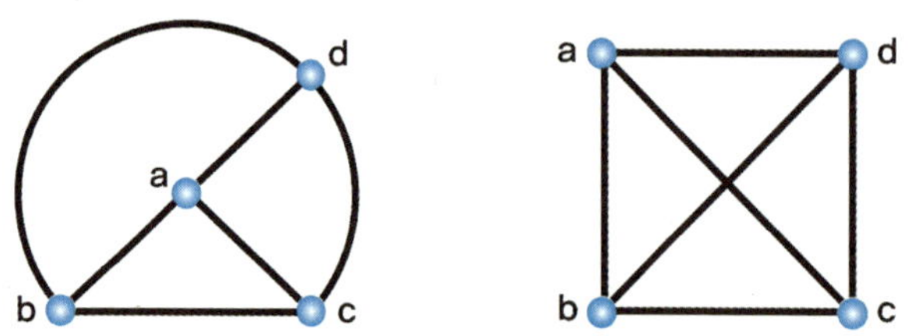

(a) G_1 (a) G_2

그림 6.36 동형그래프

정의 6.15 **동형그래프(isomorphic graph)**

그래프 $G_1=(V_1,E_1)$과 $G_2=(V_2,E_2)$가 주어졌을 때, $|V_1|=|V_2|$, $|E_1|=|E_2|$이고, 전단사 함수 $f: V_1 \rightarrow V_2$가 존재하여 $\{a,b\} \in E_1$ 이고 $\{f(a),f(b)\} \in E_2$이면 G_1과 G_2를 동형그래프라고 한다.

[예제 6.12] 그림 6.37의 G_1과 G_2의 그래프가 동형그래프임을 보여라.

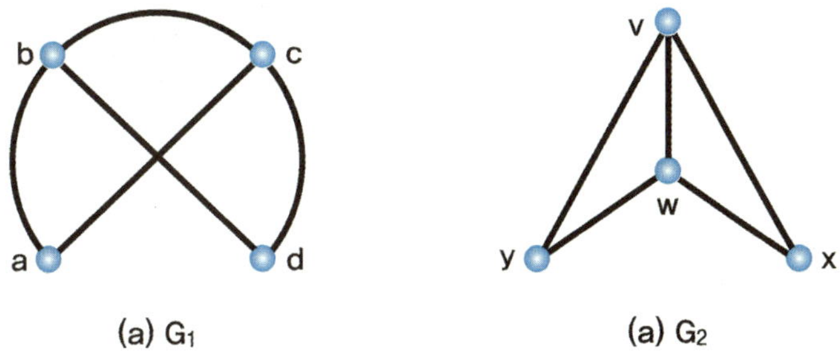

그림 6.37 동형그래프

풀이 그래프 G_1의 $V_1=\{a,b,c,d\}$, $|E_1|=5$이고, G_2는 $V_2=\{u,v,w,x\}$, $|E_2|=5$이다. 여기서 G_1과 G_2가 동형그래프의 조건을 만족시키면 된다. 우선 두 개의 그래프는 정점과 연결선의 개수는 같고, $f(a)=y$, $f(b)=v$, $f(c)=w$, $f(d)=x$이므로 전단사함수이다. $\{a,b\}\in E_1$이고 $\{f(a),f(b)\}=(y,v)\in E_2$이다. 다른 연결선은 표 6.4와 같다. 결국 G_1과 G_2는 동형그래프이다. 정점 a와 y, b와 v, c와 w, d와 x가 매핑된다.

표 6.4 두 개 그래프의 연결선 매핑

G_1의 연결선	매핑($\{f(x), f(y)\}$)	매핑한 것이 G_2의 연결선인가?
{a, b}	$\{f(a), f(b)\} = \{y, v\}$	예
{a, c}	$\{f(a), f(c)\} = \{y, w\}$	예
{b, c}	$\{f(b), f(c)\} = \{v, w\}$	예
{b, d}	$\{f(b), f(d)\} = \{v, x\}$	예
{c, d}	$\{f(c), f(d)\} = \{w, x\}$	예

[예제 6.18] 다음 그림 6.38의 그래프 G_1, G_2가 동형그래프임을 보여라.

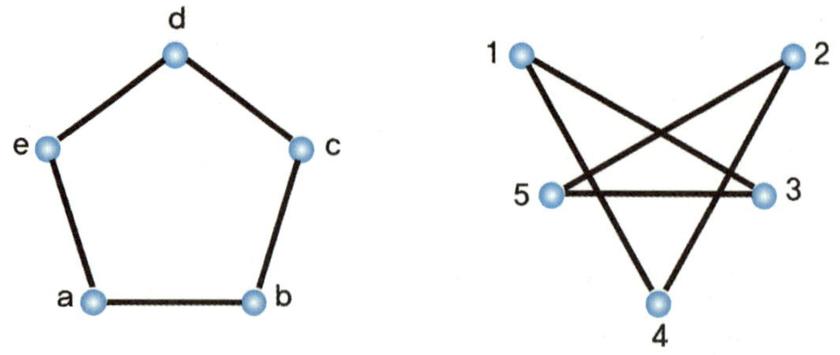

(a) G_1　　　　(b) G_2

그림 6.38　동형그래프

풀이

그림 6.38의 그래프는 G_1이 V_1={a,b,c,d,e)와 $|E_1|$=5이고, G_2는 V_2={1,2,3,4,5}와 $|E_2|$=5이다. 이 그래프들을 동형그래프의 조건을 만족시키면 된다. 우선 두 개의 그래프는 정점이 5로 같고, 연결선도 5개로 같다. f(a)=5, f(b)=3, f(c)=5, f(d)=4 그리고 f(e)=2이므로 전단사함수이다. $\{a,b\} \in E_1$이고 $\{f(a),f(b)\}=(5,3) \in E_2$이다. 다른 연결선은 표 6.5와 같다. 정점 a와 5, b와 3, c와 1, d와 4 그리고 e와 2가 매핑된다.

표 6.5　두 개 그래프의 연결선 매핑

G_1의 연결선	매핑({f(x), f(y)})	매핑한 것이 G_2의 연결선인가?
{a, b}	{f(a), f(b)} = {5, 3}	예
{b, c}	{f(b), f(c)} = {3, 1}	예
{c, d}	{f(c), f(d)} = {1, 4}	예
{d, e}	{f(d), f(e)} = {4, 2}	예
{e, a}	{f(e), f(a)} = {2, 5}	예

[예제 6.14]　다음 그림 6.39의 그래프 G_1, G_2는 동형그래프가 아니다.

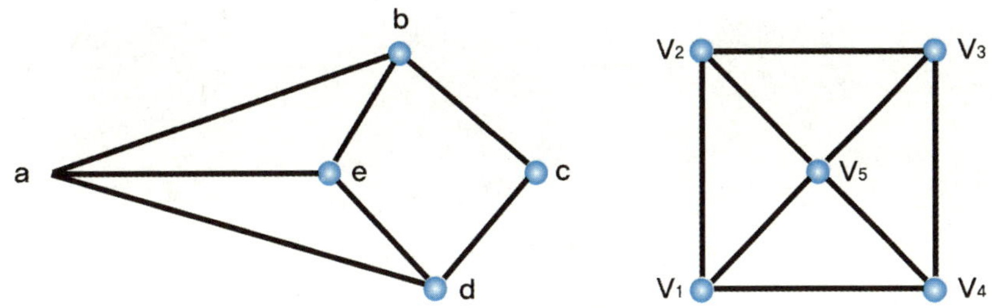

(a) G_1 (b) G_2

그림 6.39 그래프

풀이 두 개의 그래프에서 정점은 $|V_1| = |V_2|$ 이나, $|E_1| \neq |E_2|$ 이므로 동형 그래프가 아니다.

6.4 경로와 사이클(paths and cycles)

개인이 집에서 학교 도서관의 자료를 검색하려고 하는 경우 집에 있는 컴퓨터는 학교 전산실에 있는 주 컴퓨터와 연결이 되고, 전산실의 주 컴퓨터는 도서관의 자료열람이 가능한 컴퓨터와 연결이 된다. 이런 경우 집에서 전산실의 컴퓨터와 도서관의 컴퓨터사이의 경로를 통하여 자료를 검색한다. 이 지점들을 정점 a,b,c 라고 하면 a에서 b로 연결선이 있고, b에서 c로 연결선이 있어 결국은 a에서 c로 연결이 된 것이다(그림 6.40). 이렇게 어느 정점 사이에 연결선들을 통하여 도달할 수 있을 때 경로가 있다고 한다. 그래프에서의 경로는 경로, 단순 경로, 기본 경로로 구분된다.

그림 6.40 네트워크

정의 6.16 경로(path)

그래프에서의 경로란 정점의 연속적인 $v_0, v_1, v_2, \cdots v_n$와 연결선 e_i에서 $v_0, e_1, v_1, e_2, v_2, \cdots, e_n, v_n,$ $(v_{i-1}, v_i) \in e_i$, $1 \leq k < n$ 인 경우를 말하며, 이 경우 경로의 길이(length)는 n이다. 즉, 연결선 e_i는 v_{i-1}, 와 v_i 에 접해 있다.

단순경로(simple path)
경로가 같은 연결선을 두 번 포함하지 않을 때 그 경로를 단순경로라고 한다.

기본경로(elementary path)
경로가 어떤 정점들도 두 번 만나지 않을 때 그 경로를 기본경로라고 한다.

[예제 6.15]

다음 그림 6.41의 그래프에서 $a-e_1-b-e_4-d-e_5-b-e_3-c$ 는 정점 a에서 c로 가는 길이가 4인 경로이다.
또한 $a-e_1-b-e_5-d-e_4-b-e_3-c$도 길이가 4인 a에서 c로 가는 경로이다. 이것 이외에도 a에서 c로 가는 경로는 여러 가지 경로가 있다. 이런 여러 가지 경로 중에서 가장 길이가 짧은 경로는 $a-e_7-c$이다. 또한 $a-e_7-c-e_3-b-e_4-d-e_5-b$는 a에서 b로 가는 단순경로이다. 그러나 정점 b가 두 번 포함되므로 기본경로는 아니다. $a-e_7-c-e_3-b-e_4-d$는 a 에서 d로 가는 단순경로이며, 기본경로이다.

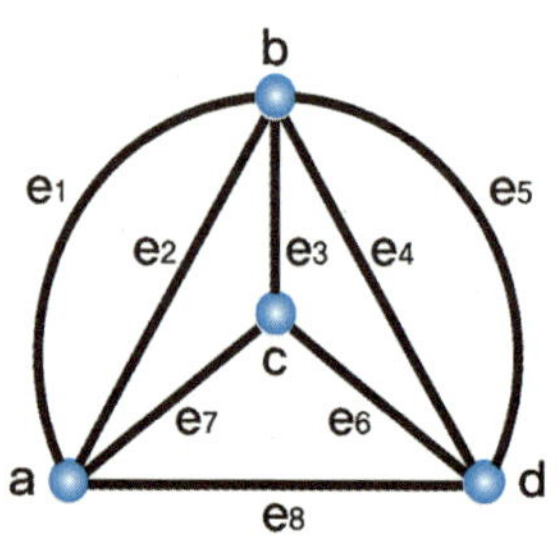

그림 6.41 그래프

그래프에서 사이클은 경로에서 첫 번째 정점과 마지막 정점이 같은 경우를 말하며, 사이클, 단순사이클, 기본사이클 등으로 구분된다.

정의 6.17 **사이클(cycle)**

경로($v_0, e_1, v_2, \cdots, e_n, v_n$)에서 종점 v_n과 시점 v_0이 일치하는 경우에 이 경로를 사이클이라고 한다.

단순사이클(simple cycle)
사이클에서 같은 연결선을 반복하여 방문하지 않는 사이클을 단순사이클이라고 한다. 또는 순회(circuit)라고도 한다.

기본사이클(elementary cycle)
사이클에서 시작점을 제외한 어떠한 정점도 반복하여 방문하지 않는 사이클을 기본사이클이라고 한다.

그림 6.41 그래프에서 경로 및 사이클을 구하면 표 6.6과 같다.

표 6.6 그림 6.41 그래프의 경로 및 사이클

	경로 및 사이클 예	비고
경로	a, e_7, c, e_6, d, e_4, b, e_4, d	단순경로도 기본경로도 아니다
기본경로	a, e_7, c, e_6, d, e_4, b	단순경로도 됨
단순경로	a, e_8, d, e_4, b, e_5, d	기본경로는 아니다
사이클	a, e_2, b, e_4, d, e_4, b, e_3, c, e_7, a	단순사이클도 기본사이클도 아니다
딘순사이클	a, e_2, b, c_4, d, e_5, b, e_3, c, e_7, a	기본사이클은 아니다
기본사이클	a, e_1, b, e_4, d, e_8, a	단순사이클도 됨
단순사이클	a, e_1, b, e_4, d, e_3, b, e_2, c, e_7, a	기본사이클은 아니다

그래프 G(V,E)에서 임의의 두 정점 v,u 사이에 경로가 있으면 이 그래프는 연결되어 있다고 하며, 연결된 그래프(connected graph)라고 한다. 그렇지 않고 어떤 그래프 G(V,E)에서 임의의 두 정점 v,u 사이에 경로가 없으면 그 그래프는 연결되어 있지 않다고 하고, 비연결 그래프(disconnected graph)라고 한다(그림 6.42).

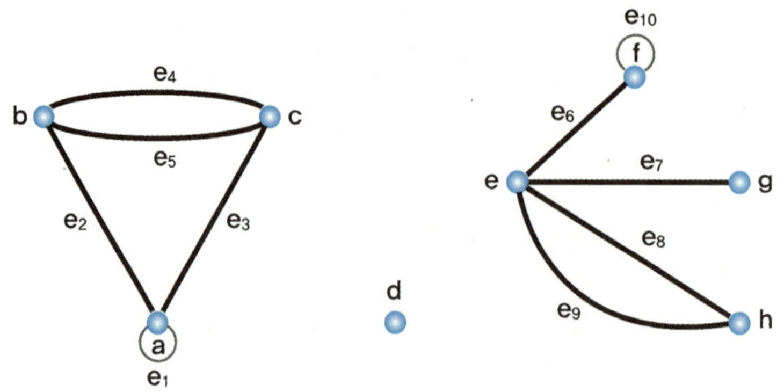

그림 6.42 비연결그래프

그림 6.42에서 그래프 G는 비연결 그래프이며, 3개의 부분그래프(subgraph)로 나누어져 있다. 이 때 3개의 부분그래프를 그래프 G의 요소(component)라고 한다. 다시 말하면 그래프 G는 3개의 요소를 갖는다.

[정리 6.4]

1) 연결된 그래프 G에서 임의의 두 정점 사이에는 항상 단순 경로가 존재한다.
2) n개의 정점을 갖는 그래프 G에서 임의의 두 정점 사이의 단순경로의 길이는 많아야 n−1이다.

연결된 그래프 G(V,E)에서 인접행렬을 $A=(a_{ij})$라 하면, 임의의 두 정점 v_i, v_j 사이의 길이가 n인 경로의 수는 이 그래프의 인접행렬 A^n에서 a_{ij}의 값과 같다. 예를 들어 보면 그림 6.43 그래프에서 길이가 2인 것을 경로의 수는 A^2에서 a_{ij} 값과 같다.

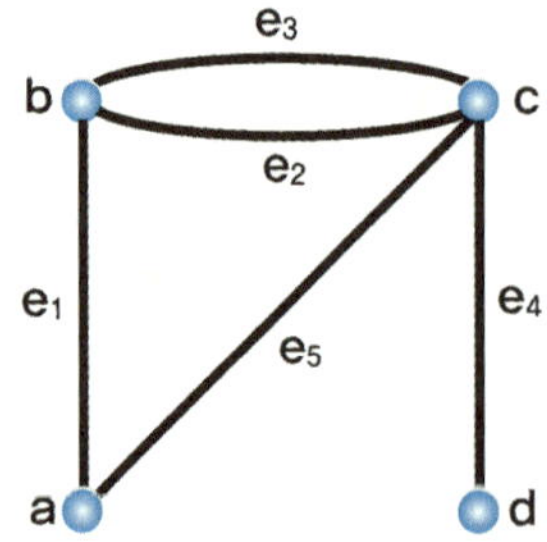

그림 6.43 연결된 그래프

그림 6.43의 그래프의 인접행렬을 A와 A^2는 다음과 같다. A^2는 A×A로서 행렬의 곱셈에 의해서 구한다. 인접행렬 A^2에서 정점 a에서 c로의 값이 2이므로 a에서 c 사이의 길이가 2인 경로의 수는 $a-e_1-b-e_2-c$와 $a-e_1-b-e_3-c$로 2개이다.

$$A = \begin{array}{c} \\ a \\ b \\ c \\ d \end{array} \begin{array}{c} \begin{array}{cccc} a & b & c & d \end{array} \\ \begin{bmatrix} 0 & 1 & 1 & 0 \\ 1 & 0 & 2 & 0 \\ 1 & 2 & 0 & 1 \\ 0 & 0 & 1 & 0 \end{bmatrix} \end{array} \qquad A^2 = \begin{array}{c} \\ a \\ b \\ c \\ d \end{array} \begin{array}{c} \begin{array}{cccc} a & b & c & d \end{array} \\ \begin{bmatrix} 2 & 2 & 2 & 1 \\ 2 & 5 & 1 & 2 \\ 2 & 1 & 6 & 0 \\ 1 & 2 & 0 & 1 \end{bmatrix} \end{array}$$

[정리 6.5]

그래프 G(V,E)는 연결된 그래프이고, 인접행렬을 $A=(a_{ij})$라고 한다. 이 경우 정점 v_i에서 v_j까지의 길이가 n인 서로 다른 경로의 수는 인접행렬 A^n에서 a_{ij}의 값과 같다.

[예제 6.16] 다음 그림 6.44 그래프에서 정점 a에서 d로 가는 길이가 4인 경로를 구하여라.

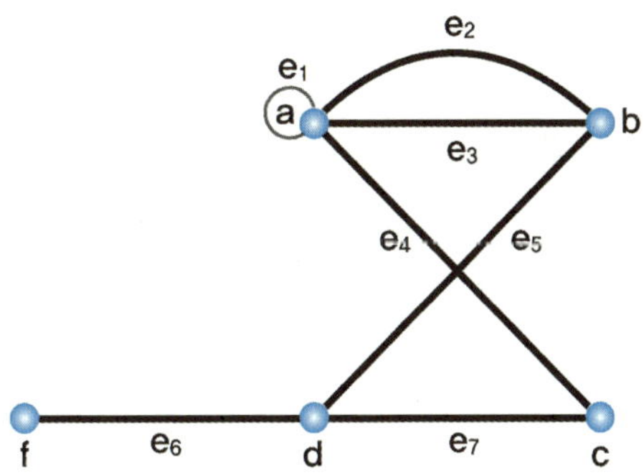

그림 6.44 그래프

풀이 인접행렬로 표현하면 그림 6.45와 같다.

$$A = \begin{array}{c} \\ a \\ b \\ c \\ d \\ f \end{array} \begin{array}{c} \begin{array}{ccccc} a & b & c & d & f \end{array} \\ \begin{bmatrix} 1 & 2 & 1 & 0 & 0 \\ 2 & 0 & 0 & 1 & 0 \\ 1 & 0 & 0 & 1 & 0 \\ 0 & 1 & 1 & 0 & 1 \\ 0 & 0 & 0 & 0 & 0 \end{bmatrix} \end{array}$$

그림 6.45 A의 인접행렬

이 인접행렬로부터 길이가 4인 경로를 구하려면 인접행렬 A^4를 구해야 한다. 그림 6.46이다.

$$A^4 = \begin{bmatrix} 50 & 25 & 14 & 27 & 3 \\ 25 & 39 & 24 & 6 & 9 \\ 14 & 24 & 15 & 3 & 6 \\ 27 & 6 & 8 & 18 & 0 \\ 3 & 9 & 6 & 0 & 3 \end{bmatrix}$$

그림 6.46 A^4의 인접행렬

인접행렬 A^4로부터 a에서 d로의 길이가 4인 경로의 개수는 27개이며, c에서 f로의 길이가 4인 경로는 다음과 같이 6개임을 알 수 있다.

	경로
정점 c에서 f로의 길이가 4인 경로	$c-e_4-a-e_3-b-e_5-d-e_6-f$ $c-e_4-a-e_2-b-e_5-d-e_6-f$ $c-e_4-a-e_4-c-e_7-d-e_6-f$ $c-e_7-d-e_5-b-e_5-d-e_6-f$ $c-e_7-d-e_7-c-e_7-d-e_6-f$ $c-e_7-d-e_6-f-e_6-d-e_6-f$

정의 6.18 강한 연결그래프(strongly connected graph)

방향 그래프 G(V,E)에서 임의의 정점 V에서 V를 제외한 어느 정점과도 도달가능(reachable) 할 때 그 그래프를 강한 연결그래프라고 한다. 다시 말하면 정점 v에서 그 어느 정점과도 경로가 있는 경우이다.

방향그래프 G에서 강한 연결그래프를 구별하는 것은 방향 그래프 G의 인접행렬을 A 라고 하고, $R=A \vee A^2 \vee A^3 \vee \cdots \vee A^{(n-2)} \vee A^{n-1}=(r_{ij})$라고 하자. 기호 $\vee$는 논리 OR이다. 이런 경우 R의 원소 r_{ij}가 $r_{ij}>0$이면 그 그래프 G는 강한 연결그래프이다.

[예제 6.17] 다음 그림 6.47의 그래프가 강한 연결그래프임을 보여라.

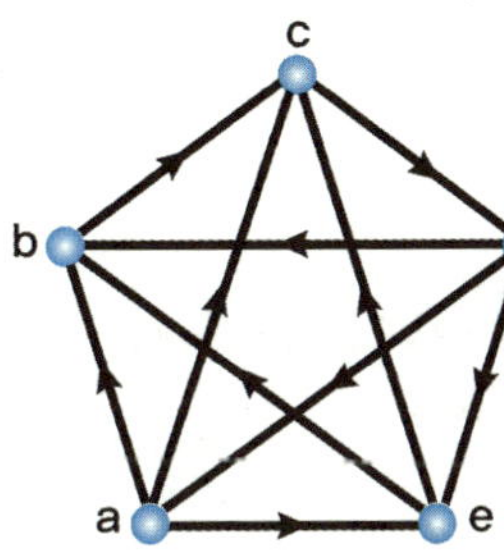

그림 6.47 그래프

풀이 인접행렬 A는

$$A=\begin{bmatrix}0&1&1&0&1\\0&0&1&0&0\\0&0&0&1&0\\1&1&0&0&1\\0&1&1&0&0\end{bmatrix}$$

인접행렬 A로부터 A^2, A^3, A^4를 구하면

$$A^2=\begin{bmatrix}0&1&1&1&0\\0&0&0&1&0\\1&1&0&0&1\\0&1&1&0&1\\0&0&1&1&0\end{bmatrix}\quad A^3=\begin{bmatrix}1&1&1&1&1\\1&1&0&0&1\\0&1&1&0&1\\0&0&1&1&0\\1&1&0&1&1\end{bmatrix}\quad A^4=\begin{bmatrix}1&1&1&1&1\\0&1&1&0&1\\0&1&1&1&0\\1&1&1&1&1\\1&1&1&0&1\end{bmatrix}$$

위에서 구한 A^2, A^3, A^4를 이용하여 R을 구하면

$$R=A\vee A^2\vee A^3\vee A^4=\begin{bmatrix}1&1&1&1&1\\1&1&1&1&1\\1&1&1&1&1\\1&1&1&1&1\\1&1&1&1&1\end{bmatrix}$$

R의 모든 원소 r_{ij}가 $r_{ij}>0$ 이므로 이 그래프 G는 강한 연결그래프이다.

6.5 오일러와 해밀턴 그래프(Eulerian and Hamiltonian graphs)

그래프의 기본 개념에서 오일러가 독일 프뢰겔강의 쾨니히스베르그의 7개의 다리를 한 번씩만 통과하면서 모든 다리를 다 통과할 수 없는 것을 증명한 것을 보았다. 이번 절에서는 그래프의 특수한 형태의 경로나 사이클로서 오일러(Euler)와 해밀턴 그래프에 대해서 알아본다.

정의 6.19 **오일러 경로(eulerian path)**

연결된 그래프 G에서 각 연결선을 단 한 번씩만 통과하는 경로를 오일러 경로라고 한다. 단, 정점은 몇 번을 통과하든 상관없다.

오일러 순회(eulerian circuit)
오일러 순회란 연결된 그래프 G에서 각 연결선을 단 한 번씩만 통과하는 순회를 오일러 순회라 한다.

오일러 경로를 갖는 예를 보면 그림 6.48의 G_1그래프는 G_2와 같이 오일러 경로를 갖는 것을 볼 수 있다. 오일러 순회를 갖는 그래프를 오일러 그래프(eulerian graph)라고 한다.

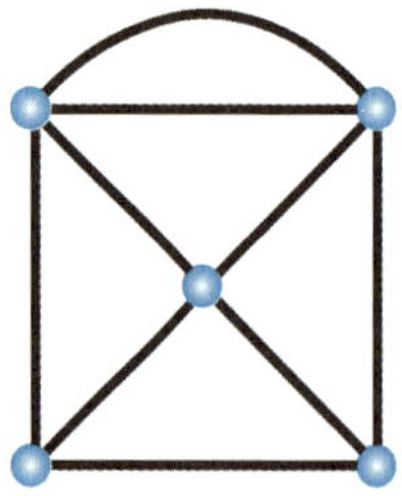

(a) G_1

(b) G_2

그림 6.48 오일러 경로

[예제 6.18] 다음 그림 6.49의 그래프 G_1,G_2,G_3 에서 G_1은 오일러 순회를 갖는다. 예를 들면, a–b–c–e–f–g–c–d–a 이다. 이 그래프는 몇 개의 오일러 순회를 가지고 있다. G_2는 오일러 경로는 a–b–c–d–e–b로 있으나, 오일러 순회는 없다. G_3은 오일러 경로도 오일러 순회도 없다.

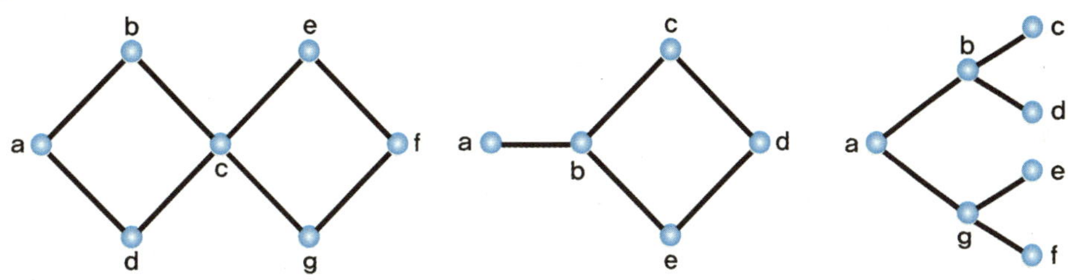

(a) G_1 (b) G_2 (c) G_3

그림 6.49 그래프

[정리 6.6]

어떤 연결 그래프 G가 오일러 경로를 갖기 위한 필요충분조건은 그래프 G의 모든 정점에서의 홀수 차수가 0 또는 2인 경우이다.

[정리 6.7]

어떤 연결 그래프 G가 오일러 순회를 갖기 위한 필요충분조건은 그래프 G의 모든 정점에서의 차수가 짝수이다.

[예제 6.19] 다음 그림 6.50의 그래프가 오일러 경로와 순회를 갖는지를 구하여라.

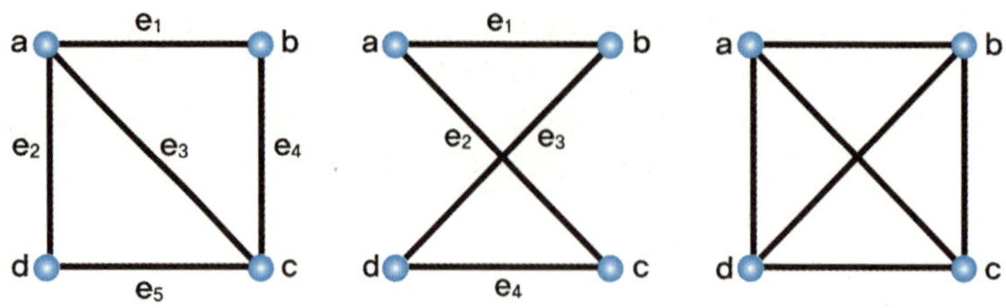

(a) G_1 (b) G_2 (c) G_3

그림 6.50 그래프

풀이 그래프 G_1은 deg(a)=deg(c)=3으로 홀수이고, deg(b)=deg(d)=2로 짝수이므로 정리에 의해서 오일러 경로는 있으나 오일러 순회는 갖지 않는다. 그래프 G_2는 모든 정점에서의 차수가 2로 오일러 경로와 오일러 순회를 갖는다. 그래프 G_3은 4개 정점의 차수가 모두 3으로 홀수이므로 오일러 경로와 오일러 순회를 갖지 않는다.

컴퓨터를 이용하여 어떤 그래프 G가 오일러 그래프인가 아닌가를 알아보는 알고리즘은 다음의 알고리즘 6.1과 같다. 알고리즘 6.1은 n개의 정점을 갖는 그래프를 인접행렬로 표현한 것을 가지고 알아보는 프로그램이다. 이 프로그램은 모든 정점에서의 차수 deg(v)가 짝수인가를 확인하는 것이다.

알고리즘 6.1

```
Eulerian Graph(G,A)
/* 연결된 그래프 G는 n 개의 정점으로 이루어져 있으며, 이 그래프의 인접행렬은
    A=aij 이다. */
{
    odd=0 ;
    for i=1 to n
        {
            sum=0 ;
            for j=1 to n
                sum=sum+aij ;
            if (sum=홀수) then odd=odd+1;
        }
    if odd=0 then  print "오일러 그래프" ;
            else   print "오일러그래프가 아니다" ;
}
```

알고리즘 6.1은 인접행렬로 표현한 것의 차수를 구하여 각 정점에서 차수가 짝수인가를 확인하는 프로그램이다. 다시 말하면 어떤 그래프 G가 오일러 그래프인가를 확인하는 것이다. 지금부터는 연결된 그래프 G가 오일러 그래프인 경우에 오일러 순회를 구해보자. 어느 한 정점에서 시작하여 오일러 순회를 구하는 것이 알고리즘 6.2이다.

알고리즘 6.2

```
eulerian(vertex v)
    {
        path=NULL;
        for (/* 아직 사용되지 않은  v에 인접한 모든 정점 w */)
            {
                연결선 (v,w)를 사용한 것으로 표시 ;
                path = path ∪ {(v,w)} ∪ eulerian(w);
            }
                eulerian = path ;
               return eulerian
    }
```

연결된 그래프에서 어느 한 연결선 e_1 또는 정점 v_1과 v_1에 연결된 모든 연결선을 지어버렸을 경우 그 그래프가 비연결그래프가 된다면, 그 연결선은 절단연결선(cut edge)이라고 하고, 정점은 절단점(cut point)라고 한다. 예를 들어서 그림 6.51에서 e_4를 절단하면 그림 6.52의 G_1과 같이 비연결그래프가 되어 2개의 부분그래프로 나누어진다. 이 때 e_4를 절단연결선이라고 한다. 그러나 e_3은 절단하여도 연결그래프이므로 e_3는 절단연결선이 아니다. 또한 정점 c와 이 정점 c에 연결된 연결선을 모두 지워버리면 그림 6.52의 G_2와 같이 2개의 부분그래프로 나누어진다. 그러므로 c를 절단점이라고 한다. d도 절단점이다. 그러나 a는 절단점이 아니다.

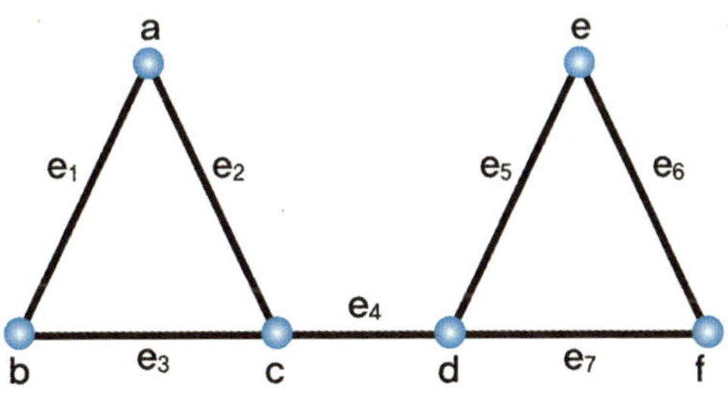

그림 6.51 그래프

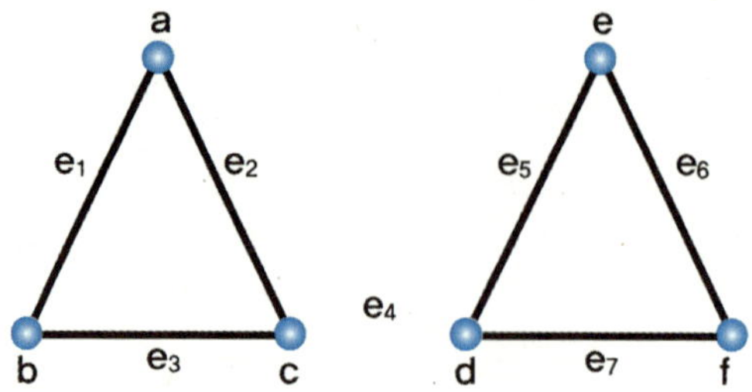

(a) G_1(e_4가 절단연결선)

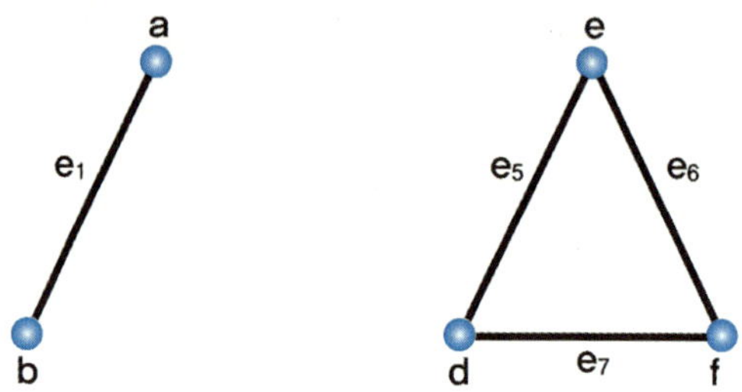

(b) G_2(c가 절단점)

그림 6.52 그래프

지금까지는 오일러 경로와 오일러 순회를 살펴보았는데 이것은 연결선과 관계를 가지고 있다. 우리가 실생활에서 많이 볼 수 있는 것 중에 하나가 영업사원이 한 지점에서 시작하여 각 지점을 순회하면서 일을 처리하고 다시 처음의 지점으로 돌아오는 영업사원 문제가 있다. 영업사원이 어느 지점에서 어느 지점으로 이동하는 경우에 갈 수 있는 길은 많다. 이중에서 가장 짧은 길을 선택하여 각 지점을 순회하는 것이 가장 효율적이다.

이것을 그래프로 표현하면 각 지점은 정점으로 표현하고, 지점과 지점 사이의 길은 연결선으로 표시한 가중치그래프로 나타낼 수 있다. 이런 가중치그래프를 오일러 순회를 이용하여 해결하려 한다면 각 연결선을 한 번씩은 다 통과하여야 함으로 이런 문제는 여기에는 적합하지 않다. 그래서 아일랜드의 수학자 해밀턴(Sir William Rowan Hamilton)이 오일러와는 다르게 정점에 관련이 있는 이론을 제안하였다.

정의 6.20 해밀턴 경로(hamiltonian path)

연결 그래프 G에서 모든 정점들을 단 한 번씩만 통과하는 경로를 해밀턴 경로라고 한다. 단, 연결선은 모두 통과하지 않아도 된다.

해밀턴 순회(hamitonian circuit)
연결 그래프 G에서 모든 정점들을 단 한 번씩만 통과하는 순회를 해밀턴 순회라고 한다. 단, 처음과 마지막 정점은 같은 정점으로 두 번 통과한다.

해밀턴 순회를 갖는 그래프를 해밀턴 그래프라고 한다. 그림 6.53에서 G_1은 해밀턴 순회 a-c-d-g-h-e-f-b-a를 갖는다. G_2는 해밀턴 순회는 갖지 않으나, 해밀턴 경로 a-b-c-d-g-f-e는 갖는다. G_3은 해밀턴경로와 해밀턴 순회 둘 다 갖지를 않는다.

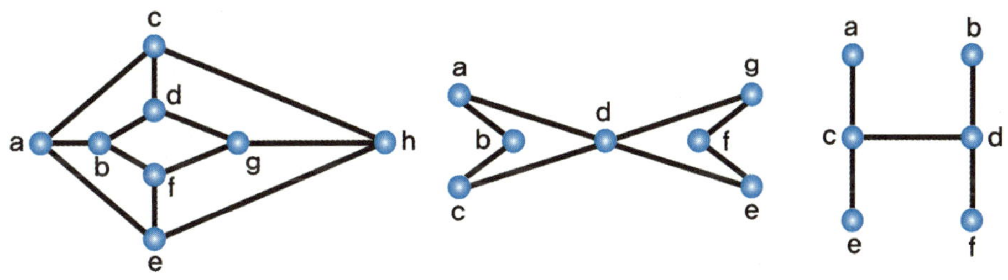

(a) G_1 (b) G_2 (c) G_3

그림 6.53 그래프

n비트로 이루어진 단어의 집합을 Σ^n이라고 하자. 이것을 그래프로 표현하면 그림 6.54와 같으며, n-cube라고 부르며, Q_n으로 표기한다.

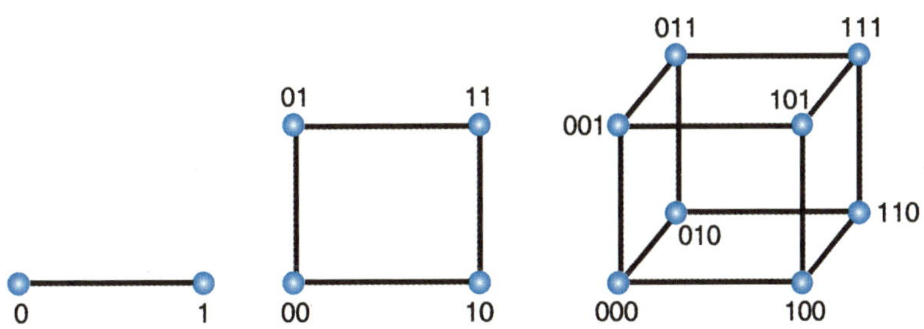

(a) Q_1 (b) Q_2 (c) Q_3

그림 6.54 n-cube

그림 6.54에서 사이클을 갖는 모든 n-cube는 그림 6.55와 같이 해밀턴 경로와 해밀턴 순회를 갖는다.

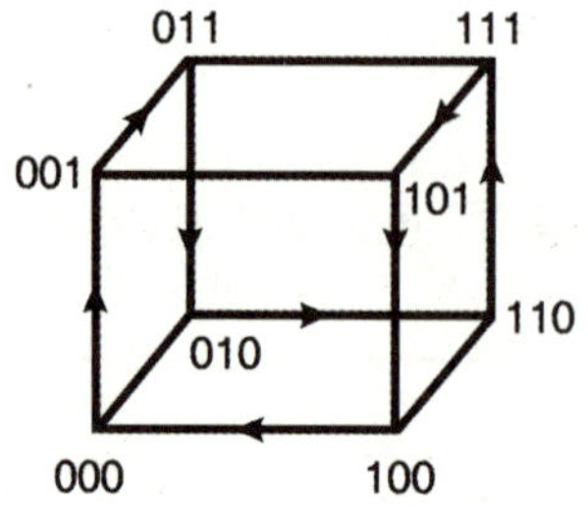

그림 6.55 해밀턴 경로와 해밀턴 순회를 갖는 3-cube

Q_n을 행렬 H_n으로 표현하면 반복적으로 자기 자신을 호출하는 형태로 표기할 수 있다.

$$H_1 = \begin{bmatrix} 0 \\ 1 \end{bmatrix}$$

$$H_n = \begin{bmatrix} 0\ H_{n-1} \\ 1\ H_{n-1}^R \end{bmatrix}$$

여기서 H_n의 각 원소는 정점을 나타낸다. n=1일 경우에는 자신을 호출하지는 않고 n≥2일 때 자기 자신을 호출한다. H_{n-1}^R은 H_{n-1}의 순서를 역으로 한 것이다. n=2(Q_2)와 n=3(Q_3)인 경우는 그림 6.56과 같다.

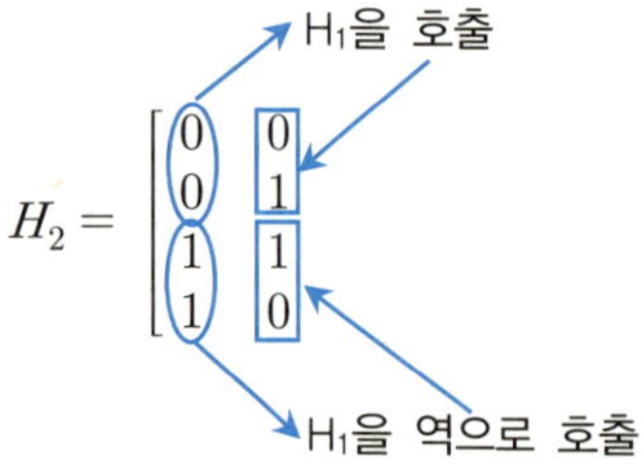

(a)

$$H_3 = \begin{bmatrix} 0 & 0 & 0 \\ 0 & 0 & 1 \\ 0 & 1 & 1 \\ 0 & 1 & 0 \\ 1 & 1 & 0 \\ 1 & 1 & 1 \\ 1 & 0 & 1 \\ 1 & 0 & 0 \end{bmatrix}$$

(b)

그림 6.56 H_2와 H_3 행렬

[예제 6.20] 다음 그림 6.57의 그래프가 오일러 그래프인가 해밀턴 그래프인가를 구하여라.

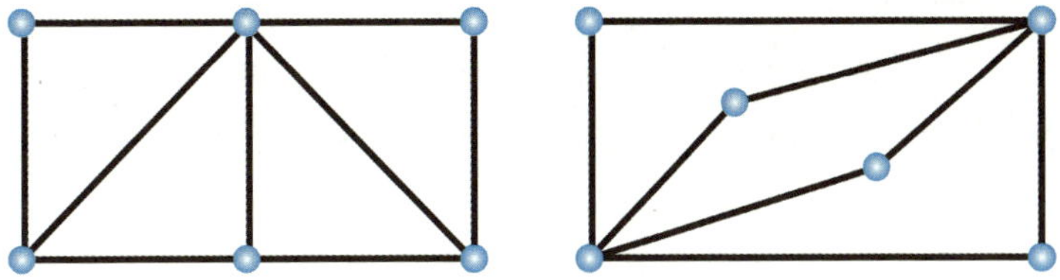

(a) G_1 (b) G_2

그림 6.57 그래프

풀이 G_1은 해밀턴 그래프이지만 오일러 그래프는 아니다. G_2는 오일러 그래프이지만 해밀턴 그래프는 아니다.

6.6 평면그래프(planar graphs)

그래프를 연결선들이 어느 정점들과 연결되어 있는지 잘 모를 정도로 복잡하게 그린 그래프 보다는 좀더 알아보기 쉽게 그릴 수 있다면 더 효과적일 수 있다. 연결선은 정점을 연결한 양쪽 끝에서만 연결되면 되는데 그래프를 그리다 보면 부득이 하게 연결선들 끼리 교차하게 그릴 수밖에 없는 경우가 있다. 앞에서 설명했던 동형그래프도 같은 그래프이이지만 어떻게 그리는가에 따라서 우리 눈에는 아주 다른 그래프로 보일 수 있다. 그래서 그래프를 평면상에서 연결선을 교차하지 않고 그릴 수 있으면 평면그래프라고 하고 그렇지 않으면 비평면그래프이다.

정의 6.21 평면그래프(planar graph)

어떤 그래프 G가 평면상에서 어떠한 연결선들도 서로 교차하지 않게 그릴 수 있으면 평면그래프라고 한다. 다시 말하면, 어떤 연결선도 정점 이외에는 만나지 않게 그린 그래프이다.

[예제 6.21] 다음의 그림 6.58의 그래프 G_1과 G_2는 동형그래프로 평면그래프이다.

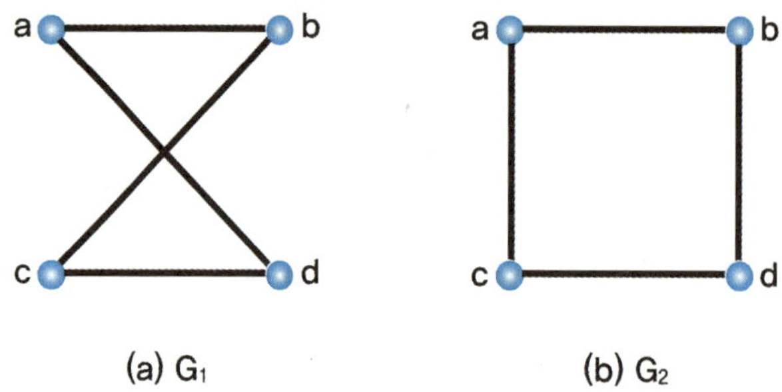

그림 6.58 평면그래프

[예제 6.22] 다음 그림 6.59의 그래프 (a), (b), (c) 3개 모두 동형그래프로서 평면 그래프이다.

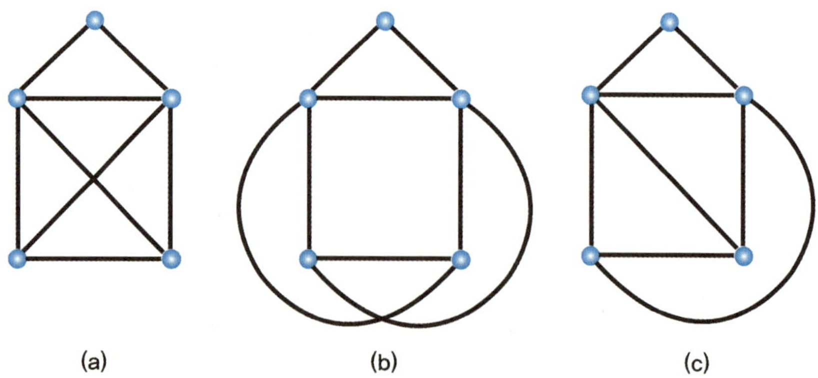

그림 6.59 평면그래프

[예제 6.23] 다음 그림 6.60의 $K_{3,3}$ 그래프는 비평면 그래프이다.

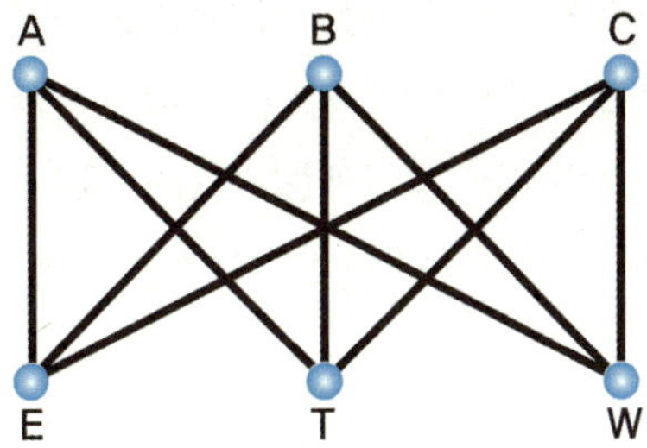

그림 6.60 $K_{3,3}$ 그래프

연결된 평면그래프는 연결선으로 둘러싸인 부분을 영역(region)으로 나눌 수 있는데 그 영역을 r로 표기한다. 그래프에 경계선이 없는 밖의 부분도 하나의 영역으로 본다. 예를 들어서 그림 6.61을 보면 r_1에서 r_4까지 4개의 영역으로 나누어진다. 이렇게 영역을 나누어 보면 정점과 연결선과 영역사이에는 일정한 관계가 있다. 평면 그래프에서 정점의 개수를 v, 연결선의 개수를 e, 영역의 개수를 r 이라고 할 때 v−e+r=2가 성립한다. 이것을 오일러의 정리라고 한다. 그림 6.61에서는 v=4, e=6, r=4 로서 4−6+4=2로서 성립한다.

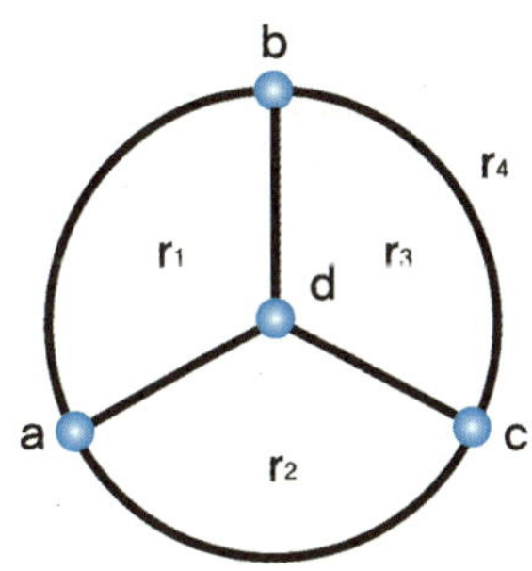

그림 6.61 평면그래프

[정리 6.8]

연결된 평면 그래프에서 정점의 개수를 v, 연결선의 개수를 e 그리고 영역의 개수를 r이라고 할 때 v − e + r = 2가 성립한다.

이 오일러 정리는 쉽게 증명을 할 수 있는데 그림 6.62의 연결된 평면 그래프 G_1에서는 v=5, e=7 그리고 r=4로서 v-e+r=2가 성립한다. 이 그래프 G_1에 하나의 정점과 연결선 하나를 추가하면 그래프 G_2가 된다(여기서 정점하나만 추가하면 비연결 그래프이므로 연결선도 함께 추가해야 한다). 그러면 정점과 연결선은 하나씩 늘어났지만 영역은 늘어나지 않았으므로 오일러의 정리는 성립한다. 이번에는 정점은 그대로 두고 연결선만 하나 추가하면 그래프 G_3과 같이 영역이 하나 늘어나게 된다. 그러면 연결선과 영역이 하나씩 늘어나므로 오일러의 정리에는 변함이 없다. 결국 연결선만 추가하든 정점과 연결선을 추가하든 오일러의 정리가 성립함을 볼 수 있다.

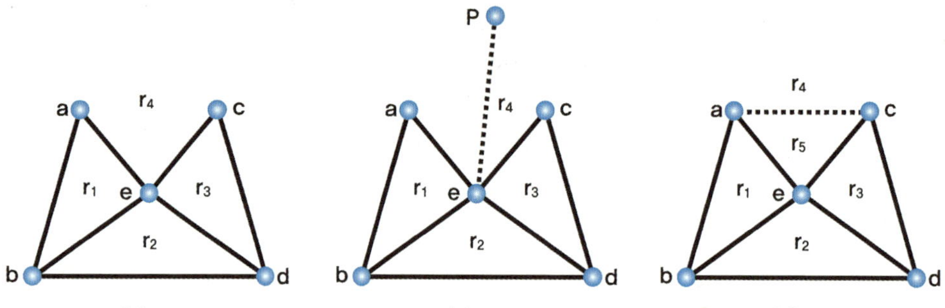

그림 6.62 평면그래프

[예제 6.24] 다음 그림 6.63의 평면그래프에서 오일러의 정리가 성립함을 보여라.

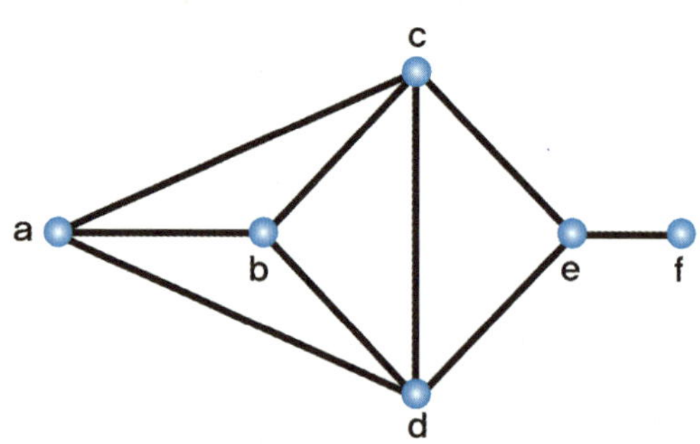

그림 6.63 평면그래프

풀이 오일러의 정리가 성립하는가는 v-e+r=2가 맞는가를 확인하면 된다. 이 그래프에서 v=6, e=9 그리고 r=5이다. 그러므로 6-9+5=2가 되어 성립함을 알 수 있다.

[예제 6.25] 어떤 연결된 평면그래프가 16개의 연결선, 9개의 영역을 갖는다면 몇 개의 정점을 갖는 그래프인가?

풀이 e=16 이고 r=9 이므로

$$v = e-r+2 = 16-9+2 = 9$$

9개의 정점을 갖는 그래프이다.

각 영역들은 적어도 3개 이상의 연결선으로 둘러싸여 있다. 그러므로 전체 연결선의 수는 적어도 3r이다. 그러나 하나의 연결선은 많아야 2개의 영역에 포함된다. 따라서 $2e \geq 3r$이 성립한다.

[정리 6.9]

단순그래프이고 연결된 평면 그래프에서 정점의 개수를 v, 연결선의 개수를 e 그리고 영역의 개수를 r이라고 하면 $2e \geq 3r$이 성립한다. 단 $v \geq 3$.

평면그래프에 대한 오일러의 정리 $v-e+r=2$와 정리 6.9의 $2e \geq 3r$으로부터 $3v \geq e+6$을 구할 수 있다. 이 공식은 $e \geq 2$, $v \geq 3$인 그래프에서 성립한다.

[정리 6.10]

단순그래프이고 연결된 평면 그래프에서 정점의 개수를 v, 연결선의 개수를 $e(\geq 2)$라고 할 때 $3v \geq e+6$이 성립한다.

[예제 6.26] 다음 그림 6.64에서 공식 $2e \geq 3r$ 와 $3v \geq e+6$ 이 성립함을 보여라.

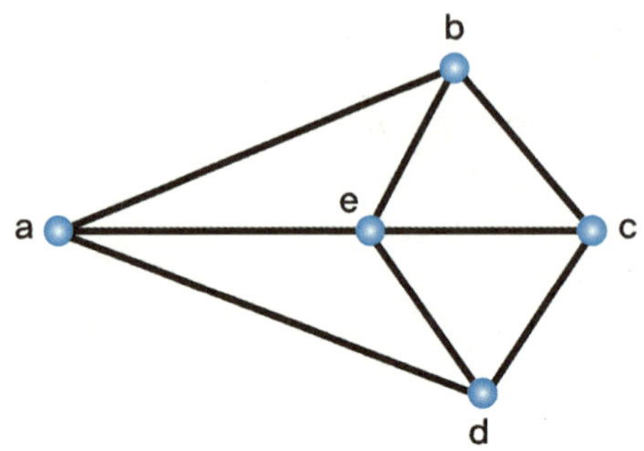

그림 6.64 평면그래프

풀이 그래프에서 v=5, e=8, r=5 이다.

1) $2e \geq 3r$은 $16 \geq 15$로서 성립한다.
2) $3v \geq e+6$은 $15 \geq 8+6$으로서 성립한다.

연결된 평면그래프에서 각 영역은 몇 개의 연결선으로 둘러싸여 있다. 이 때 둘러싸고 있는 연결선의 개수를 그 영역에서의 차수라고 하며, deg(r)로 표기한다. 그림 6.65의 그래프에서 각 영역에서의 차수는 모두 3이다. $deg(R_1) = deg(R_2) = deg(R_3) = deg(R_4) = 3$.

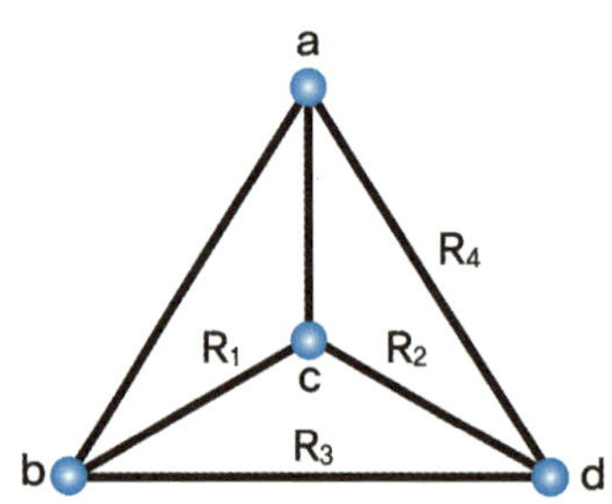

그림 6.65 그래프

[예제 6.27] 다음 그림 6.66의 그래프에서 각 영역의 차수를 구하여라.

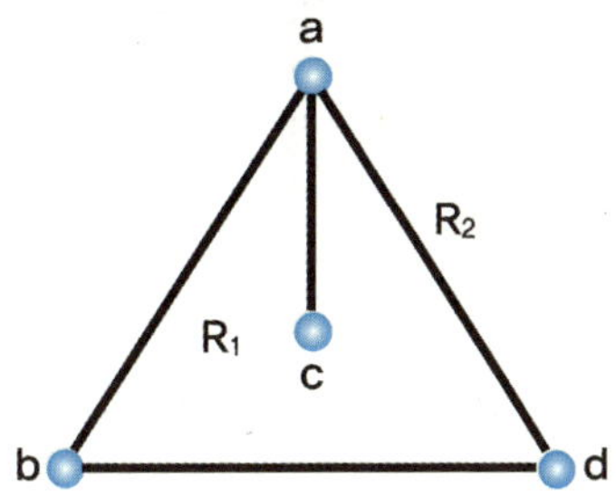

그림 6.66 그래프

풀이 R_1 은 둘러싸인 영역이 a−b−d−a−c−a 이므로 $\deg(R_1)=5$이다.
$\deg(R_2)=3$ 이다.

[정리 6.11]

연결된 평면 그래프에서 각 영역의 차수의 합은 연결선 개수의 2배이다.

$$2e = \sum_i \deg(R_i).$$

정의 6.22 준동형그래프(homeomorphic graph)

임의의 그래프 G_1에서 하나의 연결선에 여러 개의 정점을 추가하여 얻어진 그래프를 G_2라고 하면 이 두 개의 그래프 G_1과 G_2를 준동형그래프라고 한다.

[예제 6.28] 다음 그림 6.67의 그래프 (a), (b), (c)는 준동형그래프이다.

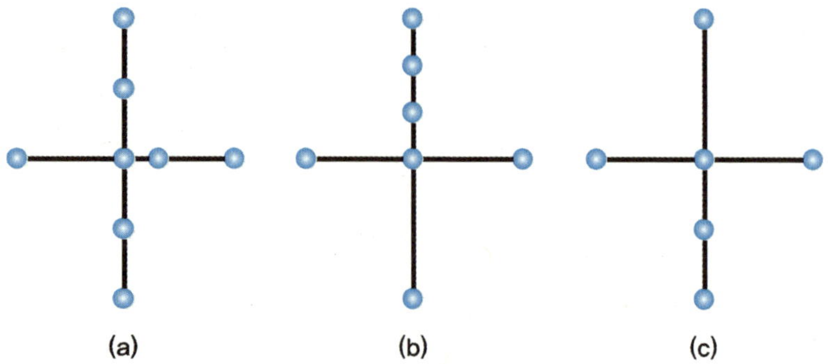

그림 6.67 준동형그래프

$K_{3,3}$과 K_5는 비평면그래프이며, $K_{3,3}$ 과 K_5 를 부분그래프로 갖는 그래프는 모두 비평면그래프이다. $K_{3,3}$과 K_5를 쿠라토우스키 그래프라고도 부른다.

정의 6.23 쿠라토우스키 정리(kuratowski theorem)

그래프 G가 $K_{3,3}$과 K_5와 준동형인 그래프를 부분그래프로 갖지 않으면 그 그래프 G는 평면그래프이다. 다시 말하면 그래프 G가 $K_{3,3}$과 K_5와 준동형인 그래프를 부분그래프로 갖는다면 그 그래프 G는 평면그래프가 아니다.

[예제 6.29] 다음 그림 6.68의 그래프가 평면그래프인가를 구하여라.

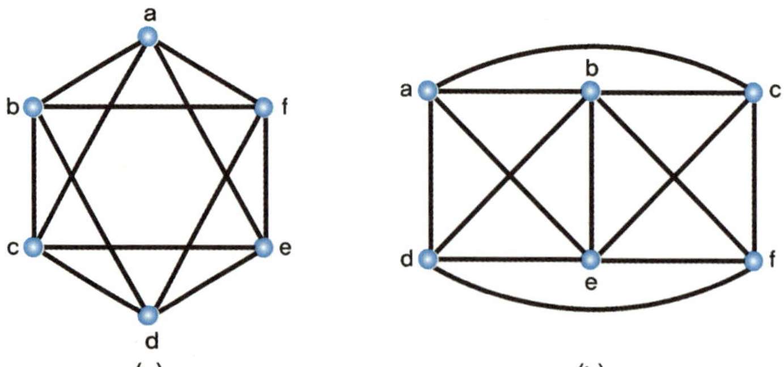

그림 6.68 그래프

풀이 그림 6.68의 그래프의 모양을 바꾸어 보면 그림 6.69와 같다. 이 그림에서 (a)는 평면그래프이고, (b)는 $K_{3,3}$이 부분그래프가 됨으로 비평면 그래프이다.

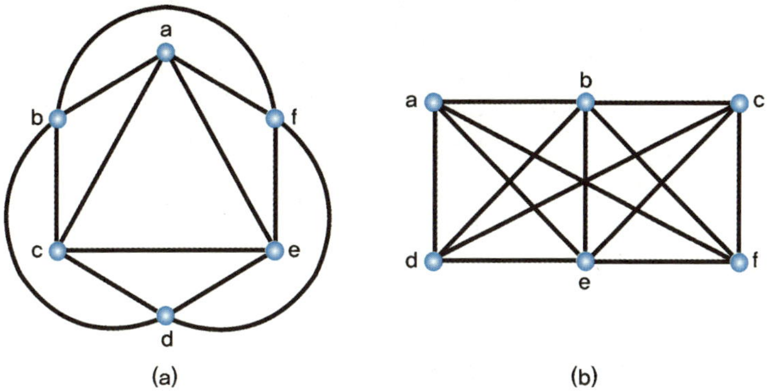

그림 6.69 그래프

6.7 그래프 색칠(graph coloring)

6.6절에서는 평면그래프의 영역에 대해서 설명했다. 우리가 일상생활에서 많이 볼 수 있는 지도가 있는데 이 지도는 인접해 있는 지역을 보기 쉽게 서로 다른 색을 이용하여 색칠을 하였다. 지도는 평면그래프로 볼 수 있으며, 지도에서의 지역은 정점으로 보고 평면그래프로 변경하여, 정점을 서로 다른 색을 칠하면 된다(그림 6.70).

그림 6.70 한국 지도

지도를 색칠하는 것을 그림 6.71과 같이 원을 몇 개의 반경으로 나누어서 보자. 이 그림에서 영역이 짝수를 갖는다면 2가지 색을 가지고 색칠을 할 수 있다. 그러나 홀수 개의 영역을 갖는다면 3가지 색을 이용하여 색칠을 해야 한다.

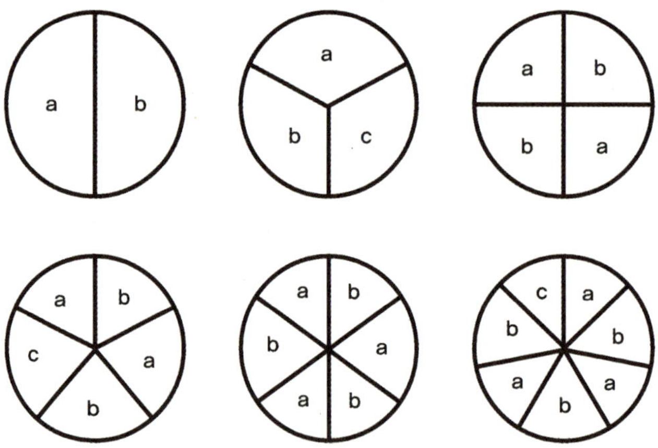

그림 6.71 원 그래프

또 다른 예로서 그림 6.72와 같이 원 안에 작은 원을 하나 더 갖는 원을 색칠하는 것을 보자. 이 원들은 영역이 짝수 개를 가지면 3가지 색을 이용하여 색칠을 해야 하고 그렇지 않으면 4가지 색을 이용해야 한다.

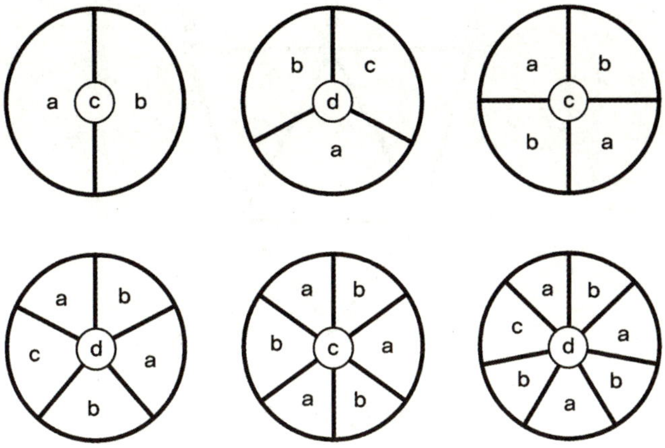

그림 6.72 원 그래프

단순그래프 G를 색칠하는 것은 두 개의 정점이 인접해 있는 경우에는 서로 다른 색을 칠해야 한다. 만약 n개의 정점을 갖는 그래프를 n개의 색으로 칠하는 것은 문제가 전혀 없다. 우리는 n개의 정점을 가진 그래프를 최소한의 색으로 칠하려고 한다. 이 때 필요한 최소한의 색을 그래프 G의 채색수(chromatic number)라고 하고, $\chi(G)$라고 한다.

정의 6.24 채색수(chromatic number)

루프를 갖지 않는 평면그래프 G 에서 임의의 인접해 있는 두 정점 a, b는 서로 다른 색을 칠하기 위해 필요한 색의 수를 채색수라 하며 $\chi(G)$라고 표기 한다. 단, 모든 정점을 칠하기 위해 최소한의 색을 사용하여야 한다.

그래프 G를 n가지 색을 이용하여 칠할 수 있을 때 그 그래프는 n-colorable 그래프라고 한다.

[예제 6.30] 다음 그림 6.73의 그래프에서 $\chi(G)$를 구하여라.

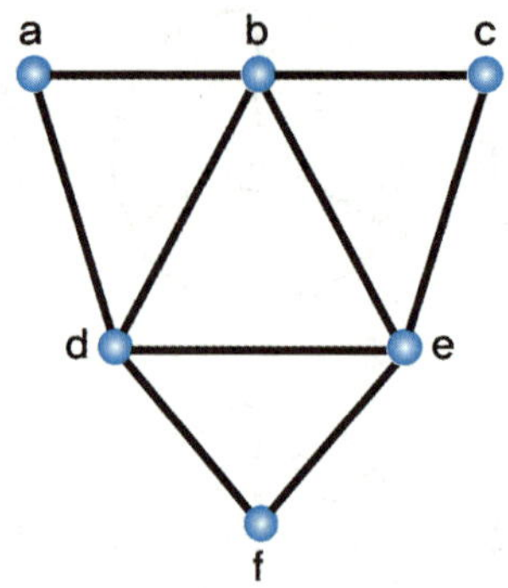

그림 6.73 그래프의 색칠

풀이 예를 들어, 정점 a,e는 빨강색, b,f는 노란색, c,d는 파란색을 칠하면 된다. 결국 3가지 색이면 칠할 수 있으므로 3-colorable이며,

$\chi(G) = 3$ 이다.

[정리 6.12]

4색 정리(four-color problem)
모든 평면그래프는 4-colorable 이다. 다시 말하면 모든 평면그래프는 $\chi(G) \leq 4$ 이다.

모든 평면그래프는 서로 다른 4가지 색으로 채색이 가능하다는 것은 Francis Guthrie에 의해서 처음으로 제기되었고, 1976년 미국의 수학자 Kenneth Appel과 Wolfang Haken이 컴퓨터를 통한 분석에 의해서 증명을 하였다. 그렇지만 비평면 그래프는 임의의 큰 채색수를 가질 수 있다.

[예제 6.31] 완전 그래프 K_n의 채색수 $\chi(G)$를 구하여라.

풀이 K_n 그래프의 모든 정점들은 자신을 제외한 모든 정점들과 연결선을 갖고 있다. 그러므로 K_n은 $\chi(G)=n$이 된다. 예를 들면, K_4는 4-colorable이고 K_5는 5-colorable 이다(그림 6.74).

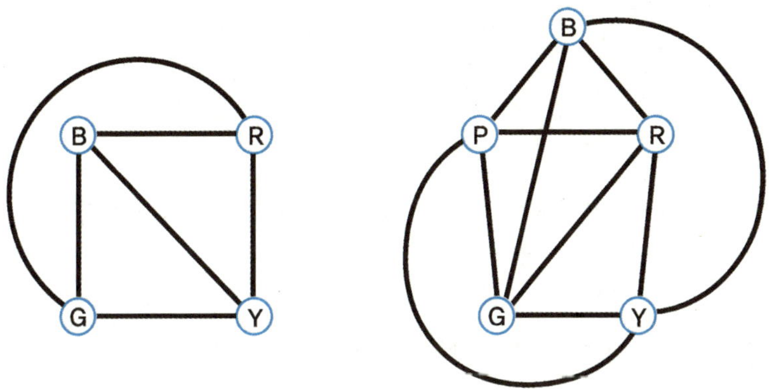

K_4의 색칠 K_5의 색칠

그림 6.74 그래프 색칠

[정리 6.13]

완전 그래프 K_n의 채색수 $\chi(G)$는 n 이다. 다시 말하면 n-colorable 이다.

[예제 6.32] 완전 이분그래프 $K_{m,n}$의 채색수 $\chi(G)$를 구하여라.

풀이 $K_{m,n}$ 그래프는 정점들이 V_1, V_2의 두 개의 부분으로 나누어져 있으며, V_1의 정점들은 V_2의 모든 정점들 하고만 연결선을 갖고 있다. 그러므로 $K_{m,n}$ 그래프는 2-colorable 이다. 즉, $\chi(G)=2$ 이다(그림 6.75).

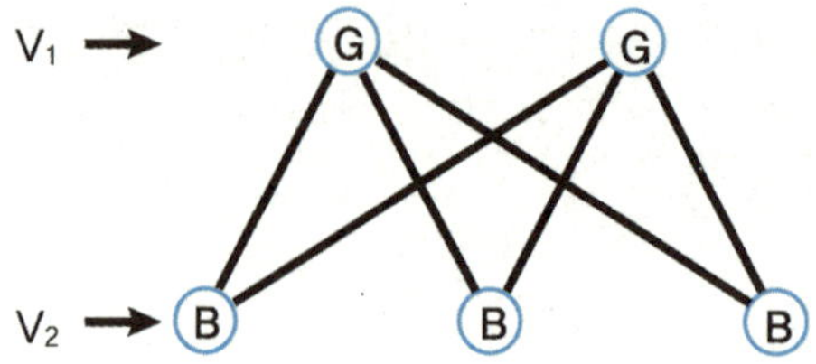

그림 6.75 $K_{2,3}$ 그래프의 색칠

[정리 6.14]

완전이분그래프 $K_{m,n}$의 채색수 $\chi(G)$는 2 이다. 다시 말하면 2-colorable 이다.

[예제 6.33] 순환 그래프 C_n의 채색수 $\chi(G)$를 구하여라.

풀이

C_n 그래프는 n개의 정점을 갖고 있으며, (n-1)개의 연결선을 갖는 사이클 그래프로서 그림 6.67과 같이 정점의 수가 짝수(C_6)이면 2-colorable 이고, 홀수(C_7) 이면 3-colorable 이다. 즉, $\chi(G)=2$ 또는 $\chi(G)=3$ 이다.

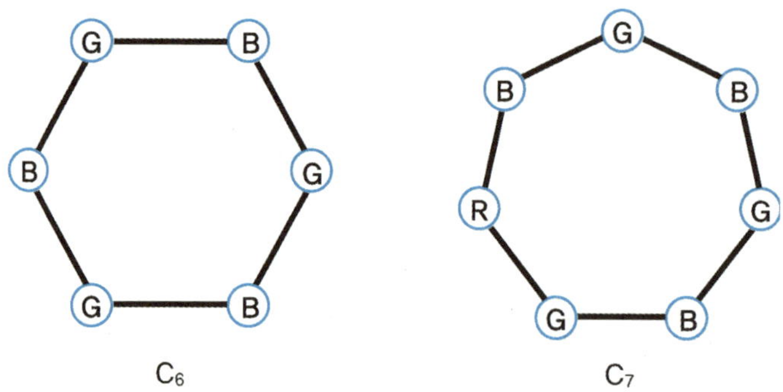

그림 6.76 순환그래프의 색칠

6.8 방향 비사이클 그래프(dag : directed acyclic graph)

방향 비사이클 그래프는 특수 그래프의 일종으로 볼 수 있다. 이 그래프는 사이클을 갖지 않는 방향그래프로서 prefix, postfix 형태의 산술식을 표현하는데 아주 효율적이다. 또한 시스템의 흐름도, 컴파일러에서의 최적화 등에도 광범위하게 사용된다.

정의 6.25 **방향 비사이클 그래프(dag)**

방향그래프 G가 어느 임의의 정점 사이에 사이클이 없는 방향 그래프를 일 때 그 그래프를 방향 비사이클 그래프라고 한다.

방향 비사이클 그래프의 예가 그림 6.77에 있다. 그림 6.77에서 D_1과 D_2는 방향 비사이클 그래프이며, D_3은 b-a-c-d-b의 사이클을 갖고 있으므로 dag가 아니다.

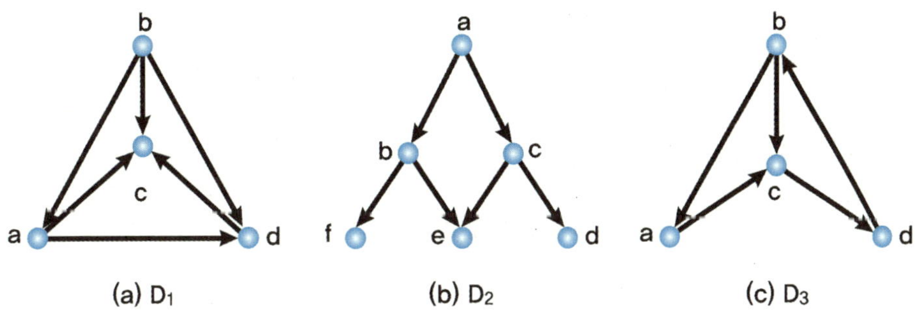

그림 6.77 방향 비사이클 그래프

[예제 6.34] 산술식 [(a−b * c)/(d−b * c)] − (d−b * c) ↑ f를 dag로 표현해 보여라.

풀이 이것을 dag가 아닌 일반 2진트리로 표현하면 그림 6.78과 같다.

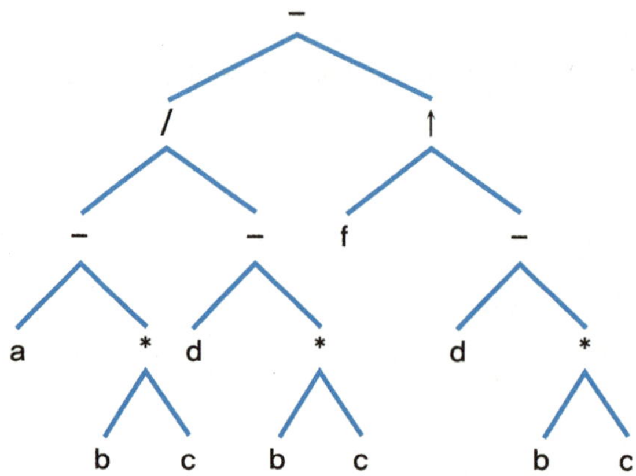

그림 6.78 산술식의 2진트리

dag로 표현하면 그림 6.79와 같다.

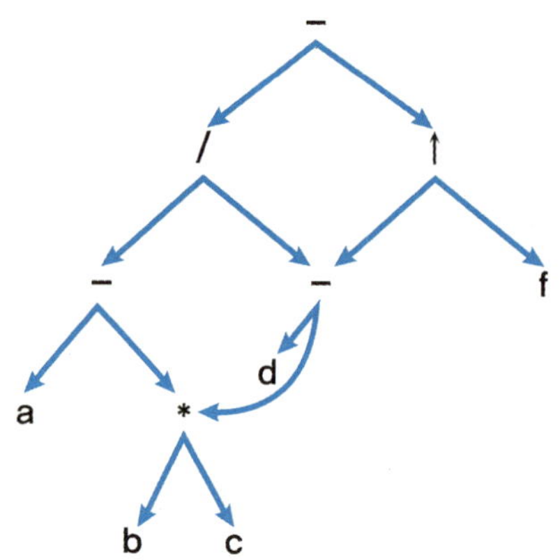

그림 6.79 산술식을 Dag로 표현

[예제 6.35] 산술식을 dag로 표현한 그림 6.79를 postfix로 나타내어라.

풀이   그림 6.79를 단계별로 postfix로 나타내는 것이 그림 6.80에 있다.

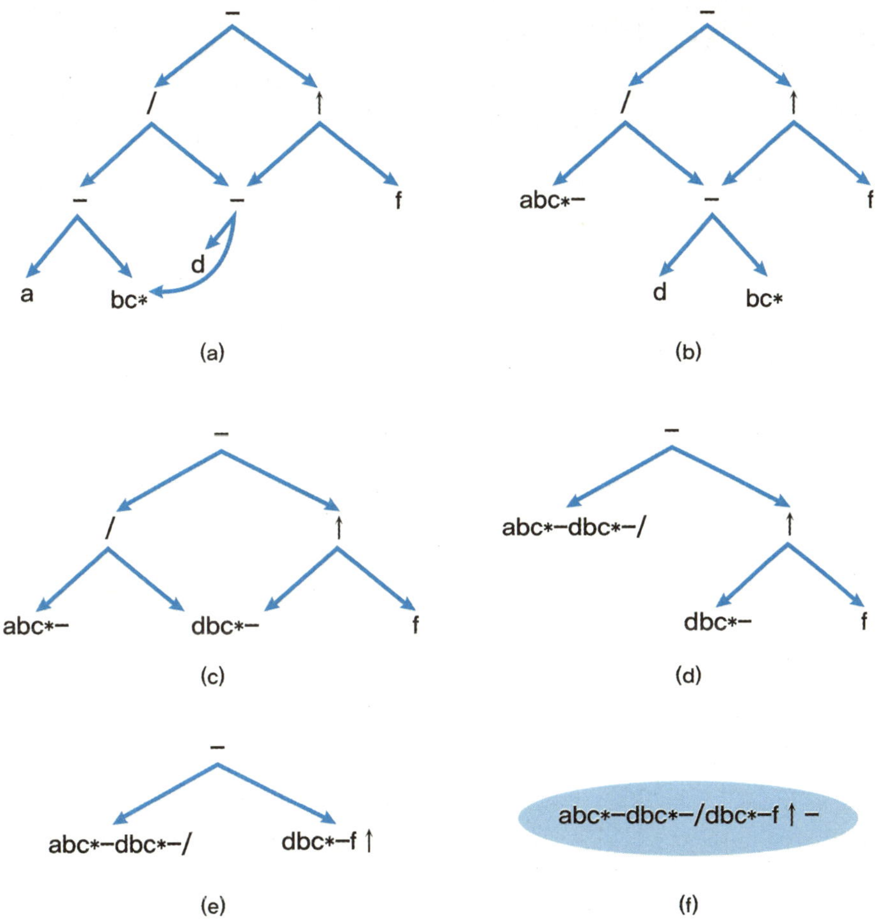

그림 6.80 dag로 표현한 산술식을 postfix로 표현

6.9 기본적인 그래프 알고리즘(basic graph algorithms)

이 절에서는 그래프에 관련되어 자주 이용되는 탐색 알고리즘, 최단경로를 찾는 알고리즘 그리고 그래프 채색 알고리즘에 대해서 알아본다.

(1) 그래프 탐색 알고리즘

주어진 그래프 G=(V,E)에서 정점 v로부터 도달 가능한 모든 정점들을 탐색하는 방법으로는 깊이우선 탐색(depth first search : DFS)과 너비우선탐색(breadth first search : BFS)의 2가지 방법이 있다.

깊이우선 탐색은 주어진 그래프 G=(V,E)의 정점 v부터 출발하여 v에 인접한 정점 중에서 방문되지 않은 정점 u를 선택하고 다시 u로부터 탐색이 시작된다. 이 과정을 반복하여 u에 인접한 모든 정점들을 탐색한다. 이미 방문된 경우에는 그 전에 마지막으로 방문된 정점으로 되돌아가서 위의 과정들을 반복하며, 모든 정점들을 방문한 후 탐색을 종료한다. 이러한 과정은 알고리즘 6.3과 같이 되부름 알고리즘으로 간단하게 기술할 수 있는데 일반적인 알고리즘으로 구현할 경우에는 스택을 사용한다.

알고리즘 6.3

```
DFS(vertex v)
  for i=1 to n
      visited(i) = 0; /* 아직 방문하지 않았으므로 0으로 초기화 한다.*/
    {
      int u ;
      visited(v) = 1 ;
      for( v에 인접한 모든 정점 u )
        if( visited(u) = 0 then DFS(u) ;
    }
```

주어진 그래프가 그림 6.81과 같을 때 깊이우선 탐색의 결과는 그림 6.82와 같으며 탐색은 a,b,d,h,e,f,c,g의 순으로 이루어진다.

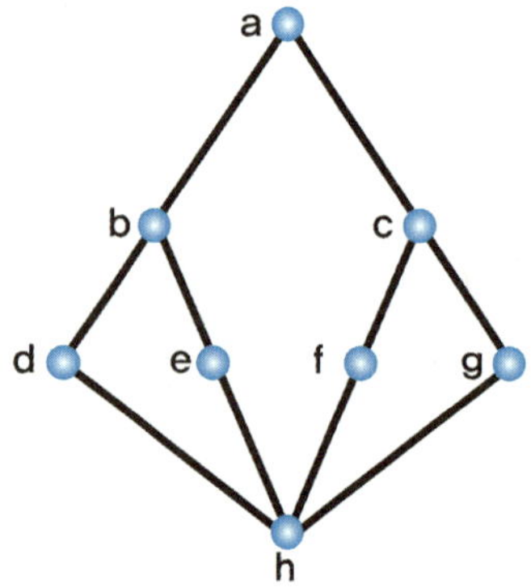

그림 6.81 그래프

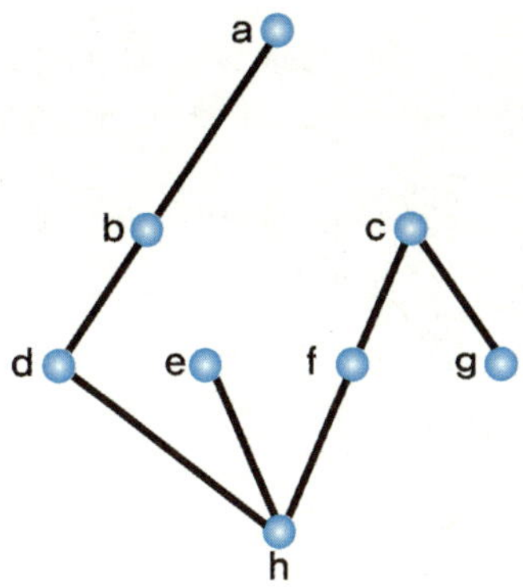

그림 6.82 깊이우선 탐색한 그래프

너비우선 탐색은 깊이우선 탐색과는 다르게 처음에 찾아간 정점과 인접한 정점들을 차례로 찾아가는 것이다. 먼저 시작 정점 v를 방문한 후 v에 인접한 모든 정점들을 차례로 방문한다. 더 이상 방문할 정점이 없는 경우 다시 v에 인접한 정점 가운데 맨 처음으로 방문된 정점과 인접한 정점들을 차례로 방문하게 되고, 그 다음으로 v에 인접한 정점 중 두 번째로 방문된 정점과 인접한 정점들을 차례로 방문하는 과정을 반복한다. 모든 정점들이 방문되었을 경우에 탐색을 종료한다. 이 과정을 간단하게 요약하면 다음과 같으며, 알고리즘 6.4와 같이 간단하게 기술할 수 있다.

- **1단계** : 정점 v를 시작되는 정점으로 한다.
- **2단계** : 정점 v에 인접하며 아직 방문하지 않은 모든 정점을 방문하고, 다시 이 정점을 시작으로 하여 방문하지 않은 다른 정점을 찾아간다. 이것을 반복한다.
- **3단계** : 더 이상 찾아갈 정점이 없을 때까지 한다. 없으면 종료한다.

알고리즘 6.4

```
BFS(vertex v)
  int v ;
  for i=1 to n
     visited(i) = 0;          /* 아직 방문하지 않았으므로 0으로 초기화 한다.*/
   {
     int u ;
     queue  q ;
     visited(v) = 1 ;
     initializequeue(q) ;              /* queue를 초기화 */
```

```
addqueue(q,v) ;                    /* queue에 정점 삽입 */
while (emptyqueue(q)=0)            /*queue가 비어있지 않는 경우*/
   {
      deletequeue(q,v) ;         /*queue에서 정점 제거*/
      for( v에 인접한 모든 정점 u )
         if( visited(u) = 0 )
            {
               addqueue(q,u) ;
               visited(u) = 1 ;
            }
   }
}
```

깊이우선 탐색에서는 스택(stack)을 사용하는데 비해 너비우선 탐색은 큐(queue)를 사용한다. 그래프 G가 그림 6.81일 때 너비우선 탐색을 수행한 결과를 그래프로 표현하면 그림 6.83과 같으며 탐색한 결과는 a,b,c,d,e,f,g,h 이다.

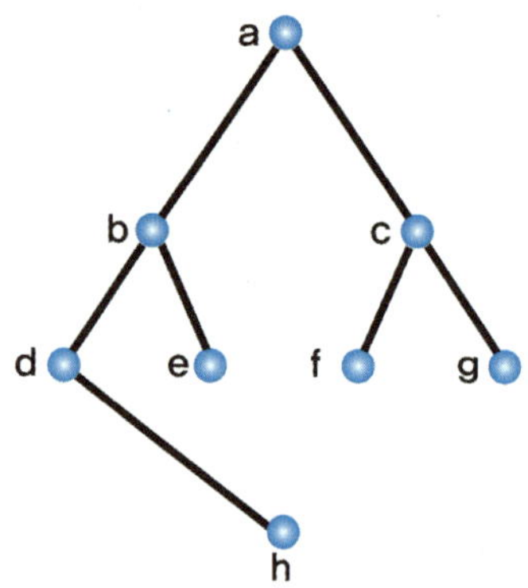

그림 6.83 너비우선 탐색한 그래프

(2) 최단경로를 찾는 알고리즘

최단경로는 그래프 G의 연결선에 가중치가 부여되었을 경우에 어느 임의의 한 정점(시작점)으로부터 원하는 어느 정점까지의 최단경로를 찾아가는 문제이다. 최단경로는 경로에서의 가중치 값이 최소인 경로를 말한다. 이러한 문제는 일상생활에서 많이 나오는 문제 중에 하나이다. 예를 들어서 영업사원이 각 지점을 한 번씩 도는데 가장 짧은 경로를 찾아서 순회하는 문제일 수도 있다. 최단경로를 찾아가는 문제는 다익스트라 알고리즘(Dijkstra's algorithm)이 일반적으로 많이 이용된다(알고리즘 6.5). 이 알고리즘

6.5에서는 연결선을 E(i,j)로 나타내는데 i에서 j로 연결선이 없으면 ∞ 값을 넣는다. D(i)는 정점 i까지의 최단거리를 나타낸다.

알고리즘 6.5

```
Dijkstra()
 {
   T = {a} ; /* 정점 a에서 시작 */
   for ( i=1; i≤n-1; i++)
      D(i)=E(1,i); /* 거리 D를 초기화)
   for ( i=1; i≤n-1; i++)
     {
        (V-T)에서 D(u)가
        최소값인 U를 선택
        T=T U {u} ; /* 집합T에 정점 u를 추가*/
        for ( V-T 내의 모든 정점 v )
           D(v)=min(D(v), D(u)+E(u,v));
     }
   }
```

이 알고리즘 6.5를 적용하여 그림 6.84의 가중그래프의 최단 경로를 구한 것이 표 6.7과 같다.

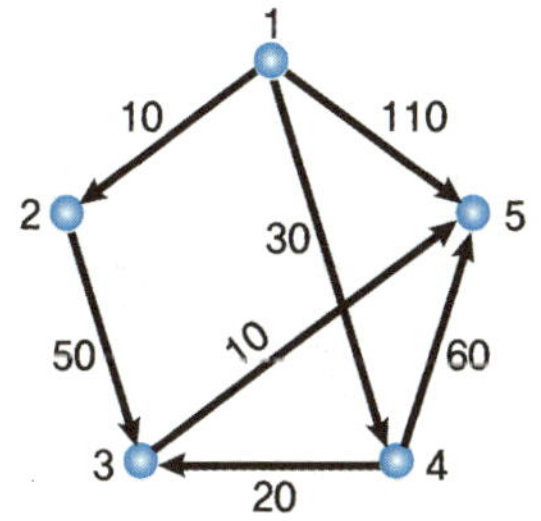

그림 6.84 가중그래프

표 6.7 다익스트라 알고리즘의 적용

단계	T	u	D[2]	D[3]	D[4]	D[5]
0	{1}	–	10	∞	30	110
1	{1,2}	2	10	60	30	110
2	{1,2,4}	4	10	50	30	90
3	{1,2,4,3}	3	10	50	30	60
4	{1,2,4,3,5}	5	10	50	30	60

(3) 그래프 채색 알고리즘

그래프 G의 정점을 색칠할 때 인접해 있는 정점들은 서로 다른 색을 칠하는 것을 채색 알고리즘이라고 하는데, 이 알고리즘에는 알고리즘 6.6의 Welch와 Powell 알고리즘이 있다.

알고리즘 6.6

1) 각 정점에서의 차수를 내림차순으로 정렬한다.
   $deg(v_1) \geq deg(v_2) \geq deg(v_3) \geq \cdots \geq deg(v_n)$
2) v_1에 색 C_1을 할당한다.
3) 차수를 정렬한 리스트를 보고 v_1에 인접하지 않은 정점에 색 C_1을 할당한다.
4) 색칠이 안 된 차수가 높은 정점 V_i를 다른 색 C_i를 칠한다.
5) 모든 정점이 다 색이 칠해지면 끝낸다.
6) 3번으로 가서 반복한다.

[예제 6.36] 다음 그림 6.85의 그래프 G를 알고리즘 6.6을 적용해서 $\chi(G)$를 구하여라.

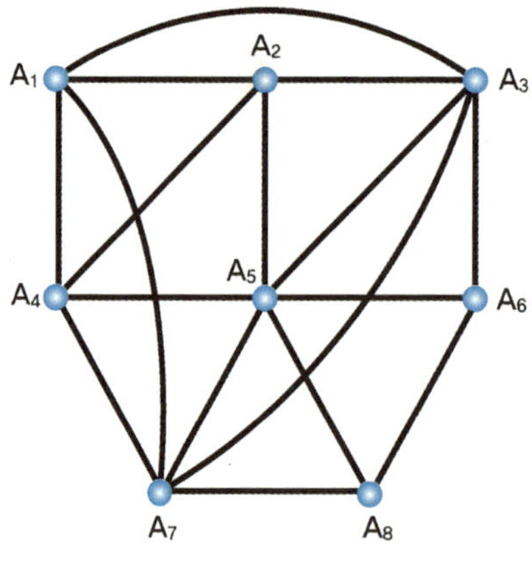

그림 6.85 그래프

풀이 각 정점을 차수 순으로 정렬하면, A_5, A_3, A_7, A_1, A_2, A_4, A_6, A_8 이다. 첫 번째 색 빨강은 A_5, A_1을 칠한다. 두 번째 색 노랑은 A_3, A_4, A_8을 칠한다. 세 번째 색 파랑은 A_7, A_2, A_6을 칠한다. 그러므로 3-colorable로서 $\chi(G)=3$이다.

연습문제

1. 다음의 용어를 간단하게 설명하여라.
   1) 평면그래프　　　　2) 오일러 경로
   3) 해밀턴 사이클　　　4) 완전 그래프

2. 다음 그래프의 각 정점에서의 차수를 구하여라.

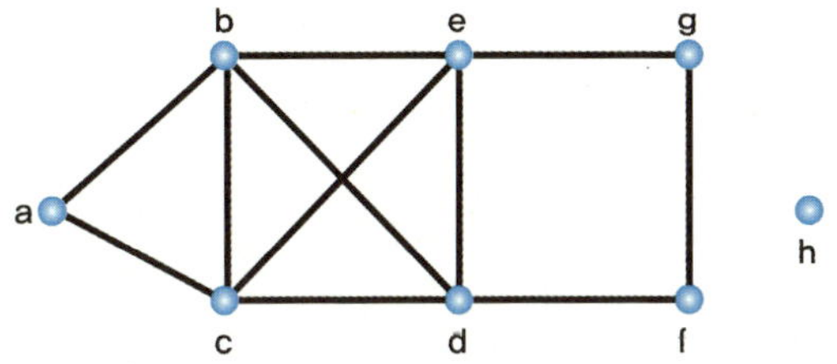

3. 다음의 주어진 그래프를 그리고, 정점의 수와 연결선의 수를 구하여라.
   1) K_4　　　　2) $K_{2,5}$
   3) C_6　　　　4) W_6

4. 다음 그래프에서 각 정점에서의 내입차수와 외출차수를 구하여라.

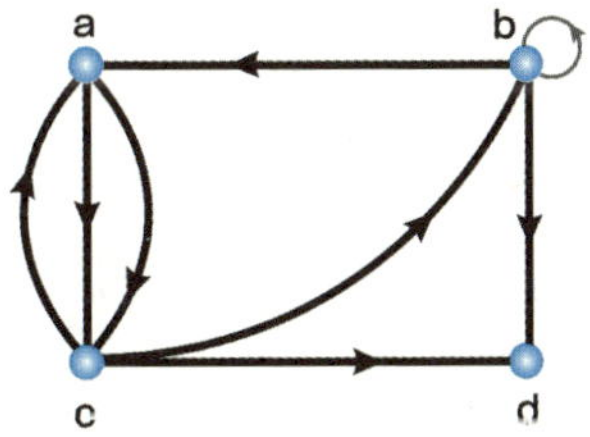

5. 다음 그래프 G1과 G2의 인접행렬과 연결리스트를 구하여라.

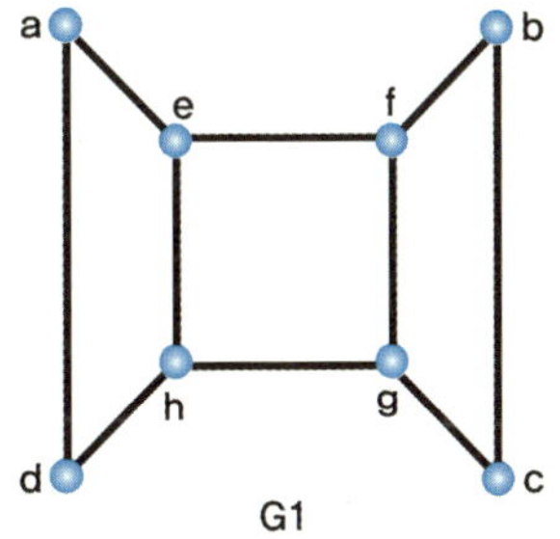

G1

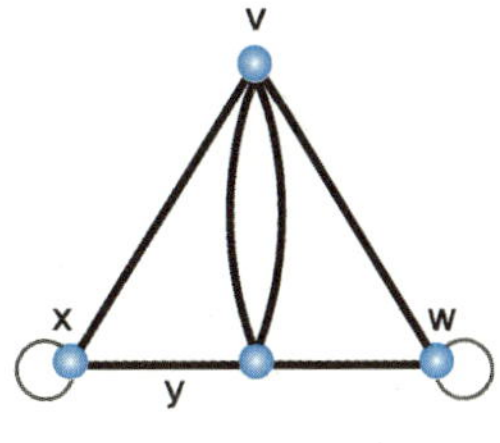

G2

6. 다음 인접행렬을 그래프로 그려라.

1) $A=\begin{bmatrix}1&0&2&1\\1&1&1&0\\0&1&0&2\\0&0&1&1\end{bmatrix}$ 2) $B=\begin{bmatrix}0&0&1&1&2\\2&0&1&0&0\\0&0&1&1&0\\1&2&0&0&1\\0&1&1&0&1\end{bmatrix}$

7. 다음 그래프의 인접행렬을 A라고 할 때 A^3을 구하고 정점 a에서 C로 가는 길이가 3인 경로의 수가 몇 개인가를 구하여라.

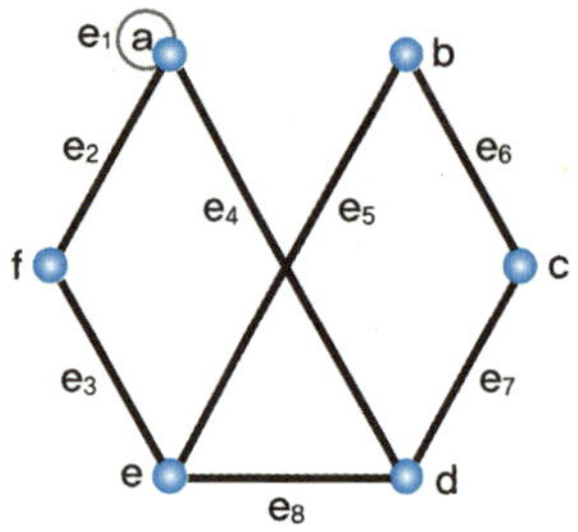

8. 다음 연결리스트를 보고 가중치그래프를 그려라.

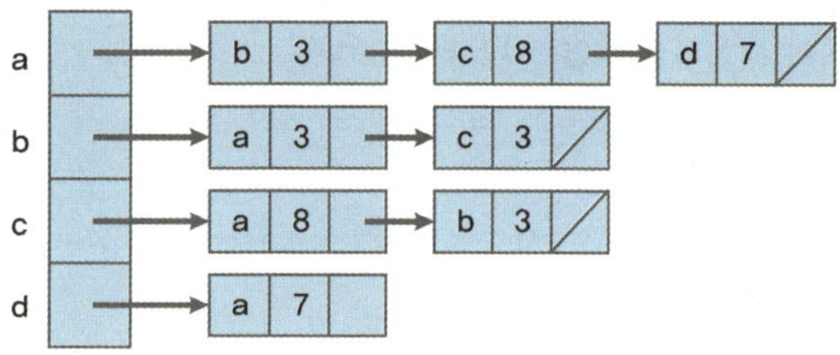

9. 다음 그래프가 오일러 경로와 순회, 해밀턴경로와 순회를 갖는지를 구하여라.

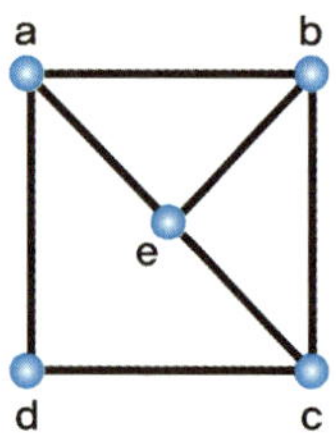

G_1

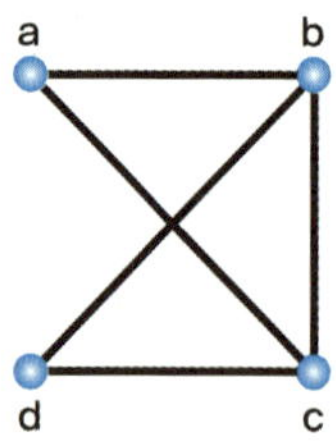

G_2

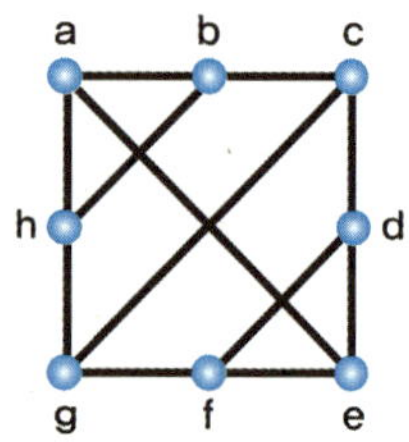

G_3

10. 다음 그래프의 절단연결선과 절단점을 구하여라.

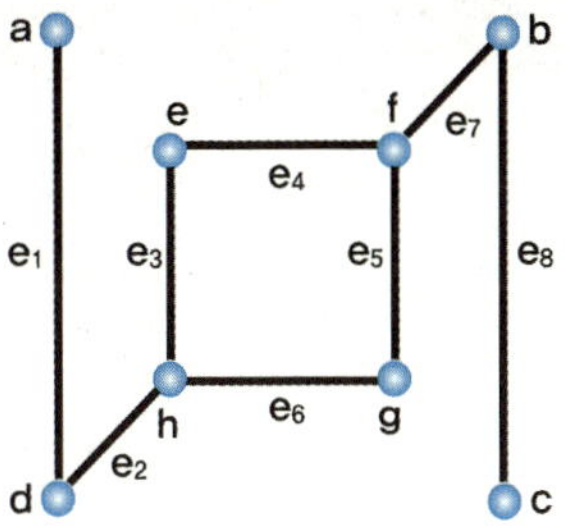

11. 다음 그래프에서 채색수 χ(G)를 구하여라.

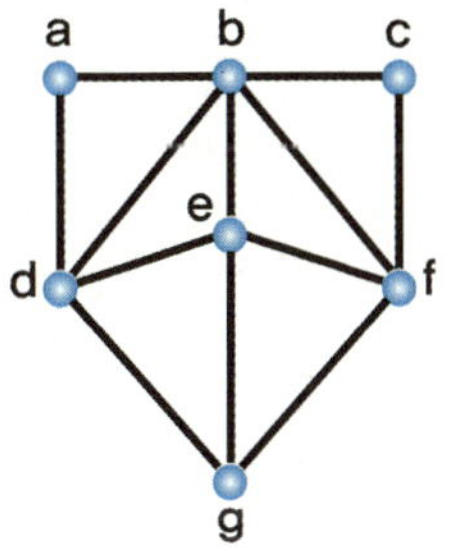

12. 다음 그래프에서 깊이우선 탐색의 결과와 너비우선 탐색의 결과를 그래프로 그려라. 그리고 탐색의 순서를 적어라.

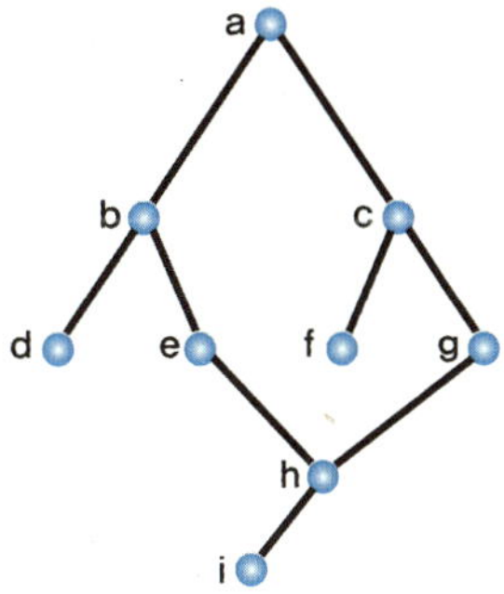

C·H·A·P·T·E·R 7

제 7 장 트리(Trees)

이 장의 인물

Gustav Robert Kirchoff (1824 ~ 1887)
독일태생의 물리학자, 트리를 처음 사용

Arthur Cayley (1821 ~ 1895)
영국태생의 수학자, 기하학에 많은 기여

Joseph Bernard Kruskal (1928 ~)
미국태생의 수학자, 크루스칼 알고리즘

Robert Clay Prim (1921 ~)
미국태생의 수학자, 프림 알고리즘

Jan Lukasiewicz (1878 ~ 1956)
오스트리아태생의 수학자, 폴란드식 표기법

David A. Huffman (1925 ~ 1999)
미국태생의 전기공학자, 허프만코드

7.1 트리의 기본 개념

트리는 그래프의 특별한 형태로서 멀티그래프도 아니고, 루프(loop)도 갖지 않으며 어떤 사이클도 갖지 않는 연결된 단순그래프이다. 트리는 1847년 독일의 물리학자 Gustav Robert Kirchoff가 선형방정식을 해결하는데 처음으로 사용하였다. 그 이후로 영국의 수학자 Arthur Cayley가 1857년에 포화탄화수소에 관련된 합성 이성체를 열거하면서 수학적인 연구가 시작되었다. 트리는 컴퓨터를 이용한 자료 처리를 하는데 있어서 매우 중요하다. 특히 이진 트리의 경우에는 산술식, 자료구조 등을 매우 간단하게 표현할 수 있는 장점을 가지고 있으며, 정렬, 탐색, 컴퓨터 설계, 인공지능 등의 넓은 분야에서 사용되고 있는 아주 중요한 분야이다.

그림 7.1의 그래프 G_1은 부탄(butane)의 분자관계를 나타내는 그래프이고, G_2는 일반적인 그래프이다. 이 그래프 G_1과 G_2는 연결된 그래프이고, 사이클도 가지고 있지 않다. 이런 그래프를 트리라고 한다.

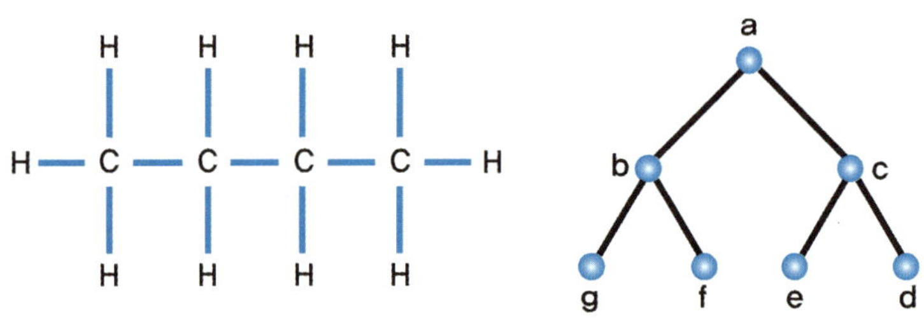

(a) G_1 (b) G_2

그림 7.1 트리

정의 7.1 트리(Tree)

연결된 그래프이며, 사이클을 갖지 않는 그래프이다.

어떤 그래프 G(V,E)가 트리 T라고 할 때 이 트리는 하나 이상의 노드(앞 절에서는 V를 정점으로 표현했으나 이 장에서는 노드라고 표현한다)와 연결선으로 구성된 유한 집합으로서, 트리 T는 특별한 노드인 루트(root)가 있고, 루트를 제외한 나머지 노드들은 다시 각각이 트리이면서 교차하지 않는 T_1, T_2, …, $T_n(n \geq 0)$으로 나누어진다. 이때, T_1, T_2,… T_n을 루트의 서브트리(subtree)라고 한다.

[정리 7.1]

그래프 G(V,E)가 트리일 때 노드(node) u와 v 사이에는 유일한 경로가 존재한다. 그리고 u와 v 사이의 노드의 개수가 n일 때 경로의 연결선 수는 (n−1) 이다.

성리 7.1에서 그래프 G가 트리일 경우에는 연결선 개수는 노드수를 n이라고 할 때 n-1이라고 했다. 예를 들어서 그림 7.2의 트리에서 노드의 수는 12개이다. 연결선 수는 11개로서 n-1을 만족한다. 또한 임의의 두 노드 사이에 경로가 유일하게 존재하는 것을 보면 두 노드 a와 k 사이에는 경로가 a-d-h-k인 유일한 경로가 존재하며, 연결선의 수는 4개의 노드이므로 경로의 연결선 수는 3이 된다. 또 다른 예로서 노드 b에서 j까지의 경로는 b-e-j로 유일하며, 경로의 수는 2이다. 임의의 어떠한 노드를 보더라도 모두 성립함을 알 수 있다.

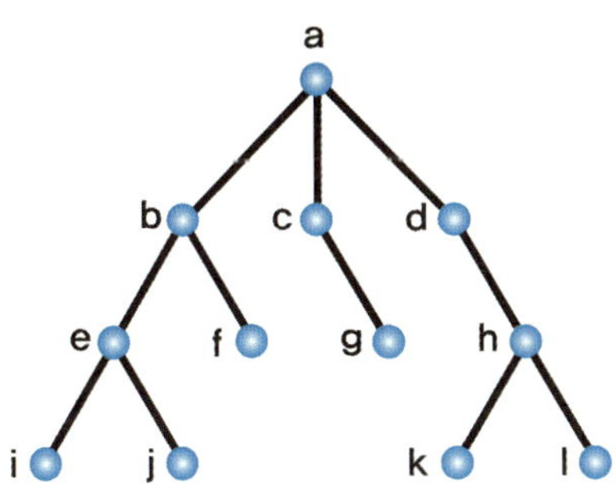

그림 7.2 트리

[정리 7.2]

그래프 G(V,E)가 트리이며, n개의 노드로 이루어진 트리인 경우 연결선의 수는 (n−1) 이다.

그림 7.2에서 보면 12개의 노드를 갖고 있는 트리로서 연결선의 수는 11개이다. 정리 7.2가 성립하는 것을 볼 수 있다.

7.2 생성트리(spanning tree)

모든 연결된 그래프는 그 그래프로부터 트리를 생성할 수 있다. 이것은 그래프로부터 일부 연결선을 삭제하여 트리로 변형한 것이다. 이렇게 생성된 트리 중에서 그래프의 모든 노드를 갖고 있는 트리를 생성트리라고 한다. 그래프 G로부터 생성트리는 여러 개 만들 수 있다. 그림 7.3 그래프의 생성트리가 그림 7.4에 있다.

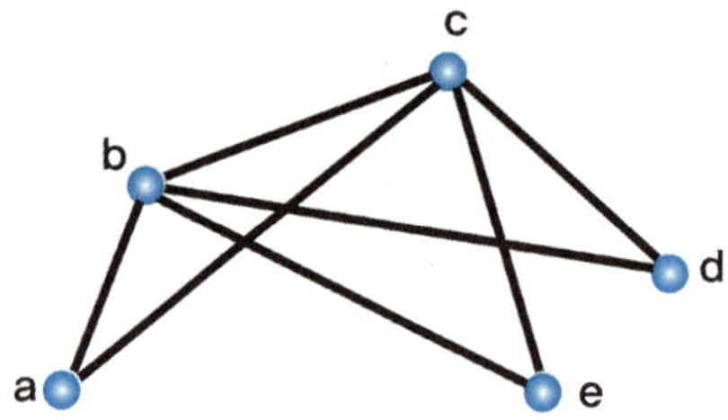

그림 7.3 그래프

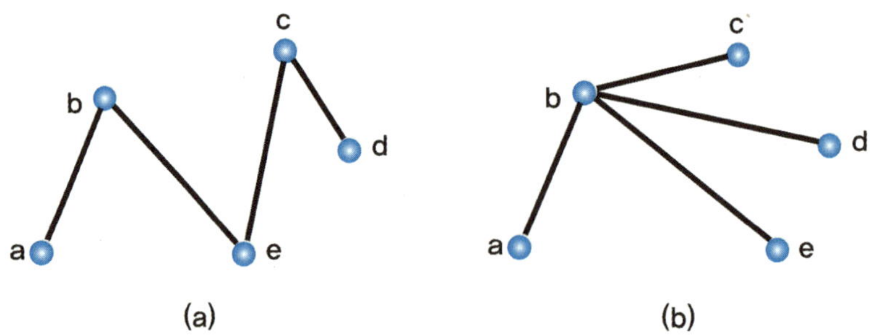

그림 7.4 생성트리

정의 7.2 **생성트리(spanning tree)**

그래프 G(V,E)의 생성부분그래프가 트리가 될 때 이 트리를 생성트리라고 한다.

생성부분그래프는 그래프 G의 부분그래프 중에서 G의 모든 정점을 다 포함하고 있는 부분그래프를 말한다. 그래프 G로부터 생성부분그래프는 여러 개를 그릴 수 있는데 이중 일부만이 생성트리이다.

[정리 7.3]

모든 연결그래프는 생성트리를 갖는다.

연결된 그래프로부터 생성트리를 구하는 알고리즘 중에서 가장 널리 사용되는 알고리즘으로 다음의 알고리즘 7.1과 같은 크루스칼 알고리즘(kruskal's algorithm)이 있다.

알고리즘 7.1

```
Kruskal's spanning tree(G,T)
/* n개의 노드를 갖는 연결된 그래프 G로부터 구한 생성트리를 T라 한다. numedge
   는 선택된 연결선의 수이다. */

  {
     T ← ∅
     numedge ← 0
     while(numedge < n-1) do
      {
        select an edge e in G
        E ← E - {e}
        if e does not create a cycle in T then
          {
            T ← T ∪ {e}
            numedge ←  numedge + 1
          }
         else
            discard e
      }
  }
```

[예제 7.1] 다음 그림 7.5의 그래프를 크루스칼의 알고리즘을 적용하여 생성트리를 구하여라.

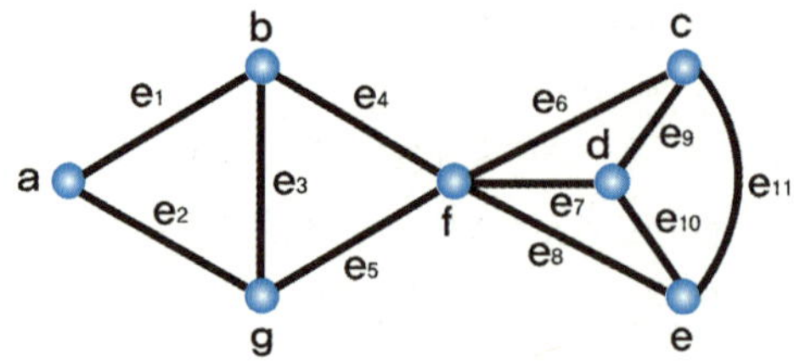

그림 7.5 그래프

풀이 생성트리를 표 7.1과 같이 단계적으로 구할 수 있다. 그리고 구해진 생성트리는 그림 7.6과 같다.

표 7.1 생성트리의 단계별 생성

연결선	사이클이 있는가?	연결선(트리)	연결선의 수	완료?
e_1	아니오	e_1	1	아니오
e_2	아니오	e_1, e_2	2	아니오
e_3	예	e_1, e_2	2	아니오
e_4	아니오	e_1, e_2, e_4	3	아니오
e_5	예	e_1, e_2, e_4	3	아니오
e_6	아니오	e_1, e_2, e_4, e_6	4	아니오
e_7	아니오	e_1, e_2, e_4, e_6, e_7	5	아니오
e_8	아니오	$e_1, e_2, e_4, e_6, e_7, e_8$	6	예

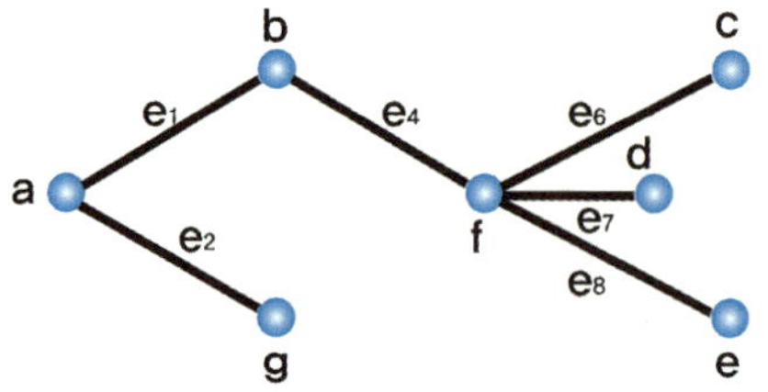

그림 7.6 생성트리

어떤 그래프 G로부터 생성트리는 하나만 그릴 수 있는 것이 아니라 여러 개 그릴 수 있다. 가중치그래프로부터 그린 생성트리가 여러 개 있는 경우에는 생성트리의 연결선의 가중치의 합이 모두 다르다. 이들 중에서 가중치의 합이 제일 작은 생성트리를 최소생성트리라고 한다.

정의 7.3 **최소생성트리(minimal spanning tree)**

가중치그래프 G(V,E)의 생성부분그래프가 트리가 될 때 이 트리를 생성트리라고 하며, 각 연결선의 가중치의 합이 최소가 되는 트리를 최소생성트리라고 한다.

다음은 가중치그래프 G의 최소생성트리를 구하는 알고리즘에는 프림 알고리즘(prim′s algorithm)과 크루스칼 알고리즘(kruskal′s algorithm)이 있다. 다음의 알고리즘 7.2가 프림의 알고리즘이다.

알고리즘 7.2

```
Prim's minimal spanning tree(G,T)
/* n개의 노드를 갖는 연결된 가중치그래프 G로부터 구한 최소생성트리를 T라 한다.
   numedge는 선택된 연결선의 수이다. */
 {
    T ← {a}
    numedge ← 0
    weight ← 0
    while(numedge<(n-1)) and (E≠∅)do
     {
       select an edge e that is incident with a vertex in T that has
       the least weight
       E ← E - {e}
       if e does not form a cycle in T then
         {
           T ← T ∪ {e}
           weight ← weight + weight of edge e
           numedge ← numedge + 1
         }
        else
           discard it
     }
 }
```

위의 프림의 알고리즘에 의해서 그림 7.7의 가중치그래프의 최소생성트리를 생성하는 과정을 그려보면 그림 7.8과 같다.

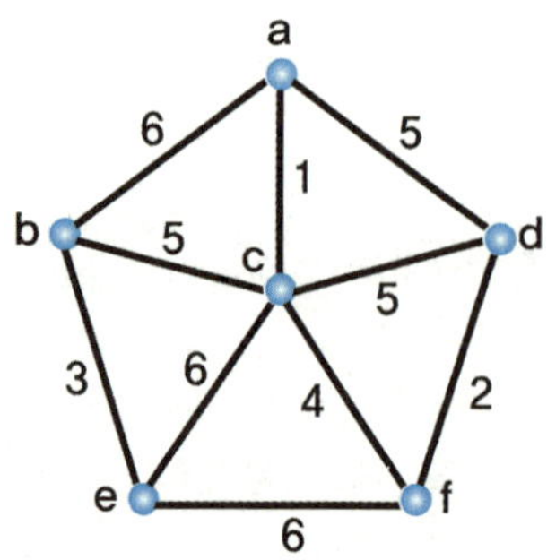

그림 7.7 가중치그래프

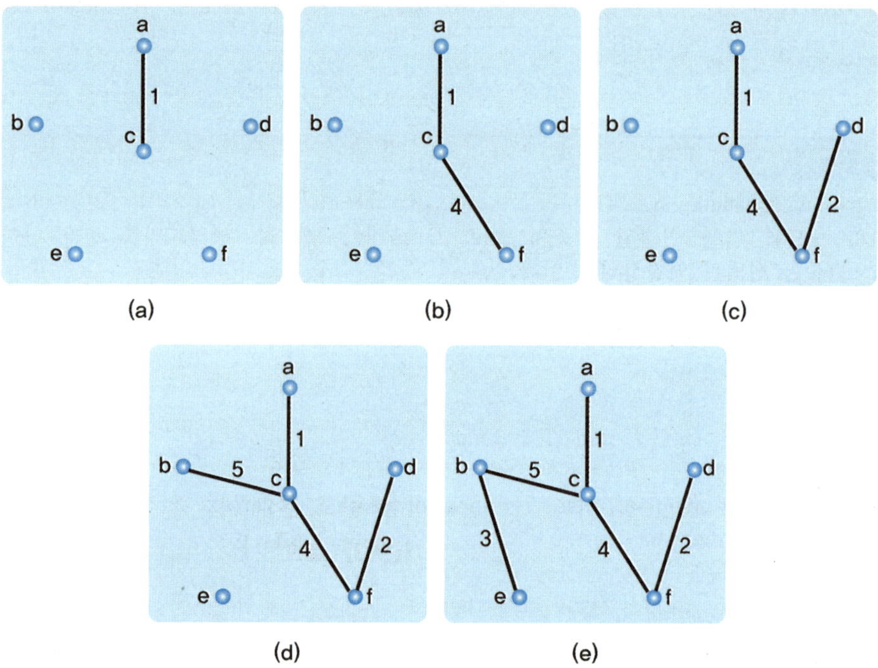

그림 7.8 최소생성트리 생성과정

[예제 7.2] 다음 그림 7.9의 가중치그래프 G의 최소생성트리를 프림의 알고리즘으로 구하여라.

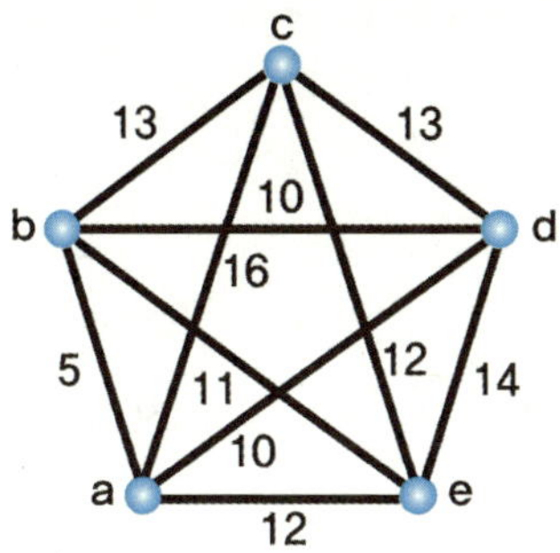

그림 7.9 가중치그래프

풀이 우선 그래프 G의 연결선들의 가중치를 오름차순으로 정렬하면 표 7.2와 같다.

표 7.2 연결선들을 가중치별로 정리

가중치	5	10	10	11	12	12	13	13	14	16
연결선	{a,b}	{a,d}	{b,d}	{b,e}	{a,e}	{c,e}	{b,c}	{c,d}	{d,e}	{a,c}

알고리즘을 단계별로 실행하는 과정은 표 7.3과 같으며, 단계별로 구해지는 최소생성트리는 그림 7.10과 같다.

표 7.3 프림 알고리즘을 단계별로 실행

연결선	가중치	결정	T를 생성	T의 가중치	T의 연결선 수	완료?
{a,b}	5	선택	그림 7.10 참조	5	1	아니오
{b,d}	10	선택		15	2	아니오
{a,d}	10	거절		15	2	아니오
{b,e}	11	선택		26	3	아니오
{a,e}	12	거절		26	3	아니오
{c,e}	12	선택		38	4	예

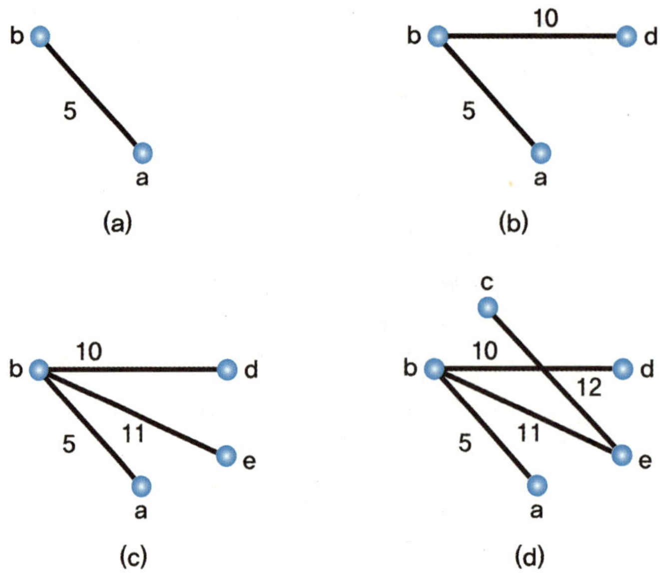

그림 7.10 단계별로 최소생성트리를 구하는 과정

다음은 가중치그래프 G의 최소생성트리를 구하는 크루스칼 알고리즘에 대해서 알아본다. 알고리즘은 다음의 알고리즘 7.3과 같다.

- **1단계** : 그래프 G의 연결선들의 가중치를 오름차순으로 정렬한다.
- **2단계** : 가중치가 가장 작은 연결선 (a,b)를 선택하여, T에 포함한다. T에는 구해지는 최소생성트리의 연결선들이 들어간다. 그러므로 초기값은 0으로 초기화 한다.
- **3단계** : 다음으로 가중치가 가장 작은 연결선 (d,e)을 선택하여 이 연결선이 사이클을 갖지 않으면 T에 포함한다. 사이클을 갖는다면 버린다.
- **4단계** : 2단계로 가서 반복한다.

알고리즘 7.3

```
Kruskal's minimal spanning tree(G,T)
/* n개의 노드를 갖는 연결된 가중치그래프 G로부터 구한 최소생성트리를 T라 한다.
   numedge는 선택된 연결선의 수이다. */
  {
    T ←{a}
    numedge ← 0
    weight ← 0
    while(numedge<(n−1)) and (E≠∅)do
     {
       select an edge e in E with the smallest weight
       E ← E − {e}
       if e does not form a cycle in T then
         {
           T ← T ∪ {e}
           weight  ←  weight +  weight of edge e
           numedge ←  numedge + 1
          }
        else
           discard it
     }
  }
```

[예제 7.3] 다음 그림 7.11의 가중치그래프 G의 최소생성트리를 크루스칼의 알고리즘으로 구하여라.

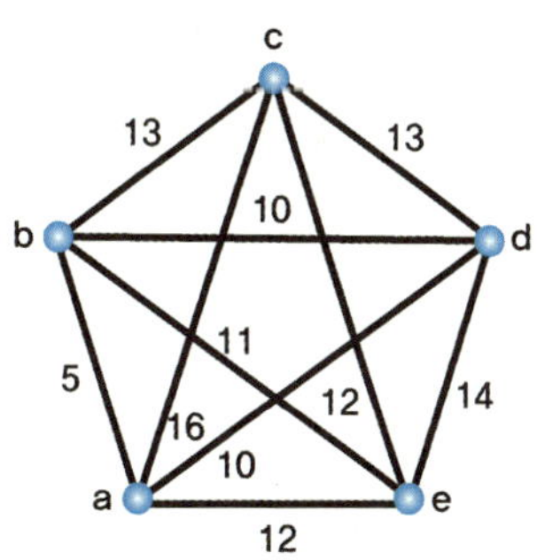

그림 7.11 가중치그래프

풀이 우선 그래프 G의 연결선들의 가중치을 오름차순으로 정렬하면 표 7.4와 같다.

표 7.4 연결선들을 가중치별로 정리

가중치	5	10	10	11	12	12	13	13	14	16
연결선	{a,b}	{a,d}	{b,d}	{b,e}	{a,e}	{c,e}	{b,c}	{c,d}	{d,e}	{a,c}

알고리즘의 단계별로 구하는 과정은 표 7.5와 같으며, 구해진 최소생성트리는 그림 7.12와 같다.

표 7.5 쿠르스칼 알고리즘을 단계별로 실행

연결선	가중치	결정	T를 생성	T의 가중치	T의 연결선 수	완료?
{a,b}	5	선택		5	1	아니오
{a,d}	10	선택		15	2	아니오
{b,d}	10	거절		15	2	아니오
{b,e}	11	선택	그림 7.12 참조	26	3	아니오
{a,e}	12	거절		26	3	아니오
{c,e}	12	선택		38	4	예

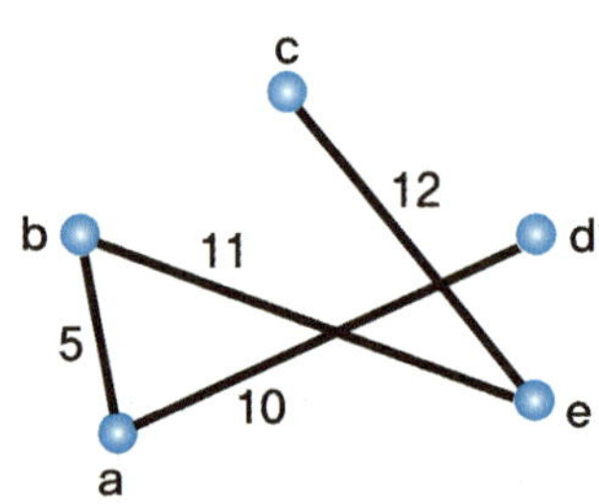

그림 7.12 최소생성트리

7.3 루트트리(rooted trees)

트리의 특수한 형태로서 루트라고 하는 노드를 갖는 트리가 있다. 이런 트리를 루트트리라고 한다. 루트트리는 가장 상위에 있는 노드가 루트가 되며, 아래 방향으로 아크를 갖는 방향그래프라고 할 수 있다. 그러나 그림 7.13과 같이 대부분 방향은 무시하고 그린다. 이 트리는 컴퓨터분야에서 가장 널리 활용되는 분야이다.

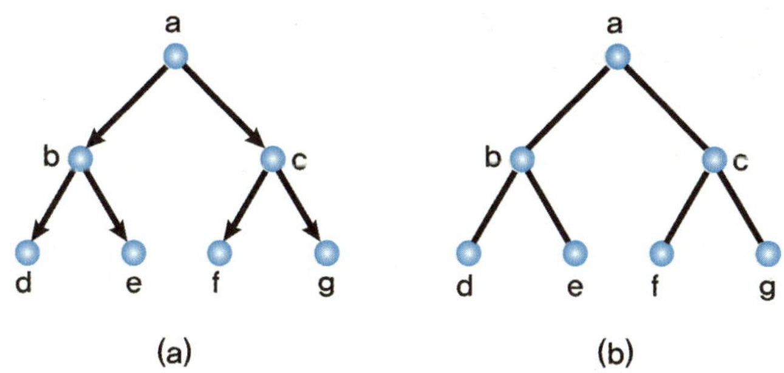

그림 7.13 루트트리

정의 7.4 **루트(root)**

> 그래프 G(V,E)가 트리일 때 주어진 트리의 시작 노드로서 트리의 가장 상위에 있는 노드를 루트라고 한다.

그림 7.14에 루트를 갖는 루트트리의 예가 있으며, 트리에서 각 노드들은 위치에 따라서 잎노드, 자식노드, 부모노드, 형제노드, 내부노드 등으로 부른다. 또한 조상, 자손이라는 표현을 사용한다.

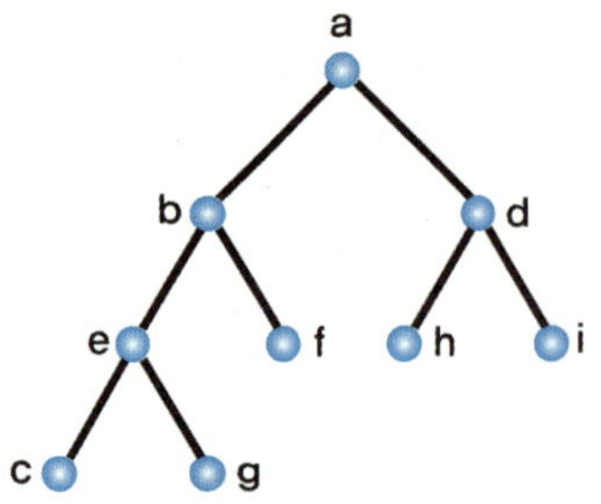

(a) a가 루트인 트리

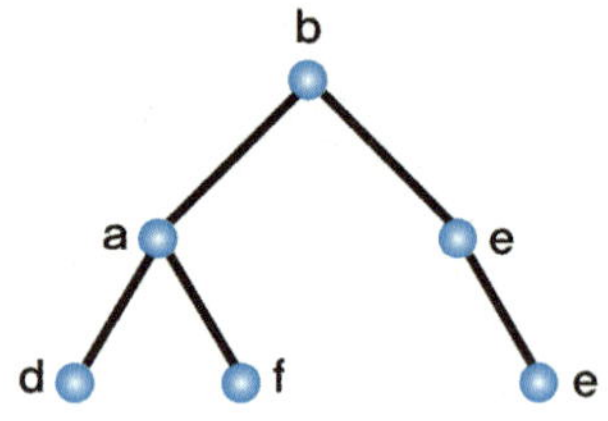

(b) b가 루트인 트리

그림 7.14 루트트리

정의 7.5 **잎노드(leaf node)**

차수가 1인 노드를 잎노드라고 한다. 즉, 자식노드를 가지고 있지 않는 노드를 말한다.

자식노드(children node)
어떤 노드의 서브트리의 루트노드들을 그 노드의 자식노드라고 한다. 즉, 어떤 노드의 바로 하위에 있는 노드를 말한다.

부모노드(parent node)
어떤 노드의 바로 상위 노드를 그 노드의 부모노드라고 한다.

형제노드(sibling)
동일한 부모노드를 갖는 노드를 형제노드라고 한다.

[예제 7.4] 다음 그림 7.15의 트리를 보고 잎노드, 자식노드, 부모노드, 형제노드 들을 구하여라.

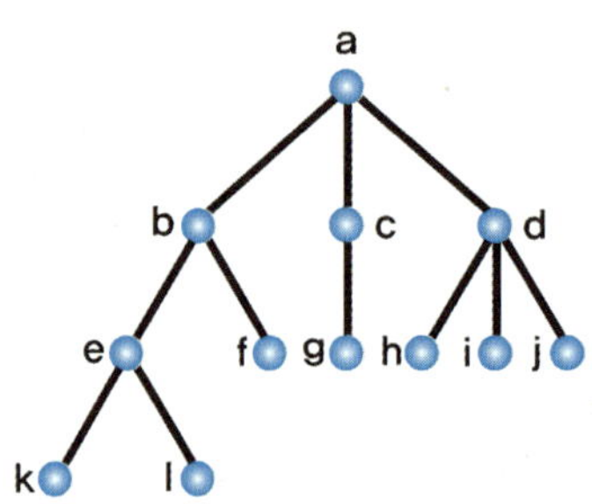

그림 7.15 트리

풀이

1) 잎노드는 k,l,f,g,h,i,j이다.
2) 루트 a의 자식노드는 b,c,d이며, e의 자식노드는 k,l이다.
3) 루트 a는 부모노드를 갖지 않으며, 노드 e의 부모노드는 b이다. d의 부모노드는 a이다.
4) b,c,d가 형제노드이며, h,i,j도 형제노드다.

정의 7.6 내부노드(internal node)

그래프 G(V,E)가 트리일 때 잎노드를 제외한 노드를 내부노드라고 한다.

그림 7.15의 트리에서 내부노드는 a,b,c,d,e가 된다.

정의 7.7 조상(ancestors)

어느 노드의 조상이라는 것은 그 노드의 부모노드들을 말한다. 즉, 그 노드의 바로 위 노드로부터 루트까지 연결된 상위노드들을 말한다.

자손(descendants)

어느 노드의 자손이라는 것은 그 노드로부터 잎노드에 이르는 경로상에 있는 모든 하위노드들을 말한다.

그림 7.15에서 노드 e의 조상은 노드 b, a이며, 루트 a의 자손은 a를 제외한 모든 노드이다. b의 자손은 e,f,k,l이 된다.

정의 7.8 **레벨(level)**

루트의 레벨을 0으로 놓고 자손 노드로 내려가면서 값이 하나씩 증가된 것을 레벨이라고 한다. 즉, 어떤 노드 a의 레벨이 h라 하면 그것의 자식노드는 h+1 이 된다. level(a)=h라고 표현한다.

트리의 높이(height)
트리의 높이는 트리의 깊이를 말하며, 레벨의 최고 값을 트리 T의 높이라고 한다. 다시 말하면, 트리 T의 잎노드의 최고 레벨 값을 말한다.

그림 7.15에서 각 노드에서의 레벨을 구하면, level(a)=0, level(b)=level(c)=level(d)=1, level(e)=level(f)=level(j)=2, level(k)=level(l)=3이다. 그러므로 이 트리의 높이는 3이다.

정의 7.9 **차수(degree)**

트리 T(V,E)에서 노드 a에 연결된 연결선의 수를 노드 a의 차수라고 한다. deg(a)라고 표현한다.

잎노드는 차수가 1인 것을 말하며, 어느 노드에서의 차수는 부모노드와 자식노드의 수를 합한 것과 같다. 그림 7.15에서 각 노드에서의 차수를 구해보면, deg(a)=3, deg(b)=(deg(e)=3, deg(c)=2, deg(d)=4, deg(k)=deg(l)=deg(f)=deg (g)=deg(h)=deg(i)= deg(j)=1 이다. 그러므로 차수가 1인 k,l,f,g,h,i,j는 잎노드가 된다.

정의 7.10 **부분트리(subtree)**

루트트리에서 루트를 제외하면 하나 이상의 트리로 나누어지는데 이 트리들을 부분트리라고 한다.

숲(forest)
서로 교차하지 않는 트리들의 집합으로서 루트트리에서 루트를 제거하면 숲을 얻을 수 있다. 즉, 루트를 제거하면 몇 개의 부분트리를 얻을 수 있다. 이 부분트리들을 숲이라고 한다.

그림 7.15에서 루트 a를 제거하면 3개의 부분트리가 구해지며, 이들을 숲이라고 한다. 그림 7.16이다.

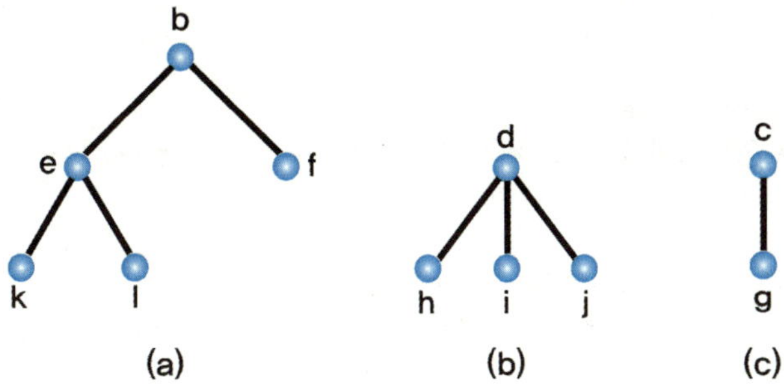

그림 7.16 숲을 나타내는 부분트리

루트트리 T에서 어느 노드가 자식노드를 몇 개를 갖느냐에 따라서 트리를 나누어 볼 수 있다. 만약 루트트리 T에서 어느 임의의 노드가 최대 m개의 자식노드를 갖는다면 m-트리(m-ary tree)라고 한다. m=2인 경우 2진트리(binary tree)라고 하며, m=3인 경우 3진트리(ternary tree)라고 한다. 또한 m-트리에서 모든 잎노드의 레벨이 같고, 잎노드를 제외한 노드가 모두 m개의 자식노드를 갖고 있다면 완전 m-트리라고 한다. 그림 7.17에서 T_1은 2진트리, T_2는 2진트리, T_3는 3진트리를 나타낸다.

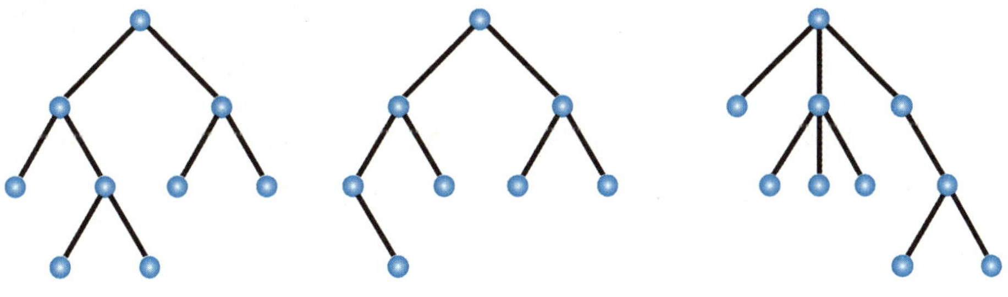

(a) T_1 (2진트리) (b) T_2 (2진트리) (c) T_3 (3진트리)

그림 7.17 각종 트리

정의 7.11 2진트리(binary tree)

m-트리 T에서 m=2인 트리를 2진트리라고 한다. 다시 말하면, 자식노드를 최대 2개까지 갖는 트리를 말한다.

완전 2진트리(full binary tree)
2진트리 T의 모든 잎노드의 높이가 트리 T의 높이와 같은 트리를 완전 2진트리라고 한다. 단, 잎노드를 제외한 노드는 자식이 2이다.

완전조화 2진트리(full balanced binary tree)
2진트리 T의 높이가 h인 경우 잎노드의 높이가 h-1 또는 h 인 트리를 완전조화 2진트리라고 한다. 단, 잎노드를 제외한 노드는 자식이 2이다.

그림 7.18의 T_1은 2진트리를 나타내고, T_2는 완전 2진트리를 나타내며, T_3은 완전조화 2진트리를 나타낸다. T_3은 높이는 3이며, 잎노드 e,f는 높이가 2이고, 잎노드 h,i,j,k는 3으로 완전조화 2진트리이다.

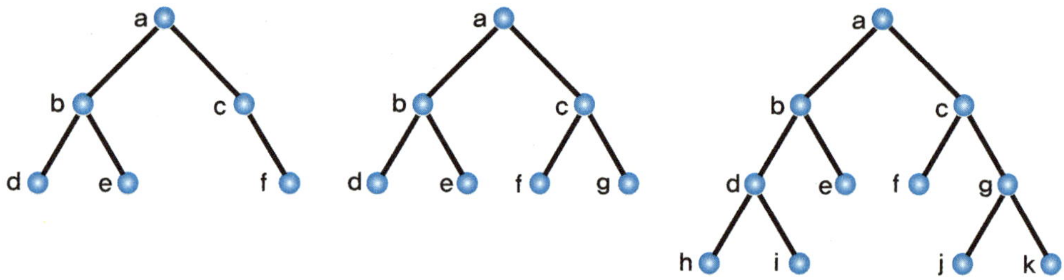

(a) T_1 (2진트리)　(b) T_2 (완전 2진트리)　(c) T_3 (완전조화 2진트리)

그림 7.18 각종 2진트리

[정리 7.4]

루트트리 T(V,E)에서 |V| = n 이고 |E| = m일 때 다음이 성립한다.

1) T는 연결되어 있고 m = n − 1 이다.
2) T의 어느 한 연결선을 제거하더라도 T는 연결되지 않는다.
3) T는 사이클을 가지지 않는다.
4) T에 한 연결선만 첨가하더라도 사이클이 생긴다.

[예제 7.5]

컴퓨터 프로그램 P는 2개의 서부프로그램 S_1과 S_2로 구성되어 있으며, S_1은 3개의 모듈 $B_1.B_2.B_3$으로 이루어져 있고, S_2는 2개의 모듈 $B_5.B_6$으로 이루어져 있다. 또 B_1은 하나의 모듈 C_1, B_2는 2개의 모듈 C_2와C_3, B_4는 하나의 모듈 C_4, B_5는 2개의 모듈 C_5와 C_6으로 이루어져 있다. 이 프로그램을 트리로 표현하면 그림 7.19와 같다. 3진트리가 된다.

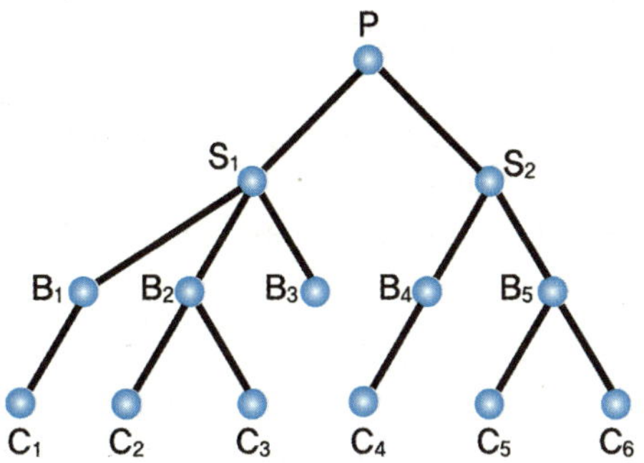

그림 7.19 프로그램을 트리로 표현

[정리 7.5]

완전 m-트리 T가 n개의 노드와 i개의 내부노드를 갖는다면, $n=mi+1$ 이 성립한다. 완전 2진트리라고 하면 노드의 수 는 $n=2i+1$ 이 된다.

[예제 7.6]

다음의 그림 7.20의 완전 2진트리에서 $n=2i+1$이 성립함을 보여라.

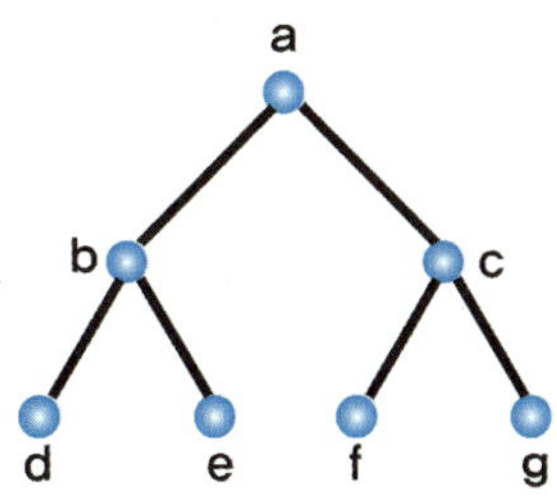

그림 7.20 완전 2진트리

풀이 그림 7.20에서 내부노드는 a, b, c로, i=3이다. 그러므로 전체노드의 수 n은 $n=2i+1=2\times3+1=7$로, 7개의 노드를 갖는다.

[정리 7.6]

1) 완전 m−트리 T가 n개의 노드와 L개의 잎노드를 갖는다면, 내부 노드는 =(n−1)/m 이며, 잎노드는 L=((m−1)n +1)/m 이다.
2) 완전 m−트리 T가 n개의 노드와 i개의 내부노드를 갖고 있으면 잎노드는 L=(m−1)i +1 이다.
3) 완전 m−트리 T가 n개의 노드와 L개의 잎노드를 갖는다면 내부 노드는 i=(L−1)/(m−1) 이며, 전체노드는 n=(mL−1)/(m−1) 이다.

[예제 7.7] 다음의 그림 7.21의 완전 2진트리에서 위의 정리 7.6이 성립함을 보여라.

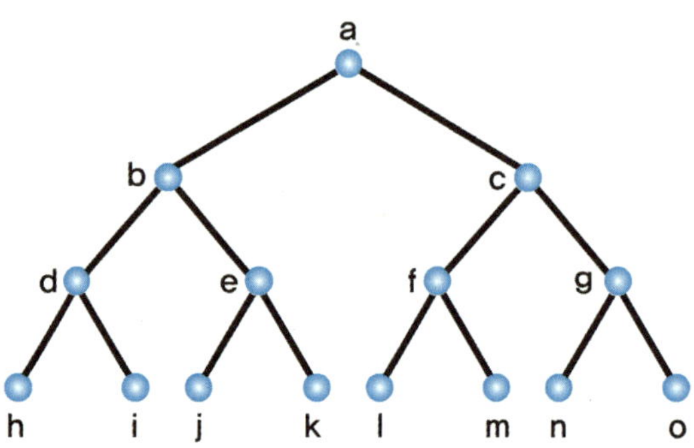

그림 7.21 완전 2진트리

풀이 그림 7.21의 트리는 15개의 노드를 가지므로 n=15, 내부노드는 7개로 i=7, 잎노드는 8개로서 L=8 그리고 m=2이다.

1) $L = ((m-1)n +1)/m$
$\quad = ((2-1)15 +1)/2$

$= 16/2$
$= 8$
$i = (n-1)/m$
$= (15-1)/2$
$= 7$

2) $L = (m-1)i + 1$
$= (2-1)7 + 1$
$= 8$

3) $i = (L-1)/(m-1)$
$= (8-1)/(2-1)$
$= 7$
$n = (mL-1)/(m-1)$
$= (2*8-1)/(2-1)$
$= 15$

위의 계산 결과 모두 성립함을 알 수 있다.

[정리 7.7]

1) m-트리 T의 높이가 h라면 잎노드의 개수는 최대 $L=m^h$ 만큼 가진다.
2) m-트리 T의 높이가 h이고, 잎노드가 L이라면 $h \ge \lceil \log_m L \rceil$ 이 성립한다.
3) 완전조화 m-트리 T의 높이가 h이고, 잎노드가 L이라면 $h = \lceil \log_m L \rceil$ 이 성립한다.

[예제 7.8] 다음의 그림 7.22의 완전조화 m진트리에서 위의 정리 7.7이 성립함을 보여라.

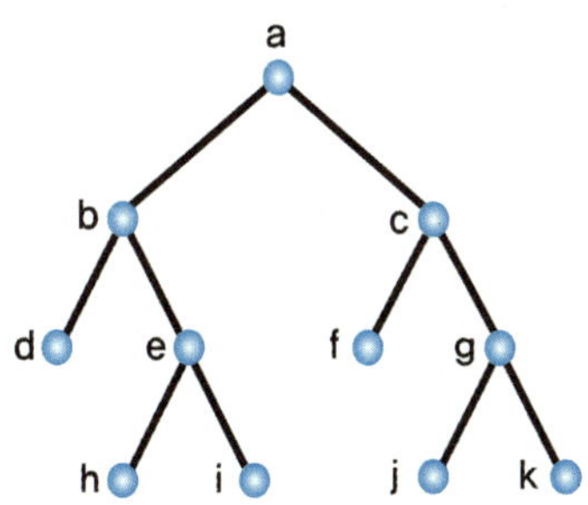

T_1

그림 7.22 완전조화 2진트리

풀이

그림 7.22의 트리 T_1은 11개의 노드를 가지므로 n=11, 내부노드는 5개로 i=5, 잎노드는 6개로서 L=6 그리고 m=2이다. T_1의 높이는 3으로 h=3이다.

3) $h = \lceil \log_m L \rceil$
$= \lceil \log_2 6 \rceil$
$= 3$

트리 T_1은 높이가 3으로 같다. 성립한다.

[예제 7.9] 완전 2진트리 T가 4095개의 노드를 갖고 있다. 이때 이 트리의 높이를 구하여라.

풀이

정리 7.6으로부터 $L = ((m-1)n + 1)/m$ 이므로

$$\begin{aligned} L &= ((m-1)n + 1)/m \\ &= ((2-1)4095 + 1)/2 \\ &= 4096/2 \\ &= 2048 \end{aligned}$$

또한 정리 7.7로부터 $h = \lceil \log_m L \rceil$

$$\begin{aligned} h &= \lceil \log_m L \rceil \\ &= \lceil \log_2 2048 \rceil \\ &= 11 \end{aligned}$$

그러므로 트리 T의 높이는 11이 된다.

[예제 7.10] 64팀의 테니스 단식 토너먼트가 있다. 우승을 하기 위해서는 몇 번의 시합을 해야 하는지와 전체 시합의 수를 구하여라.

풀이 64개 팀이 토너먼트를 하면 1회전에서는 64개 팀이 2팀씩 경기를 하여 32개 팀이 올라간다. 다시 32개 팀이 경기를 하여 16개 팀이 올라간다. 결국 트리라고 하면 잎노드가 64개인 완전 2진트리가 된다. 그리고 우승은 이 트리의 높이와 같다. 또한 전체 시합 수는 내부노드수와 같다. 그러므로 정리에 따라서

$$
\begin{aligned}
i &= (L-1)/(m-1) \\
&= (64-1)/(2-1) \\
&= 63 \\
h &= \lceil \log_m L \rceil \\
&= \lceil \log_2 64 \rceil \\
&= 6
\end{aligned}
$$

그러므로 전체 시합 수는 63게임을 하며, 우승을 하기 위해서는 6번을 이겨야 한다.

7.4 2진트리(binary trees)

2진트리는 m-트리 중에서 가장 중요한 분야이며, 많은 응용분야를 갖고 있다. 예를 들면, 토너먼트에서 시합의 수를 구하거나 우승을 하기 위한 경기수를 계산하기도 하고, 산술식의 표현에도 사용된다. 2진트리에서 내부노드는 최대 2개의 자식노드(child node)를 갖는데, 왼쪽의 자식노드를 왼쪽자식(left child), 오른쪽의 자식을 오른쪽자식(right child)라고 한다. 순서는 왼쪽자식 노드가 우선한다. 예를 들어 보면 그림 7.23에서 f의 왼쪽자식은 h이고 오른쪽자식은 i이다. 노드 d는 왼쪽자식 g만 있고, 오른쪽 자식은 없다. 노드 a의 왼쪽, 오른쪽 부분트리는 그림 7.24와 같으며, 노드 c의 오른쪽 부분트리는 그림 7.25와 같다.

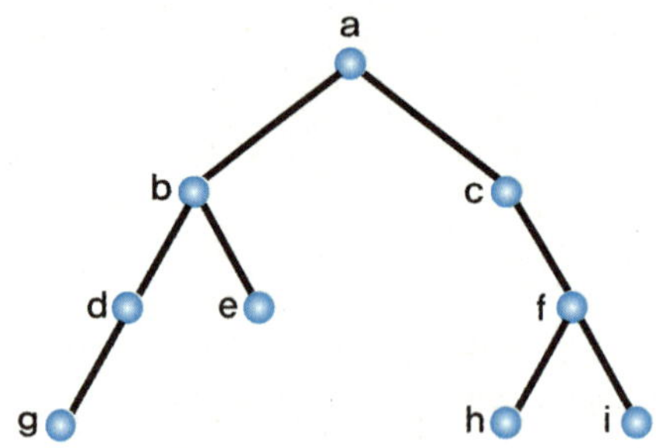

그림 7.23　2진트리

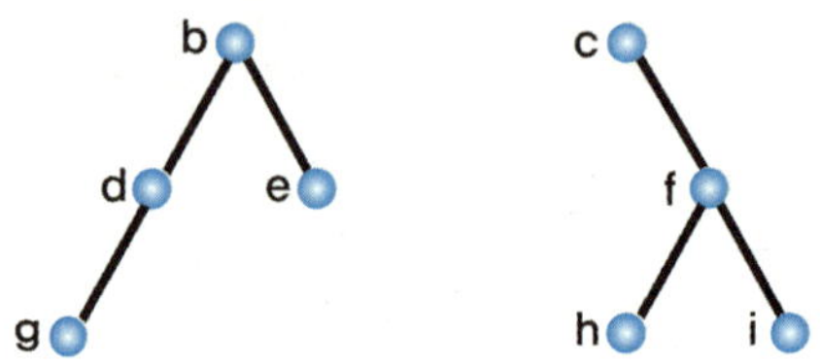

(a) 왼쪽 부분트리　　**(b) 오른쪽 부분트리**

그림 7.24　루트 a의 부분트리

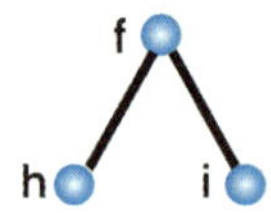

그림 7.25　노드 c의 부분트리

[예제 7.11] 다음 그림 7.26 트리에서 a의 오른쪽, 왼쪽 자식을 구하고, 노드 b의 왼쪽, 오른쪽 부분트리를 구하여라.

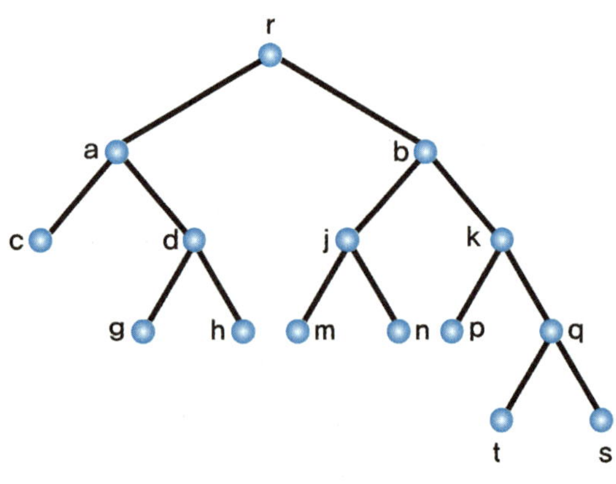

그림 7.26　트리

풀이 노드 a의 왼쪽자식은 c이고, 오른쪽자식은 d이다. 노드 b의 왼쪽 부분트리는 그림 7.27의 T_1이고, 오른쪽 부분트리는 그림 7.27의 T_2이다.

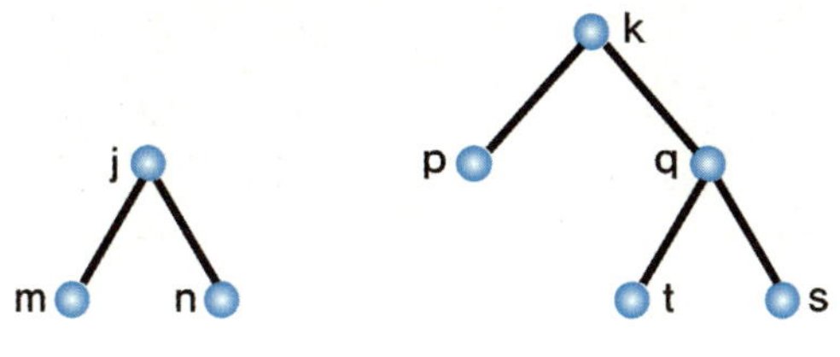

(a) T_1 (b) T_2

그림 7.27 그림 7.26의 부분트리

2진트리의 또한 형태로서 피보나치 수열에 대해서 알아보자. 이 수열을 구하는 것을 2진트리로 표현할 수 있다. 이 2진트리가 피보나치트리(fibonacci trees)이다.

- T_1과 T_2는 노드를 하나씩만 가지고 있는 2진트리이다.
- T_n은 T_{n-1}을 왼쪽 부분트리로 T_{n-2}를 오른쪽 부분트리로 갖는 2진트리이다. 여기서 $n \geq 3$ 이다.

이런 방법으로 구해진 피보나치트리가 그림 7.28에 있다.

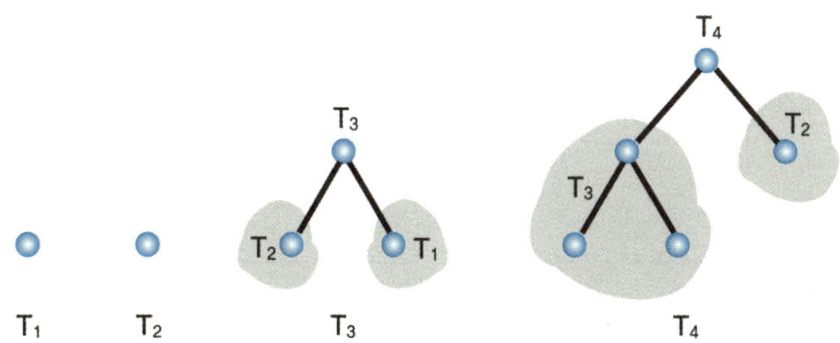

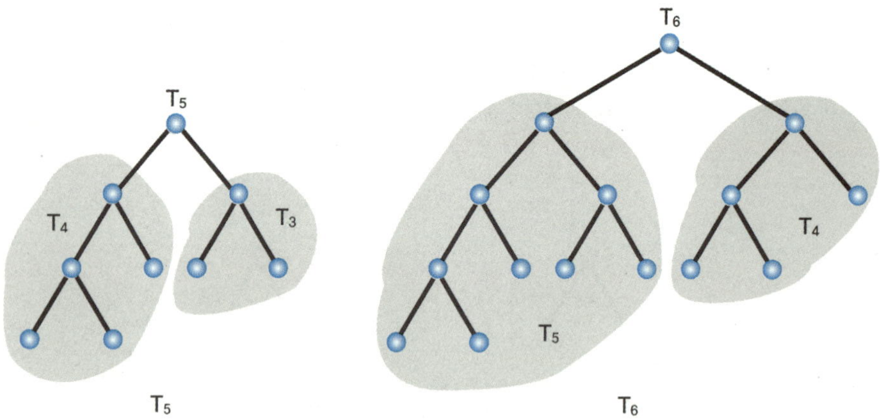

그림 7.28 피보나치트리

그림 7.28에서 피보나치트리 T_n의 잎노드의 수를 L_n, 내부노드의 수를 i_n, 노드의 전체 수를 v_n 그리고 연결선의 수를 e_n이라고 하면 표 7.6과 같은 관계를 구할 수 있다.

표 7.6 피보나치 수

n	1	2	3	4	5	6	7	…	n
v_n	1	1	3	5	9	15	25	…	
L_n	1	1	2	3	5	8	13	…	
i_n	0	0	1	2	4	7	12	…	
e_n	0	0	2	4	8	14	24	…	

표 7.6으로부터 다음을 구할 수 있다. F_n은 n번째의 피보나치 수열 값이다.

$$L_n = F_n$$
$$i_n = L_{n-1} = F_n - 1$$
$$v_n = i_n + L_n = 2F_n - 1$$
$$e_n = 2i_n = 2F_n - 2$$

2진트리를 컴퓨터로 처리를 하기 위하여 배열이나 연결리스트로 표현할 수 있다. 그러나 배열은 노드를 삽입하거나 지우기가 어려워서 연결리스트를 더 많이 사용한다. 노드는 그림 7.29와 같이 표현한다.

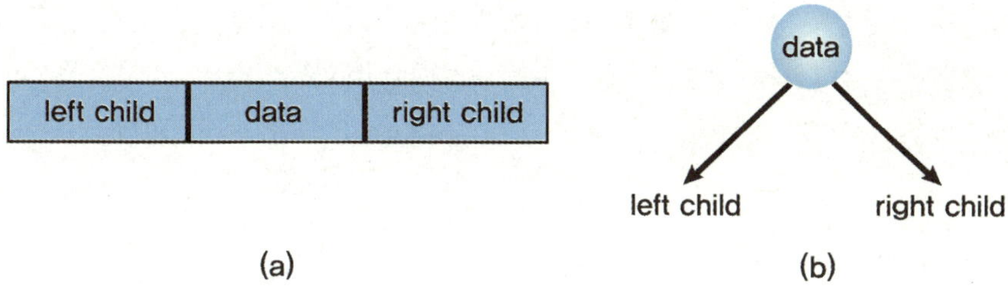

그림 7.29 노드의 그래프 표현

2진트리를 연결리스트로 표현하는 예로서 그림 7.30의 2진트리를 연결리스트로 표현하면 그림 7.31과 같다. 여기서 /(null)은 자식이 없음을 나타낸다.

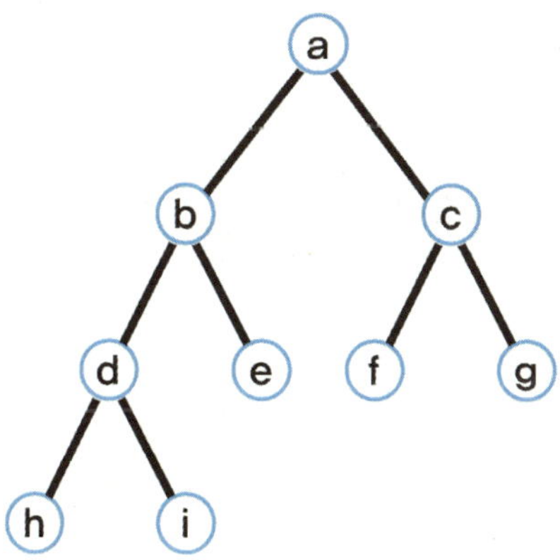

그림 7.30 2진트리

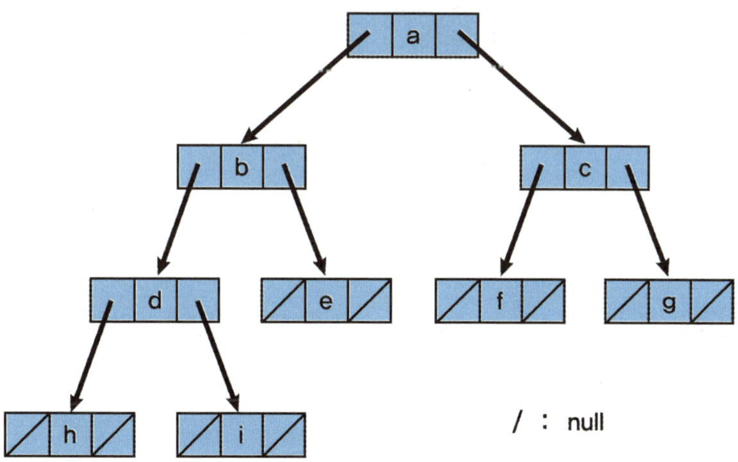

그림 7.31 트리를 리스트로 표현

2진트리에서 중요한 조작 중에 하나는 트리 내의 모든 노드들을 방문하는 트리의 탐색이다. 트리를 탐색하는 방법으로는 전순서 탐색(preorder traversal), 중순서 탐색(inorder traversal), 후순서 탐색(postorder traversal)의 3가지가 있다.

(1) 전순서 탐색(preorder traversal)

2진트리의 루트(또는 데이터노드)에서 시작하여 먼저 조사한 후, 그 다음에는 왼쪽노드의 데이터노드를 조사하고 다시 왼쪽노드로 간다. 왼쪽노드가 널(null)일 때까지 한다. 널이면 부모노드로 가서 다시 그 오른쪽노드로 간다. 그 노드를 루트라고 생각하고 반복한다.

- **1단계** : 데이터 노드를 방문하여 출력
- **2단계** : 왼쪽 부분트리를 탐색
- **3단계** : 오른쪽 부분트리를 탐색

알고리즘 7.4

```
preorder (currentnode)
struct tree *currentnode;
{
   if(currentnode != Null)
      {
         print("%d", currentnode → data);
         preoder(currentnode → leftchild);
         preoder(currentnode → rightchild);
      }
  }
```

[예제 7.12] 다음 그림 7.32의 트리를 전순서 탐색으로 탐색해 보아라.

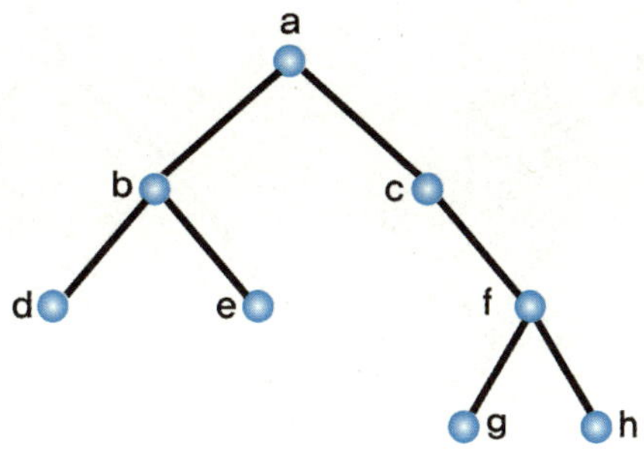

그림 7.32 트리

풀이 트리를 전순서 탐색하는 단계는 그림 7.33과 같다.

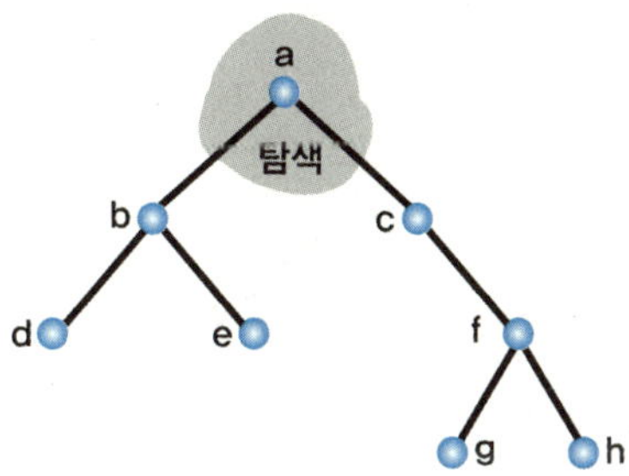

(a) 루트 a를 방문하여 a를 구하고 루트의 왼쪽 부분트리로 간다.

탐색결과 : a

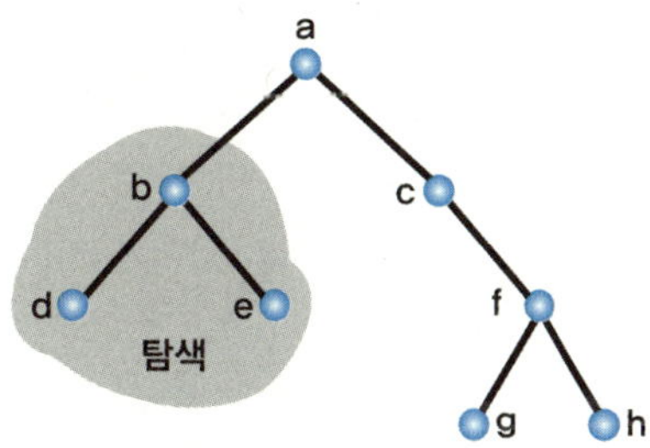

(b) 루트의 왼쪽 부분트리를 탐색하여 b를 구하고 b가 잎노드가 아니 므로 b의 왼쪽 부분트리로 간다.

탐색결과 : a,b

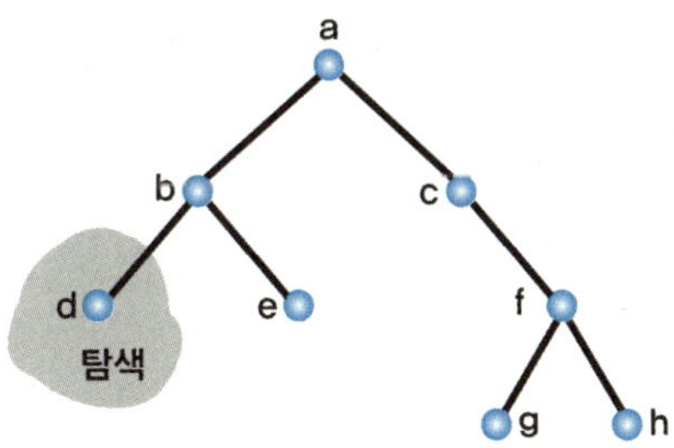

(c) d를 탐색하여 d를 구하고 d가 잎노드이므로 b의 오른쪽 부분 트리로 간다.

탐색결과 : a,b,d

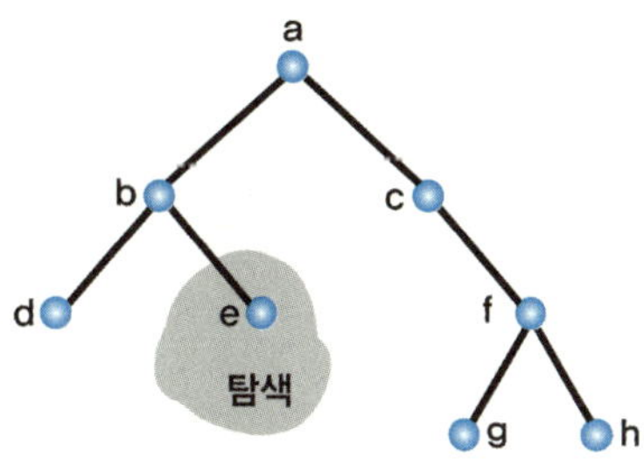

(d) e를 탐색하여 e를 구하고 e가 잎노드 이므로 루트 a의 오른쪽 부분트리로 간다.

탐색결과 : a,b,d,e

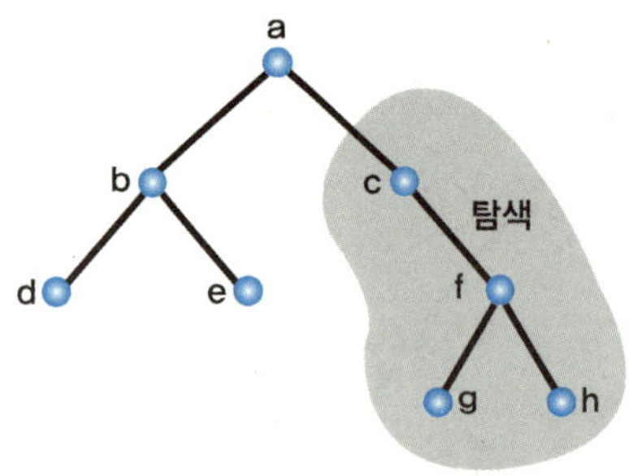

(e) a의 오른쪽 부분트리를 탐색하여 c를 구하고 c가 잎 노드가 아니므로 c의 왼쪽 부분 트리로 가야 하나 왼쪽 부분트리가 없으므로 오른쪽 부분트리로 간다.

탐색결과 : a, b, d, e, c

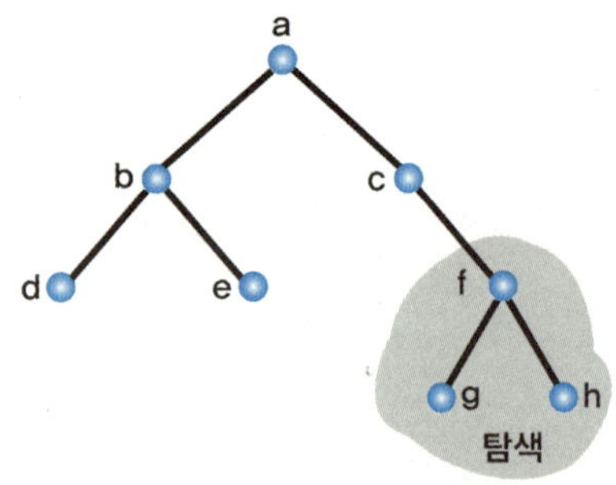

(f) c의 오른쪽 부분트리를 검색하여 f를 구하고 f가 잎노드가 아니므로 f의 왼쪽 부분트리로 간다.

탐색결과 : a, b, d, e, c, f

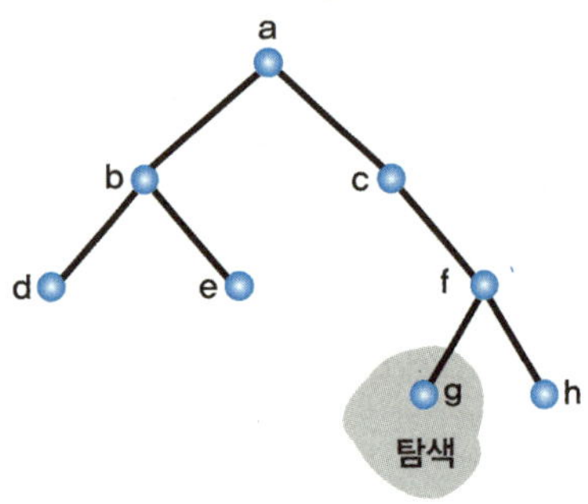

(g) f의 왼쪽 부분트리를 검색하여 g를 구하고 g가 잎노드이므로 f의 오른쪽 부분트리로 간다.

탐색결과 : a, b, d, e, c, f, g

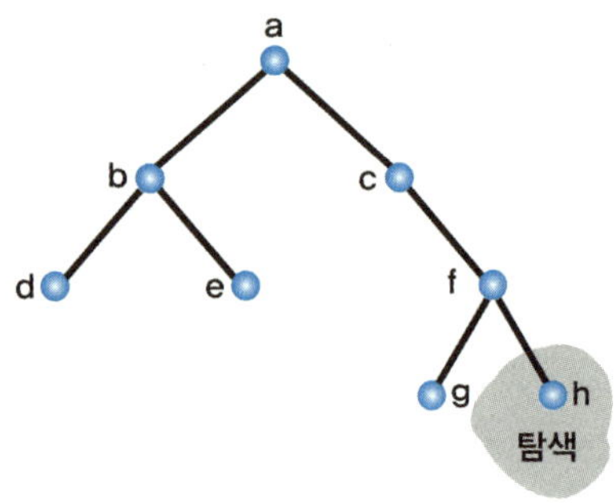

(f) f의 오른쪽 부분트리를 검색 하여 h를 구하고 h가 잎노드 이므로 모든 탐색을 끝낸다.

탐색결과 : a, b, d, e, c, f, g, h

그림 7.33 트리의 전순서 탐색 과정

위의 탐색 과정으로부터 a, b, d, e, c, f, g, h를 구할 수 있다.

(2) 중순서 탐색(inorder traversal)

2진트리의 루트(또는 데이터노드)에서 시작하여 각 노드의 왼쪽노드를 따라 더 이상 갈 수 없을 때까지 계속해서 진행한다. 이때 노드가 널(null)인가를 조사하고, 이것의 부모노드를 조사한다. 그 다음에는 오른쪽노드로 가서 그 노드를 루트라고 생각하고 위에 설명한 것과 같은 방법으로 반복한다.

- **1단계** : 왼쪽 부분트리를 탐색
- **2단계** : 데이터노드를 방문하여 데이터를 출력
- **3단계** : 오른쪽 부분트리를 탐색

알고리즘 7.5

```
inorder (currentnode)
struct tree *currentnode;
{
   if(currentnode != Null)
      {
         inoder(currentnode → leftchild);
         print("%d", currentnode → data);
         inoder(currentnode → rightchild);
       }
  }
```

[예제 7.13] 다음 그림 7.32의 트리를 중순서 탐색으로 탐색해 보아라.

풀이 트리를 중순서 탐색하는 단계는 그림 7.34와 같다.

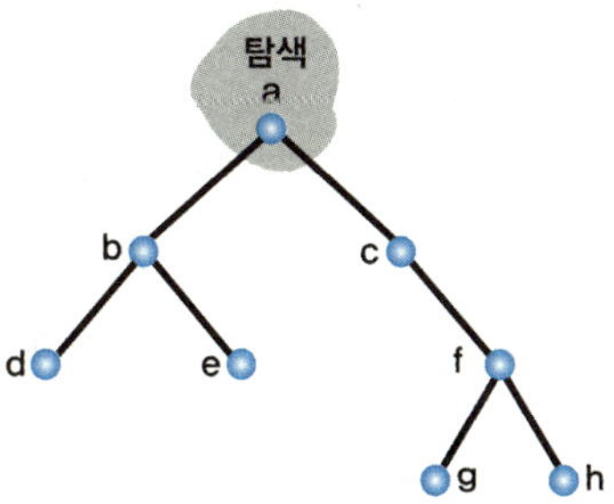

(a) 루트 a를 탐색하여 a가 루트 이므로 루트 a의 왼쪽 부분트리로 간다.

탐색결과 : 없음

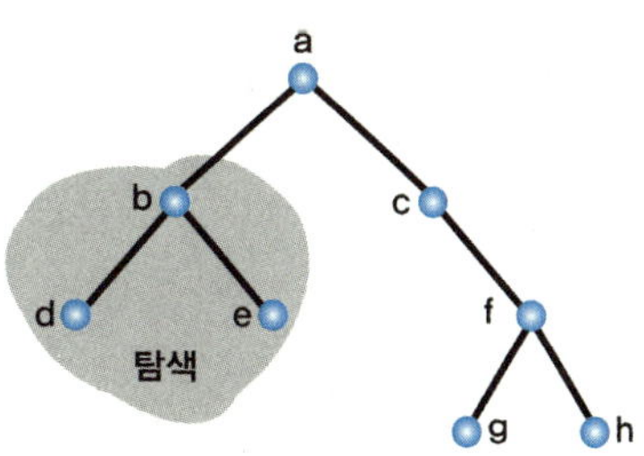

(b) 루트 a의 왼쪽 부분트리를 탐색 하여, b가 잎노드가 아니므로 다시 b의 왼쪽 부분트리로 간다.

탐색결과 : 없음

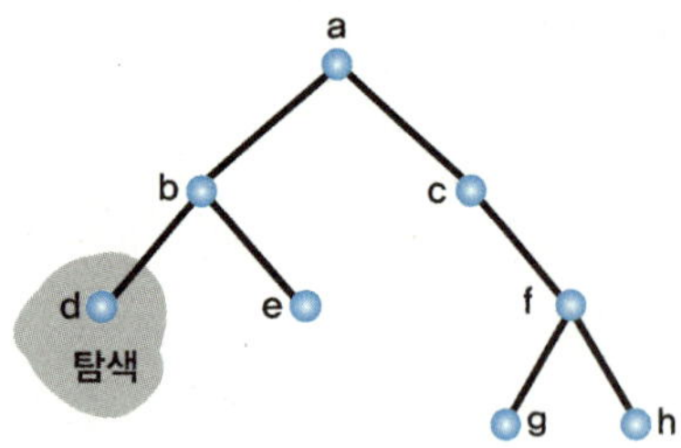

(c) b의 왼쪽 부분트리를 탐색하여 d가 잎노드이므로 d를 구하고, b를 구한 다음에 b의 오른쪽 부분 트리로 간다.

탐색결과 : d,b

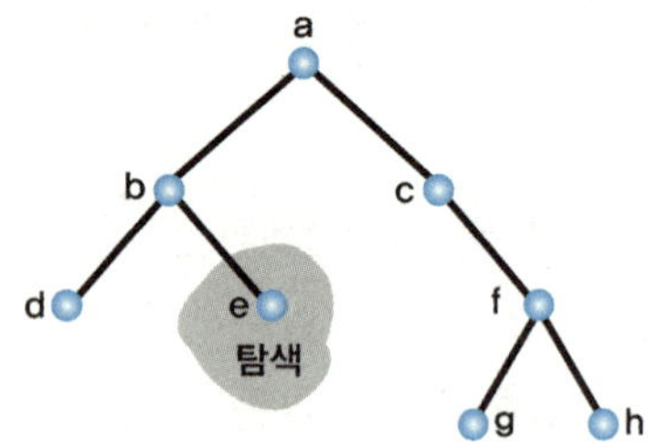

(d) b의 오른쪽 부분트리를 탐색 하여 e가 잎노드이므로 e를 구하고, 다시 위로 올라가 a를 구한 다음에 루트 a의 오른쪽 부분트리로 간다.

탐색결과 : d,b,e,a

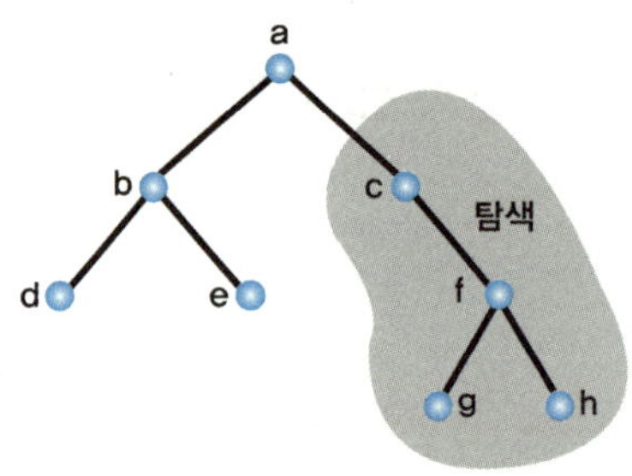

(e) a의 오른쪽 부분트리를 탐색하여 c가 잎노드가 아니므로 c의 왼쪽 부분트리로 가야 하나 왼쪽 부분트리가 없으므로 c를 구하고 오른쪽 부분트리로 간다.

탐색결과 : d,b,e,a,c

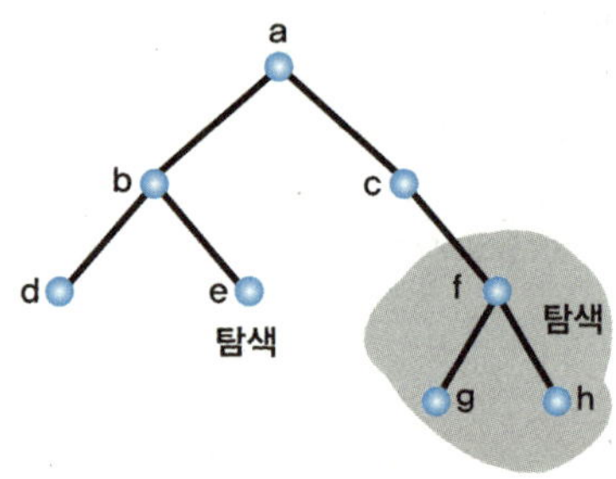

(f) c의 오른쪽 부분트리를 검색하여 f가 잎노드가 아니므로 f의 왼쪽 부분트리로 간다.

탐색결과 : d,b,e,a,c

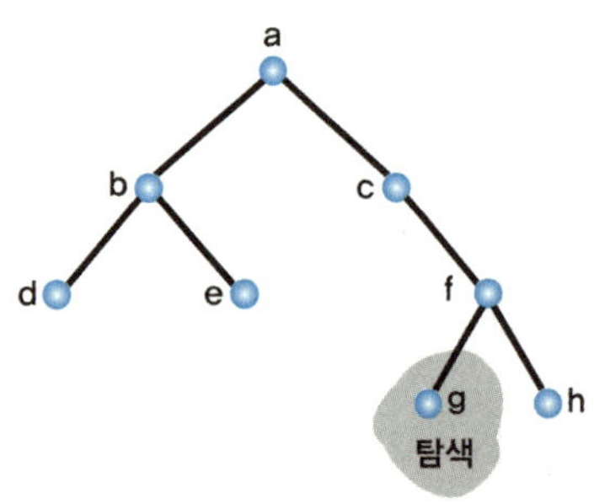

(g) f의 왼쪽 부분트리를 검색하여 g가 잎노드이므로 g를 구하고, f를 구한 다음에 f의 오른쪽 부분트리로 간다.

탐색결과 : d,b,e,a,c,g,f

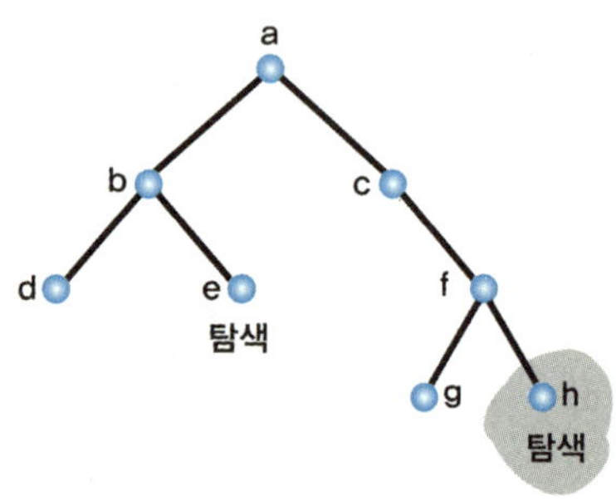

(f) f의 오른쪽 부분트리를 검색 하여 h가 잎노드이므로 h를 구하고 모든 탐색을 끝낸다.

탐색결과 : d,b,e,a,c,g,f,h

그림 7.34 트리의 중순서 탐색과정

이 탐색 과정으로부터 d,b,e,a,c,g,f,h를 구할 수 있다.

(3) 후순서 탐색(postorder traversal)

2진트리의 루트(또는 데이터노드)에서 시작하여 각 노드의 왼쪽노드를 따라 더 이상 갈 수 없을 때까지 계속해서 진행한다. 이때 노드가 널인가를 조사하고, 이 부모노드의 오른쪽노드를 조사한다. 오른쪽노드를 루트라고 생각하고 위에 설명한 것과 같은 방법으로 반복한다. 그리고 마지막으로 데이터노드를 조사한다.

- 1 **단계** : 왼쪽 부분트리를 탐색
- 2 **단계** : 오른쪽 부분트리를 탐색
- 3 **단계** : 데이터노드를 방문하여 데이터를 출력

알고리즘 7.6

```
postorder (currentnode)
struct tree *currentnode;
{
   if(currentnode != Null)
      {
         postoder(currentnode → leftchild);
         postoder(currentnode → rightchild);
         print("%d", currentnode → data);
      }
  }
```

[예제 7.14] 그림 7.32의 트리를 후순서 탐색으로 탐색해 보아라.

풀이 트리를 후순서 탐색하는 단계는 그림 7.35와 같다.

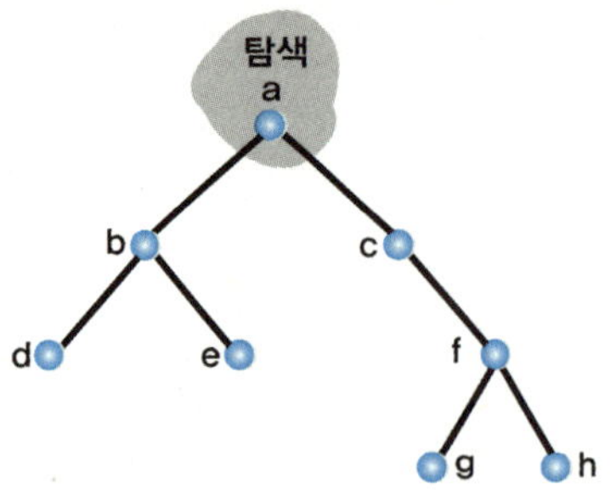

(a) 루트 a를 탐색하여 a가 루트 이므로 루트 a의 왼쪽 부분트리로 간다.

탐색결과 : 없음

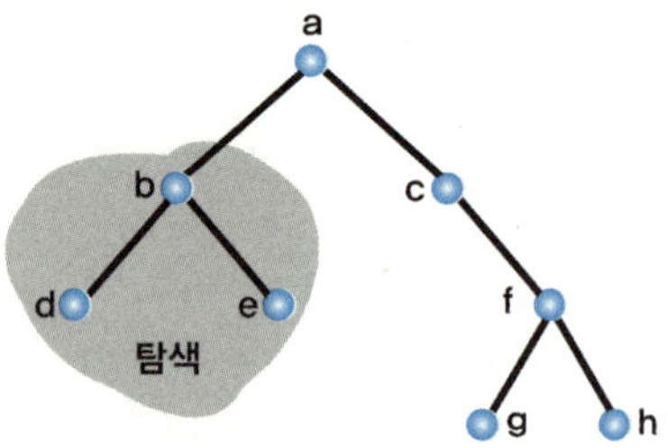

(b) 루트 a의 왼쪽 부분트리를 탐색 하여, b가 잎노드가 아니므로 다시 b의 왼쪽 부분트리로 간다.

탐색결과 : 없음

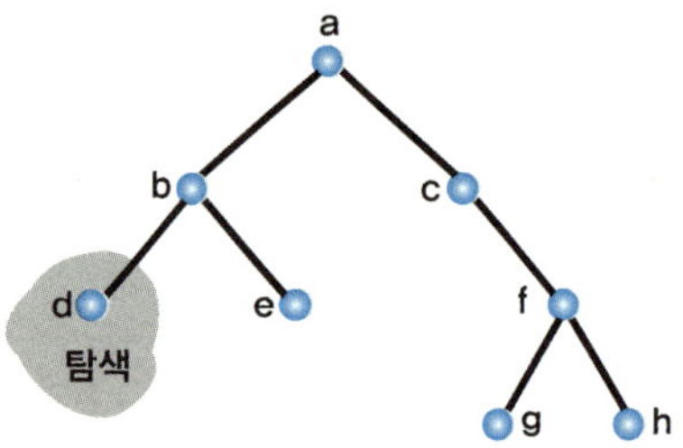

(c) b의 왼쪽 부분트리를 탐색하여 d가 잎노드이므로 d를 구하고, b의 오른쪽 부분 트리로 간다.

탐색결과 : d

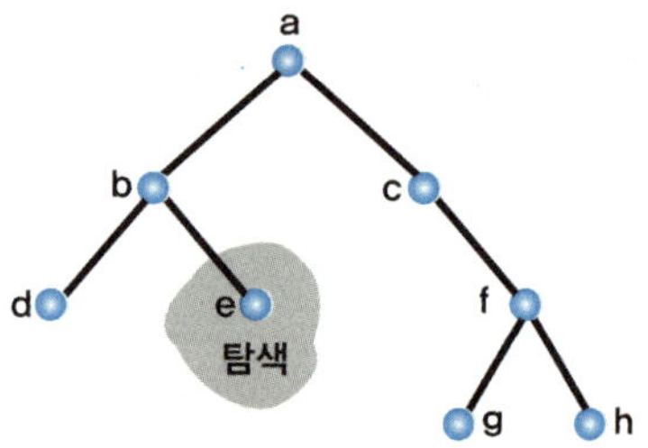

(d) b의 오른쪽 부분트리를 탐색 하여 e가 잎노드이므로 e를 구하고, 다시 위로 올라가 b를 구한 다음에 루트 a의 오른쪽 부분트리로 간다.

탐색결과 : d,e,b

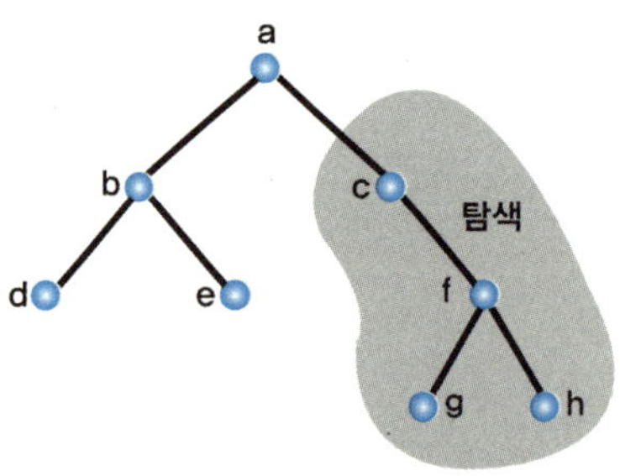

(e) a의 오른쪽 부분트리를 탐색하여 c가 잎노드가 아니므로 c의 왼쪽 부분트리로 가야 하나 왼쪽 부분트리가 c의 오른쪽 부분트리로 간다.

탐색결과 : d,e,b

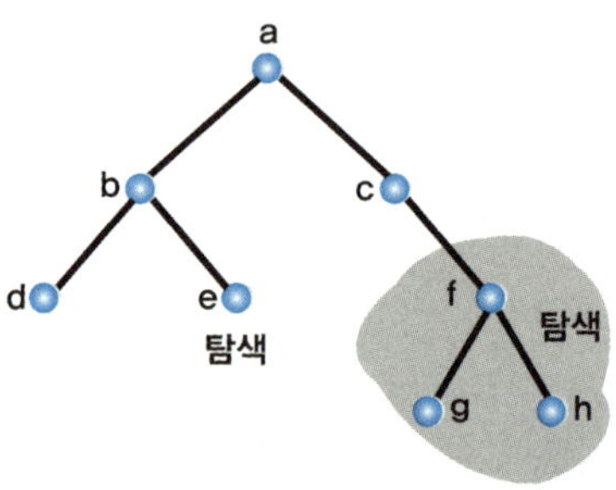

(f) c의 오른쪽 부분트리를 검색하여 f가 잎노드가 아니므로 f의 왼쪽 부분트리로 간다.

탐색결과 : d,e,b

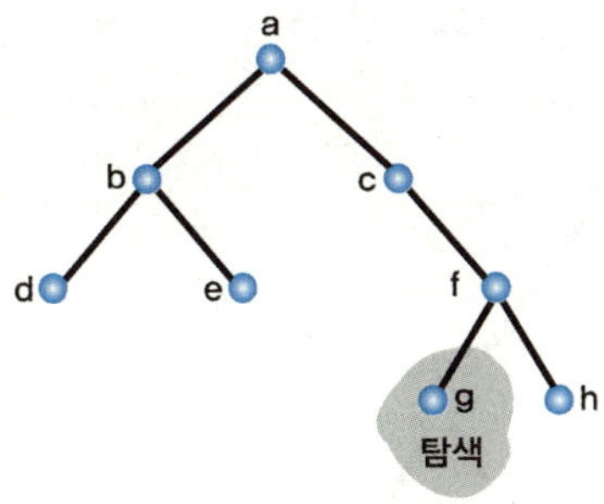

(g) f의 왼쪽 부분트리를 검색하여 g가 잎노드이므로 g를 구하고, f의 오른쪽 부분트리 로 간다.

탐색결과 : d,e,b,g

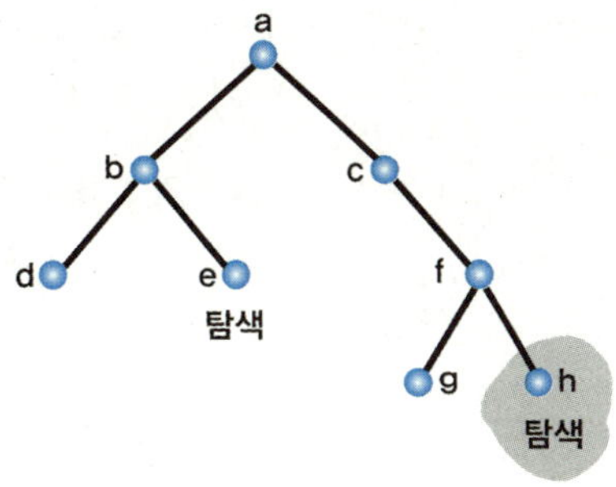

(f) f의 오른쪽 부분트리를 검색 하여 h가 잎노드이므로 h를 구하고 바로위의 f를 구하고, c를 구하고 a를 구한 다음에 탐색을 끝낸다.

탐색결과 : d,e,b,g,h,f,c,a

그림 7.35 트리의 후순서 탐색과정

이 탐색 과정으로부터 d,e,b,g,h,f,c,a를 구할 수 있다.

2진트리를 산술식에 이용하는 것은 2진 연산자를 갖는 산술식에 한정한다. 현재 우리가 수식을 작성할 때 연산자를 변수와 변수 사이에 넣어서 표현을 한다. 예를 들면, a+b와 같은 경우이다. 그러나 이러한 표현 이외에도 연산자의 위치를 변수들의 앞으로 놓거나, 뒤로 놓는 방법들이 있다. 연산자의 위치를 변수와 변수 사이에 놓이게 표현하는 방법을 infix라고 하며 a+b로 표기하고, 변수들 앞에 놓이게 하는 표현을 prefix라고 하며 +ab로 표기하고, 뒤에 놓이게 하는 표현방법을 postfix라고 하며, ab+라고 표기한다. prefix와 postfix는 폴란드 수학자, Jan Lukasiewicz가 처음으로 사용을 하기 시작하였다. 그래서 prefix를 폴란드표기법(Polish notation)이라고도 하며, postfix를 역 폴란드표기법(reversed Polish notation: RPN)이라고도 한다. 두 개의 폴란드 표기법은 산술식에서 괄호 없이 수식을 표현할 수 있다는 장점이 있다. 표 7.7에 산술식 (a+b)c+d/e을 나타낸 예가 있다.

표 7.7 산술식 표기법

표기법	일반적인 표현	산술식의 예
infix	〈변수〉〈연산자〉〈변수〉	(a+b)c+d/e
prefix	〈연산자〉〈변수〉〈변수〉	+*+abc/de
postfix	〈변수〉〈변수〉〈연산자〉	ab+c*de/+

위에서 표현한 산술식 (a+b)c+d/e을 2진트리로 표현하면 그림 7.36과 같다.

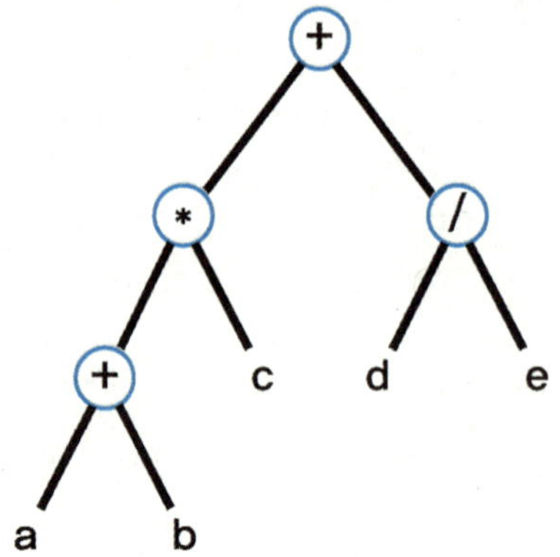

그림 7.36 2진트리

[예제 7.15] 산술식을 트리로 표현한 것이 그림 7.37과 같은 경우 infix, prefix, postfix로 표현해 보아라.

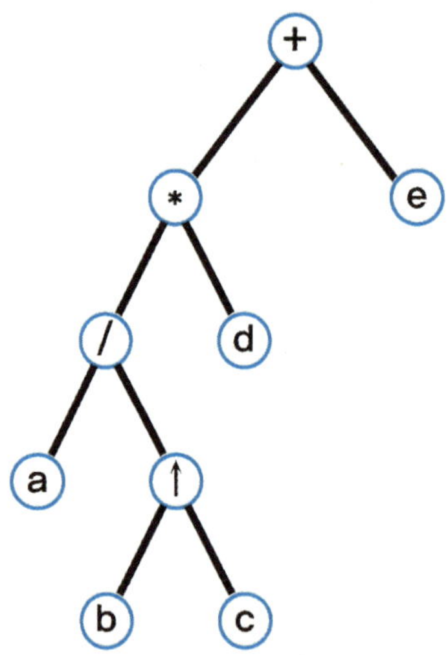

그림 7.37 산술식을 트리로 표현

풀이

1) infix로 표현하면, a/b↑c*d+e이 된다. 이것은 트리 탐색에서 중순위 탐색한 결과와 같다.

2) prefix로 표현하면, +*/a↑bcde이 되며, 트리 탐색에서 전순위 탐색한 결과와 같다.
3) postfix로 표현하면, abc↑/d*e+이 되며, 트리 탐색에서 후순위 탐색한 결과와 같다.

7.5 2진 탐색트리(binary search trees)

같은 성질을 갖는 항목으로 이루어진 2진트리들은 아주 유용하다. 이러한 트리를 동질트리(homogeneous trees)라고 한다. 주어진 자료를 쉽게 찾을 수 있도록 정리를 해두면 유용하게 사용되는 경우가 많다. 2진트리는 자료를 작은 것부터 큰 순서대로 정렬을 하는 데에도 사용된다. 이 방법은 정렬할 첫 번째 자료를 2진트리의 루트에 두고 다음 자료는 그 값이 루트 보다 작으면 왼쪽자식으로 연결하고, 루트 보다 크면 오른쪽 자식으로 연결한다. 예로서 이러한 과정을 반복하여 영문자 탐색을 위한 트리를 구성한 것이 그림 7.38과 같은 2진 탐색트리이다. 그림 7.38 T_1은 영문자가 정렬되어 있어서 2진 탐색트리이고, T_2는 정렬되어 있지 않아서 2진 탐색트리가 아니다.

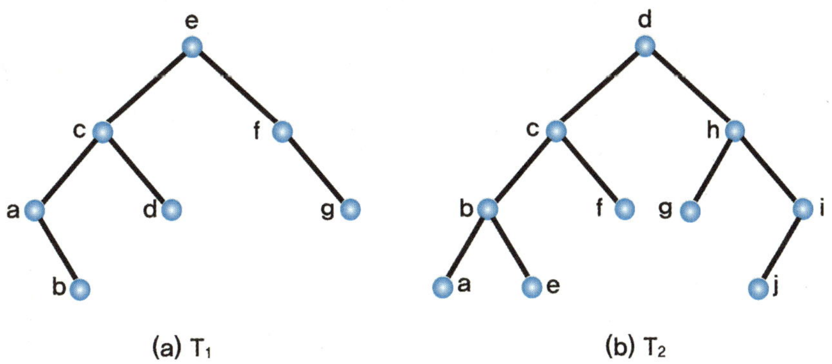

그림 7.38 2진트리

2진 탐색은 많이 이용되는 것으로 이것을 2진 탐색트리로 표현하는 것이 컴퓨터 처리에서는 아주 중요하다. 이것을 구하는 알고리즘은 다음의 알고리즘 7.7과 같다.

알고리즘 7.7

```
Binary search tree(root)
 /* 서로 다른 항목(item)으로부터 2진 탐색트리를 만든다. info(v)는 노드에 저장된
    항목들이다. */
  {
     store the first item as the root of the tree
     while(there are more data) do
       {
          read(item)
          if (item<info(root)) then
            search the left subtree for the insertion point
          else
            search the right subtree for the insertion point
          insert(item)

        }
   }
```

[예제 7.16] 3개의 영문자로 이루어진 다음의 단어들에 대한 2진 탐색트리를 구성하여라. 입력되는 순서는 다음과 같다.

hit, hat, cot, rat, sot, fat, mat, pat, kit

풀이 2진 탐색트리를 구성하는 것을 단계별로 그려보면 그림 7.39와 같다. 단어들을 입력하는 순서에 따라서 결과는 같지만 모양은 다른 그림 7.40과 같은 2진 탐색트리를 구성할 수도 있다. 그림 7.39와 그림 7.40은 같은 2진 탐색트리이다.

(a) hit를 입력한다.

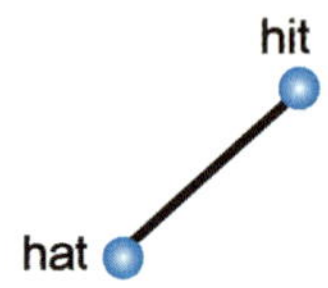

(b) hat를 입력하여 hit와 비교한다. hat가 hit 보다 더 앞에 있으므로 hit의 왼쪽에 그린다.

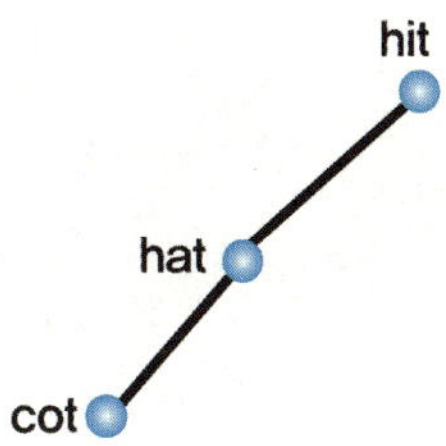

(c) cot를 입력하여 루트인 hit와 비교한다. cot가 앞에 있으므로 hit의 왼쪽으로 가서 hat와 비교한다. cot가 앞에 있으므로 hat의 왼쪽으로 그린다.

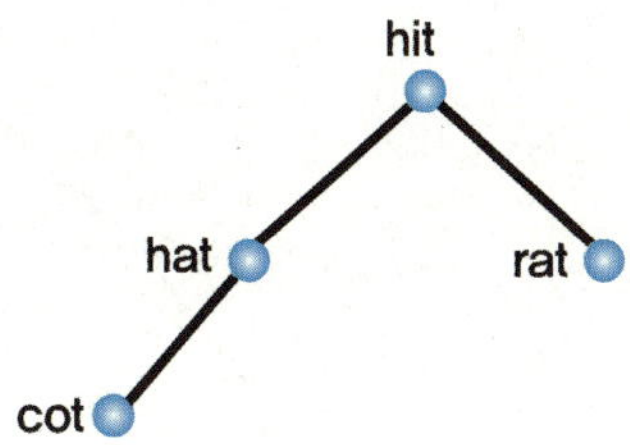

(d) rat를 입력하여 루트인 hit와 비교한다. rat가 뒤에 있으므로 hit의 오른쪽으로 그린다.

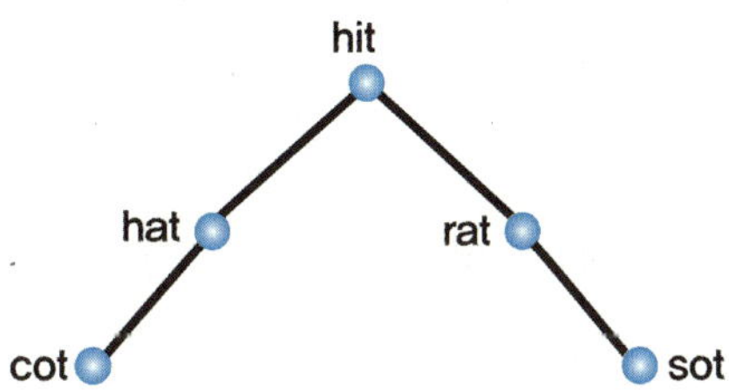

(e) sot를 입력하여 루트인 hit와 비교한다. sot가 뒤에 있으므로 hit의 오른쪽으로 가서 rat와 비교한다. sot가 뒤에 있으므로 rat의 오른쪽으로 그린다.

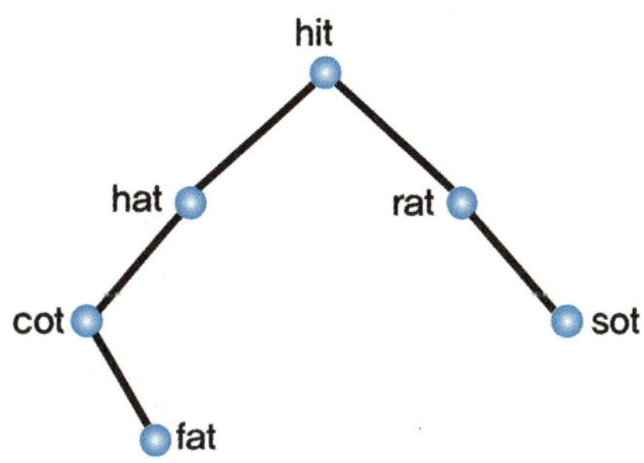

(f) fat를 입력하여 루트인 hit와 비교한다. fat가 앞에 있으므로 hit의 왼쪽으로 가서 hat와 비교한다. fat가 앞에 있으므로 왼쪽으로 가서 cot와 비교한다. fat가 뒤에 있으므로 cot의 오른쪽에 그린다.

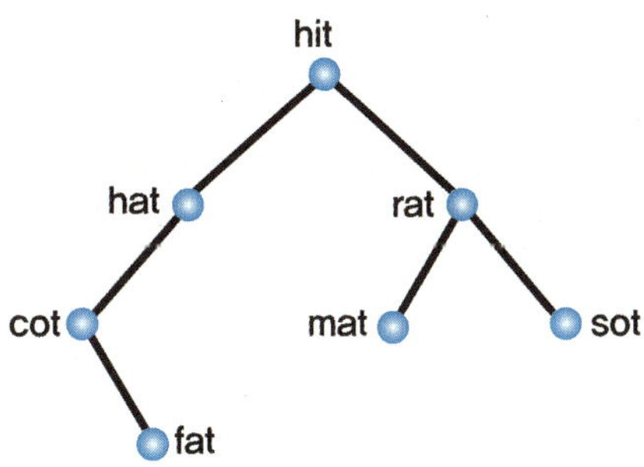

(g) mat를 입력하여 루트인 hit와 비교한다. mat가 뒤에 있으므로 hit의 오른쪽으로 가서 rat와 비교한다. mat가 앞에 있으므로 왼쪽으로 그린다.

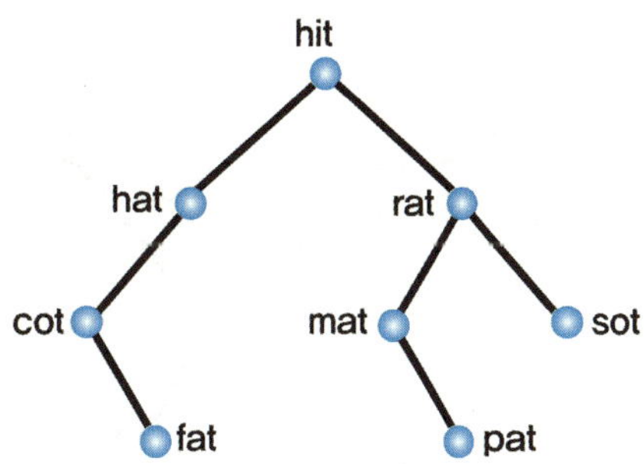

(h) pat를 입력하여 루트인 hit와 비교한다. pat가 뒤에 있으므로 hit의 오른쪽으로 가서 rat와 비교한다. pat가 앞에 있으므로 왼쪽으로 가서 mat와 비교한다. pat가 뒤에 있으므로 mat의 오른쪽에 그린다.

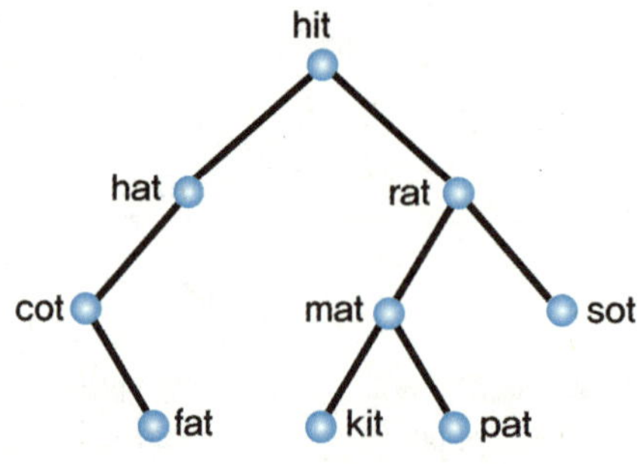

(i) 마지막으로 kit를 입력하여 루트인 hit와 비교한다. kit가 뒤에 있으므로 hit의 오른쪽으로 가서 rat와 비교한다. kit가 앞에 있으므로 왼쪽으로 가서 mat와 비교한다. kit가 앞에 있으므로 mat의 왼쪽에 그린다.

그림 7.39 2진 탐색트리를 단계별로 생성

단어들을 입력하는 순서에 따라서 결과는 같지만 모양은 다른 2진 탐색트리를 구성할 수도 있다. 그림 7.39는 단어의 순서를 hit, hat, cot, rat, sot, fat, mat, pat, kit 순으로 했는데 이것을 kit, hat, hit, cot, rat, fat, pat, sot, mat 순으로 하면 그림 7.40과 같은 2진 탐색트리를 구성할 수 있다.

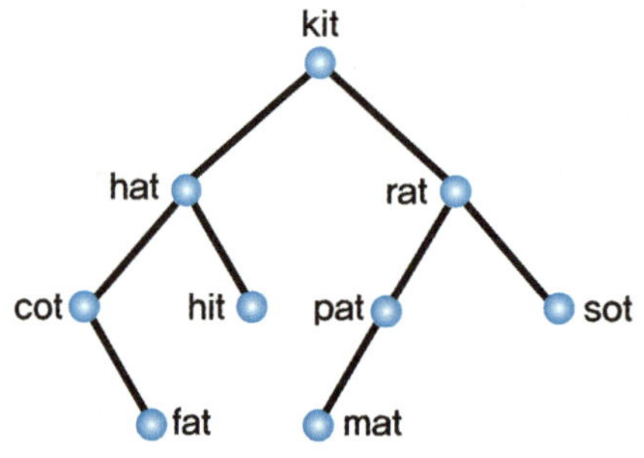

그림 7.40 2진 탐색트리

[예제 7.17] 다음의 주어진 리스트를 2진 탐색트리로 구성하여라.

7, 5, 2, 9, 12, 6, 8

풀이 2진 탐색트리를 구성하는 것을 단계별로 그려보면 그림 7.41과 같다.

1) 7을 루트로 한다.

그림 7.41 7을 루트로 한 트리

2) 5가 입력되면 루트 7과 비교하여 작으므로 루트7의 왼쪽 자식으로 그린다(그림 7.42).

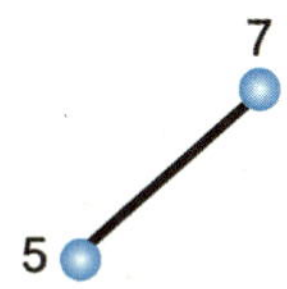

그림 7.42 단계별 2진 탐색트리를 구성

3) 2가 입력되면 7과 비교하여 작으므로 왼쪽 서부트리로 가서 5와 비교한다. 5보다도 작으므로 5의 왼쪽 자식으로 그린다(그림 7.43).

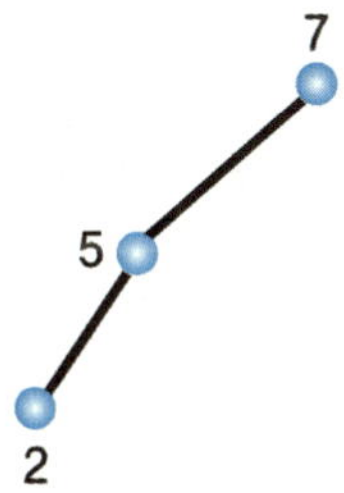

그림 7.43 단계별 2진 탐색트리를 구성

4) 9가 입력되면 루트 7과 비교하여 크므로 루트7의 오른쪽 자식으로 그린다(그림 7.44).

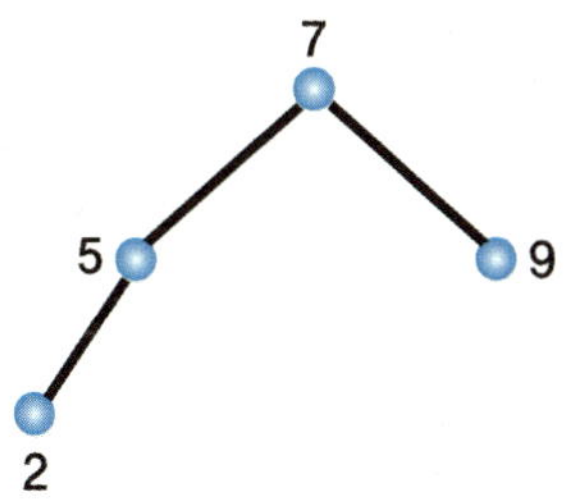

그림 7.44 단계별 2진 탐색트리를 구성

5) 12가 입력되면 루트 7과 비교하여 크므로 루트7의 오른쪽 서브트리로 가서 9와 비교한다. 9보다 크므로 9의 오른쪽 자식으로 그린다(그림 7.45).

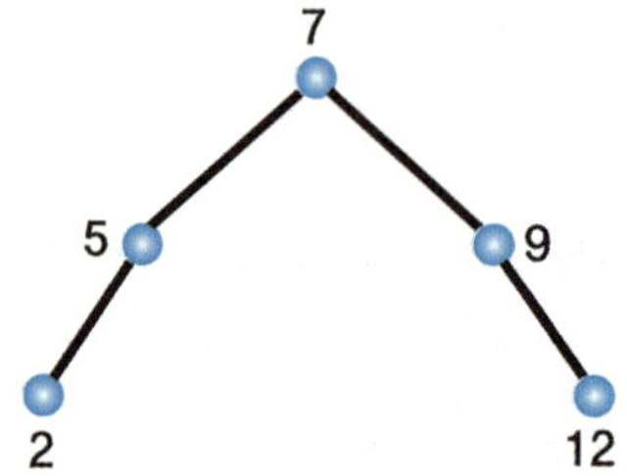

그림 7.45 단계별 2진 탐색트리를 구성

6) 6이 입력되면 7과 비교하여 작으므로 왼쪽 서부트리로 가서 5와 비교한다. 5보다도 크므로 5의 오른쪽 자식으로 그린다(그림 7.46).

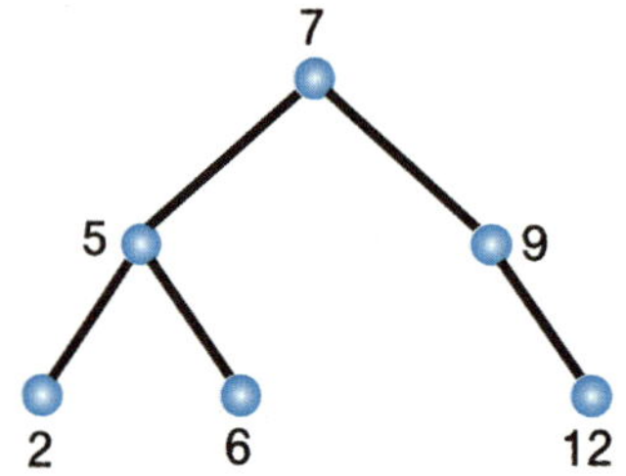

그림 7.46 단계별 2진 탐색트리를 구성

7) 8이 입력되면 루트 7과 비교하여 크므로 루트7의 오른쪽 서브트리로 가서 9와 비교한다. 9보다 작으므로 9의 왼쪽 자식으로 그린다(그림 7.47).

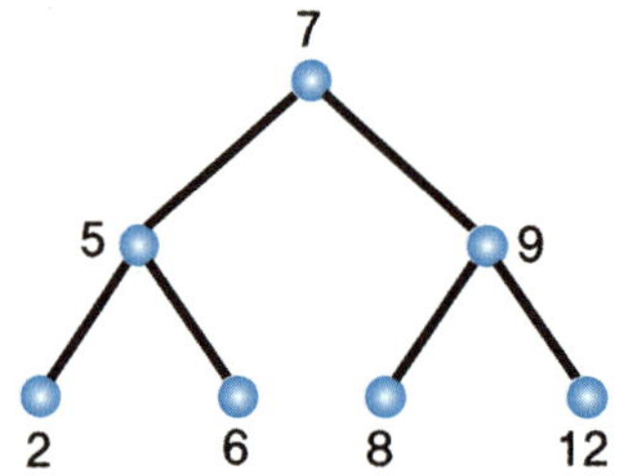

그림 7.47 단계별 2진 탐색트리를 구성

[예제 7.18] 2진 탐색트리를 이용하여 다음의 리스트 중에서 반복되는 것을 제거해보아라.

11,8,15,8,12,15,10,12,4,18

풀이 리스트에서 11과 8은 동일한 값으로 반복해서 트리에 삽입하지 않는다. 이렇게 구해진 2진 탐색트리가 그림 7.48에 있다.

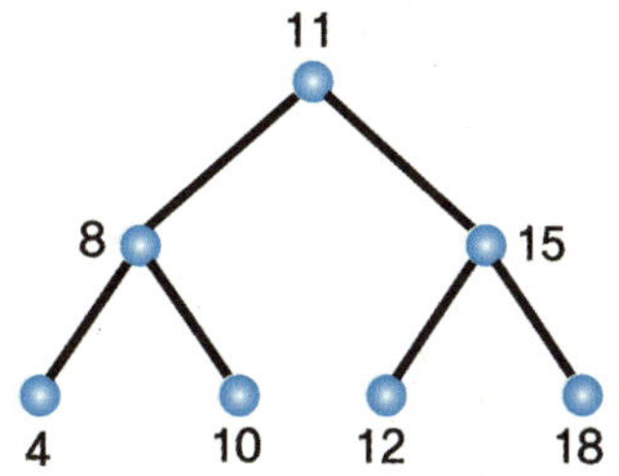

그림 7.48 2진 탐색트리

2진 탐색트리는 입력되는 데이터의 순서에 따라서 서로 다른 모양으로 구성될 수 있다. 그러나 이중에서 일부는 대칭 모양이 아닌 어느 한쪽으로 기울어진 트리모양이 되는데 이 경우에는 탐색시간이 더 걸리고, 갱신하는데도 더 많은 시간이 걸리는 단점이 있다. 입력순서에 따라서 생기는 이러한 단점을 보완하는 것이 AVL트리(Adel'son Vel'sky and Landis tree)이다. AVL트리에 대한 자세한 내용은 자료구조를 참조하기 바란다.

7.6 허프만트리(huffman trees)

허프만 코드(huffman code)는 컴퓨터 분야나 통신 분야에서는 없어서는 안 되는 아주 중요한 분야이다. 이 코드가 이용되는 분야를 세분화해 보면 컴퓨터 네트워크, 모뎀, VCR, HDTV 등이 있다. 우리가 어떠한 영문자를 전송하였을 경우 그 영문자를 받은 곳에서는 어떤 문자인지 해독을 해야 한다. 예를 들면, 현재 개인용 컴퓨터에서는 ASCII

코드가 사용되는데 이 코드는 7비트로 문자를 표현하는 고정길이 코드이다. 만약 영문자 GRAPH를 ASCII 코드로 변환하면 '1000111101001010 0000110100001001000'이 된다. 이렇게 변환된 코드를 받아서 다시 GRAPH로 해독을 하여야 하는데 누구든지 다 동일하게 해독을 할 수 있어야 한다. 그렇지 않다면 코드로서의 사용이 어렵다. 아마 이것은 코드가 가져야 되는 가장 중요한 요건 중에 하나라고 할 수 있다. 고정길이를 갖는 코트는 2진수 형태로 변환하기 쉽고 해독하기도 쉽다. 그러나 모든 문자들이 사용빈도가 다른 경우에는 고정길이 코드가 가장 좋은 방법이라고는 할 수 없다. 빈도수에 따라서 길이를 다르게 사용할 수 있기 때문이다. 그러면 이들을 저장하는데도 메모리를 절약할 수 있다. 이렇게 각 문자가 동일한 길이의 코드값을 갖지 않는 것을 가변길이 코드라고 한다. 가변길이 코드에서 문자의 사용 빈도를 이용하여 코드의 길이를 최적화하는 방법을 미국의 전기공학자인 허프만(David Albert Huffman)이 개발을 하였다. 그리고 이 코드를 허프만 코드라고 한다.

알파벳으로 이루어진 메시지가 있고 각 메시지의 영문자가 각각 독립적이고 위치에 관계없이 어떤 정해진 확률로 나타난다고 하자. 가령 5개의 영문자 a,b,c,d,e가 나타날 확률이 각각 0.11, 0.4, 0.16, 0.09, 0.24라고 할 때 이 영문자를 코드로 만들려고 한다. 이 때 유의할 점은 어느 영문자의 코드도 다른 어떤 영문자의 코드의 접두어로 표현되어서는 안 된다. 예를 들면, a가 11이고 b가 110일 때 a는 b의 접두어가 되므로 적합하지 않다.

정의 7.12 접두어코드(prefix code)

접두어코드란 어떤 코드가 그 집합에 있는 어떠한 스트링들의 열도 다른 코드의 접두어가 아닐 때 그 코드를 접두어코드라고 한다.

[예제 7.19] 코드가 011, 100, 001, 00, 01일 때 이 코드가 접두어코드인가를 구하여라.

풀이 코드 00이 001의 접두어가 되며, 코드 01이 코드 011의 접두어가 되므로 이 코드는 접두어코드가 아니다.

임의적으로 a,b,c,d,e 5개 문자의 코트를 표 7.8과 같이 만들었다고 했을 때 코드1은 고정길이 코드이며 접두어코드가 됨으로 사용에는 전혀 이상이 없으나, 문자 수에 비해서 코드 길이가 길어진다. 평균 3비트이다. 코드2는 코드의 길이가 가변길이로서 2비트 또는 3비트로 코드의 길이가 줄어들어 코드1 보다는 더 좋다고 말할 수 있다.

표 7.8 문자별 코드

영문자	코드 1	코드 2
a	000	000
b	001	11
c	010	01
d	011	001
e	100	10

영문자 bad를 코드1로 나타내면 001000011이 되며, 코드2로 나타내면 11000001 이 된다. 반대로 비트 스트링이 000001000을 해독하면 코드1은 aba가 되며, 코드2는 ada로서 유일하게 해독 되어진다. 코드를 설계할 때 유의할 점은 어떤 문자열과 그들이 나타날 확률이 주어졌을 때 접두어 코드성질을 만족하면서 코드들의 평균길이가 최소화되는 코드를 발견하는데 있다. 문자를 나타내는 코드의 길이를 최소화함으로써 전체 메시지의 길이를 줄여야 전송효율이 높아지며, 메모리를 절약할 수 있다. 이러한 코드를 설계하는 알고리즘으로 허프만코드 알고리즘(Huffman code algorithm)이 있다.

허프만코드 알고리즘

1 단계 : 가장 낮은 확률(빈도)을 가진 두 문자 a, b를 선택하여 a+b를 루트로 할당한다. 즉, a+b를 루트로 하여 왼쪽과 오른쪽 노드로서 a와 b를 선택한다.

2 단계 : a, b 다음으로 확률이 낮은 문자 c를 선택하여 1단계에서 만든 트리의 루트 a+b와 같은 자식노드로서 트리를 재구성한다.

3 단계 : 2단계 과정을 반복한다.

4 단계 : 마지막으로 트리가 완성되면 각 서브트리의 왼쪽에는 0을 부여하고 오른쪽에서 1을 각각 부여하여 각 문자의 코드를 결정한다.

[예제 7.20] 5개의 영문자 a, b, c, d, e가 나타날 확률이 각각 0.11, 0.4, 0.16, 0.09, 0.24라고 할 때 이 영문자를 허프만 코드로 만들어라.

풀이 제일 확률이 낮은 a와 d 두 개를 트리로 연결한다. 이때 루트를 h로 한다. 그리고 다음 확률이 낮은 c를 h와 같은 자식으로 연결한다. 이 과정을 반복하여 얻어진 트리가 그림 7.49이다. 이 트리로부터 a는 1110, b는 0, c는 110, d는 1111, e는 10의 코드가 만들어진다. 이렇게 구해진 코드는 접두어코드이다.

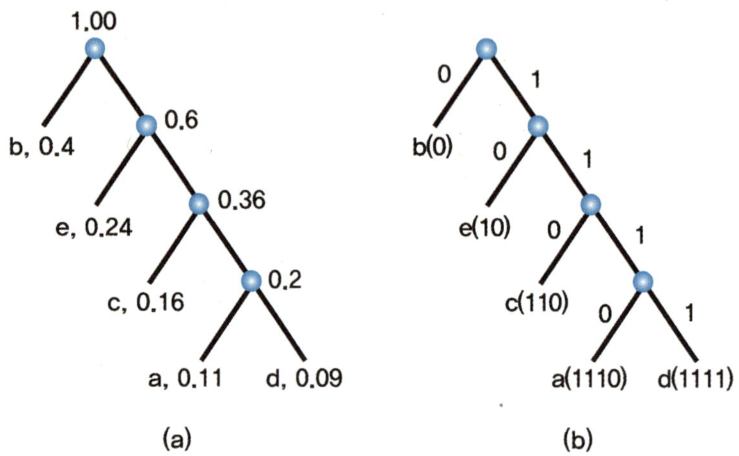

그림 7.49 허프만 코드를 구하는 트리

허프만 코드를 구하는 알고리즘과 비슷한 알고리즘으로 허프만의 최적 2진트리 알고리즘이 있다. 이 알고리즘은 우선적으로 트리를 구성하고 이 트리에 코드값을 부여한다.

허프만의 최적 2진트리 알고리즘

1 단계 : 리스트에서 가장 낮은 가중치를 갖는 것을 a, b 두 개를 선택하여 a+b를 루트로 할당한다. 즉, a+b를 루트로 하여 왼쪽과 오른쪽 노드로서 a와 b를 선택한다. 그리고 (a+b)한 것을 리스트에 삽입한다.

2 단계 : 리스트에서 가중치가 낮은 것을 두 개 선택하여 1단계에서처럼 트리를 만들고, 이것을 미리 만들어진 트리와 재구성한다.

3 단계 : 리스트의 데이터가 없을 때까지 2단계 과정을 반복한다.

[예제 7.21] 가중치가 1,3,5,6,8을 갖는 것을 허프만의 최적 2진트리 알고리즘을 이용하여 2진트리를 구성하여라.

풀이

1) 리스트에서 가장 작은 값 1, 3을 선택하여 루트 값이 1+3=4인 트리를 구성한다(그림 7.50). 그리고 리스트에 4를 삽입하여 정렬한다. 리스트에는 4,5,6,8 이 있다.

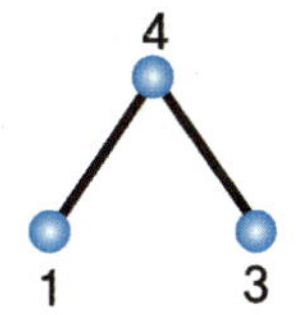

그림 7.50 단계별 2진트리를 구성

2) 리스트에서 가장 작은 값 4,5를 선택하여 루트 값이 4+5=9인 트리를 그림 7.51과 같이 구성한 후, 앞에서 구성한 트리와 재구성한다(그림 7.52). 그리고 리스트에 9를 삽입하여 정렬한다. 리스트에는 6,8,9가 있다.

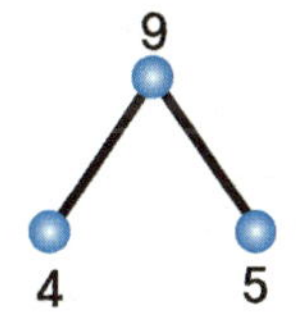

그림 7.51 단계별 2진트리를 구성

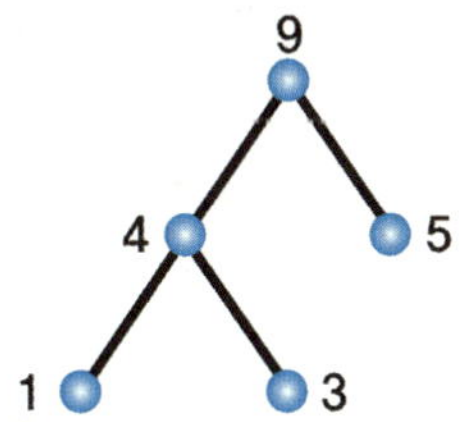

그림 7.52 단계별 2진트리를 구성

3) 리스트에서 가장 작은 값 6,8을 선택하여 루트 값이 6+8=14인 트리를 그림 7.53과 같이 구성한다. 여기서는 앞에서 구성한 트리의 루트인 9를 사용하지 않았으므로 앞의 트리와 재구성하지 않는다. 리스트에 14를 삽입하여 정렬한다. 리스트에는 9,14가 있다.

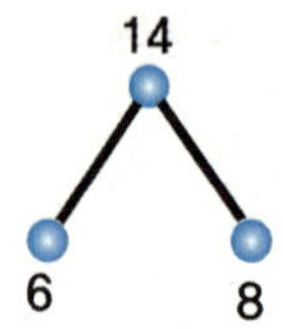

그림 7.53 단계별 2진트리를 구성

4) 리스트에서 가장 작은 값 9,14를 선택하여 루트 값이 9+14=23인 트리를 그림 7.54와 같이 구성한 후, 그림 7.55와 같이 앞에서 구성한 트리와 재구성한다. 그리고 리스트의 마지막 값을 가져왔으므로 끝난다.

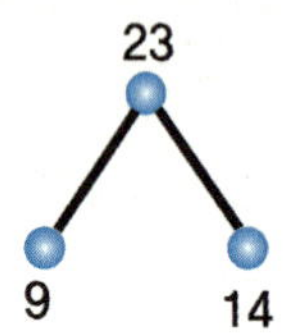

그림 7.54 단계별 2진트리를 구성

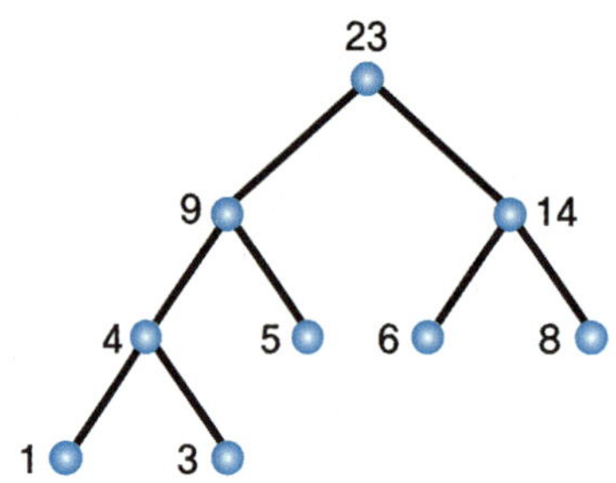

그림 7.55 단계별 2진트리를 구성

그림 7.55에서 이 트리를 코드값으로 변환 트리가 그림 7.56에 있다. 여기서 코드의 가중치를 구해보면 가중치는 $3 \cdot 1 + 3 \cdot 3 + 2 \cdot 5 + 2 \cdot 6 + 2 \cdot 8 = 50$이 된다.

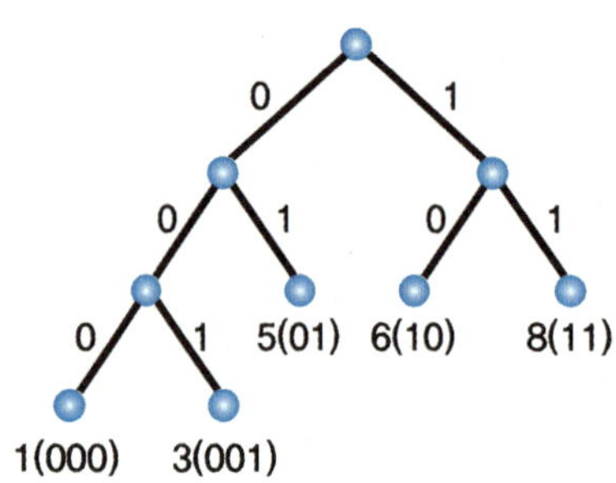

그림 7.56 허프만 코드값을 부여한 트리

[예제 7.22] 메시지 "TERNARY TREE"는 문자 {A,E,N,R,T,Y,b}를 갖는다. 여기서 b는 blank를 의미한다. 이 메시지의 문자별 사용빈도가 다음 표 7.9와 같은 경우 허프만 최적 2진트리를 구성하여라.

표 7.9 문자별 사용빈도

문자	b	A	N	Y	T	E	R
빈도수	1	1	1	1	2	3	3

풀이 허프만 최적 2진트리를 단계별로 그리면 다음과 같다.

1) 표 7.9에서 빈도수가 제일 적은 b와 A를 그림 7.57과 같고, 표 7.10과 같이 빈도수에 따라 재구성한다.

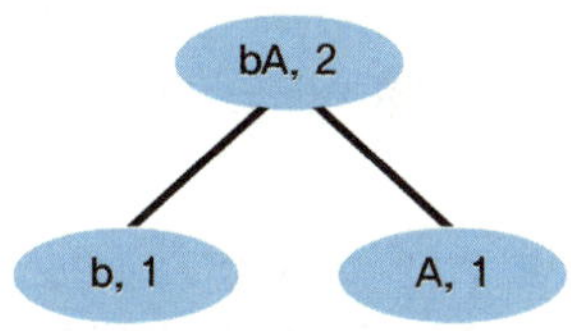

그림 7.57 단계별 허프만 최적 2진트리 구성

표 7.10 문자별 사용빈도

문자	N	Y	bA	T	E	R
빈도수	1	1	2	2	3	3

2) 표 7.10에서 빈도수가 제일 적은 N과 Y를 그림 7.58과 같이 그리고, 표 7.11과 같이 빈도수에 따라 재구성한다.

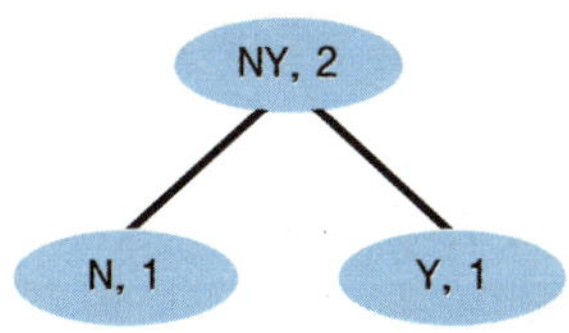

그림 7.58 단계별 허프만 최적 2진트리 구성

표 7.11 문자별 사용빈도

문자	bA	NY	T	E	R
빈도수	2	2	2	3	3

3) 표 7.11에서 빈도수가 제일 적은 bA와 NY를 그림 7.59와 같이 그리고, 표 7.12와 같이 빈도수에 따라 재구성한다.

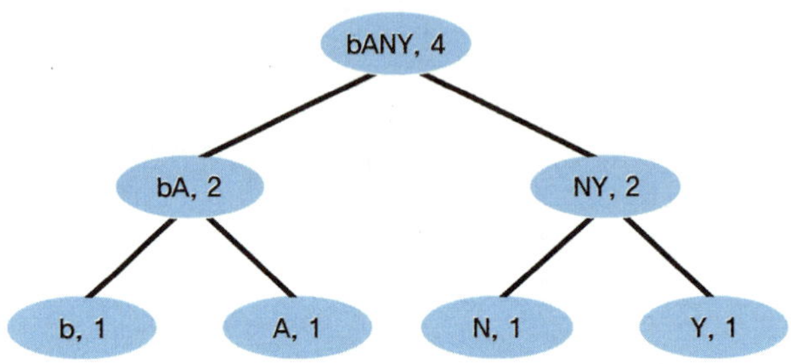

그림 7.59 단계별 허프만 최적 2진트리 구성

표 7.12 문자별 사용빈도

문자	T	E	R	bANY
빈도수	2	3	3	4

4) 표 7.12에서 빈도수가 제일 적은 T와 E를 그림 7.60과 같이 그리고, 표 7.13과 같이 빈도수에 따라 재구성한다.

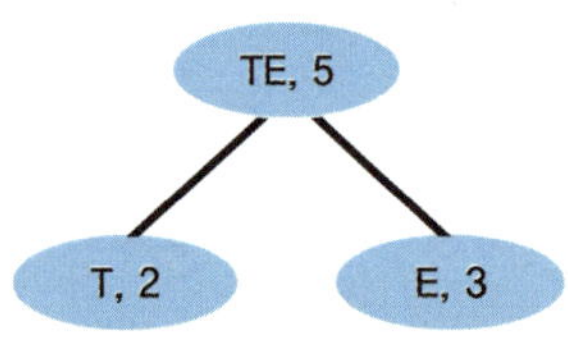

그림 7.60 단계별 허프만 최적 2진트리 구성

표 7.13 문자별 사용빈도

문자	R	bANY	TE
빈도수	3	4	5

5) 표 7.13에서 빈도수가 제일 적은 R과 bANY를 그림 7.61 같이 그리고, 표 7.14와 같이 빈도수에 따라 재구성한다.

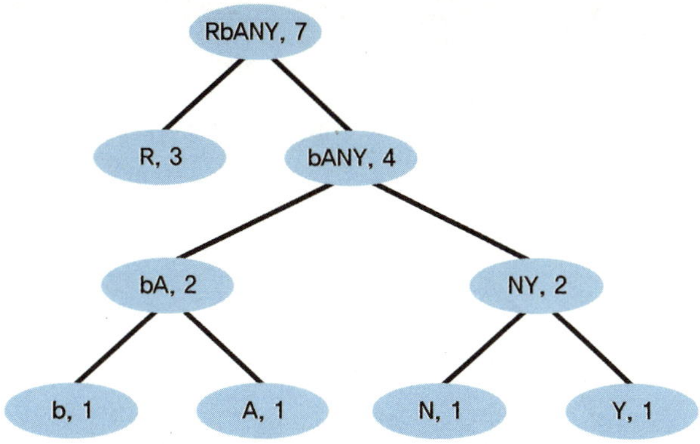

그림 7.61 단계별 허프만 최적 2진트리 구성

표 7.14 문자별 사용빈도

문자	TE	RbANY
빈도수	5	7

6) 표 7.14에서 남은 두 개를 그림 7.62와 같이 그리고, 빈도수는 표 7.15와 같이 재구성한다.

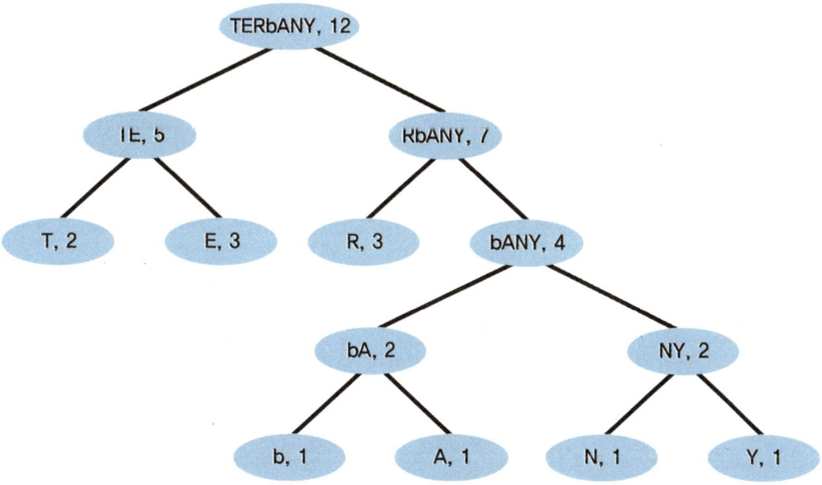

그림 7.62 단계별 허프만 최적 2진트리 구성

표 7.15 문자별 사용빈도

문자	TERbANY
빈도수	12

그림 7.62의 허프만 최적 2진트리에 코드 값을 부여한 것이 그림 7.63과 같으며, 문자별로 코드값을 부여한 것이 표 7.16과 같다.

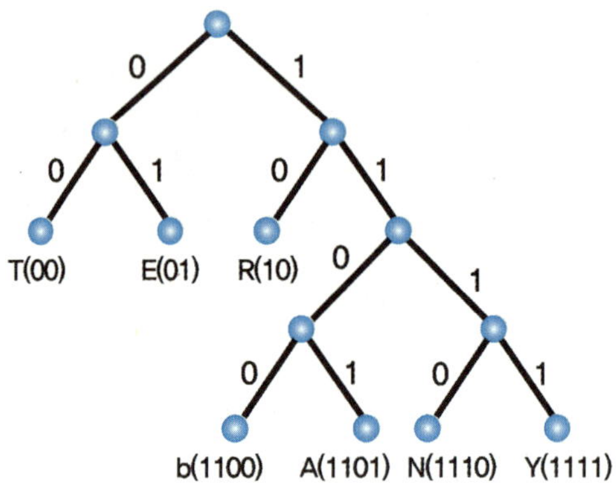

그림 7.63 허프만 최적 2진 코드

표 7.16 문자별 허프만 코드

문자	b	A	N	Y	T	E	R
빈도수	1100	1101	1110	1111	00	01	10

7.7 결정트리(decision trees)

우리는 때때로 경우의 수가 너무 많아서 설명하기 어렵거나 입증하기 곤란한 경우가 있다. 이러한 경우 결정트리를 이용하면 이해하기 쉽게 설명을 할 수 있다. 예를 들어서 서로 다른 3개의 수 a,b,c가 있을 때 이것을 정렬하려고 하면 a,b,c의 값에 따라서 여러 가지의 결과가 나올 수 있다. 이런 경우 결정트리로 구성하면 그림 7.64와 같이 간단하게 설명할 수 있다.

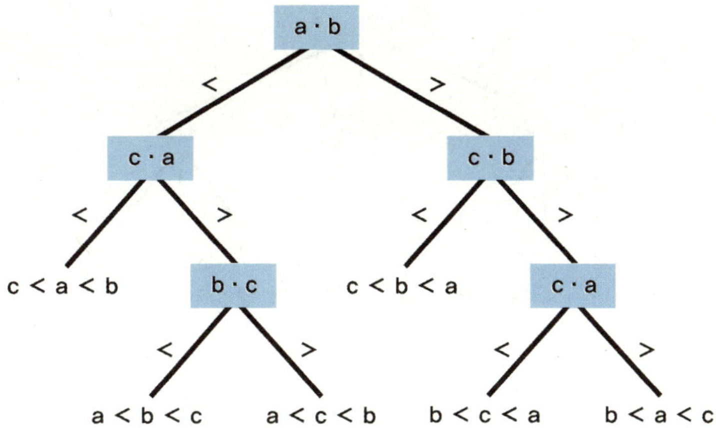

그림 7.64 결정트리

[예제 7.23] 8개의 동전이 있는데 이 중에서 어느 1개가 좀 무거운 불량동전이 있다. 이 동전을 찾는 결정트리를 구성하여 보아라. 여기서 저울은 천칭저울을 사용한다.

풀이 우선 간단하게 4개씩 천칭에 달아서 어느 쪽이 가벼운가를 확인하고 다시 가벼운 쪽의 4개를 두 개씩 달아서 가벼운 쪽을 찾고, 마지막으로 2개 중에 어느 것이 가벼운가를 찾으면 된다. 그림 7.65와 같다. 그러나 이 방법이 최적의 방법은 아니다.

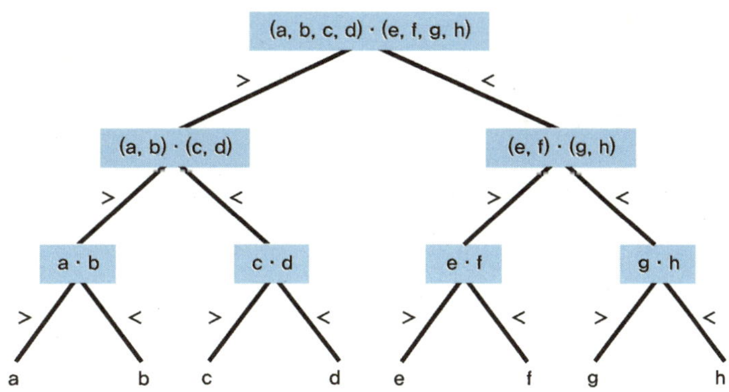

그림 7.65 8개의 동전 중에서 불량동전 하나를 찾는 결정트리

그림 7.65를 더 최적화 한 트리가 그림 7.66에 있다. 이 방법은 우선 2개를 빼고 한쪽에 3개씩 천칭에 단다. 그래서 양쪽이 같으면 불량은 2개 달지 않은 것 중에 있고, 그렇지 않으면 어느 작은 쪽에 있다. 이번에는 3개 중에 하나를 빼고 한쪽에 하나씩 2개를 계량하여 같은 방법으로 불량동전을 찾는다.

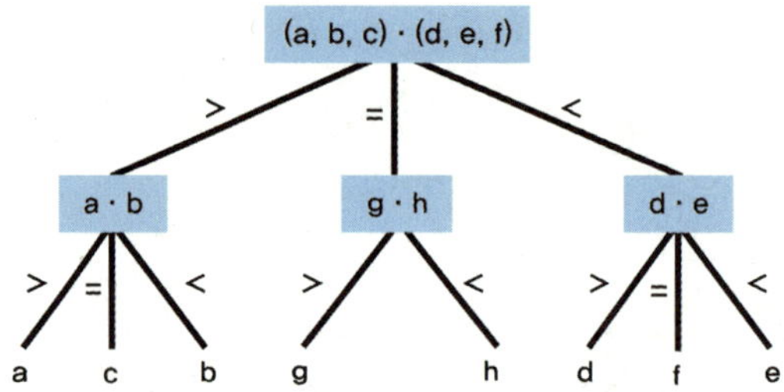

그림 7.66 불량동전을 찾는 결정트리

연습문제

1. 다음의 용어를 설명하여라.

1) 루트
2) 허프만 코드
3) 완전 2진트리
4) 최소 생성트리

2. 주어진 T1의 2진트리에 대해서 다음을 구하여라.

1) 잎노드
2) 루트노드
3) c의 부모노드
4) e의 조상노드
5) e의 후손노드
6) d의 시블링
7) c의 높이

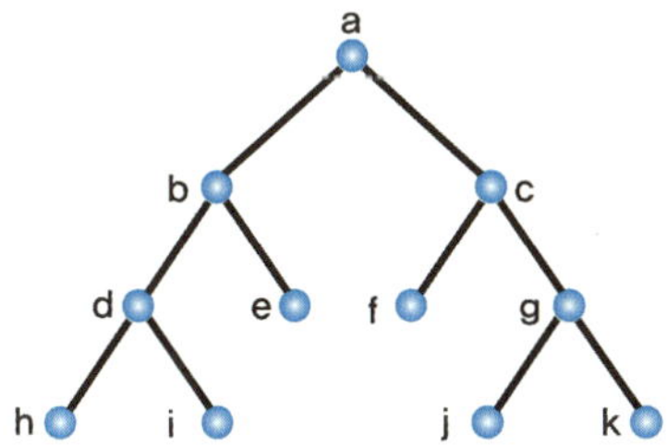

T1

3. 다음 트리를 연결리스트로 표현하여라.

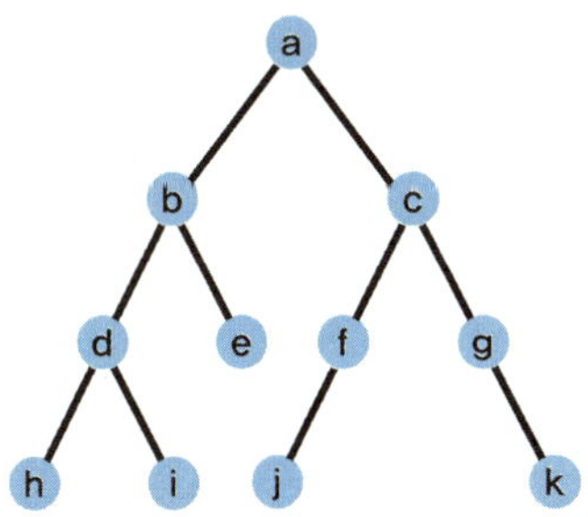

4. 다음 트리를 전순서 탐색, 중순서 탐색, 후순서 탐색한 결과를 적어라.

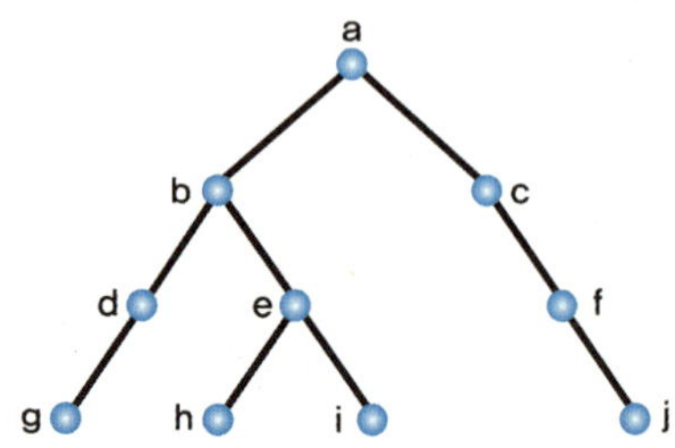

5. 다음 산술식을 트리로 표현해 보아라.

1) (a+b/c)*d−(a−b)*d

2) a−b+d*(b−d*c)−(c−d)/a

6. 다음의 영문자로 이루어진 단어들에 대한 2진 탐색트리를 구성하여라. 입력되는 순서는 나열된 순서이다.

the, hit, cat, hat, cot, rat, zoo, bit, fat, mat, pat, kit

7. 다음의 주어진 숫자의 2진 탐색트리를 구성하여라.

8, 4, 5, 6, 7, 1, 3

8. 가중치가 4,3,1,5,6,3,9을 갖는 것을 허프만의 최적 2진트리 알고리즘을 이용하여 2진트리를 구성하여라.

9. 다음 가중치그래프를 주어진 알고리즘을 사용하여 최소생성트리를 구하여라.

1) 프림의 알고리즘

2) 크루스칼의 알고리즘

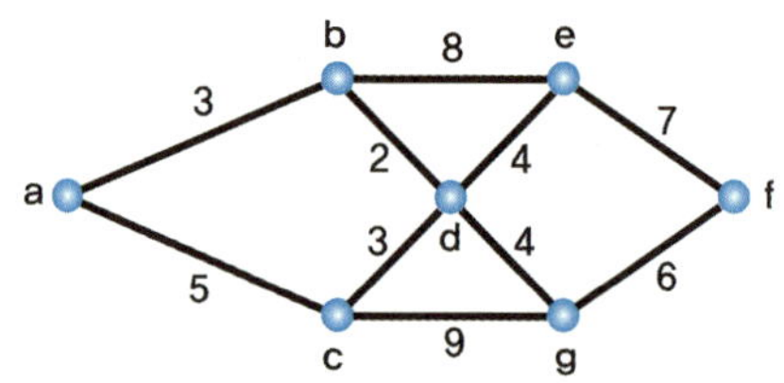

10. 문자의 빈도수가 다음과 같은 경우 허프만 코드를 구하여라.

a(0.18), b(0.07), c(0.15), d(0.28), e(0.32)

C·H·A·P·T·E·R 8

제 8 장
부울대수(Boolean Algebra)

이 장의 인물

George Boole (1815 ~ 1864)
영국태생의 수학자, 대수학의 발견, 부울대수

Claude Elwood Shannon (1916 ~ 2001)
미국태생의 수학자, 인공지능 연구의 창시자
최초로 부울대수를 이용한 스위칭회로의 설계

Maurice Karnaugh (1924 ~)
미국태생의 전기공학자, 카르노 맵

Augustus De Morgan (1806 ~ 1871)
인도태생의 수학자, 드모르간의 법칙

8.1 부울대수의 개념(concept of boolean algebra)

부울대수(boolean algebra)는 1854년 영국의 수학자 부울(George Boole)이 쓴 'An Investigation of the Laws of Thought'에서 처음 수학적 논리 형태로 소개되었다. 소개된 이후 1930년대까지는 거의 주목을 받지 못했으나, 1938년 샤논(Claude E. Shannon)이 전자회로를 분석하기 위해서 이 부울대수를 사용한 것이 계기가 되어 부울대수는 컴퓨터를 포함한 전자장치의 회로의 간소화, 설계, 분석 등에 없어서는 안 될 중요한 개념으로 자리를 잡았다.

일반적인 전자장치나 컴퓨터 회로는 전기가 들어오는가 아닌가에 따라서 켜짐(on)과 꺼짐(off)의 두 가지 상태로 나타내어질 수 있으며, 스위치나 회로 또한 열림(on)과 닫힘(off)의 두 가지 상태로 나타내어질 수 있다. 이런 두 가지 상태는 명제에서와 같이 참(true) 또는 거짓(false)이나, 2진수 표현의 1 또는 0의 두 가지 상태로 표현될 수 있다.

부울대수는 공집합이 아니면서 0과 1의 두 원소를 갖는 집합 B={0,1}와 이항 연산자(binary operators)인 +(OR)와 ·(AND) 그리고 단항 연산자(unary operator)인 '(NOT 또는 complement)로 이루어진다. 즉, 부울대수는 (B,+,·,',0,1)으로 표현할 수 있으며, +는 기호 ∨로도 사용할 수 있으며, ·은 기호 ∧로 사용되거나 또는 생략을 할 수도 있다. 즉, x+x=x∨x, x·x=x∧x=xx와 같이 사용할 수 있다. 부울대수는 집합 B의 원소를 x, y, z라고 하면 다음과 같은 법칙을 만족한다.

- **교환법칙**
  - x+y=y+x
  - x·y=y·x
- **결합법칙**
  - x+(y+z)=(x+y)+z
  - x·(y·z)=(x·y)·z
- **분배법칙**
  - x·(y+z)=(x·y)+(x·z)
  - x+(y·z)=(x+y)·(x+z)
- **항등법칙**
  - x+0=x
  - x·1=x

- **보수법칙**
  - $x+x'=1$
  - $x \cdot x'=0$
- **우등법칙**
  - $x+1=1$
  - $x \cdot 0=0$
- **드모르간법칙**
  - $(x+y)'=x' \cdot y'$
  - $(x \cdot y)'=x'+y'$
- **흡수법칙**
  - $x+x \cdot y=x$
  - $x \cdot (x+y)=x$

부울대수의 이항연산자 OR, AND 그리고 단항 연산자 NOT을 살펴보면 다음과 같다. 이 연산자들의 연산 결과는 항상 0 또는 1을 값을 갖는다.

- **OR 연산**

  $0+0=0$, $0+1=1$, $1+0=1$, $1+1=1$
- **AND 연산**

  $0 \cdot 0=0$, $0 \cdot 1=0$, $1 \cdot 0=0$, $1 \cdot 1=1$
- **NOT 연산**

  $0'=1$, $1'=0$

이들 3개의 연산자가 혼합하여 사용될 경우의 연산 우선순위는 NOT, AND, OR순으로 연산을 한다. 예를 들어, 부울식이 $0 \cdot 0'+1 \cdot 1+1' \cdot 1'$이라면 계산결과는 다음과 같다.

$$\begin{aligned} 0 \cdot 0'+1 \cdot 1+1' \cdot 1' &= 0 \cdot 1+1 \cdot 1+0 \cdot 0 \\ &= 0+1+0 \\ &= 1 \end{aligned}$$

[예제 8.1] 다음 부울식의 결과 값을 구하라.

1) $0+1$
2) $0'+0$
3) $0\cdot0+1'$
4) $1+1'\cdot0$
5) $(1'+0')\cdot1$
6) $(1\cdot0'+0\cdot1')'+0\cdot0'$

풀이

1) $0+1=1$
2) $0'+0=1+0=1$
3) $0\cdot0+1'=0+0=0$
4) $1+1'\cdot0=1+0=1$
5) $(1'+0')\cdot1=1\cdot1=1$
6) $(1\cdot0'+0\cdot1')'+0\cdot0'=(1+0)+0=1+0=1$

드모르간법칙은 부울식이 전체부정이 되어 있을 경우 이것을 개별 부정으로 변환하는 것이다. 이것을 일반식으로 표현하면 다음과 같다.

$$(x_1+x_2+x_3+ \cdots +x_n)'=x_1'\cdot x_2'\cdot x_3'\cdot \cdots \cdot x_n'$$
$$(x_1\cdot x_2\cdot x_3\cdot \cdots \cdot x_n)'=x_1'+x_2'+x_3'+ \cdots + x_n'$$

[예제 8.2] 다음 드모르간 법칙이 성립함을 진리표를 이용하여 증명하여라.

1) $(x\cdot y)'=x'+y'$
2) $(x+y)'=x'\cdot y'$

풀이

1) $(x\cdot y)'=x'+y'$을 증명하기 위한 진리표는 다음과 같다.

x	y	x'	y'	x•y	(x•y)'	x'+y'
0	0	1	1	0	1	1
0	1	1	0	0	1	1
1	0	0	1	0	1	1
1	1	0	0	1	0	0

2) $(x+y)'=x'\cdot y'$을 증명하기 위한 진리표는 다음과 같다.

x	y	x'	y'	x+y	(x+y)'	x'• y'
0	0	1	1	0	1	1
0	1	1	0	1	0	0
1	0	0	1	1	0	0
1	1	0	0	1	0	0

8.2 부울식과 부울함수(boolean expressions and boolean functions)

이 절에서는 부울함수(boolean functions)와 부울식(boolean expressions)에 대해서 설명을 한다. 부울대수의 법칙에서 사용했던 기호를 그대로 부울식에서 표준식으로 사용한다. 전자장치의 설계 및 분석은 부울대수 $(B,+,\cdot,',0,1)$에 따른다. 부울함수에서의 변수는 0 또는 1의 값을 갖는다. 부울함수는 $f:B^n \rightarrow B$, 여기서 $B^n=B\times B\times B\times \cdots \times B$, $(x_1, x_2, x_3, \cdots, x_n)\in B^n$이다. 부울함수는 진리표로서 나타낸다. OR나 AND에 대한 연산을 진리표로 나타내면 표 8.1과 같다.

표 8.1 논리 OR와 AND

(a) 논리 OR

x	y	f(x,y)=x+y
0	0	0
0	1	1
1	0	1
1	1	1

(b) 논리 AND

x	y	f(x,y)=xy
0	0	0
0	1	0
1	0	0
1	1	1

부울함수는 부울식으로 표현이 된다. 논리 OR는 $f_1(x,y)=x+y$로 AND는 $f_2(x,y)=xy$로 표현된다. 이렇게 부울함수는 부울변수와 부울연산자로 구성된 부울식으로 표현할 수 있다. 그러면 $x_1, x_2, x_3, \cdots, x_n$의 n개의 부울변수가 있을 때 그 변수들로부터 얻을 수 있는 기본 부울함수는 몇 가지가 있을까? n개의 원소로부터 얻을 수 있는 조합은 2^n개

이다. 예를 들어, 2개의 부울변수 x, y에서 얻을 수 있는 기본 부울함수의 경우의 수는 표 8.2와 같이 2^4=16가지가 된다. 이 기본 부울함수들 중에서 많이 이용되는 기본 부울함수는 표 8.2의 f_2, f_7, f_8, f_9, f_{10}, f_{15}의 6가지를 사용한다. 이 6가지에 NOT과 buffer를 추가하여 8가지 논리 게이트(logic gates)가 사용된다.

표 8.2 2개의 부울변수 x, y에서의 기본 부울함수

x	0	0	1	1	비고
y	0	1	0	1	
f_1	0	0	0	0	
f_2	0	0	0	1	AND
f_3	0	0	1	0	
f_4	0	0	1	1	
f_5	0	1	0	0	
f_6	0	1	0	1	
f_7	0	1	1	0	EX-OR
f_8	0	1	1	1	OR
f_9	1	0	0	0	NOR
f_{10}	1	0	0	1	EX-NOR
f_{11}	1	0	1	0	
f_{12}	1	0	1	1	
f_{13}	1	1	0	0	
f_{14}	1	1	0	1	
f_{15}	1	1	1	0	NAND
f_{16}	1	1	1	1	

부울식 x+yz'는 부울함수 f : $B^3 \rightarrow B$으로 여기서 f(x,y,z)=x+yz' 이다. 이것을 진리표로 나타내기 전에 x=y=z=0, x=y=0와 z=1 그리고 x=y=z=1인 경우에 부울함수 값을 구하면 다음과 같다.

```
f(0,0,0)=0+00'= 0+01=0+0=0
f(0,0,1)=0+01'=0+0=0
  ⋮
f(1,1,1)=1+11'=1+10=1+0=1
```

이때 변수가 3개이므로 나올 수 있는 결과는 2^3으로 8개가 된다. 이것을 진리표로 표현하면 표 8.3과 같다.

표 8.3 x+yz'의 진리표

x	y	z	yz'	x+yz'
0	0	0	0	0
0	0	1	0	0
0	1	0	1	1
0	1	1	0	0
1	0	0	0	1
1	0	1	0	1
1	1	0	1	1
1	1	1	0	1

[예제 8.3] 다음 부울식을 진리표로 나타내어라.

f(x,y,z) = (x'+z)(xy'+z)

풀이 부울식 f(x,y,z) = (x'+z)(xy'+z)는 3개의 변수로 이루어져 있으므로 8개 상태를 갖는다. 진리표는 표 8.4와 같다.

표 8.4 (x'+z)(xy'+z)의 진리표

x	y	z	x'+z	xy'	xy'+z	(x'+z)(xy'+z)
0	0	0	1	0	0	0
0	0	1	1	0	1	1
0	1	0	1	0	0	0
0	1	1	1	0	1	1
1	0	0	0	1	1	0
1	0	1	1	1	1	1
1	1	0	0	0	0	0
1	1	1	1	0	1	1

(1) 최소항(minterms)과 최대항(maxterms)

앞에서 3개의 변수로는 8개의 상태를 갖는 진리표로 표현하였는데, 이것은 8개의 최소항 또는 최대항을 갖는다고 한다. 예로서 n개의 변수가 있으면 2^n개의 최소항 또는 최대항이 있으며, 각 최소항들은 n개의 부울변수들의 곱으로 나타내며, 최대항은 n개의 부울변수의 합으로 나타낸다. 3개의 변수를 갖는 예가 표 8.5와 같다. 최소항의 표현은 각 변수들의 부울곱(AND)으로 표현하며, 각 변수들은 해당되는 변수가 x일 때 그 값이 1이면 x, 0이면 x'으로 표시한다. 변수들의 값이 101인 것을 최소항으로 표현하면 $xy'z(m_5)$가 되며, 최대항으로 표현하면 $x'+y+z'(M_5)$가 된다. 최소항과 최대항과의 관계를 보면 서로 보수의 관계가 성립한다. $m_j'=M_j$의 등식이 성립한다. 앞의 예로서 $(xy'z)'=x'+y+z'$이 된다.

표 8.5 변수가 3개 일 때 최소항과 최대항

x	y	z	최소항	최대항	비고
0	0	0	$x'y'z'(m_0)$	$x+y+z(M_0)$	
0	0	1	$x'y'z(m_1)$	$x+y+z'(M_1)$	
0	1	0	$x'yz'(m_2)$	$x+y'+z(M_2)$	
0	1	1	$x'yz(m_3)$	$x+y'+z'(M_3)$	$m_j'=M_j$가
1	0	0	$xy'z'(m_4)$	$x'+y+z(M_4)$	성립한다.
1	0	1	$xy'z(m_5)$	$x'+y+z'(M_5)$	
1	1	0	$xyz'(m_6)$	$x'+y'+z(M_6)$	
1	1	1	$xyz(m_7)$	$x'+y'+z'(M_7)$	

정의 8.1 최소항(minterms)

부울변수가 n개일 때 진리표는 2^n개의 항을 가지는데 이때 이 항들이 변수들의 곱으로 표현되는 것을 최소항이라고 한다.

최대항(maxterms)

부울변수가 n개일 때 진리표는 2^n개의 항을 가지는데 이때 이 항들이 변수들의 합으로 표현되는 것을 최대항이라고 한다.

[예제 8.4] x,y,z의 3개의 변수로 이루어진 부울함수에서 임의의 2개의 변수가 1일 경우에 부울함수 f(x,y,z)의 값이 1이 되고, 다른 경우에는 0의 값을 갖는다. 그 부울함수에 대한 진리표를 그려라.

풀이 부울변수가 3개이므로, 2^3=8개의 최소항이 만들어진다. 3개의 변수 중에서 1이 2개가 1이 되는 것은 결과가 1이고 그렇지 않으면 0이 되면 된다.

x	y	z		f(x,y,z)
0	0	0	(x'y'z')	0
0	0	1	(x'y'z)	0
0	1	0	(x'yz')	0
0	1	1	(x'yz)	1
1	0	0	(xy'z')	0
1	0	1	(xy'z)	1
1	1	0	(xyz')	1
1	1	1	(xyz)	0

부울함수 f는 부울변수에 대한 최소항이 1의 값을 갖는 것을 부울합(OR)으로 표현한 것이다. 만약 0의 값을 갖는 것을 부울합으로 나타내면 f'가 된다. 예제 8.4에서 함수 f(x,y,z)를 부울함수로 표현하려면 최소항의 값이 1인 것을 부울합으로 표현하면 된다. 여러 가지 표현방식이 있다.

$$
\begin{aligned}
f(x,y,z) &= \Sigma(3,5,6) \\
&= m_3+m_5+m_6 \\
&= x'yz+xy'z+xyz' \\
f'(x,y,z) &= x'y'z'+x'y'z+x'yz'+xy'z'+xyz
\end{aligned}
$$

이렇게 부울함수를 최소항들의 합으로 나타내는 것을 곱의 합(sum of product)이라고 한다. 왜냐하면 최소항은 부울곱으로 표현했고 이것을 부울합으로 표현하므로 이렇게 부른다. 이런 표현 말고 다른 표현으로는 최대항의 곱으로 나타내는 합의 곱(product of sum)이라는 표현방식이 있다. 이것은 최대항들을 부울곱으로 표현한 것이다. 예제 8.4를 최대항으로 표현하면

$$f(x,y,z)=\Pi(0,1,2,4,7)$$
$$=M_0M_1M_2M_4M_7$$
$$=(x+y+z)(x+y+z')(x+y'+z)(x'+y+z)(x'+y'+z')$$

와 같이 표현하는 것이다. 주로 많이 사용하는 표현방법은 최소항을 이용하여 표현하는 방식이다.

[예제 8.5] 다음의 진리표를 이용하여 부울함수 f를 최소항을 이용한 것과 최대항을 이용한 것을 구하여라.

x	y	z	f
0	0	0	1
0	0	1	0
0	1	0	1
0	1	1	1
1	0	0	1
1	0	1	0
1	1	0	1
1	1	1	1

풀이

1) 최소항으로 표현하면 $f=\Sigma(0,2,3,4,6,7)$ 이므로
   $f = x'y'z'+x'yz'+x'yz+xy'z'+xyz'+xyz$ 이다.
   $f' = x'y'z+xy'z$ (최소항이 0인 것을 합으로 표현한다.)
2) 최대항으로 표현하면 $f = \Pi(1,5)$ 이므로
   $f = (x+y+z')(x'+y+z')$

여기서 최소항의 $f' = x'y'z+xy'z$에 보수를 취하면 최대항으로 구한 f값과 일치하는 것을 쉽게 알 수 있다.
$(f')' = (x'y'z+xy'z)'$
$f = (x+y+z')(x'+y+z')$

$(x_1, x_2, x_3, \cdots, x_n) \in B^n$에 의해서 이루어진 2개의 부울함수 식 f_1과 f_2가 같은 결과값을 가질 때 이 2개의 부울함수식은 동치라고 한다. 예를 들어서 $f_1(x,y,z) = z$와 $f_2(x,y,z) = x'y'z+x'yz+xy'z+xyz$은 표 8.6과 같이 x, y, z의 어떤 값에 대해서도 항상 같은 결과를 갖는다. f_1과 f_2는 동치이다. f_2를 간소화 하면 f_1이 된다.

표 8.6 진리표

x y z	x'y'z	x'yz	xy'z	xyz	f2=x'y'z+x'yz+xy'z+xyz	f_1=z
0 0 0	0	0	0	0	0	0
0 0 1	1	0	0	0	1	1
0 1 0	0	0	0	0	0	0
0 1 1	0	1	0	0	1	1
1 0 0	0	0	0	0	0	0
1 0 1	0	0	1	0	1	1
1 1 0	0	0	0	0	0	0
1 1 1	0	0	0	1	1	1

부울함수식을 이용해서 회로를 설계하는 경우에 같은 결과를 갖는다면 부울함수식이 복잡한 것 보다는 간소화 된 것이 훨씬 회로가 더 간단해 질 수 있다. 이렇게 부울함수식을 동일한 결과를 갖으면서 간단하게 줄이는 것을 부울함수의 간소화라고 한다. 간소화는 부울대수의 법칙을 이용하는 방법과 카르노 맵(karnaugh map)을 이용하는 방법이 있으나, 부울대수 법칙을 이용하는 방법은 복잡한 부울함수식을 완전하게 간소화시키기가 어려움으로 카르노 맵을 많이 사용한다.

[예제 8.6] 부울함수 f(x,y,z)=x'y+xz를 진리표로 나타내어라.

풀이

부울함수 f(x,y,z)=x'y+xz를 진리표로 나타내려면 부울함수의 각 항이 모든 변수를 다 포함하고 있어야 하는데 x'y항은 변수 z가 없고 xz항은 변수 y가 없다. 이것을 모든 변수가 포함된 항으로 변환하는 것은 어떤 항이든 1(z+z' 또는 y+y'))을 곱하는 것은 항에 변화를 주지 않으므로 어떤 변수가 없는 항은 1을 곱하여 변환한다. 이렇게 변환을 한 것이 다음과 같다.

f = x'y(z+z')+xz(y+y')
  = x'yz+x'yz'+xyz+xy'z

그리고 이것을 진리표로 그리면 다음과 같다.

표 8.7 진리표

x	y	z	f
0	0	0	0
0	0	1	0
0	1	0	1
0	1	1	1
1	0	0	0
1	0	1	1
1	1	0	0
1	1	1	1

이렇게 변환하는 것을 표준형(standard form)으로 변환한다고 한다.

8.3 논리 게이트(logic gates)

전자회로에서 0은 저전압을 1은 고전압을 나타낸다. 논리 게이트는 이런 회로를 표현하는데 있어서 가장 기본이 되는 회로로서 하나 이상의 입력과 단 하나의 출력을 갖는 아주 간단한 장치를 말한다. 논리 게이트는 부울대수 B에서 B^n으로의 함수이다. 여기서 {0,1}∈B이다. 가장 기본적인 게이트는 곱을 나타내는 AND, 합을 나타내는 OR, 보수를 나타내는 NOT이 있다. 이 기본게이트 외에도 NAND, NOR, Exclusive-OR (EX-OR), Exclusive-NOR(EX-NOR), Buffer가 있다.

(1) AND 게이트

AND 게이트는 임의의 x, y를 입력하여 출력 xy를 얻는 게이트를 말한다. 여기서 xy는 다음과 같다.

$$xy = \begin{cases} 1 & \text{if } x = y = 1 \\ 0 & otherwise \end{cases}$$

출력 xy는 x∧y로도 표현한다. AND 게이트에 대한 진리표와 논리 게이트는 그림 8.1과 같다.

입력		출력
x	y	xy
0	0	0
0	1	0
1	0	0
1	1	1

(a) 진리표

(b) AND 게이트

그림 8.1 AND 게이트

[예제 8.7] AND 게이트의 예로서 많이 사용되는 프린터에 대해서 생각해 보자. 이 프린터가 프린트를 하려면 컴퓨터와 Online 상태여야 되고 그리고 프린트 할 내용이 준비(Ready)되었을 때이다. 그림 8.2와 같다.

풀이

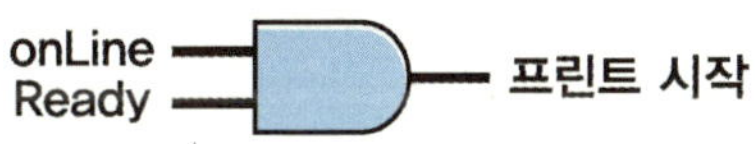

그림 8.2 AND 게이트

(2) OR 게이트

OR 게이트는 임의의 x, y를 입력하여 출력 x+y를 얻는 게이트를 말한다. 여기서 x+y는 다음과 같다.

$$x + y = \begin{cases} 1 & \text{if } x = 1 \text{ or } y = 1 \\ 0 & otherwise \end{cases}$$

출력 x+y는 x∨y로도 표현한다. OR 게이트에 대한 진리표와 논리 게이트는 그림 8.3과 같다.

입력		출력
x	y	x+y
0	0	0
0	1	1
1	0	1
1	1	1

(a) 진리표

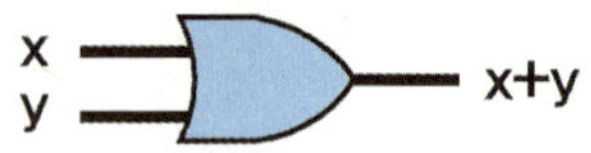

(b) OR 게이트

그림 8.3 OR 게이트

OR 게이트에 n개의 입력이 들어가면 이 중에서 적어도 어느 하나의 입력이 1이면 출력이 1이 된다.

(3) NOT 게이트

NOT 게이트는 x를 입력하여 출력 x'를 얻는 게이트를 말한다. 여기서 x'는 다음과 같다.

$$x' = \begin{cases} 1 & \text{if } x = 0 \\ 0 & otherwise \end{cases}$$

NOT 게이트는 인버터라고도 하며, 입력의 반대 값을 갖는다. 여기서 반대 값은 0과 1밖에 없으므로 0은 1, 1은 0이 된다. NOT 게이트에 대한 진리표와 논리 게이트는 그림 8.4와 같다.

입력	출력
x	x'
0	1
1	0

(a) 진리표

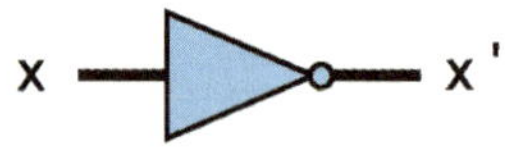

(b) NOT 게이트

그림 8.4 NOT 게이트

(4) NAND 게이트

NAND 게이트는 임의의 x, y를 입력하여 출력 x↑y(=(xy)')를 얻는 게이트를 말한다. 여기서 x↑y는 다음과 같다.

$$x \uparrow y = \begin{cases} 1 & \text{if } x = y = 1 \text{ or } y = 1 \\ 0 & otherwise \end{cases}$$

출력 x↑y는 AND의 결과에 보수(NOT)를 취한 (xy)'와 결과가 같다. 또 (x'+y')와도 같다. NAND 게이트에 대한 진리표와 논리 게이트는 그림 8.5와 같다. NAND 게이트의 출력 x↑y는 OR 게이트로 구성한 x'+y'와 같다. 이것을 NAND 게이트의 등가회로라고 한다. 그림 8.6에 진리표와 게이트가 있다.

입력		출력
x	y	x↑y
0	0	1
0	1	1
1	0	1
1	1	0

(a) 진리표

(b) NAND 게이트

그림 8.5 NAND 게이트

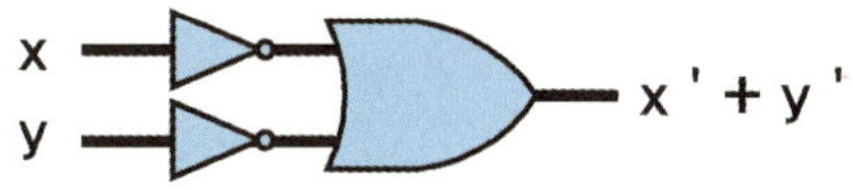

그림 8.6 NAND 게이트의 등가회로

(5) NOR 게이트

NOR 게이트는 임의의 x, y를 입력하여 출력 x↓y를 얻는 게이트를 말한다. 여기서 x↓y는 다음과 같다.

$$x \downarrow y = \begin{cases} 1 & \text{if } x = y = 0 \\ 0 & otherwise \end{cases}$$

출력 x↓y는 OR 게이트의 결과에 보수(NOT)를 취한 (x+y)'와 결과가 같다. 또 (x'y')와도 같다. NOR 게이트에 대한 진리표와 논리 게이트는 그림 8.7과 같다. NOR 게이트의 출력 x↓y는 AND 게이트로 구성한 x'y'와 같다. 그림 8.8이 NAND 게이트의 등가회로라고 한다.

입력		출력
x	y	x↓y
0	0	1
0	1	0
1	0	0
1	1	0

(a) 진리표

(b) NOR 게이트

그림 8.7 NOR 게이트

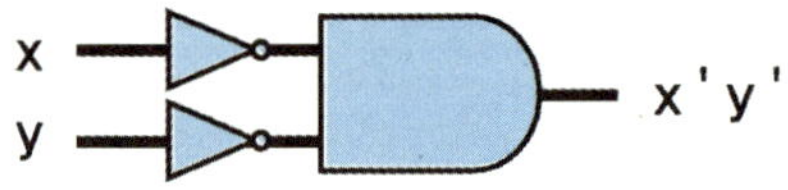

그림 8.8 NOR 게이트의 등가회로

(6) EX-OR 게이트

EX-OR 게이트는 임의의 x, y를 입력하여 출력 x⊕y를 얻는 게이트를 말한다. 여기서 x⊕y는 다음과 같다.

$$x \oplus y = \begin{cases} 1 & \text{if } x = y \\ 0 & otherwise \end{cases}$$

출력 x⊕y는 x⊕y=x'y+xy' 이다. 다시 말하면 x, y 입력이 서로 다를 경우에는 출력이 1이 되고 그렇지 않으면 출력이 0 이 된다. EX-OR 게이트에 대한 진리표와 논리 게이트는 그림 8.9와 같다.

입력		출력
x	y	$x \oplus y$
0	0	0
0	1	1
1	0	1
1	1	0

(a) 진리표

(b) EX-OR 게이트

그림 8.9 EX-OR 게이트

(7) EX-NOR 게이트

EX-NOR 게이트는 임의의 x, y를 입력하여 출력 $x \odot y$를 얻는 게이트를 말한다. 여기서 $x \odot y$는 다음과 같다.

$$x \odot y = \begin{cases} 1 & \text{if } x = y \\ 0 & otherwise \end{cases}$$

출력 $x \odot y$는 $x \odot y = xy + x'y'$이다. 다시 말하면 x, y 입력이 같을 경우에는 출력이 1이 되고 그렇지 않으면 출력이 0이 된다. EX-NOR 게이트에 대한 진리표와 논리 게이트는 그림 8.10과 같다.

입력		출력
x	y	$x \odot y$
0	0	1
0	1	0
1	0	0
1	1	1

(a) 진리표

(b) EX-NOR 게이트

그림 8.9 EX-NOR 게이트

EX-OR와 EX-NOR는 컴퓨터관련 응용회로에서 많이 사용된다. 예를 들면, 그레이 코드(gray code)와 2진수로 서로 변환, 패리티비트(parity bit)를 생성하거나 검사하는 등의 회로에 이용된다. 그리고 EX-OR와 EX-NOR는 다음과 같이 서로 보수의 관계를 갖고 있다.

$$x \oplus y = (x \odot y)'$$
$$(x \odot y) = (x \oplus y)'$$

(8) Buffer 게이트

Buffer 게이트는 x를 입력하여 출력 x를 얻는 게이트를 말한다. 여기서 x는 다음과 같다.

$$x = \begin{cases} 1 & \text{if } x = 1 \\ 0 & otherwise \end{cases}$$

Buffer 게이트는 입력이 그대로 출력으로 나온다. 이 게이트는 게이트를 통과시키는 약간의 지연시간을 이용하여 동일한 입력이 들어가 과부하가 걸리는 경우에 일부 입력을 지연시키기 위해 사용한다. Buffer 게이트에 대한 진리표와 논리 게이트는 그림 8.11과 같다.

입력 x	출력 x
0 1	0 1

(a) 진리표

(b) Buffer 게이트

그림 8.9 Buffer 게이트

8.4 부울식의 간소화(simplifying boolean expressions)

부울함수식의 간소화는 2개의 부울함수가 동일한 결과 값을 갖는다면 부울함수식이 복잡한 것 보다는 간소한 것이 회로를 설계할 경우에 훨씬 더 간단하게 할 수 있다. 간소화를 하는 방법으로는 부울대수의 기본법칙을 이용하거나 카르노 맵을 이용하여 할 수 있다. 그러나 부울대수의 기본 법칙을 이용하는 경우에는 그 과정이 복잡하고 최소로 간소화가 되었는지 확실하게 알 수가 없다. 그래서 카르노 맵을 많이 이용한다.

[예제 8.8] 다음의 부울함수를 부울대수의 기본법칙을 이용하여 간소화 시켜라.

f(x,y,z)=xyz+xyz'+xy'z+x'y'z

풀이

$$\begin{aligned} f(x,y,z) &= xyz+xyz'+xy'z+x'y'z \\ &= xy(z+z')+y'z(x+x') \\ &= xy1+y'z1 \\ &= xy+y'z \end{aligned}$$

[예제 8.9] 다음의 부울함수를 부울대수의 기본법칙을 이용하여 간소화 시켜라.

f(x,y,z) = xyz+xyz'+xy'z+x'yz+xy'z'

풀이

$$\begin{aligned} f(x,y,z) &= xyz+xyz'+xy'z+x'yz+xy'z' \\ &= xyz+xyz'+xy'z+x'yz+(xy'z'+xy'z') \\ &= xyz+xy'(z+z')+xz'(y+y')+x'yz \\ &= xyz+xy'1+xz'1+x'yz \\ &= xyz+xy'+xz'+x'yz \\ &= xyz+x(yz)'+yz(x+x') \\ &= x[yz+(yz)']+yz1 \\ &= x1+yz \\ &= x+yz \end{aligned}$$

예제 8.9를 보면 x+yz로 간소화시키는 것이 어렵다는 것을 알 수가 있다. 이것을 카르노 맵을 이용하면 쉽게 간소화가 가능하다. 카노우 맵은 모든 최소항들을 도표로 그려서, 인접한 최소항들을 서로 묶어서 간소화하는 방법이다. 카노우 맵을 그릴 때는 부울변수들로부터 나타내어지는 모든 경우의 최소항들을 다 나타낼 수 있도록 사각형을 그려서 그 안에 해당되는 최소항의 값을 표시한다. 최소항의 값이 1이면 1로 0이면 0으로 표시한다. 그리고 1로 표시된 것만을 묶는다. 묶는 방법은 인접해 있는 것을 2^n개로 묶는다. 1, 2, 4, 8,… 로 묶는다. 특히 중요한 것은 사각형에 넣는 순서는 그레이 코드순이다. 그래야 항상 이웃하는 것끼리는 한 비트만 다르고 나머지는 공통된다. 예를 들어서 변수가 x,y,z로 3개 있는 것을 보면, 우선 변수가 3개이므로 최소항의 개수는 2^3으로 8개이다. 그래서 이것에 맞는 사각형을 그리면 그림 8.12와 같다.

그레이 코드순

	00(y'z')	01(y'z)	11(yz)	10(yz')
0(x')	000(x'y'z')	001(x'y'z)	011(x'yz)	010(x'yz')
1(x)	100(xy'z')	101(xy'z)	111(xyz)	110(xyz')

그림 8.12 2x4 카르노 맵

그림 8.12에서 인접해 있는 것 끼리 공통된 변수가 있다는 것은 카르노 맵의 가로에서 01과 11을 보면 y'z, yz로서 z가 공통이다. 예를 들어서 부울함수 f=x'y'z+x'yz를 카르노 맵을 이용하여 간소화 하면 그림 8.13과 같다.

	00(y'z')	01(y'z)	11(yz)	10(yz')
0(x')	0	1	1	0
1(x)	0	0	0	0

행에서는 2개 항 모두 x'가 공통이고 열에서는 y'z+yz 로서 z(y'+y)=z로 z가 공통이다. 그러므로 f=x'z로 간소화 시킬 수 있다. 행과 열에서의 공통변수를 곱으로 표현하면 된다.

그림 8.13 카르노 맵을 이용한 간소화

다른 예로서 $f(x,y,z)=\Sigma(0,1,6,7)$을 카르노 맵으로 간소화 시켜보면 그림 8.14와 같다.

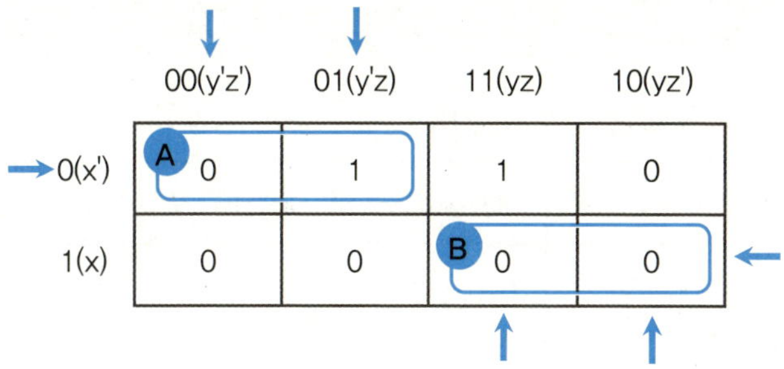

1) A로 묶은 것은 행에서는 2개 항 모두 x'가 공통이고 열에서는 y'z'와 y'z에서 y'가 공통이다. 그러므로 A=x'y'가 나오고
2) B로 묶은 것은 행에서는 2개 항 모두 x가 공통이고 열에서는 yz와 yz' 에서 y가 공통이다. 그러므로 B=xy가 나온다.
3) F=A+B=x'y'+xy가 된다.

그림 8.14 카르노 맵으로 간소화

[예제 8.10] 다음의 부울함수를 간소화 시켜라.

$f(x,y,z) = \Sigma(0,1,4,5,7)$

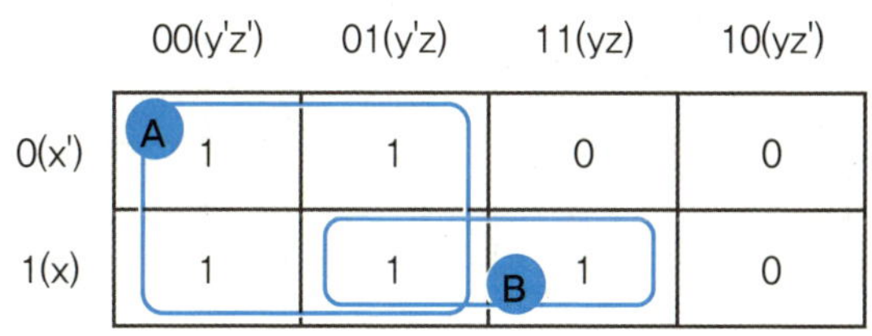

그림 8.15 카르노 맵으로 간소화

풀이 간소화는 A와 B처럼 묶어서, A=y', B=xz가 된다. 그러므로 f=y'+xz 이다.

앞에서는 변수가 3개 있는 것을 간소화 하였다. 지금부터는 변수가 4개 있는 것을 간소화 해보자. 이것에 맞는 사각형이 그림 8.16에 있다.

	00(y'z')	01(y'z)	11(yz)	10(yz')
00(x'w')	0000(w'x'y'z')	0001(w'x'y'z)	0011(w'x'yz)	0010(w'x'yz')
01(x'w)	0100(w'xy'z')	0101(w'xy'z)	0111(w'xyz)	0110(w'xyz')
11(wx)	1100(wxy'z')	1101(wxy'z)	1111(wxyz)	1110(wxyz')
10(wx')	1000(wx'y'z')	1001(wx'y'z)	1011(wx'yz)	1010(wx'yz')

그림 8.16 4x4 카르노 맵

변수가 4개 있는 경우에는 최소항이 16개 이므로 최대 묶을 수 있는 항의 수는 1,2,4,8,16개가 있다. 이 중에서 4개가 묶일 수 있는 몇 가지 예를 보면 그림 8.17과 같다.

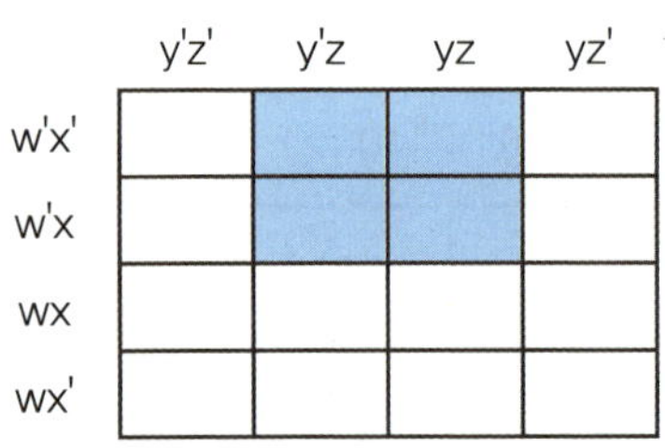

(a) w'z

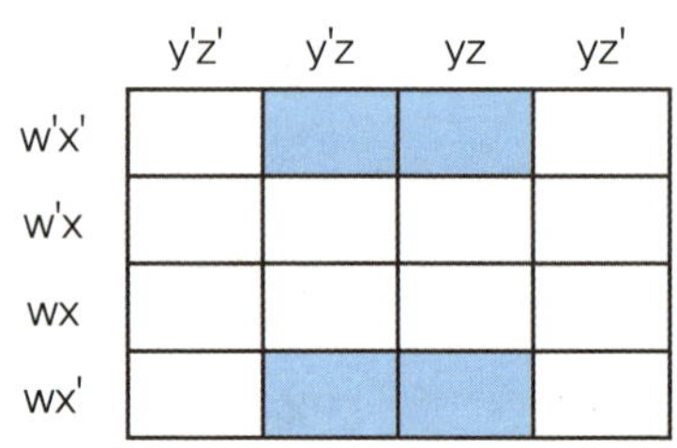

(b) x'z

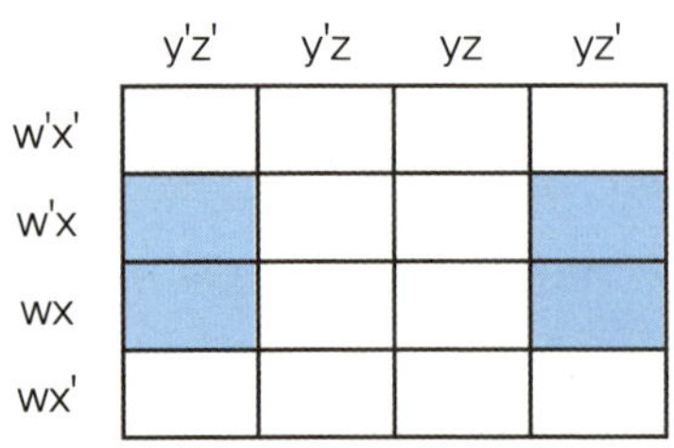

(c) xz'

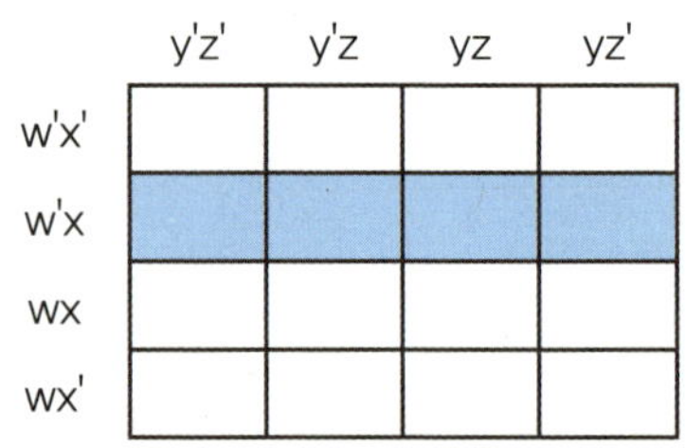

(d) w'x(열에는 공통된 것이 없다)

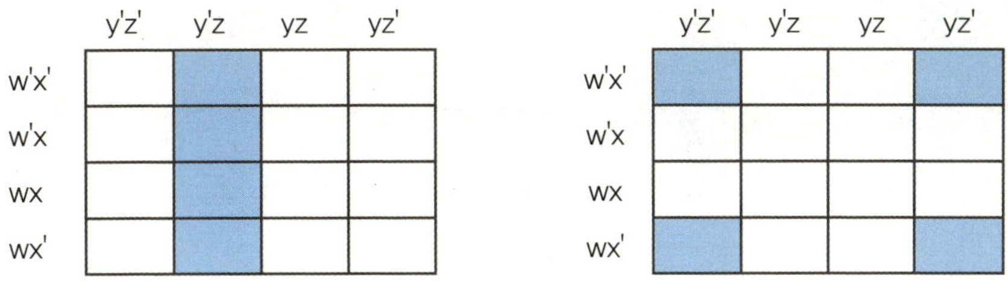

(e) y'z(행에는 공통된 것이 없다) (f) x'z'

그림 8.17 항을 4개씩 묶는 예

[예제 8.11] 다음 부울함수를 간소화 시켜라.

f(w,x,y,z)=Σ(0,1,4,5,7,9,11,13,15)

풀이

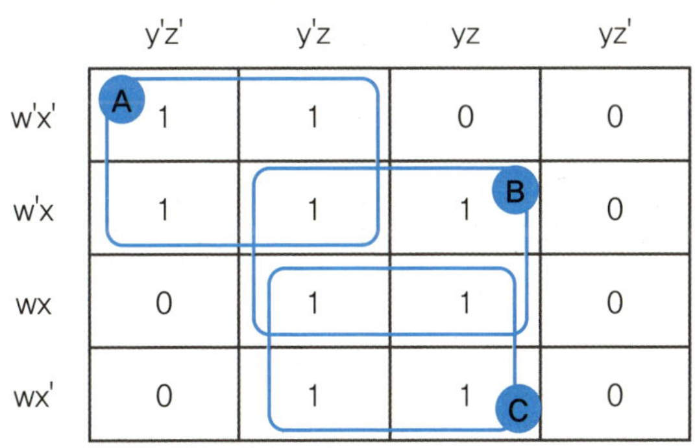

그림 8.18 카르노 맵으로 간소화

간소화는 A, B, C처럼 4개항씩 3개로 묶을 수 있다. 그리고 A=w'y', B=xz, C=wz이므로 f=w'y'+xz+wz가 된다.

[예제 8.12] 다음 부울함수를 간소화 시켜라.

f(w,x,y,z)=Σ(0,1,2,3,9,11,12,13,15)

풀이

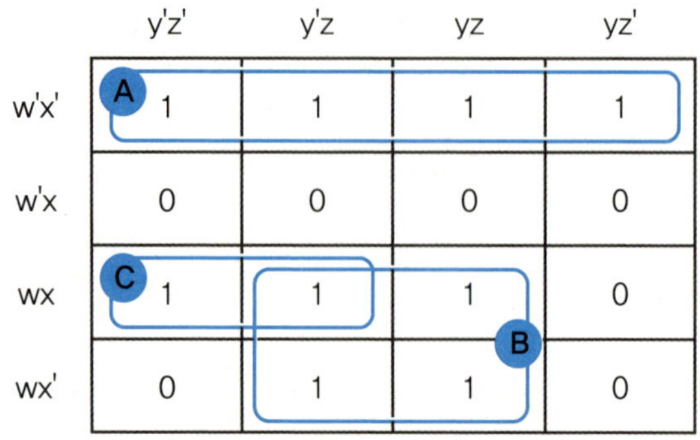

그림 8.19 카르노 맵으로 간소화

간소화는 4개항씩 2개(A,B), 2개항 1개(C)로 묶을 수 있다. 그리고 A=w'x', B=xz, C=wxy'이므로 f=w'x'+xz+wxy'가 된다.

8.5 don't care 조건(don't care conditions)

함수가 특정한 변수의 조합에 대해서 규정되지 않은 경우가 있다. 예를 들어서 0에서부터 9까지의 10진수를 2진수로 나타내기 위해서는 4비트가 필요하다. 그러나 4비트로는 16가지를 나타낼 수 있으므로 6가지는 사용을 하지 않는다. 결과적으로 사용하지 않는 6개는 규정되지 않은 것으로 생각할 수 있다. 이렇게 특정입력에 대하여 출력이 규정되지 않은 함수를 불완전하게 규정된 함수라고 말하며, 이 경우에 규정되지 않은 최소항에는 0또는 1의 어떤 값을 갖든 상관없다. 그래서 이 항을 Don't Care 조건이라고 한다. 이 조건은 부울함수를 간소화하는데 사용한다. 주로 X로 표시하며 간소화 시키는 경우에는 간소화가 최대로 될 수 있는 쪽으로 사용을 한다. 유리하면 1로 사용을 하여 더 간소화를 시키고, 불리하면 0으로 간주하여 버리면 된다. 예를 들어서 3개의 변수를 갖는 부울함수가 f(x,y,z)=Σ(1,3)이고 don't care 조건이 D=Σ(4,5,6,7)인 경우에 부울함수 f를 간소화 하면 그림 8.20과 같다. 간소화는 4개의 Don't Care 항이 있는데 2개만 이용하고 2개는 0으로 간주하여 이용하지 않는다. 만약 4개를 전부 0으로 간주하면 f가 최대한으로 간소화가 되지 않는다. 이렇게 해서 얻은 부울함수는 f=z 이다.

	00(y'z')	01(y'z)	11(yz)	10(yz')
0(x')	0	1	1	0
1(x)	x	x	x	x

그림 8.20 Don't Care 조건의 간소화

[예제 8.13] 다음 부울함수를 간소화 시켜라.

f(w,x,y,z)=Σ(0,1,4,5,7,9,11,13,15)
D(w,x,y,z)=Σ(3,8,10)

풀이

	y'z'	y'z	yz	yz'
w'x'	1	1	x	0
w'x	1	1	1	0
wx	0	1	1	0
wx'	x	1	1	x

그림 8.21 Don't Care 조건의 간소화

간소화는 8개항 1개(A), 2개항 1개(B)로 묶을 수 있다. 그리고 A=z, B=w'y' 이므로 f=z+w'y'가 된다.

8.6 논리회로 설계(design of logic circuits)

부울함수로 표현된 식은 전기전자의 다양한 응용을 위한 조합회로를 설계하는데 이용한다. 이 이외에도 각종의 기본적인 논리 회로를 설계하는데 사용할 수 있다. 조합회로는 메모리를 가지고 있지 않으며 입력이 들어가면 그 입력에 따를 출력이 바로 나온다. 조합회로(combinational circuits)는 기본적인 논리 게이트인 AND, OR, NOT 게이트만으로도 설계가 가능하다. 앞 절에서 부울함수를 간소화하는 과정에 대해서 설명을 하였는데 이것은 회로 설계를 간단하게 하기 위해서 필요한 작업이다. 부울함수 f= x'y+yz를 논리회로로 설계한 것이 그림 8.22와 같다. 2개의 AND 게이트, 1개의 OR 게이트 그리고 1개의 NOT 게이트를 이용하여 설계할 수 있다.

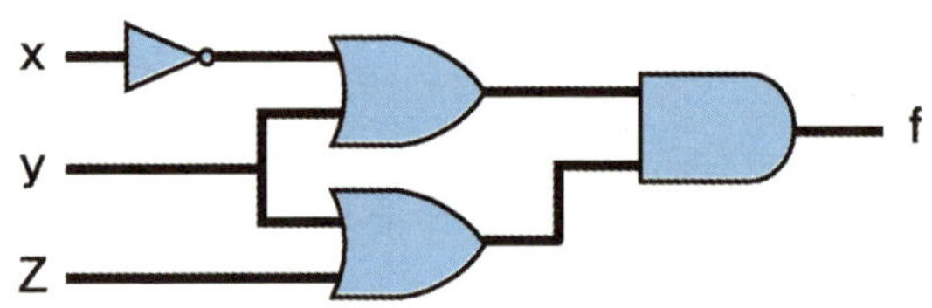

그림 8.22 f= x'y+yz의 논리회로

(1) 반가산기(half adder : HA)

2비트를 더하는 회로를 설계하여 보자. 2개의 입력이 들어가서 더하면 합계(sum)와 자리올림수(carry)가 생긴다. 이 때 더하는 수는 0 또는 1의 2진수이므로 2진수 덧셈을 하는 것과 같다. 덧셈한 결과 합계와 자리올림수는 다음과 같이 0 또는 1이 된다.

0+0=0 (자리올림수가 없음)
0+1=1 (자리올림수가 없음)
1+0=1 (자리올림수가 없음)
1+1=0 (자리올림수가 있음)

반가산기는 단순하게 2개의 비트를 더하는 것으로 바로 전에 올라온 자리올림수는 고려하지 않는다. 이것을 회로로 설계를 하려면 진리표로 작성을 해서 부울 함수를 구해야 한다. 입력 2개를 변수 x와 y라하고 출력으로 합계를 S라 하고 자리올림수를 C라고 하면 진리표는 그림 8.23의 (a)와 같으며, 개략도(block diagram)는 그림 8.23의 (b)와 같다.

x	y	S	C
0	0	0	0
0	1	1	0
1	0	1	0
1	1	0	1

(a) 진리표

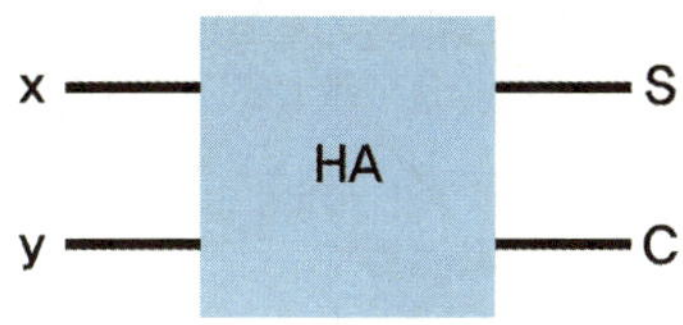

(b) 개략도

그림 8.23 반가산기의 진리표와 개략도

위의 진리표로부터 S=x'y+xy', C=xy를 구할 수 있다. 이것은 더 이상 간소화가 되지 않으므로 그대로 회로로 설계하면 그림 8.24와 같다. (a)는 AND, OR, NOT의 기본 게이트를 이용하여 그린 것이고 (b)는 EX-OR를 이용하여 그린 것이다.

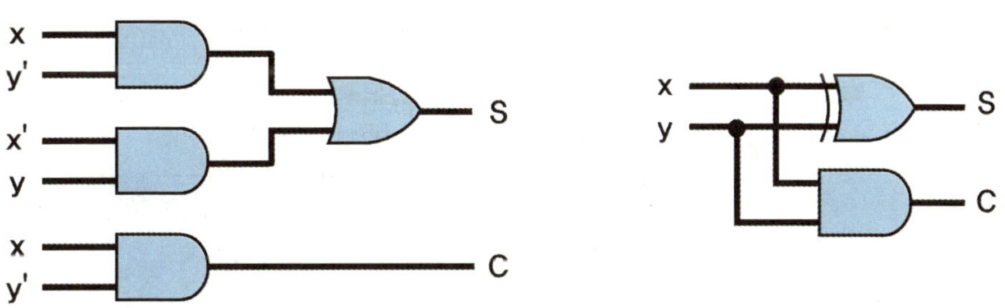

(a) $S = xy' + x'y$
$C = xy$

(a) $S = x \oplus y$
$C = xy$

그림 8.24 반가산기 회로

(2) 전가산기(full adder : FA)

반가산기 회로는 바로 전의 계산결과에 따라 올라온 자리올림수를 고려하지 않으므로 사용이 한정되어 있다. 이것을 고려하여 2개의 입력과 바로전의 자리올림수를 가산기의 입력으로 하는(결국은 3개의 입력을 갖는다) 가산기가 전가산기이다. 출력은 반가산기와 동일하게 합계와 자리올림수를 갖는다. 입력을 x,y라고 하고 전의 자리올림수를 z라고 하면 전가산기의 진리표와 개략도는 그림 8.25와 같다.

x	y	z	S	C
0	0	0	0	0
0	0	1	1	0
0	1	0	1	0
0	1	1	0	1
1	0	0	1	0
1	0	1	0	1
1	1	0	0	1
1	1	1	1	1

(a) 진리표

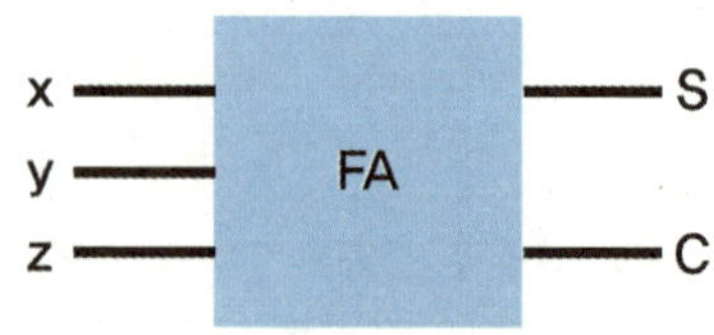

(b) 개략도

그림 8.25 전가산기의 진리표와 개략도

전가산기의 진리표로부터 부울함수를 구하여 카르노 맵으로 간소화하는 과정이 그림 8.26에 있다. 진리표로부터 S(x,y,z)=Σ(1,2,4,7)이고, C(x,y,z)=Σ(3,5,6,7)이 된다.

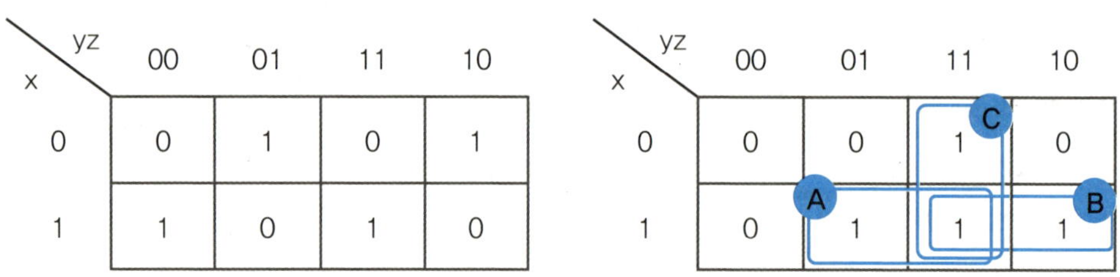

(a) S=x'y'z+x'yz'+xy'z'+xyz (b) C=xz+yz+xy

그림 8.26 전가산기 부울함수의 간소화

합계 S는 간소화가 전혀 안되며, C=xz+yz+xy을 구했다. 이것을 그대로 논리 게이트를 이용하여 그릴수도 있고, 반가산기와 비교하기 위해서 EX-OR 게이트로 설계할 수도 있다. S와 C를 다음과 같이 변경하여 그리면 반가산기와의 관계를 알 수 있다.

$$\begin{aligned} S &= x'y'z+x'yz'+xy'z'+xyz \\ &= z(x'y'+xy)+z'(xy'+x'y) \\ &= z(x\odot y)+z'(x\oplus y) \\ &= z(x\oplus y)'+z'(x\oplus y) \\ &= (x\oplus y\oplus z) \end{aligned}$$

$$\begin{aligned} C &= x'yz+xy'z+xyz'+xyz \\ &= z(x'y+xy')+xy(z'+z) \\ &= z(x\oplus y)+xy \end{aligned}$$

이 S, C의 부울식을 갖고 회로를 설계한 것이 그림 8.27이다. 이 그림에서 보면 전가산기는 반가산기 2개와 OR 게이트로 구성된 것을 볼 수 있다. 다시 말하면 전가산기는 반기산기 2개에 OR게이트 하나로도 가능한 것을 알 수 있다. 그림 8.28에 있다.

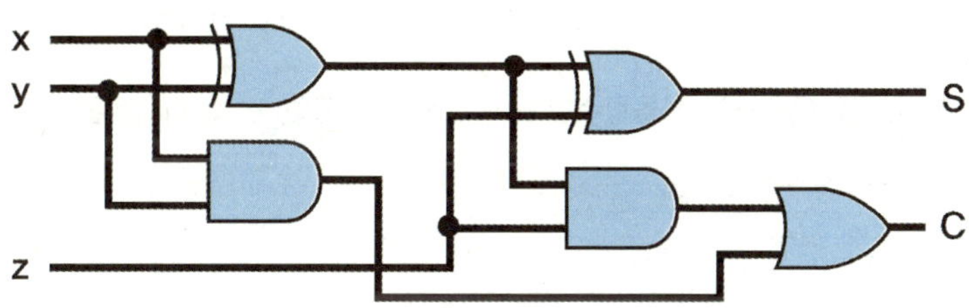

그림 8.27 전가산기 회로

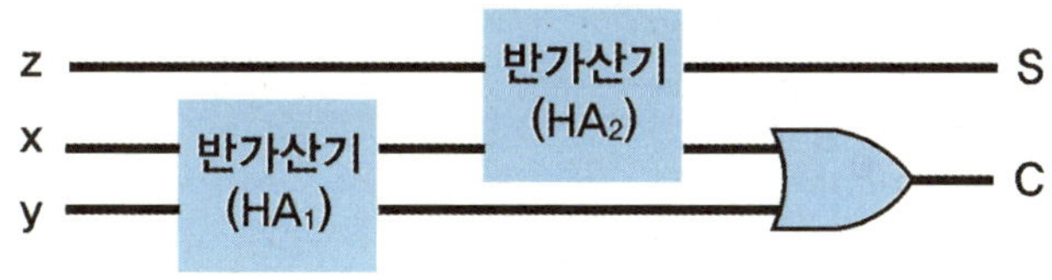

그림 8.28 반가산기를 이용한 전가산기

연습문제

1. **다음 용어를 설명하여라.**
   1) 최소항
   2) 최대항
   3) 조합회로

2. **다음 부울식에 해당하는 진리표를 그려라.**
   1) $(x+y')(x'+y)$
   2) $x'+xy'$
   3) $(x+y)'+(y'+z)'$

3. **다음 부울식의 결과 값을 구하여라.**
   1) $0+1'$
   2) $0'+0\cdot1$
   3) $0\cdot0+1'$
   4) $1\cdot0'+1'\cdot0$
   5) $(1'+0)'\cdot1'$
   6) $(1\cdot0'+0\cdot1)'+0\cdot0'$

4. **다음 부울식이 성립함을 진리표를 그려서 증명하여라.**
   1) $x+x'y=x$
   2) $(x+y+z)'=x'y'z'$

5. **다음의 진리표를 이용하여 부울함수 f를 최소항을 이용한 것과 최대항을 이용한 것을 구하여라.**

x	y	z	f
0	0	0	1
0	0	1	1
0	1	0	1
0	1	1	1
1	0	0	0
1	0	1	1
1	1	0	0
1	1	1	1

6. **다음 부울함수를 간소화 시켜라.**
   1) $f(x,y,z)=\Sigma(1,2,3,5,6,7)$
   2) $f(x,y,z)=\Sigma(0,1,2,3,4,5)$
   3) $f(w,x,y,z)=\Sigma(8,9,10,12,13,14)$
   4) $f(w,x,y,z)=\Sigma(0,1,4,5,10,11,14,15)$
   5) $f(w,x,y,z)=\Sigma(0,1,3,6,7,8)$
   6) $f(w,x,y,z)=\Sigma(0,2,4,8,10,11,14,15)$

7. **다음 Don't Care 조건이 있는 부울함수를 간소화 시켜라.**

1) $f(x,y,z)=\Sigma(0,1)$
   $D(x,y,z)=\Sigma(2,3,6,7)$
2) $f(x,y,z)=\Sigma(2,3)$
   $D(x,y,z)=\Sigma(4,5,6,7)$
3) $f(w,x,y,z)=\Sigma(0,1,2,3,7,10)$
   $D(w,x,y,z)=\Sigma(6,11,14,15)$
4) $f(w,x,y,z)=\Sigma(0,5,10,15)$
   $D(w,x,y,z)=\Sigma(1,2,3,6,7,14)$
5) $f(w,x,y,z)=\Sigma(2,3,8,9)$
   $D(w,x,y,z)=\Sigma(6,7,10,11,12,13,14,15)$
6) $f(w,x,y,z)=\Sigma(4,6,9,11,15)$
   $D(w,x,y,z)=\Sigma(1,5,7,8,10,14)$

8. **반감산기와 전감산기의 회로를 설계하여라.**

C·H·A·P·T·E·R 9

제 9 장
형식언어와 오토마타
(Formal Languages and Automata)

이 장의 인물

Avram Noam Chomsky (1928 ~)
미국태생의 언어학자, 촘스키 문법

John Backus (1924 ~)
미국태생의 수학자, BNF 형식
FORTRAN과 ALGOL 언어 개발에 참여

Peter Naur (1928 ~)
덴마크태생의 천문학자, BNF 형식
ALGOL 언어 개발에 참여

Alan Manthison Turing (19126 ~ 1954)
영국태생의 수학자, 튜링머신

9.1 형식언어(formal languages)

유한상태기계의 연구는 1943년에 Walter Pitts와 Warren S. Mcculloch의 자연 네트워크(netural networks) 조사연구로부터 시작되었다. 오늘날 유한상태기계는 여러 곳에서 사용 예를 볼 수 있다. 교통신호 제어기, 말하는 기계, 자동전화서비스, 자동판매기, 십자형 출입문, 슬롯머신 등에 광범위하게 이용된다. 또한 형식언어 연구에도 많은 도움을 준다. 예를 들면, 입력스트링에 따라서 출력되는 스트링이 맞는지 틀리는지를 확인하는데 이용된다.

형식언어는 컴퓨터 관련 학문에 있어서 매우 중요한 역할을 담당해왔다. 이 분야에 대한 연구는 1956년경 미국의 저명한 언어학자인 노암 촘스키(Noam Chomsky)에 의해 시작되었으며, 그는 자연어(natural language)에 관한 연구와 관련하여 형식언어에 대한 문법(grammar)을 수학적인 모델로서 제시하였다. 형식언어는 우리가 사용하는 자연어와는 달리 이론적인 언어를 말하며, 형식언어에서 기호(symbols)들의 유한집합을 나타내는 알파벳을 Σ(sigma)라고 한다. 그리고 이들 기호들로부터 문자열(string)이 만들어진다. 예를 들어, 알파벳 $\Sigma=\{a, b\}$일 때 aa,bb, abab, bbbaaa 등은 Σ상의 문자열이라고 볼 수 있다. 즉, 언어 A는 문자열로 이루어져 있고 abaa는 A의 단어 또는 문장(sentence)이 된다.

A = abaa

언어란 일반적으로 Σ의 부분집합으로 정의되는데 일반적으로 대문자로 표현된다. $\Sigma=\{a, b\}$일 때 집합 $\{a, b, ab, aabb\}$는 Σ상에서의 언어가 되는데, 그 속에 유한 개의 단어가 있기 때문에 유한 언어(finite language)라고 한다. 한편 $A=\{a^n b^n \mid n \geq 0\}$도 Σ상의 언어이지만 단어의 개수가 무한 개이므로 무한 언어(infinite language)라고 부른다. ab, aabb, aaabbb는 A의 단어이지만 a, b, aa 등은 A에 속하지 않으므로 A의 단어는 아니다.

문자열의 길이는 문자열에 포함된 기호의 수를 말하는데 절대값을 써서 나타낸다. 즉, 문자열의 길이이다. 만일 주어진 문자열이 어떠한 기호도 가지고 있지 않을 때에는 공문자열(empty string)이라 하고 λ(lambda의 소문자)로 나타낸다. 그리고 공문자열을

원소로 하는 집합을 Λ(lambda의 대문자)라 하며 $\Lambda=\{\lambda\}$이다. $\varnothing$는 문자열이 없는 집합을 나타낸다. 만약에 언어 A가 A=aabb 일 때는 $|A|=4$가 된다. 언어 A에서 A=tu 라고 하면 t는 언어 A의 접두사(prefix)가 되고 u는 A의 접미사(suffix)가 된다. 예를 들면, A=readability에서 t=read는 언어 A의 접두사이고 u=ability는 A의 접미사이다. λ는 모든 문자열의 접두사이며, 접미사가 된다.

두 개의 언어 A와 B를 합치는 것을 AB로 나타내며, A, B의 연결(concatenation)이라고 한다. A의 기호 뒤에 B의 기호를 붙이는 것이다. 즉, $A=a_1a_2a_3$이고 $B=b_1b_2b_3$일 때 A와 B의 연결 AB는 다음과 같다.

$$AB=a_1a_2a_3b_1b_2b_3$$

그리고 $|AB|=|A|+|B|=3+3=6$ 이다.

정의 9.1 연결(concatenation)

Σ상의 두 언어를 A, B라고 하고, A와 B의 연결은 AB로 표기하며, $AB=\{ab \mid (a\in A)\wedge(b\in B)\}$이다.

[예제 9.1] $\varnothing$와 Λ(lambda)는 Σ^*의 부분집합이다. $\varnothing$와 Λ의 길이를 구하여라. $\Lambda=\{\lambda\}$이다.

풀이 $\varnothing$는 문자열이 없는 공집합이므로 $|\varnothing|=0$ 이다. Λ는 공문자열을 원소로 하는 집합이므로 $\Lambda=\{\lambda\}$이므로 $|\Lambda|=1$ 이다.

두 개의 언어 A와 B의 연결은 A의 어떤 원소와 B의 어떤 원소를 차례로 연결하였을 때 표현되는 모든 문자열의 집합인데, $AB\neq BA$임으로 순서에 유의해야 한다. 이것을 식으로 나타내면 다음과 같다.

$AB=\{ab \mid a \in A,\ b \in B\}$
$BA=\{ba \mid b \in B,\ a \in A\}$

[정리 9.1]

Σ상의 두 언어를 A, B라고 하고 A와 B의 연결을 AB라 하면 다음이 성립한다.

1) $AB \neq BA$
2) $|AB| \leq |A| \cdot |B|$

언어 A가 n번 반복될 때는 A^n으로 표현하며, 특히 모든 언어 A에 대해 $A^0=\Lambda$가 된다. 여기서 $\Lambda=\{\lambda\}$이다. 또한 $A^1=A$, $A^2=AA$ 그리고 $A^n=A^{n-1}A$가 된다.

[예제 9.2] 두 개의 언어 A와 B가 다음과 같은 경우 두 문자열의 연결 AB와 문자열의 길이 |AB|를 구하여라.

A = ababab
B = aabbaabb

풀이

AB = ababababbaabb
|AB|=14

[예제 9.3] $\Sigma=\{0,1\}$이고, Σ상의 언어 A, B가 $A=\{0,01\}$이고, $B=\{\lambda,1,110\}$ 경우에 AB와 BA를 구하여라.

풀이

$$
\begin{aligned}
AB &= \{ab \mid (a \in A) \wedge (b \in B)\} \\
&= \{0\lambda, 01, 0110, 01\lambda, 011, 01110\} \\
&= \{0, 01, 0110, 01, 011, 01110\} \\
&= \{0, 01, 0110, 011, 01110\}
\end{aligned}
$$

$$
\begin{aligned}
BA &= \{ba \mid (b \in B) \wedge (a \in A)\} \\
&= \{\lambda\ 0, \lambda 01, 10, 101, 1100, 11001\} \\
&= \{0, 01, 10, 101, 1100, 11001\}
\end{aligned}
$$

[예제 9.4] 언어 A를 Σ상의 언어라고 할 때, A∅와 AΛ를 구하여라. 여기서 $\Lambda=\{\lambda\}$ 이다.

풀이

$A\varnothing=\{ab \mid a\in A \wedge b\in \varnothing\}$이며, ∅는 원소를 하나도 가지고 있지 않으므로 ab 연결 연산을 실행할 수 없다. 그러므로 $A\varnothing=\varnothing$가 된다. 또한 $\varnothing A=\varnothing$이다.
$A\Lambda=A\{\lambda\}=\{a\lambda \mid a\in A\}=\{a \mid a\in A\}=A$이다. 다시 말하면 $A\Lambda=A$이고, $\Lambda A=A$이다.

언어 A, B를 집합연산에서와 같이 교집합과 합집합으로 연산을 할 수 있다. A, B의 교집합 A∩B는 A, B에 모두 공통으로 들어있는 원소를 의미하며, 합집합 A∪B는 A, B의 중복된 원소를 제외한 모든 원소가 된다.

[정리 9.2]

Σ상의 두 언어를 A,B,C,D라고 할 때 다음이 성립한다.

1) $A\varnothing=\varnothing=\varnothing A$
2) $A\Lambda=\Lambda A=A$
3) $A(BC)=(AB)C$
4) $A(B\cup C)=AB\cup AC$
5) $(B\cup C)A=BA\cup CA$
6) $A(B\cap C)\subseteq AB\cap AC$

[예제 9.5] $\Sigma=\{a,b,c\}$이고, Σ상의 언어 $A=\{a,ab\}$ 이고, $B=\{b,ab\}$, $C=\{\lambda, bc\}$인 경우에 다음이 성립함을 보여라.

1) $A(B\cup C)=AB\cup AC$
2) $A(B\cap C)\subseteq AB\cap AC$

풀이

$AB=\{ab, aab, abb, abab\}$
$AC=\{a\lambda, abc, ab\lambda, abbc\}$
$\quad=\{a, ab, abc, abbc\}$
$AB\cup AC=\{ab, aab, abb, abab, a, abc, abbc\}$
$AB\cap AC=\{ab, abb\}$
$B\cup C=\{\lambda, b, ab, bc\}$

1) $A(B \cup C) = \{a\lambda, ab, aab, abc, ab\lambda, abb, abab, abbc\}$
$= \{a, ab, aab, abc, ab, abb, abab, abbc\}$
$= AB \cup AC$
이 되어 성립한다.

2) $B \cap C = \varnothing$이므로 $A(B \cap C) = \varnothing$이다. 그러므로 $A(B \cap C) \subseteq AB \cap AC$이 성립한다.

어떤 언어 A의 역은 주어진 기호들을 역으로 나열한 것이며, A^R로 표기한다. 만약 A=abcd라면 그것의 역인 A^R은 A^R=dcba가 된다.

[정리 9.3]

Σ상의 언어 A와 B에 대해서 다음이 성립한다.

1) 언어 A의 길이가 0인 λ 라면 $A^R = A = \lambda$ 이다.
2) 언어 A의 길이가 $|A| = n+1$ 이면 어떤 $a \in \Sigma$에 대해 $A=ua$ 이고 $A^R = (ua)^R$ 이다.
3) $(AB)^R = B^R A^R$

언어 A, B를 연결한 후에 역을 취하는 것은 개별적으로 역을 취한 후에 연결 연산을 하는 것과는 일치하지 않는다. 즉, $(AB)^R \neq A^R B^R$이 된다. 예로서 두 개의 문자열 A=aaab이고 B=cccd라고 하면 $(AB)^R$과 $A^R B^R$은 다음과 같다.

$$
\begin{aligned}
(AB)^R &= (aaabcccd)^R \\
&= dcccbaaa \\
A^R B^R &= (aaab)^R (cccd)^R \\
&= baaadccc
\end{aligned}
$$

여기서 $(AB)^R \neq A^R B^R$임을 알 수 있다. 그렇지만, $(AB)^R = B^R A^R$가 성립됨을 다음과 같이 알 수 있다.

$$
\begin{aligned}
B^R A^R &= (cccd)^R (aaab)^R \\
&= dcccbaaa
\end{aligned}
$$

문자열의 반복은 문자열 A를 n번 반복하여 연결하였을 경우에 A^n으로 표기한다. 여기서 $A^0=0$ 이다.

[예제 9.6] 언어 A가 다음과 같은 경우 A^0, A^3을 구하여라.

A=aaabbb

풀이 $A^0=0$ 이고 A^3=aaabbbaaabbbaaabbb 가 된다.

[예제 9.7] Σ={a,b,c} 이고, Σ상의 언어 A={a,ab,bc} 이고, B={a,bc} 인 경우에 다음을 구하여라.

1) Σ^2
2) A^2
3) B^3

풀이

1) Σ^2 = {ab | a,b∈Σ}
= {aa,ab,ac,ba,bb,bc,ca,cb,cc}
2) A^2 = {ab | a,b∈Σ}
= {aa,aab,abc,aba,abab,abbc,bca,bcab,bcbc}
3) B^2 = {ab | a,b∈Σ}
= {aa,abc,bca,bcbc}
B^3 = {aaa,aabc,abca,abcbc,bcaa,bcabc,bcbca,bcbcbc}

Σ가 알파벳일 때 Σ^*(sigma star)는 λ를 포함하여 Σ상에서의 기호들로부터 만들어지는 모든 문자열을 나타내며, Σ^+(sigma dagger)는 Σ^*에서 λ를 제외한 문자열의 집합을 말한다. 예를 들어, Σ={a,b}일 때 Σ^*, Σ^+는 다음과 같다.

Σ^*={ λ ,a,aa,aab,bba,bab,aaa,aaab,⋯}
Σ^+={a,aa,ab,aab,bba,bab,aaa,aaab,⋯}

정의 9.2 클린 클로우저 A*(Kleene closure)

Σ상의 언어를 A라고 할 때, A의 임의의 반복 연결로부터 얻을 수 있는 문자열을 A^*라고 한다.

$$A^* = \bigcup_{n=0}^{\infty} A^n$$

클린 클로우저 A^*에서 *를 클린 연산자(Kleene operator)라고 하며, A^*에서 A^0을 제외한 것을 포지티브 클로우저(positive closure) A^+로 표기한다.

$$A^* = A^0 \cup A^1 \cup A^2 \cup \cdots \cup A^{n-1}$$
$$A^+ = A^1 \cup A^2 \cup A^3 \cup \cdots \cup A^{n-1}$$

다시 말하면 A^+는 A^*의 부분집합이다.

[정리 9.4]

Σ상의 두 언어를 A, B라고 할 때 다음이 성립한다.

1) $\Lambda \subseteq A$, $\Lambda = \{\lambda\}$
2) $A \subseteq A^*$
3) $A^* A^* \subseteq A^*$
4) 만일 $A \subseteq B$ 이면 $A^* \subseteq B^*$
5) $(A^*)^* = A^*$
6) $(A \cup B)^* = (A^* \cup B^*)^* = (A^* B^*)^*$

[예제 9.8]

Σ={0,1} 이고, Σ상의 언어 A={0}, B={11}, C={000} 인 경우에 다음을 구하여라.

1) A^*
2) B^*
3) C^*

풀이

1) $A=\{0\}$이므로 $A^n=\{0^n\}$ 이다. 그러므로 $A^*=\{0^n \mid n\geq 0\}$ 이다. 다시 말하면, A^*는 하나 이상의 0으로 구성된다.
2) $B=\{11\}=\{1^2\}$, $B^2=BB=\{1111\}=\{1^4\}$, $B^3=\{1^6\}$이므로 $B^n=\{1^{2n}\}$ 이다. 그러므로 $B^*=\{1^{2n} \mid n\geq 0\}$이 된다. 즉, B^*는 1의 개수가 짝수 길이를 갖는 문자열이 된다.
3) $C=\{000\}=\{0^3\}$ 이므로 $C^n=\{0^{3n}\}$ 이다. 그러므로 $C^*=\{0^{3n} \mid n\geq 0\}$ 이다. 즉, C^*는 0의 개수가 3의 배수를 갖는 문자열이 된다.

[예제 9.9] $\Sigma=\{a,b\}$이고, 다음의 Σ상의 언어에 대한 문자열을 구하여라.

1) $\{a,b\}^*\{b\}$
2) $\{a\}\{a,b\}^*$
3) $\{a\}\{a,b\}^*\{b\}$
4) $\{a,b\}^*\{b\}^*$

풀이

1) $\{a,b\}^*$는 λ를 포함하여 문자 a와 b를 포함하는 모든 문자열이 된다. $\{b\}$는 b만을 포함한다. 그러므로 $\{a,b\}^*\{b\}$는 b를 접미사로 하는 a와 b를 포함한 모든 문자열이 된다.
2) 1번과 비슷하게 $\{a\}\{a,b\}^*$는 a를 접두사로 하는 a와 b를 포함한 모든 문자열이 된다.
3) $\{a\}\{a,b\}^*\{b\}$는 a를 접두사로, b를 접미사로 하고 a와 b를 포함하는 모든 문자열이 된다.
4) $\{b\}^*$가 무한 개의 b를 가지므로 $\{a,b\}^*\{b\}^*$는 접미사로 b를 무한 개 갖는 a와 b를 포함하는 모든 문자열이 된다.

9.2 문법(grammars)

형식언어는 언어학자인 노암 촘스키(Noam Chomsky)가 문법을 수학적인 모델로 제안한 이후 급속한 발전을 이루어왔다. 이 문법은 여러 가지 프로그래밍 언어를 위한 컴파일러에 직접 응용되었으며, 그 후 개발되는 언어는 이 문법의 영향을 많이 받았다. 그 당시 개발된 ALGOL과 같은 컴퓨터 프로그래밍 언어는 문맥자유 문법(context-free grammar)으로 되어 있다. 여기서 말하는 문법은 우리가 사용하는 자연어에서의 문법을 말하는데 모든 언어가 그렇듯이 한글이나 영어의 경우에도 부정확하고 애매한 경우가 상당히 많다. 그러나 컴퓨터에서 쓰이는 문법에는 어느 한 부분이라도 애매한 부분이 있어서는 안 된다. 다시 말하면, 애매성이 배제되어야 하며 일정한 규칙을 따라 엄밀하게 정의되어야 한다. 예를 들면, 영문법은 어떤 영어문장이 올바르게 작성되었는지의 여부를 판정하는 기준이 된다. 영문법의 예를 들어보면 그림 9.1과 그림 9.2와 같이 영어 문장에서는 명사절 다음에 서술어가 와야 한다.

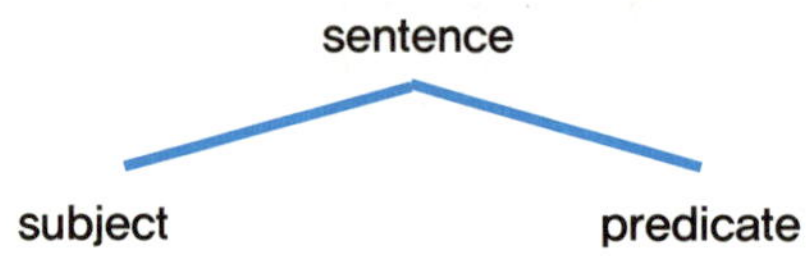

그림 9.1 영어문장의 트리표현

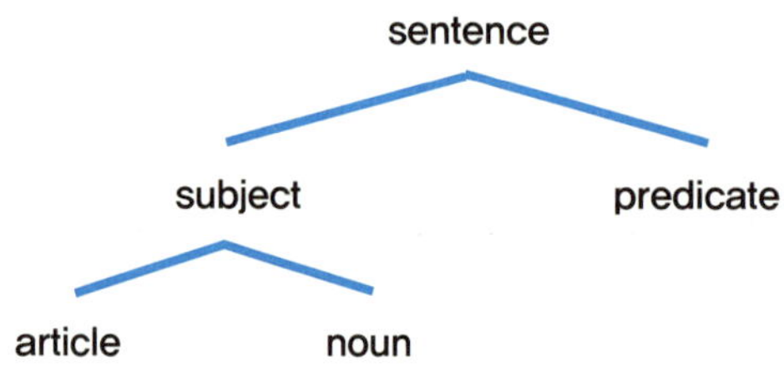

그림 9.2 영어문장의 트리표현

문장을 트리로 표현했을 경우 잎노드는 터미널 기호(terminal symbol)이다. 예를 들어서 터미널 기호가 T={the, child, drinks, juice, quickly}일 경우를 트리로 작성해 보면 그림 9.3에서 그림 9.5까지와 같다. 이런 터미널 기호가 곧 영어문장이 된다.

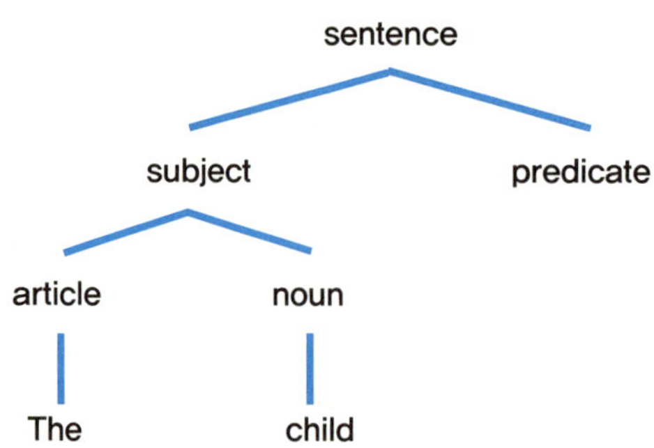

그림 9.3 the child drinks juice quickly의 트리 표현

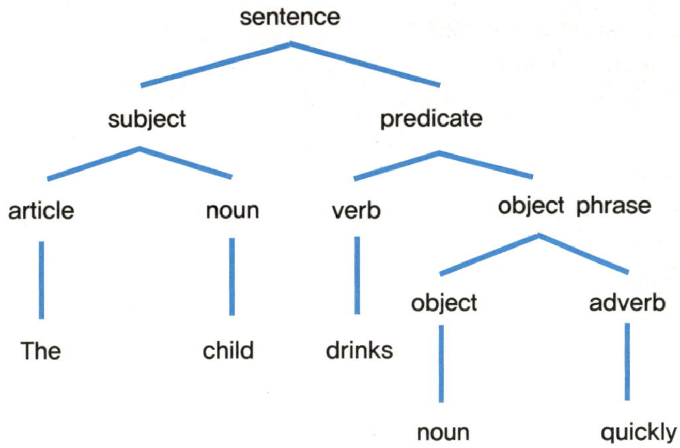

그림 9.4 the child drinks milk quickly의 트리 표현

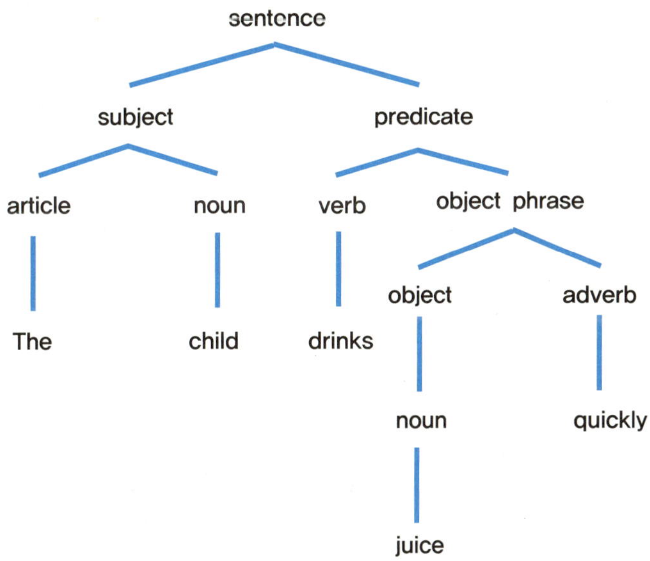

그림 9.5 the child drinks juice quickly의 트리 표현

이 트리에서 내부노드는 넌터미널(nonterminal)을 나타내며, 일반적으로 N으로 표기한다. N={sentence, subject, predicate, article, noun, object, verb}이다. 넌터미널은 괄호 〈 〉으로 나타낸다. 예를 들면, sentence는 〈sentence〉로 나타낸다. 또한 트리의 루트는 시작기호(start symbol)이라고 부르며, 넌터미널로서 σ (sigma)로 표기한다.

영어문장 'the child drinks juice quickly'를 생성하는 과정을 보면 다음과 같은 생성규칙(production rule)으로부터 유도된다.

⟨setence⟩→⟨subject⟩⟨predicate⟩
⟨subject⟩→⟨article⟩⟨noun⟩
⟨article⟩→ the
⟨noun⟩→ child
⟨noun⟩→ juice
⟨predicate⟩→⟨verb⟩⟨object phrase⟩
⟨verb⟩→ drinks
⟨object⟩→⟨object⟩⟨adverb⟩
⟨object⟩→⟨noun⟩
⟨adverb⟩→ quickly

이러한 생성규칙에 따른 문장의 유도를 구문론(syntax)이라고 한다. 모든 생성규칙이 다 올바른 문장만을 생성하는 것은 아니다. 어떤 경우에는 문법적으로 이치에 맞지 않는 문장을 생성할 수도 있다. 예를 들어, 틀린 문장 'the juice drinks child quickly'를 생성하는 과정이 그림 9.6에 있다.

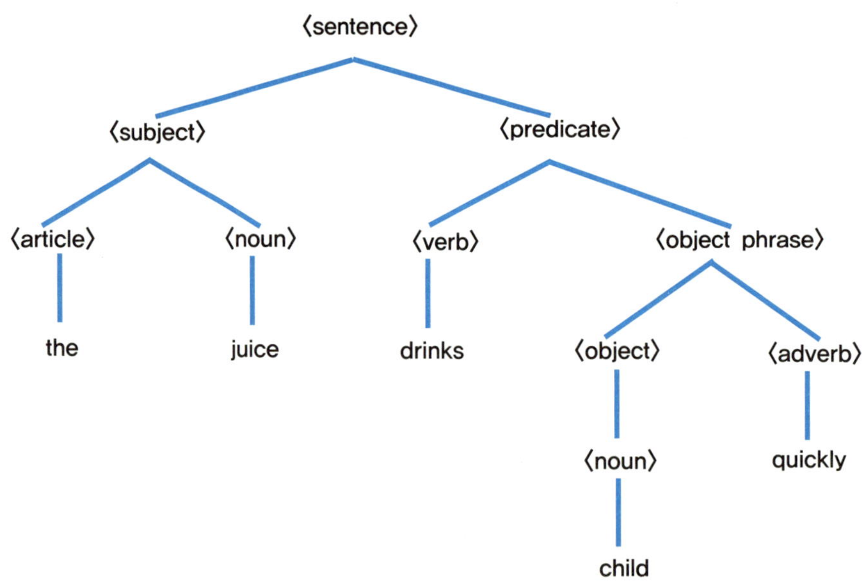

그림 9.6 틀린 영어문장의 트리 표현

이렇게 구문론적으로 문장이 맞는지 틀리는지를 구별하는 것은 컴퓨터분야에서는 아주 중요하다. 프로그램을 실행하기 전에 컴파일러가 그 문장이 문법적으로 올바른지 틀리는지를 생성되는 트리를 이용하여 검사를 한다. 이런 과정을 파싱(parsing)한다고 하며, 이런 트리를 파스트리(parse tree)라고 한다. 문장을 형성하기 위한 구나 구문에 대한 문법(phrase-structure grammars) G는 다음과 같은 4개의 순서쌍(quadruple)으로 정의된다.

$$G = (N, T, P, \sigma)$$

여기서 N은 유한 개의 넌터미날 기호들의 집합이며, 일반적으로 대문자 알파벳으로 표현한다. T는 터미널 기호로 유한집합이며, 소문자 알파벳으로 표현한다. P는 생성규칙(production rule)을 나타내는 유한집합으로 다음과 같이 나타낸다.

$$A \rightarrow W_1W_2 \cdots W_n$$

A는 넌터미날이고 $W_1W_2 \cdots Wn$는 유한한 길이의 터미널 또는 넌터미날 기호이다. σ는 시작기호로서 넌터미널에 속하며 시작을 나타낸다.

정의 9.3 문법(grammars)

문법 G는 다음과 같은 4개의 항으로 정의된다.

$G = (N, T, P, \sigma)$

- N은 유한 개의 넌터미날 기호들의 집합이며, 일반적으로 대문자 알파벳으로 표현한다.
- T는 터미널 기호로 유한집합이며, 소문자 알파벳으로 표현한다. 여기서 $N \cap T = \varnothing$이다.
- P는 생성규칙(production rule)을 나타내는 유한집합으로 P는
  $A \rightarrow W_1W_2 \cdots W_n$
  과 같이 표현하며, A는 넌터미널이고 $W_1W_2 \cdots W_n$는 유한한 길이의 터미널 또는 넌터미널 기호이다.
- σ는 시작기호로서 넌터미널에 속하며 시작을 나타낸다.

[예제 9.10] 문법 G = (N, T, P, σ)에서 N={σ,A}, T={a,b,c} 이고, P={$\sigma \rightarrow ab\sigma$, $\sigma \rightarrow aA$, $A \rightarrow c$} 이다. 이 문법에서 $\sigma \rightarrow ab\sigma$ 은 반복적이다. 즉, $\sigma \rightarrow abab\sigma$, $\sigma \rightarrow ababab\sigma$ 가 된다.

주어진 여러 가지 생성규칙들을 적용함으로써 많은 문자열들을 생성한다. 이렇게 생성된 문자열의 집합은 문법의 생성규칙을 반복적으로 적용하여 유도된 것으로 언어(language)라고 하며, L(G)로 표기한다.

정의 9.4 유도(derivation)

유도한다는 것은 기호 ⇒으로 표기하며, w⇒x일 때 w는 x를 유도한다. 또는 x는 w로부터 유도된다고 표현한다. 만약 $\alpha \rightarrow \beta$인 생성규칙이 존재하고 $w \rightarrow u\alpha v$가 있을 때 $w \Rightarrow u\beta v$로 표현된다. 다시 말하면 주어진 어떤 문자열에 어느 생성규칙을 적용하여 다른 문자열로 바꾸는 것을 나타낸다.
$w_1 \Rightarrow w_2 \Rightarrow \cdots \Rightarrow w_n$으로 유도될 때 이것을 $w_1 \Rightarrow w_n$이라고 표현하는데 이때 w_n은 w_1으로부터 유도된다고 한다.

정의 9.5

문법 G=(N,T,P,σ)일 때, 이 문법으로부터 유도된 언어를 L(G)로 표기한다. L(G)={$w \in T^* \mid L \Rightarrow^* w$}가 된다.
또한 $L \Rightarrow^* w$에서 $(N \cup T)^*$에 속하면 w를 문장형식이라고 하며, w가 T^*에 속하는 경우에는 w를 문장이라고 한다.

[예제 9.11] 문법 G=(N,T,P,σ)에서 N={σ}, T={a,b}, P={$\sigma \rightarrow a\sigma b$, $\sigma \rightarrow \lambda$}인 경우에 유도되는 문장을 구하여라.

풀이 $\sigma \Rightarrow a\sigma b \Rightarrow aa\sigma bb \Rightarrow aaa\sigma bbb \Rightarrow aaabbb$가 되므로 $\sigma \Rightarrow aaabbb$로 표현한다. 이러한 경우 유도되는 문장은 aaabbb이고, 문장형식은 유도되는 중간과정인 $aa\sigma bb$ 등이 된다. 유도되는 문장은 aaabbb 이외에도 훨씬 더 많이 구할 수 있다. 이것을 일반적인 형식으로 표현하면 $\sigma \Rightarrow a^n\sigma b^n \Rightarrow a^nb^n$가 된다. 마지막에는 $\sigma \rightarrow \lambda$ 를 적용했다. 즉, 유도되는 문장의 형식은 a^nb^n의 형태를 가진 문자열들만 유도된다.

[예제 9.12] 문법 G=(N,T,P,σ)에서 $L=\{a^n b^{n+1} \mid n \geq 0\}$을 생성하는 문법을 만들어라.

풀이 우선 생성규칙 P를 구해보면

$\sigma \rightarrow Ab$
$A \rightarrow aAb$
$A \rightarrow \lambda$

이다. N={σ,A}, T={a,b}가 되며 생성규칙으로부터 유도되는 과정은 $\sigma \Rightarrow Ab \Rightarrow aAbb \Rightarrow aaAbbb \Rightarrow aaaAbbbb \Rightarrow \cdots \Rightarrow a^n b^{n+1}$이 된다.

컴퓨터 프로그램언어의 구문론을 기술하기 위해서 많이 사용되는 것이 BNF(Backus-Normal form 또는 Backus-Naur form)이다. 이 표현법은 1963년에 컴퓨터 프로그래밍 언어 ALGOL60을 기술하기 위해서 John Backus와 Peter Naur에 의해서 사용되었다. 지금은 프로그래밍 언어를 기술하는데 유용하게 이용된다. 이 표현법은 문법의 생성규칙에서 →를 ::=로 사용한다. 그래서 $\sigma \rightarrow A$를 σ::=A로 표현하며, $\sigma \rightarrow A_1$, $\sigma \rightarrow A_2$, $\sigma \rightarrow A_3$의 표현은 σ::=$A_1 \mid A_2 \mid A_3$으로 나타낸다. 생성규칙이 앞의 문법 G보다 간략화 되고 알아보기 쉬운 표현 방법이다. 예를 들어서 문법의 생성규칙이 다음과 같은 경우

⟨setence⟩→⟨subject⟩⟨predicate⟩
⟨subject⟩→⟨article⟩⟨noun⟩
⟨predicate⟩→⟨verb⟩⟨object⟩
⟨object⟩→⟨article⟩⟨noun⟩
⟨article⟩→ a
⟨article⟩→ the
⟨noun⟩→ hare
⟨noun⟩→ tortoise
⟨noun⟩→ race
⟨verb⟩→ beats
⟨verb⟩→ wins

이것을 컴퓨터 프로그래밍 언어에서 많이 이용되는 BNF 형태로 표현하면 다음과 같다.

⟨setence⟩::=⟨subject⟩⟨predicate⟩
⟨subject⟩::=⟨article⟩⟨noun⟩
⟨predicate⟩::=⟨verb⟩⟨object⟩
⟨object⟩::=⟨article⟩⟨noun⟩
⟨article⟩::= a | the
⟨noun⟩::= hare | tortoise | race
⟨verb⟩::= beats | wins

다른 예로서 컴퓨터에서 많이 이용되는 숫자의 표현 중에서 정수와 실수가 있는데 정수를 생성하기 위한 BNF는 다음과 같다.

⟨integer⟩::=⟨signed integer⟩ | ⟨unsigned integer⟩
⟨signed integer⟩::=⟨sign⟩⟨unsigned integer⟩
⟨sign⟩::= + | −
⟨unsigned integer⟩::=⟨digit⟩ | ⟨digit⟩⟨unsigned integer⟩
⟨digit⟩::= 0 | 1 | 2 | 3 | 4 | 5 | 6 | 7 | 8 | 9

위의 BNF로부터 컴퓨터에서 사용되는 어떠한 정수도 생성이 가능하다. 예로서 이 BNF로부터 정수 −586을 생성하는 과정을 트리로 그리면 그림 9.7과 같다.

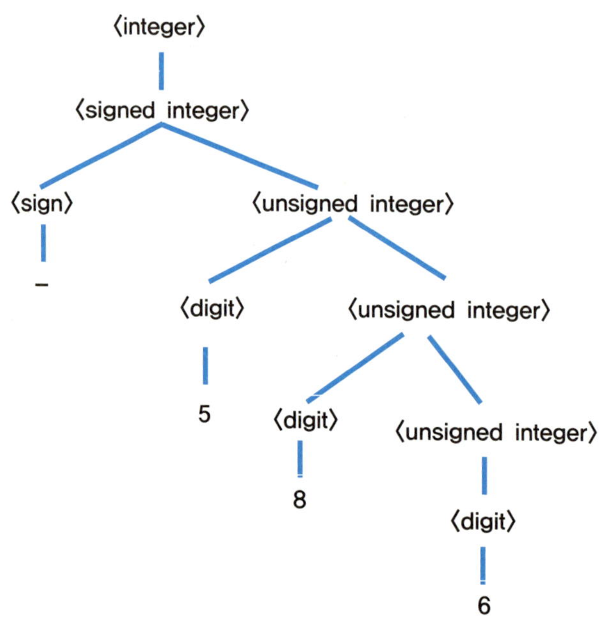

그림 9.7 −586을 구하는 트리

[예제 9.13] 위의 정수를 생성하는 BNF를 문법 G=(N,T,P,σ}로 표현하여라.

풀이

- N={integer, signed integer, unsigned integer, sign, digit}
- T={+,−,0,1,2,3,4,5,6,7,8,9}
- 생성규칙 P는

⟨integer⟩→⟨signed integer⟩ | ⟨unsigned integer⟩
⟨signed integer⟩→⟨sign⟩⟨unsigned integer⟩
⟨sign⟩→ + | −
⟨unsigned integer⟩→⟨digit⟩ | ⟨digit⟩⟨unsigned integer⟩
⟨digit⟩→ 0 | 1 | 2 | 3 | 4 | 5 | 6 | 7 | 8 | 9

- 시작기호 σ 는 ⟨integer⟩이다.

형식언어의 선구자인 촘스키는 문법 G=(N,T,P,σ}를 4가지로 분류하였다. 여기서 A,B∈N이고 $\alpha, \alpha', \beta \in (N \cup T)^*$이다. 여기서 α, α', β는 넌터미널, 터미널 또는 널(null)이 될 수가 있다.

1) Type 0 문법(무제한문법 : unrestricted grammar)
   생성규칙에 어떤 제한도 없는 문법
2) Type 1 문법(문맥의존문법 : context-sensitive grammar)
   모든 생성규칙이 $\alpha A \alpha' \rightarrow \alpha \beta \alpha'$를 만족하는 문법. 즉, $\alpha \rightarrow \beta$에서 β의 길이가 α의 길이보다 길다. $|\alpha| \le |\beta|$이다.
3) Type 2 문법(문맥자유문법 : context-free grammar)
   모든 생성규칙이 $A \rightarrow \alpha$를 만족하는 문법.
4) Type 3 문법(정규문법 : regular grammar)
   ① 우선형(right linear) : 모든 생성규칙이 A→t 또는 A→tB를 만족하는 문법. t∈T
   ② 좌선형(left linear) : 모든 생성규칙이 A→t 또는 A→Bt를 만족하는 문법. t∈T

문법은 숫자가 많아질수록 제한도 많아지며, 이들의 포함 관계는 해당 언어들의 포함 관계로 이어져서 그림 9.8과 같이 촘스키 계층구조를 형성한다.

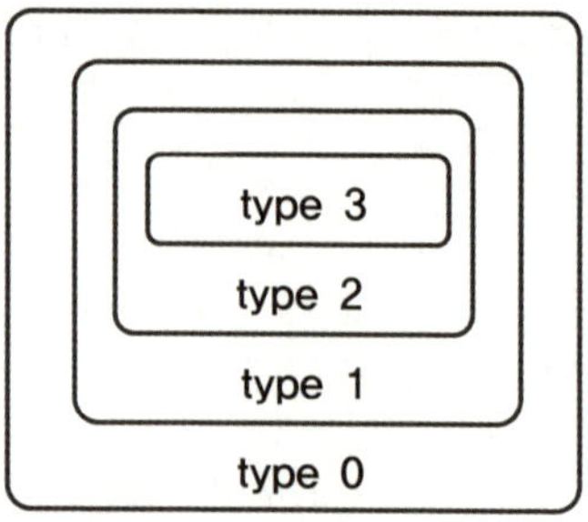

그림 9.8 촘스키 문법의 계층구조

[예제 9.14] 문법 G=(N,T,P,σ)에서 N={σ,A,B,C}, T={a,b,c}인 경우 생성규칙은 다음과 같다. 어떤 문법인지를 구하여라.

1) σ → A, CB → BC
A → aABC bB → bb
A → abC bC → b

2) σ → A, CB → BC
A → aABC bB → bb
A → abC bC → bc
cC→ cc

3) σ → A,
A → aAb
A → ab

4) σ → 1B,
A → 1B
B → 0A
σ → 1
A → 1

풀이

1) Type 0 무제한문법이다. 생성규칙 bC →b가 문맥의존 문법의 조건인 $\alpha \to \beta$에서 β의 길이가 α의 길이와 같거나 길다는 $|\alpha| \le |\beta|$에 위반되므로 문맥의존문법이 아니다. 그러므로 무제한 문법이다.
2) Type 1 문맥의존문법이다. 생성규칙 CB →BC, bB →bb, bC →bc, cC →cc이 문맥자유문법의 조건인 모든 생성규칙이 $A \to \alpha$를 만족해야 한다는 것에 위배되므로 문맥자유문법이 아니고 문맥의존문법이다.
3) Type 2 문맥자유문법이다. 생성규칙 A→aAb에서 넌터미널 A의 오른쪽에 터미널 a가 있으므로 정규문법은 아니고 문맥자유문법이다.
4) Type 3 정규문법(우선형)이다.

[예제 9.15] 문법 G=(N,T,P,σ)에서 N={σ,A,B}, T={a,b}인 경우 생성규칙은 다음과 같다. 어떤 문법인지를 구하여라.

1) $\sigma \rightarrow aA$
   $A \rightarrow bA$
   $A \rightarrow a$
2) $\sigma \rightarrow a\sigma$
   $\sigma \rightarrow Aa$
   $A \rightarrow b$

풀이

1) 우선형 정규문법이다.
2) 생성규칙 $\sigma \rightarrow Aa$에서 넌터미널 기호 A의 오른쪽에 터미널 기호 a가 있고, 생성규칙 $\sigma \rightarrow a\sigma$ 에서는 넌터미널 기호 σ 의 왼쪽에 터미널 기호 a가 있으므로 정규문법은 아니고 모든 생성규칙이 $A \rightarrow \alpha$ 를 만족하므로 문맥자유문법이다.

[예제 9.16] 문법 G=(N,T,P,σ)에서 N={σ,A,B,C}, T={a,b,c}인 경우 생성규칙은 다음과 같을 때 생성되는 언어 L(G)를 구하여라.

1) $\sigma \rightarrow aCa$
   $C \rightarrow aCa$
   $C \rightarrow b$
2) $\sigma \rightarrow aA$, $C \rightarrow aC$
   $A \rightarrow aB$, $C \rightarrow a$
   $B \rightarrow bC$, $A \rightarrow bC$
3) $\sigma \rightarrow A$
   $A \rightarrow ab$
   $A \rightarrow aAb$

풀이

1) $L(G)=\{a^n ba^n \mid n \geq 1\}$ 이다. 문맥자유문법이다(그림 9.9).
2) $L(G)=\{a^n ba^m \mid m,n=1,2\cdots\}$ 이다. 정규문법이다(그림 9.10).
3) $L(G)=\{a^n b^n \mid n \geq 1\}$ 이다. 문맥자유문법이다(그림 9.11).

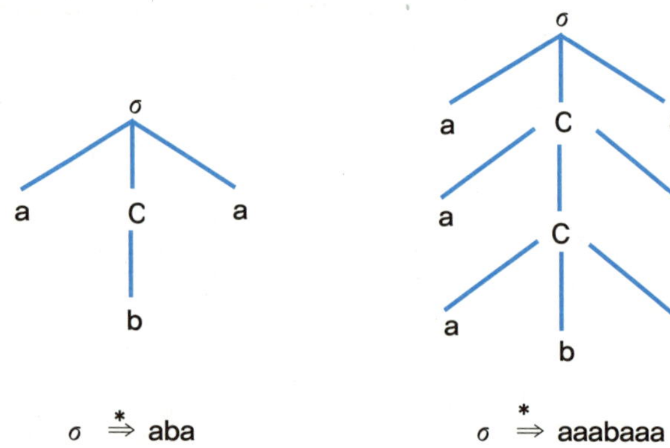

그림 9.9 생성되는 언어 L(G)

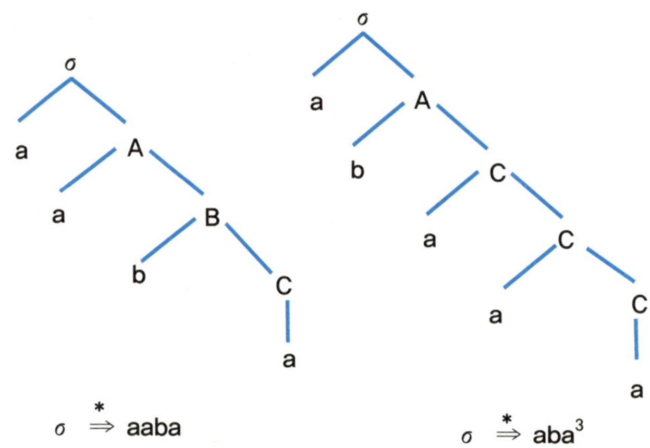

그림 9.10 생성되는 언어 L(G)

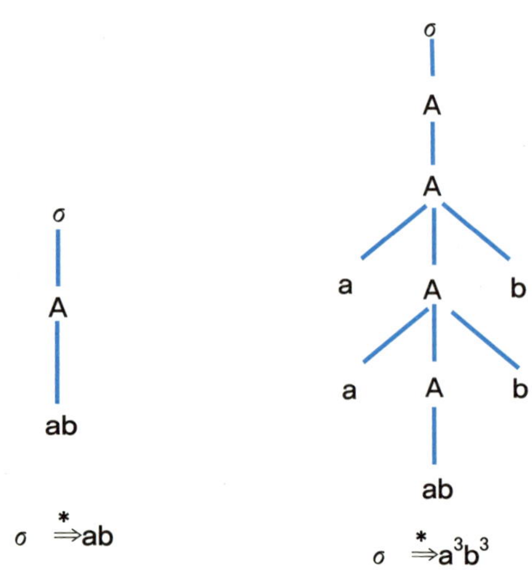

그림 9.11 생성되는 언어 L(G)

문법 G는 Type 0 문법, Type 1 문법, Type 2 문법 그리고 Type 3 문법으로 나누어 볼 수 있는데, 이러한 문법으로부터 생성된 언어가 Type 0 문법으로부터 유도된 언어라면 Type 0 언어라고 한다. 마찬가지로 Type 3 문법으로부터 만들어진 언어는 Type 3 언어라고 한다.

정의 9.6 Type i 언어(Type i language)

언어 L(G)가 Type i 문법으로부터 생성되는 경우 그 언어 L(G)를 Type i 언어라고 한다. 다시 말하면 Type 3 문법(정규문법)으로부터 생성된 언어 L(G)는 Type 3언어 또는 정규언어(regular language)라고 하며, Type 2 문법(문맥자유문법)으로부터 생성된 언어 L(G)는 Type 2언어 또는 문맥자유언어라고 한다. 그리고 Type 1 문법(문맥의존문법)으로부터 생성된 언어 L(G)는 Type 1언어 또는 문맥의존언어라고 한다.

문법 G=(N,T,P,σ)로부터 생성되는 인이 L(G)의 유도트리(derivation tree)가 2개 이상 존재하면 그 문법은 애매모호(ambiguous)하다고 한다. 그리고 이 문법을 애매모호 문법(ambiguous grammar)이라 한다. 예를 들어서 다음의 문법 G가 간단한 산술식 (a+b−d)를 나타낼 때, 유도되는 트리는 그림 9.12와 같이 2가지가 있다. 그래서 문법 G는 애매모호한 문법이다.

〈expression〉::=〈expression〉〈sign〉〈expression〉 | 〈letter〉
〈sign〉::=+ | −
〈letter〉::=a | b | c | d | … | z

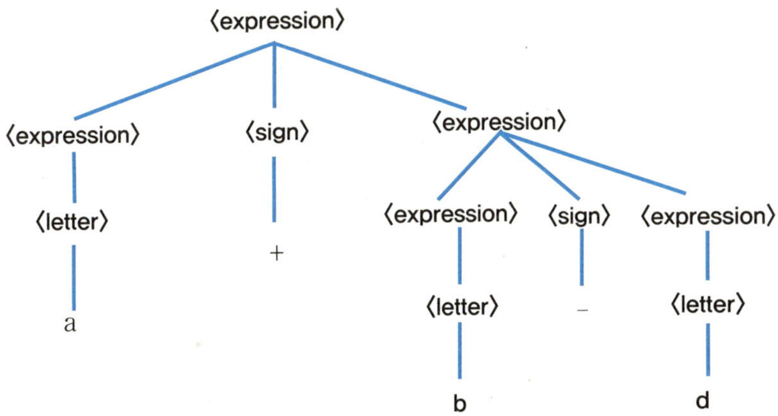

(a) (a+b−d)를 표현

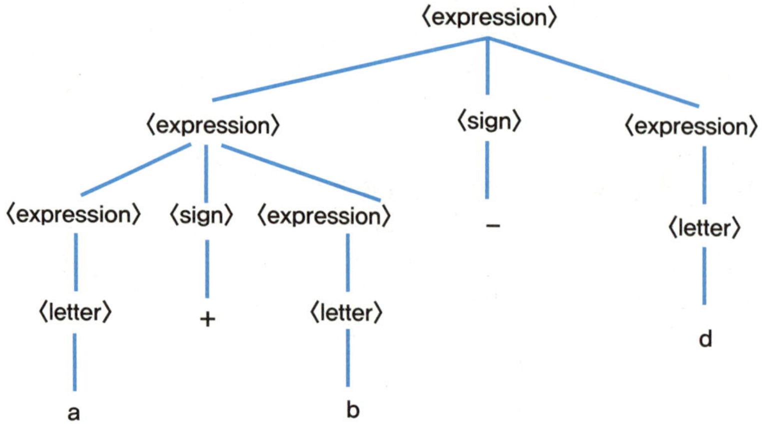

(b) (a+b−d)를 표현

그림 9.12 산술식 a+b−d를 트리로 표현

9.3 유한상태오토마타(finite-state automata)

오토마타(automata)란 디지털 컴퓨터의 수학적인 모델인 오토마톤(automaton)의 복수형으로서 자동기계 장치란 뜻을 가지고 있다. 우리가 오토마타를 배우는 중요한 이유는 첫 번째로는 오토마타이론을 통하여 컴퓨터의 작동의 원리를 보다 정확하게 이해함으로써 하드웨어나 소프트웨어 각 분야에 대한 이론적인 지식을 넓힐 수 있다. 또한 날로 다양해지고 복잡해져가는 컴퓨터와 이와 관련된 학문 연구에 있어서 보다 포괄적인 통찰력을 제공해 줄 것이다. 두 번째로는 오토마타이론을 응용하여 디지털 컴퓨터의 설계, 프로그래밍 언어, 컴파일러, 통신, 신경망 등의 다양한 분야에 직접 활용할 수 있다. 특히 컴퓨터 분야에서는 컴파일러나 프로그래밍 언어를 정확하게 이해하기 위해서는 오토마타 이론의 이해가 필수적이라 하겠다.

이 절에서는 입력을 받아들이는 추상적인 형태의 자동기계에 대해서 설명한다. 때때로 우리는 어떤 입력을 받아들여야 하는가 하는 문제에 직면한다. 이런 경우에 유한상태기계가 효과적인 답을 우리에게 준다. 컴퓨터 프로그램에서 주어진 입력이 프로그램 언어에 맞는지를 결정하는 단계를 제공한다. 따라서 유한상태기계는 언어 인식기(language recognizers)로 알려져 있으며, 컴파일러의 개발에 중요한 역할을 한다. 예를 들어서 그림 9.13의 방향그래프에서 문자 {a,b}로부터 유도되는 입력문자열이 abba를 부분문자열(substring)로 포함하는지를 알아보자. 다시 말하면 방향그래프에서 유도되는 문자들을 L(G)라고 하면 abba가 L(G)의 부분집합이 되는가를 알아보는 것이다.

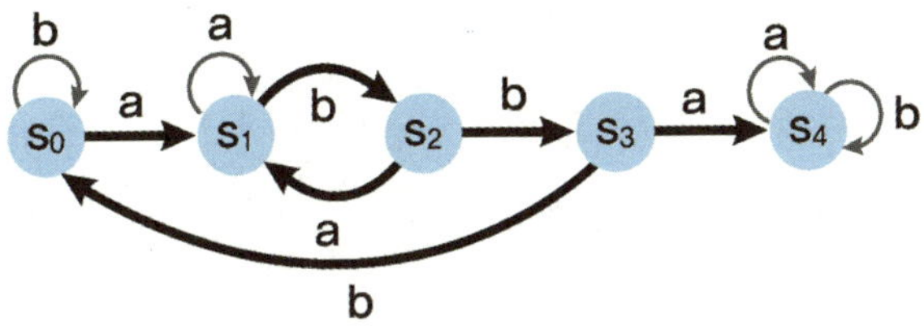

그림 9.13 언어 L(G)의 방향그래프

그림 9.13에서 문자열 abba는 정점 s_0-s_1-s_2-s_3-s_4로부터 유도된다. 즉, 경로가 s_0-s_1-s_2-s_3-s_4가 된다. s_4가 터미널이 된다. 또 다른 문자열 bababba는 경로가 s_0-s_0-s_1-s_2-s_1-s_2-s_3-s_4가 되며, 터미널은 s_4가 된다.

그림 9.13의 방향그래프를 유한상태오토마톤(finite-state automaton)이라고 한다. 위에서 문자열 abba가 유도되는 경로 s_0에서 s_4까지를 오토마톤의 상태라고 한다. s_0은 시작상태(initial state)이고, s_4는 수용상태(accepting states)또는 마지막 상태(final states)이다. 따라서 문자열 abba는 부분문자열이므로 받아들인다. 방향그래프는 기계의 상태전위를 나타낸다. 예를 들면, 오토마톤이 s_2 상태에 있고 입력이 a라면 오토마톤은 상태를 s_1로 바꾼다. 그러므로 이 방향그래프는 유한상태오토마톤의 전이도(transi- tion diagram)이다. 전이도에서 시작상태는 그림 9.14 (a)와 같이 화살표를 이용해서 나타내며, 수용상태(마지막상태)는 (b)와 같이 2개의 원으로 나타낸다. 그림 9.15는 그림 9.13의 방향그래프를 전이도로 나타낸 것이다.

(a) 시작 상태 (b) 수용 상태

그림 9.14 시작상태와 수용상태

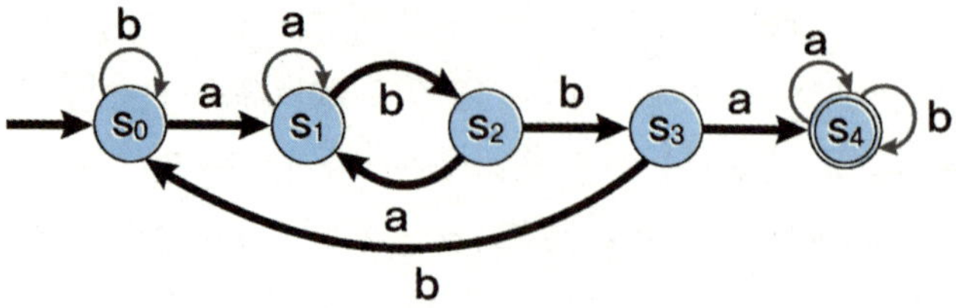

그림 9.15 언어 L(G)의 전이도

각각의 상태 S_i와 입력기호로부터 유일한 다음의 상태 S_j가 결정된다. 이것을 함수관계로 표현하면 다음과 같다.

$$f : S \times I \rightarrow S$$

f는 유한오토마톤의 전이함수(transition funciton)이다. 여기서 $S=\{s_0, s_1, s_2, s_3, s_4\}$이며, $I=\{a,b\}$이다. 이때 입력 문자는 다음과 같다.

$f(s_0, a)=s_1$ $f(s_0, b)=s_0$ $f(s_1, a)=s_1$
$f(s_1, b)=s_2$ $f(s_2, a)=s_1$ $f(s_2, b)=s_3$
$f(s_3, a)=s_4$ $f(s_3, b)=s_0$ $f(s_4, a)=s_4$
$f(s_4, b)=s_4$

이것을 표로 나타내면 표 9.1과 같은 상태표를 얻을 수 있다.

표 9.1 상태표

상태	입력기호	
	a	b
S_0	S_1	S_0
S_1	S_1	S_2
S_2	S_1	S_3
S_3	S_4	S_0
S_4	S_4	S_4

정의 9.7 유한상태오토마톤(FSA : finite state automaton)

유한상태오토마톤은 다음과 같은 5가지로 구성된다.

M = (S, A, I, f, s_0)

- S는 상태들의 유한집합이다.
- A는 입력 알파벳의 유한집합으로 수용상태들의 집합이다.
- I는 입력기호의 유한집합이다.
- f는 전이함수 또는 다음 상태함수이다. f : S×I → S
- s_0 는 시작상태

[예제 9.17] 유한상태오토마톤 M=(S, A, I, f, s_0)에서 S={s_0, s_1, s_2}, A={s_2}, I={a,b}이며, 전이함수가 다음과 같을 때 전이도를 그려라.

f(s_0 ,a)=s_1 f(s_0 ,b)=s_0 f(s_1 ,a)=s_2
f(s_1 ,b)=s_0 f(s_2 ,a)=s_2 f(s_2 ,b)=s_0

풀이 유한상태오토마톤은 3가지 상태를 가지며 시작상태는 s_0이고, 수용상태는 s_2이다. 또한 a,b의 두 개의 입력기호를 갖는다. 이것으로부터의 전이도는 그림 9.16과 같다.

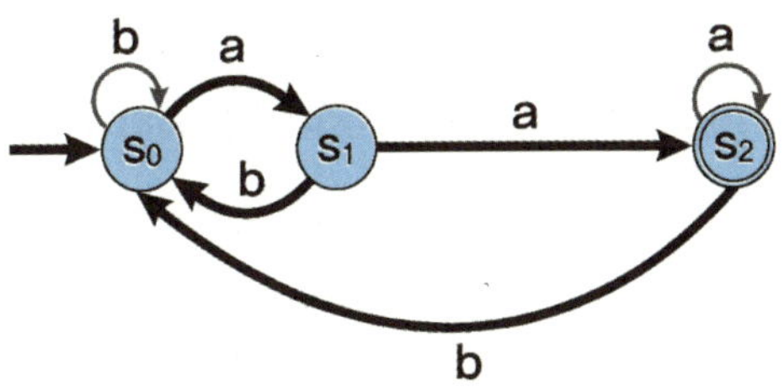

그림 9.16 전이도

[예제 9.18] 유한상태오토마톤 M=(S, A, I, f, s_0)에서 S={s_0, s_1, s_2}, A={s_2}, I={a,b}이며 상태표가 표 9.2와 같을 때 전이도를 그려라.

표 9.1 상태표

상태	입력기호	
	a	b
S_0	S_0	S_1
S_1	S_2	S_0
S_2	S_1	S_2

풀이 표 9.2 상태표에 대한 전이도는 그림 9.17과 같다.

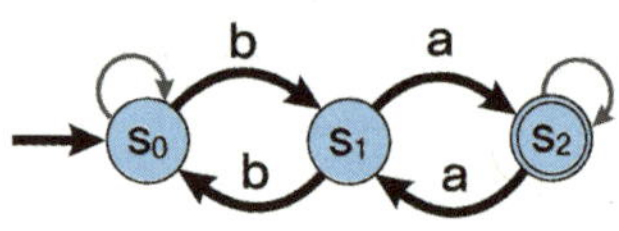

그림 9.17 전이도

하나의 문자열이 유한상태오토마톤으로 입력되었을 때 그 인식되는 경로가 마지막상태에서 끝나면 그 문자열은 오토마톤에 의해서 인식(recognize)되었다고 하고, 그렇지 않으면 거절(reject)되었다고 한다. 유한상태오토마톤 M에 의해서 인식되는 단어들의 집합은 M에 의해서 인식된 언어들이고 L(M)으로 표기한다. 2개의 유한상태오토마톤 M_1, M_2가 같은 언어를 인식한다면 2개의 유한상태오토마톤은 동치라고 한다. 즉, $L(M_1) = L(M_2)$이다.

[예제 9.19] 그림 9.16의 오토마톤 M과 다음의 그림 9.18이 동치임을 보여라.

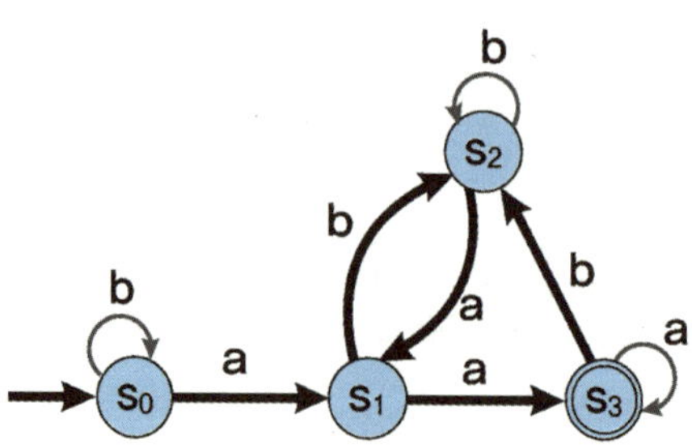

그림 9.18 전이도

풀이 그림 9.16의 오토마톤 M_1에 의해서 인식되는 언어를 보면 $L(M_1)$은 a, b의 문자열로 이루어진 언어이며, 언어는 끝이 반드시 aa로 끝난다. 그리고 그림 7.18의 오토마톤 M_2도 a, b의 문자열로 이루어진 언어이며, 언어는 끝이 반드시 aa로 끝난다. $L(M_1) = L(M_2)$이다. 그러므로 그림 9.16의 오토마톤 M_1과 그림9.18의 오토마톤 M_2는 동치이다.

[예제 9.20] 유한상태오토마톤 M=(S, A, I, f, s_0)에서 S={E,O}, I={a,b}일 때 문자 a를 짝수 개 인식하는 오토마톤을 설계하여라.

풀이 입력기호 a, b로부터 이루어지는 모든 단어는 a의 개수가 짝수(E)이든지 아니면 홀수(O)가 된다. 그래서 상태는 E와 O의 2개의 상태를 갖는다. 여기서 E가 수용상태가 된다. 초기에는 단어에서 a는 하나도 없다. 즉 짝수 개이다. E는 시작상태이다. 만약 현재상태가 E이고 입력 a를 받아들인다면 상태 O로 전이한다. 만일 상태가 O이고 a를 받아들이면 상태가 E로 바뀐다. 그림 9.19에 전이도가 있다.

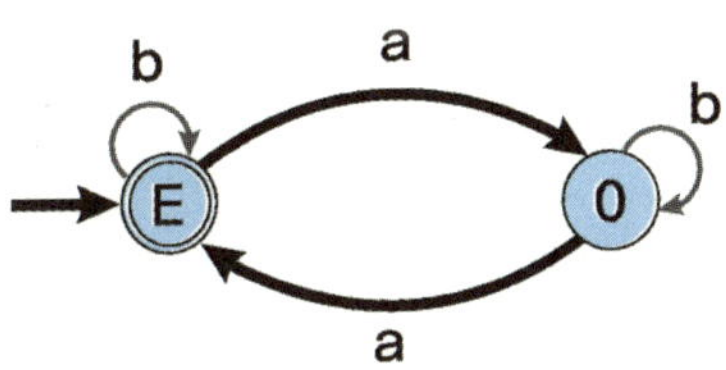

그림 9.19 오토마톤

그림 9.19는 만일 a가 짝수 개라면 입력되는 a, b의 단어들은 짝수패리티(even parity)를 갖고, 그렇지 않으면 홀수패리티(odd parity)를 갖는다. 그래서 이것을 패리티 검사기계(parity-check machine)라고 한다.

9.4 유한상태기계(finite-state machines)

유한상태기계는 계산하는 기계를 의미한다. 유한상태오토마톤에서는 S_i 상태의 입력기호에 따라서 상태가 S_i에서 S_j로 바뀌었다. 이때에 출력은 고려하지 않았다. 그러나 유한상태기계는 입력기호에 따라서 상태가 S_i에서 S_j로 바뀌며, 출력이 나오는 것이 다르다. 결과적으로 유한상태기계는 유한상태오토마톤에서 요구하지 않던 2가지 사항이 더 있다. 하나는 출력기호들의 유한집합 O와 또 하나는 출력함수 $g : S\times I \to O$ 이다. 여기서는 수용상태는 존재하지 않는다. 단어들은 검사할 필요가 없기 때문이다. 출력은 오직 현재상태와 입력기호에 따라서 변화된다.

정의 9.8 유한상태기계(FSM : finite-state machine)

유한상태기계 M은 다음과 같은 6가지로 구성된다.

$M = (S, I, O, f, g, s_0)$

- S는 상태들의 유한집합이다.
- O는 출력기호의 유한집합이다.
- I는 입력기호의 유한집합이다.
- f는 전이함수이다. $f : S\times I \to S$
- g는 출력함수이다. $g : S\times I \to O$
- s_0는 시작상태

유한상태기계에서 출력함수 g는 오직 현재상태와 입력기호에만 의존한다. 이런 유한상태기계를 밀리기계(mealy machine)라고 한다. 이것은 1955년 Geroge H. Mealy에 의해서 소개되었다. 유한상태기계에서 전이함수와 출력함수를 간단한 도표로 표현한 것을 상태표라고 한다. 예를 들어서 $M = (S, I, O, f, g, s_0)$, $S=\{s_0, s_1, s_2\}$, $O=\{0,1\}$ 그리고 $I=\{a,b\}$이다. 전이함수와 출력함수는 표9.3과 같은 경우 전이도를 그려보면 그림 9.20과 같다. 전이도를 그릴 때 $f(s_0,a)=s_0$이고 $g(s_0,a)=0$이면 루프가 생긴다. 이때에 연결선은 a/0으로 표기한다. 또한 $f(s_0,b)=s_1$이고 $g(s_0,b)=1$이면 연결선은 b/1로 표기한다.

표 9.3 상태표

S \ I	f		g	
	a	b	a	b
s_0	s_0	s_1	0	1
s_1	s_1	s_2	1	0
s_2	s_2	s_1	0	1

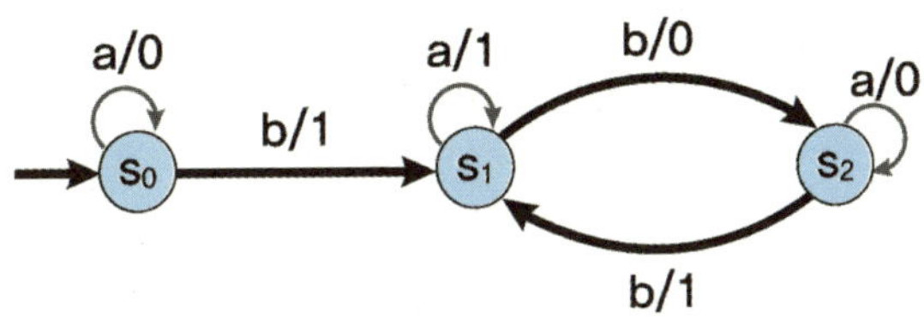

그림 9.20 전이도

[예제 9.21] 유한상태기계 M = (S, I, O, f, g, s_0)의 전이도가 그림 9.21과 같을 때 상태표(전이표)를 작성해라.

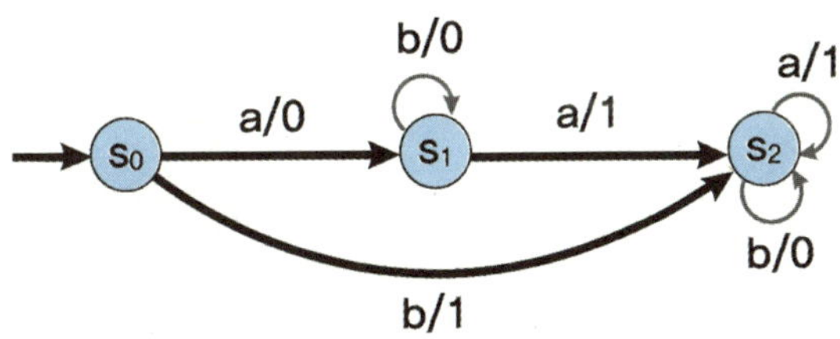

그림 9.21 전이도

풀이 전이함수는 전이도로부터 $f(s_0,a)=s_1$, $f(s_0,b)=s_2$, $f(s_1,a)=s_2$, $f(s_1,b)=s_1$, $f(s_2,a)=s_2$ 그리고 $f(s_2,b)=s_2$이고, 출력함수 $g : S\times I\rightarrow O$은 $g(s_0,a)=0$, $g(s_0,b)=1$, $g(s_1,a)=1$, $g(s_1,b)=0$, $g(s_2,a)=1$ 그리고 $g(s_2,b)=0$이다. 이것을 상태표로 그리면 표 9.4와 같다.

표 9.4 상태표

S \ I	f		g	
	a	b	a	b
s_0	s_1	s_2	0	1
s_1	s_2	s_1	1	0
s_2	s_2	s_2	1	0

[예제 9.22] 2개의 2진수 정수(integer) x와 y를 더하는 유한상태기계를 설계하여라. x와 y는 양수이다. 다시 말하면 첫 번째 비트(부호비트)가 0 이다.

풀이

$x=(x_{n-1}\ x_{n-2}\ \cdots\ x_2\ x_1\ x_0\ )_2$, $y=(y_{n-1}\ y_{n-2}\ \cdots\ y_2\ y_1\ y_0\ )_2$이다. x_i+y_i를 더하면 합계 A_i와 자리올림수 B_i가 나온다.

$$A_i = (\ x_i + y_i\ )\ \text{mod}\ 2$$
$$B_i = (\ x_i + y_i\ )\ \text{div}\ 2$$

이 관계를 표로 나타내면 표 9.5 (a)와 (b)와 같다.

표 9.5 상태표

(a) 합계(Ai)

		y_i	
		0	1
x_i	0	0	1
	1	1	0

(b) 자리올림수(Bi)

		y_i	
		0	1
x_i	0	0	0
	1	0	1

2개의 2진수가 더해지는 것을 보면 00,01,10,11의 4가지가 된다. 2개의 숫자가 더해질 때 자리올림수는 0 아니면 1이 된다. 결과적으로 2개의 상태를 갖는다. B_0(자리올림수가 0)와 B_1(자리올림수가 1)이다. 시작상태는 B_0이다(그림 9.22).

그림 9.22 전이도

각 상태는 더해지는 개수가 00,01,10,11의 4가지이므로 4개씩의 연결선을 갖는다. 예를 들면, B_0 상태에서 입력 11이 들어오면 출력은 0이고 B_1 상태로 전이한다(그림 9.23). 그리고 B_1 상태에서 입력이 10이 들어오면 그림 9.24와 같이 출력은 0이고 상태는 B_1 상태를 유지한다. 이와 같이 계속해서 그려나간 것이 그림 9.25의 전이도이다.

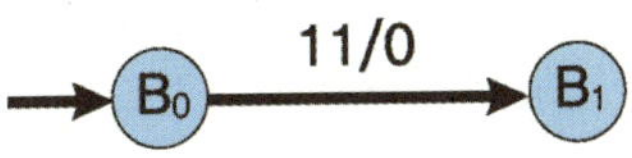

그림 9.23 전이도

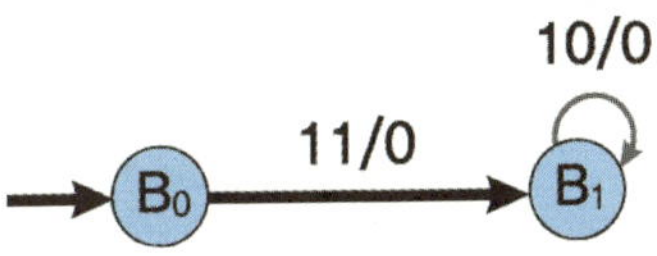

그림 9.24 전이도

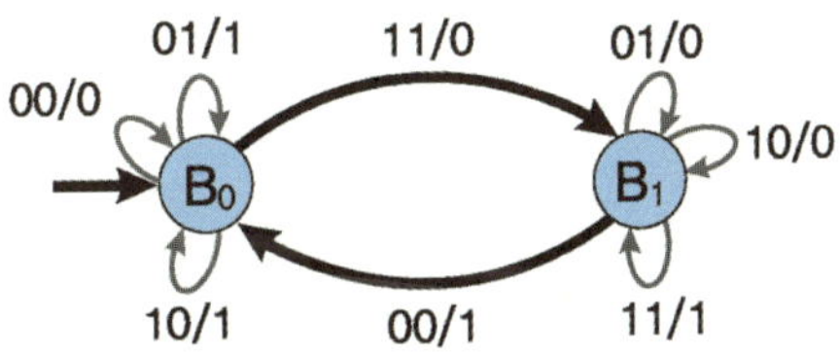

그림 9.25 전이도

9.5 결정적 유한상태오토마타와 정규언어

유한상태오토마톤에 의해서 인식되는 언어는 문맥의존언어, 문맥자유언어, 정규언어 이들 중 어느 언어인가? 이 절에서 이러한 질문에 대한 답을 알 수 있을 것 같다. 유한상태 오토마톤 M = (S, A, I, f, s_0)이며, 모든 입력에 따른 상태는 유일하게 하나의 다음상태로만 결정이 된다. 이러한 것을 결정적 유한상태오토마타(deterministic : FSA)라고 한다. 그러나 입력에 따른 상태가 여러 개의 다음상태로 결정이 되는 것은 비결정적 유한상태오토마타(nondeterministic FSA)라고 한다.

결정적 유한상태오토마타에 의해서 인식되는 언어 L(M)이 그림 9.26에 있다.

L(M)은 언어의 끝이 ab로 끝나는 a, b로 이루어진 언어이며 유한오토마타는 넌터미널 기호 N={s_0, s_1, s_2}, 터미널 기호 T={a,b} 그리고 시작상태는 $\sigma = s_0$이다.

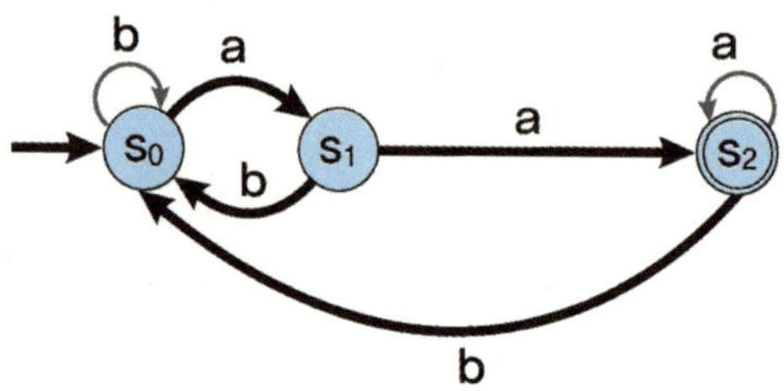

그림 9.26 언어 L(M)의 전이도

그림 9.26에서 상태가 s_i에서 s_j로 바뀌면서 연결선이 x값을 갖는다면 생성규칙을 $s_i \rightarrow xs_j$로 정의한다. 이러한 방법으로 얻어진 생산규칙은 다음과 같다.

$s_0 \rightarrow as_1$,	$s_0 \rightarrow bs_0$
$s_1 \rightarrow as_2$,	$s_1 \rightarrow bs_0$
$s_2 \rightarrow as_2$,	$s_2 \rightarrow bs_0$

가 된다. 또한 상태가 s_i에서 수용상태로 바뀌면서 연결선이 x값을 갖는다면 생성규칙을 $s_i \rightarrow x$로 정의한다. 이러한 방법으로 얻어진 생산규칙은 2개가 된다.

$s_1 \rightarrow a$,	$s_2 \rightarrow a$

위의 구해진 8개의 생산규칙은 모두 정규문법의 조건을 만족하므로 결정적 유한상태오토마타는 정규언어가 되는 것을 알 수 있다.

연습문제

1. **다음의 용어를 설명하여라.**
   1) 유한오토마타　　2) 정규언어
   3) 접미사　　4) BNF

2. **Σ={a,b}이고, Σ상의 두 언어 A, B가 A={a,ab}이고, B={λ,a,bba}인 경우에 다음을 구하여라.**
   1) AB　　2) BA

3. **Σ={a,b,c}이고, Σ상의 언어 A={a,ac}이고, B={a,b,bc}, C={λ,a,bc}인 경우에 다음을 구하여라.**
   1) $A(B \cup C)$　　2) $AB \cap AC$
   3) $A(B \cap C)$　　4) $AC \cup BC$

4. **Σ={a,b,c}이고, Σ상의 언어 A={a,b,c,bc}이고, B={a,ac,bc}인 경우에 다음을 구하여라.**
   1) Σ^2　　2) A^0
   3) A^2　　4) A^3
   5) B^3　　6) B^0

5. **Σ={a,b,c}이고, Σ상의 언어 A={a,bc}이고, B={a,b,ab}, C={c}인 경우에 다음 식이 성립함을 밝혀라.**
   1) $A\wedge=A$　　2) $\wedge A=A$
   3) $A(B \cup C)=AB \cup AC$　　4) $A(B \cap C)=AB \cap AC$

6. **Σ={0,1}이고, Σ상의 언어 A={00}, B={1100}, C={001}인 경우에 다음을 구하여라.**
   1) A^*　　2) B^*
   3) C^*

7. **정수(integer)는 +, − 기호와 함께 사용되는 숫자들의 집합이다. 이것을 BNF 형식으로 표현한 것이 다음과 같은 경우 −19와 +6457이 유도되는 과정을 트리로 그려라.**

   〈integer〉::=〈signed integer〉 | 〈unsigned integer〉
   〈signed integer〉::=〈sign〉 〈unsigned integer〉
   〈sign〉::= + | −
   〈unsigned integer〉::=〈digit〉 | 〈digit〉〈unsigned integer〉
   〈digit〉::= 0 | 1 | 2 | 3 | 4 | 5 | 6 | 7 | 8 | 9

8. 문법 G=(N,T,P,σ)에서 N={σ,A,B,C}, T={a,b,c}인 경우 생성규칙은 다음과 같다. 어떤 문법인지를 구하여라.

1) $\sigma \rightarrow aB$, $A \rightarrow bB$
$B \rightarrow aA$, $\sigma \rightarrow a$
$A \rightarrow b$

2) $\sigma \rightarrow A$, $BC \rightarrow bB$
$A \rightarrow aABC$ $bB \rightarrow a$
$A \rightarrow aC$ $aC \rightarrow b$

3) $\sigma \rightarrow A$, $CB \rightarrow BC$
$A \rightarrow aABC$ $aB \rightarrow bb$
$AB \rightarrow abC$ $bC \rightarrow bc$
$cC \rightarrow bc$

4) $\sigma \rightarrow A$, $A \rightarrow bABc$
$A \rightarrow ac$, $B \rightarrow bc$

9. 유한상태오토마톤 M=(S, A, I, f, s0)에서 S={s0, s1, s2,}, A={s2}, I={a,b}이며, 전이함수가 다음과 같을 때 전이도를 그려라.

$f(s_0, a) = s_0$ $f(s_0, b) = s_1$ $f(s_1, a) = s_0$
$f(s_1, b) = s_2$ $f(s_2, a) = s_0$ $f(s_2, b) = s_2$

10. 유한상태기계 M = (S, I, O, f, g, s_0)의 전이도가 다음과 같을 때 상태표를 작성하여라.

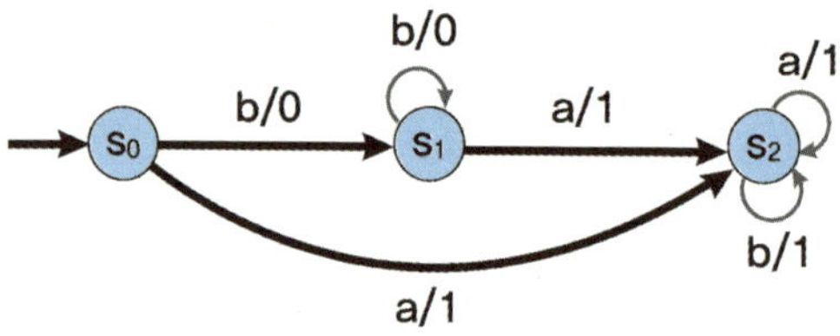

11. 유한상태기계 M=(S, I, O, f, g, s_0)에서 S={s_0, s_1, s_2,}, O={0.1}, I={a,b}이다. 함수 f : S×I→S, 함수 g : S×I→O은 다음과 같다. 전이도를 그려라.

1)

S \ I	f		g	
	a	b	a	b
s_0	s_0	s_2	1	0
s_1	s_1	s_2	1	0
s_2	s_2	s_0	0	1

2)

S \ I	f		g	
	a	b	a	b
s_0	s_1	s_1	0	0
s_1	s_1	s_2	0	1
s_2	s_3	s_2	0	1
s_3	s_3	s_1	1	0

C·H·A·P·T·E·R 10

제 10 장
알고리즘(Algorithms)

이 장의 인물

Paul Gustv Heinrich Bachmann (1837 ~ 1920)
독일의 수학자, Big-O표기 사용

Edmund Landau (1877 ~ 1938)
독일의 수학자, Landau 기호(Big-oh)

Donald Ervin Knuth (1938 ~)
미국의 수학자, 프로그램 언어론
컴파일러이론, 알고리즘의 분석의 선구자

10.1 성장함수(growth of functions)

동일한 결과를 갖는 두 개의 알고리즘(algorithms) 중에서 어느 알고리즘이 더 우수한가를 판별하기 위해서는 우선적으로 성장함수를 확인하는 것이 중요하다. 다시 말하면 프로그램을 분석하기 위해서는 n이 증가 하는 것에 따라서 함수가 얼마나 빨리 증가하는가를 알 필요성이 있다. 함수의 성장을 분석하기 위해서 사용되는 기호는 입력의 크기가 n인 경우 이 알고리즘의 복잡도(complexity)를 나타내는 기호로서 O(big-oh (O))가 있다. 이 기호는 1892년에 독일의 수학자 폴 바크만(Paul Gustv Heinrich Bachmann)에 의해서 소개된 후 독일의 수학자 에드먼드 랜도오(Edmund Landau)에 의해서 전파 되었다. 그래서 Landau 기호라고도 한다. 지금은 이 기호 이외에도 Ω (bigomega), Θ(big-theta)가 함께 사용되고 있다.

정의 10.1 O(big-oh)

R을 실수의 집합이고, Z가 정수의 집합인 경우 f, g가 f,g:Z→R인 음이 아닌 양의 함수이다. 자연수 x에 대해서 x≥k 이고, 함수 f(x)와 g(x) 사이에 항상 $|f(x)| \le C|g(x)|$가 성립하는 음이 아닌 상수 K, C가 존재할 때 f(x)=O(g(x))라고 한다. f(x)는 big-oh of g(x)라고 읽거나 차수(oder)g(x)라고 읽는다.

다시 말하면, 함수 f(x)는 g(x) 보다 결코 더 빨리 성장하지 못한다는 것을 의미한다. f(x)=O(g(x))를 보이기 위해서는 우리는 x≥K를 만족하는 경우 $|f(x)| \le C|g(x)|$이 성립하는 상수 K, C를 찾아낼 필요성이 있다. 이 경우에 상수 K, C는 결코 유일하지는 않다.

[예제 10.1] 함수 $f(x)=x^2+3x+2$가 $O(x^2)$임을 보여라.

풀이

1) $x \geq 1$일 때

$$|x^2+3x+2| \leq |x^2+3x^2+2x^2|$$
$$\leqq 6|x^2|$$

$f(x)=O(x^2)$의 관계가 성립한다. 여기서 K=1, C=6이다.

2) $x \geq 3$일 때

$$|x^2+3x+2| \leq |x^2+x^2+x^2|$$
$$\leqq 3|x^2|$$

$f(x)=O(x^2)$의 관계가 성립한다. 여기서 K=3, C=3이다.

[예제 10.2] 함수 $f(n)=50n^3-6n+2$가 $O(n^3)$임을 보여라.

풀이

$n \geq 1$일 때

$$|50n^3-6n+2| \leq |50n^3|+|-6n|+|2|$$
$$\leqq 50n^3+6n+2$$
$$\leq 50n^3+6n^3+2n^3$$
$$\leqq 58n^3$$

$f(n)=O(n^3)$의 관계가 성립한다. 여기서 K=1, C=58이다.

위에서 $f(n)=50n^3-6n+2$가 $O(n^3)$이 되는 것을 보았다. 이것은 $O(g)$가 함수 f에서 최고 차수와 같다. 예를 들어서 $f(n)=n^4-65n^3+2n^2$일 때 $O(g)$는 함수 f에서 최고 차수가 n^4로서 차수가 4이므로 $O(n^4)$가 된다.

[정리 10.1]

$f(n) = a_m n^m + a_{m-1} n^{m-1} + \cdots + a_1 n^1 + a_0$인 경우에 $f(n)=O(n^m)$의 관계가 성립한다.

[예제 10.3] 다음 함수의 O(g)(big-oh)를 구하여라.

1) $f(x)=x^4+3x^2+2$
2) $f(x)=x^{10}+2x^7-14x^4+20x^2-2$

풀이

1) f(x)의 최고 차수가 x^4이므로 $f(x)=O(x^4)$
2) $f(x)=O(x^{10})$

[예제 10.4] n!의 O(g)를 구하여라.

풀이

$$
\begin{aligned}
n! &= n(n-1)(n-2) \cdots 3 \cdot 2 \cdot 1 \\
&\le n \cdot n \cdot n \cdots n \cdot n \cdot n, \quad n \ge 1 \\
&\leqq n^n \\
&\leqq O(n^n)
\end{aligned}
$$

[예제 10.5] log(n!)의 O(g)를 구하여라. log 함수는 base가 2인 함수이다

풀이

$$
\begin{aligned}
n! &\le n \cdot n \cdot n \cdots n \cdot n \cdot n \\
&= n^n \\
\log(n!) &\leqq \log(n^n) \\
&\leqq n \log(n) \\
&\leqq O(n\log n)
\end{aligned}
$$

알고리즘은 대부분이 2개 이상의 프로그램으로 구성된 경우가 많은데 이런 알고리즘에 대한 O(g)를 추정하기 위해서는 각각의 프로그램에 대한 O(g)를 구해서 더하면 된다. 예를 들어서 f(n) 함수가 f_1과 f_2의 두 개의 함수의 합으로 되어 있다면 f(n)의 O(g)는 f_1과 f_2의 O(g)를 구하여 그중에서 큰 값을 취하면 된다. 또한 f(n)이 f_1과 f_2의 곱으로 이루어진 함수라면 f(n)의 O(g)는 f_1과 f_2의 O(g)를 곱한 것과 같다.

[정리 10.2]

함수 f_1과 f_2에서 $f_1(x)=O(g_1(x))$이고, $f_2(x)=O(g_2(x))$라 하면 $(f_1+f_2)(x)=O(\max\{g_1(x),g_2(x)\})$가 성립한다. 단, $\max\{g_1(x),g_2(x)\}$는 $g_1(x)$과 $g_2(x)$ 중에 더 큰 것을 의미한다.

[예제 10.6] 함수 $f(n) = 6n^2+5n+7\log(n!)$의 O(g)를 구하여라.

풀이 우선 f(n)를 두 개의 함수

$$f_1(n) = 6n^2+5n$$
$$f_2(n) = 7\log(n!)$$

이라 하면 $f_1(n)=O(n^2)$이다. 그리고 $f_2(n)$는 앞의 예제에서 $O(n\log n)$이 된다. 그러므로

$$\begin{aligned} f(n) &= 6n^2+5n+7\log(n!) \\ &= f_1(n)+f_2(n) \\ &= O(\max\{(n^2),(n\log n)\}) \\ &= O(n^2) \end{aligned}$$

지수함수 또는 로그함수 등이 포함된 복잡한 함수의 O(g)를 구하는 것은 쉽지 않다. 그래서 이 복잡한 함수를 두 개 이상의 함수의 곱으로 또는 합으로 표현하여 O(g)를 구하면 쉽게 구할 수 있다. 하나의 함수 f를 함수 f_1과 f_2의 곱인 $f_1 \cdot f_2$로 표현할 수 있을 경우에 f의 O(g)를 구하는 대신에 $f_1 \cdot f_2$의 O(g)를 구하면 된다. $f_1 \cdot f_2$의 O(g)는 f_1의 O(g)와 f_2의 O(g)를 곱한 것과 같다. $(f_1 \cdot f_2)(x)=O(g_1(x) \cdot g_2(x))$와 같다.

[정리 10.3]

함수 f_1과 f_2에서 $f_1(x)=O(g_1(x))$이고, $f_2(x)=O(g_2(x))$이라 하면 $(f_1 \cdot f_2)(x)=O(g_1(x) \cdot g_2(x))$가 성립한다.

함수 $f(n) = (3n^2+4n-5)\log(n)$는 다음과 같이 $f_1(n)$과 $f_2(n)$의 곱으로 나타낼 수 있다. 여기서 $f_1(n) = 3n^2+4n-5$, $f_2(n) = \log(n)$이다.

$$\begin{aligned} f(n) &= (3n^2 + 4n - 5)\log(n) \\ f(n) &= f_1(n) \cdot f_2(n) \end{aligned}$$

$f(n)$의 $O(g)$는 $f_1(n) \cdot f_2(n)$의 $O(g)$를 구하면 된다. $f_1(n)=O(n^2)$이고, $f_2(n)=O(\log n)$이 되므로 다음과 같이 구할 수 있다.

$$\begin{aligned} f(n) &= (3n^2 + 4n - 5)\log(n) \\ &= f_1(n) \cdot f_2(n) \\ &= O(n^2) \cdot O(\log n) \\ &= O(n^2 \log n) \end{aligned}$$

앞에서 함수 f와 g에서 $x \geq K$가 성립하는 경우에 항상 $|f(x)| \leq C|g(x)|$가 성립하는 음이 아닌 상수 K, C가 존재하면 $f(x)=O(g(x))$라고 했다. 여기서 모든 양의 정수 n에 대하여 $|f(x)| \geq C|g(x)|$을 만족하는 C가 존재하면 $f(x)=\Omega(g(x))$라고 하며, big-omega of g(x)라고 한다. 그리고 $f(x)=O(g(x))$와 $f(x)=\Omega(g(x))$를 동시에 만족하면 $\Theta(g(x))$라고 표기하며 big-theta of g(x)라고 한다.

[예제 10.7] 함수 $f(n)=60n^2+5n+1$이 $\Theta(n^2)$임을 보여라.

풀이 함수 $f(n)$가 $\Theta(n^2)$임을 보이려면 먼저 $O(n^2)$와 $\Omega(n^2)$가 성립함을 밝히면 된다.

1) $n \geq 1$일 경우에

$$\begin{aligned} 60n^2+5n+1 &\leq 60n^2+5n^2+n^2 \\ &\leqq 66n^2 \\ &\leqq O(n^2) \end{aligned}$$

여기서 $C = 66$ 이다.

2) $n \geq 1$일 경우에

$$60n^2+5n+1 \geq 60n^2$$
$$\geq \Omega(n^2)$$

여기서 C = 60 이다.

함수 f(n)가 $O(n^2)$와 $\Omega(n^2)$가 성립되므로 $f(n)=\Theta(n^2)$가 된다.

10.2 알고리즘의 복잡성(complexity of algorithms)

알고리즘이란 특정한 일을 수행하는 명령어들의 유한 집합을 의미하며, 여러 알고리즘 중에서 가장 효율적인 알고리즘을 찾는 것은 아주 중요한 문제이다. 알고리즘에 대한 분석은 1830년 바베지(Charles Babbage)에 의해 처음으로 제안 되었으며 1973년에 수학자인 크누스(Donald Ervin Knuth)가 그의 저서 "The art of computer programming"에서 수학적 체계로 정리하였다.

프로그램은 알고리즘들의 설명으로 볼 수 있으며, 하나의 프로그램을 수행하는 데 소모되는 비용을 측정하기 위해서는 주로 복잡함수(complexity function) f(n)로 나타낸다. f(n)는 크기 n인 하나의 알고리즘을 수행하는 데 걸리는 시간을 측정하거나 또는 이 알고리즘을 수행하는 데 필요로 하는 메모리 공간과 이 알고리즘의 계산복잡함수를 나타낸다. 만일 f(n)가 크기 n인 하나의 알고리즘을 수행하는 데 요구되는 시간의 측정이라면 f(n)은 알고리즘의 시간복잡함수(time complexity function)라 하고, 알고리즘을 수행하는 데 요구되는 메모리를 측정한다면 알고리즘의 공간복잡함수(space complexity function)라 하고, 알고리즘을 수행하는 데 요구되는 계산량을 측정한다면 알고리즘의 계산복잡함수(computational complexity function)라고 한다. 여기서 우리의 주된 관심은 시간복잡함수들이며 기호 O(big-oh)를 사용하여 함수관계를 나타낸다.

컴퓨터에서 사용되는 프로그램의 반복되는 횟수는 일반적으로 루프를 갖고 있으면 그 루프의 정도에 따라서 달라지나 루프가 없다면 실행되는 횟수는 상수로 표현할 수가 있다. 이렇게 상수로 표현되는 경우에는 O(1)로 표기한다.

[예제 10.8] 다음 각각의 프로그램들에서 sum=sum+i 명령문에 대한 수행 횟수를 구하여라.

```
1) sum=sum+i;
2) for(i=0;i<n;i++)
     sum=sum+i;
3) for(i=0;i<n;i++)
     for(j=0;<n;j++)
       sum=sum+i;
```

풀이

1) 입력 개수 n과는 상관없이 1회 수행된다. O(1) 이다.
2) n번 수행된다. O(n) 이다.
3) n^2번 수행된다. $O(n^2)$ 이다.

알고리즘을 평가하면서 주로 많이 사용되는 차수함수(order function)는 표 10.1과 같다.

표 10.1 차수함수의 복잡성

차수 함수	복잡성
O(1)	상수복잡성(constant complexity)
O(logn)	로그복잡성(logarithmic complexity)
O(n)	선형복잡성(linear complexity)
$O(n^2)$	2차복잡성(quadratic complexity)
$O(n^3)$	큐빅복잡성(cubic complexity)
$O(n^m)$	다항복잡성(polynomial complexity)
$O(2^n)$	지수복잡성(exponential complexity)
O(n!)	계승복잡성(factorial complexity)

위의 표 10.1에서 볼 수 있듯이 반복문 형태가 아닌 일반 명령문은 수행 횟수가 상수로 나타나고, 반복문은 그 형태의 따라서 다르게 나타난다. 만약 한 명령문을 수행하는 시간이 1마이크로초(10^{-6})라고 가정하면, 어떤 문제가 주어졌을 때, 그 문제를 해결하는 알고리즘의 명령문들의 수행 횟수와 입력 크기에 따르는 전체 수행 시간은 표 10.2와 같다. 다시 말하면 동일한 결과를 출력하는 알고리즘이 다양할 때 입력의 크기에 따라서 수행되는 시간을 나타낸 것이다.

표 10.2 알고리즘의 수행 횟수와 입력 크기에 따라 걸리는 시간

크기(n)	시간복잡성				
	$O(\log_2 n)$	$O(n)$	$O(n^2)$	$O(2^n)$	$O(n!)$
4	2×10^{-6}	4×10^{-6}	16×10^{-6}	16×10^{-6}	24×10^{-6}
16	4×10^{-6}	16×10^{-6}	256×10^{-6}	64×10^{-3}	–
64	6×10^{-6}	64×10^{-6}	4096×10^{-6}	16×10^{15}	–
256	8×10^{-6}	256×10^{-6}	64×10^{-3}	64×10^{75}	–
1024	10×10^{-6}	1024×10^{-6}	1	약 3×10^{267} 년	∞

표 10.2에서 보면 같은 문제를 해결하는데 있어서 어떤 알고리즘을 사용하느냐에 따라서 전체의 수행 시간은 많은 차이가 난다. 예를 들어서 문제의 크기가 n=1024를 풀이하는 알고리즘이 O(logn)인 경우와 $O(n^2)$인 경우를 보면 O(logn)인 경우에는 10^{-5}이 걸리나 $O(n^2)$인 경우에는 1초가 걸린다. 결론은 시간만 따진다면 O(logn)이 $O(n^2)$보다 더 좋은 알고리즘이다. 또한 알고리즘이 $O(2^n)$이나 O(n!)인 경우에는 입력의 크기가 1024개이면 시간은 거의 무한대에 가깝게 걸리는 것을 볼 수 있다.

10.3 되부름함수의 복잡성(complexity of recursive functions)

이번 절에서는 되부름 함수(recursive functions)의 복잡성에 대하여 살펴보자. 앞에서 설명하였던 것으로 어떤 회의에서 회의에 참석하는 모든 사람들이 서로 다른 사람과 한 번씩 악수를 한다고 할 때 악수는 전체 몇 번을 하나이다. n을 회의에 참석한 사람이라고 하고 이 때 한 악수의 횟수를 h(n)이라고 하자. 먼저, 단 2명의 사람이 참석했다고 하면 한 번의 악수만 필요할 것이다. 즉, h(2)=1이 된다. 그 다음에 한 명의 참석자가 더 왔다면 먼저 와 있는 2명의 참석자와 한 번씩 2번을 하면 된다. 결국 h(2)에 2를 더하면 h(3)가 된다. h(3)=2+h(2)가 되는 것이다. 이렇게 반복해 가면 다음과 같이 나타낼 수 있다.

$$
\begin{aligned}
&h(2)=1\\
&h(3)=2+h(2)\\
&h(4)=3+h(3)\\
&h(5)=4+h(4)\\
&\vdots\\
&h(n)=(n-1)+h(n-1),
\end{aligned}
$$

이 경우에 $n \geq 3$ 이다. 이것은 결국 n명이 회의에 참석을 하였을 경우에 악수를 한 횟수는 (n−1)에 h(n−1)을 더하면 되는데 이것은 다시 자기 자신을 호출하는 프로그램으로 구현된다. 이 되부름 프로그램의 big-oh를 추정해보면 다음과 같다.

$$
\begin{aligned}
&h(2)=1\\
&h(3)=2+1\\
&h(4)=3+2+1\\
&h(5)=4+3+2+1\\
&\vdots\\
&h(n) = (n-1)+(n-2)+ \cdots +3+2+1\\
&\quad\;\; = n(n-1)/2\\
&\quad\;\; = n^2/2 - n/2\\
&\quad\;\; = O(n^2)
\end{aligned}
$$

[예제 10.9] 다음 되부름 함수의 O(g)를 추정하여라. 여기서 $n \geq 2$ 이고, $f(1)=2$ 이다.

1) $f(n)=f(n-1)+4$
2) $f(n)=f(n-1)+3n$
3) $f(n)=3f(n-1)$

풀이

1) 이 식을 바꾸면 $f(n)-f(n-1)=4$가 된다. 그리고 이 변경된 식에 n값 대신에 (n−1), (n−2), …, 3,2를 대입해서 모두 더한다.

$$
\begin{aligned}
f(n) \quad &- \cancel{f(n-1)} = 4\\
\cancel{f(n-1)} \quad &- \cancel{f(n-2)} = 4\\
\cancel{f(n-2)} \quad &- \cancel{f(n-3)} = 4\\
&\vdots\\
\cancel{f(2)} \quad &- f(1) = 4\\
\hline
f(n) \quad &- f(1) = 4(n-1)
\end{aligned}
$$

이렇게 해서

$$
\begin{aligned}
f(n) &= 4(n-1) + f(1) \\
&= 4n - 2 \\
&= O(n)
\end{aligned}
$$

이 된다.

2) 이 식을 바꾸면 f(n)−f(n−1)=3n이 된다. 그리고 이 변경된 식에 n값 대신에 (n−1), (n−2), …, 3,2를 대입해서 모두 더한다.

$$
\begin{array}{lcll}
f(n) & - \cancel{f(n-1)} & = & 3n \\
\cancel{f(n-1)} & - \cancel{f(n-2)} & = & 3(n-1) \\
\cancel{f(n-2)} & - \cancel{f(n-3)} & = & 3(n-2) \\
\vdots & & & \\
\cancel{f(2)} & - f(1) & = & 3 \cdot 2 \\
\hline
f(n) & - f(1) & = & 3(n+(n-1)+\cdots +2) \\
 & & = & 3\ (n(n+1)/2 - 1) \\
 & & = & 3n^2/2 + 3n/2 - 3
\end{array}
$$

이렇게 해서

$$
\begin{aligned}
f(n) &= 3n^2/2 + 3n/2 - 3 + f(1) \\
&= 3n^2/2 + 3n/2 - 1 \\
&= O(n^2)
\end{aligned}
$$

이 된다.

3) f(n)=3f(n−1)에서 n값 대신에 (n−1), (n−2), …, 3,2를 대입해서 모두 더한다.

$$
\begin{aligned}
f(n) &= 3f(n-1) \\
&= 3(3f(n-2)) \\
&= 3(3(3f(n-3))) \\
&\quad \vdots \\
&= 3^{n-1}\ f(1) \\
&= 3^{n-1} \cdot 2 \\
&= 2/3 \cdot 3^n
\end{aligned}
$$

이렇게 해서

$$
\begin{aligned}
f(n) &= 2/3 \cdot 3^n \\
&= O(3^n)
\end{aligned}
$$

이 된다.

[예제 10.10] 다음 알고리즘의 되부름 함수식을 구하고 O(g)를 추정하여라.

```
add( int n )
{
    if(n≠0) then return(2+add(n-1))
            else  return 0
}
```

풀이 함수 add는 if 문에서 $n \neq 0$ 이면 자신의 프로그램을 호출하고, 그렇지 않으면 0의 값을 돌려주는 프로그램이다. 즉, n이 입력되면 계속 자신을 호출하고 마지막으로 한 번 n=0이 될 때 0값을 되돌려 준다. 그러므로 if 문장의 else는 단 한 번만 수행되고 then 문장은 (n-1)번 수행된다. 그러므로 $f(n)= f(n-1)+1$이 되어 차수함수는 O(n)이 된다.

연습문제

1. **다음의 용어를 설명하여라.**
   1) O(g)(big-oh)
   2) 복잡함수
   3) 시간복잡성

2. **함수 $f(n)=5n^3-16n+32$가 $O(n^3)$임을 보여라.**

3. **다음 문장들의 참과 거짓을 구분하여라.**
   1) $15n+20=O(n)$
   2) $n^2-1=O(n)$
   3) $5n^5+7n^4+n^2=O(n^5)$

4. **함수의 O(g)(big-oh)를 구하여라.**
   1) n^3-13n^2+2n-2
   2) $3n^2-123n-254$
   3) $53n^3-532$
   4) $n^2-3n\log n-5$
   5) $n^2-56n+57\log(n!)$
   6) $(4n^2-7n-35)\log(n)$

5. **다음 각각의 프로그램들에서 sum=sum+i 명령문에 대한 수행 횟수를 구하고, O(g)(big-oh)를 구하여라.**
   1)
   ```
   sum=sum+i;
   sum = sum/n;
   ```
   2)
   ```
   for(i=0;i<n;i++)
       sum=sum+i;
   for(j=0;j<n;i++)
       sum=sum+j;
   ```
   3)
   ```
   for(i=0;i<n;i++)
       for(j=0;<n;j++)
           for(j=0;<n;j++)
               sum=sum+i;
   ```

6. **다음 되부름 함수의 O(g)를 추정하여라.**
   1) $f(n)=f(n-1)+2,\ n\geq 1,\ f(0)=2$
   2) $f(n)=4f(n-1),\quad n\geq 2,\ f(1)=4$
   3) $f(n)=f(\frac{n}{2})+n,\quad n\geq 2,\ f(1)=1$

부록(Appendix)

그리스 문자(Greek Alphabet)

ASCII

그리스 문자(Greek Alphabet)

A	α	alpha	N	ν	nu
B	β	beta	Ξ	ξ	xi
Γ	γ	gamma	O	o	omicron
Δ	δ	delta	Π	π	pi
E	ε	epsilon	P	ρ	rho
Z	ζ	zeta	Σ	σ	sigma
H	η	eta	T	τ	tau
Θ	θ	theta	Υ	υ	upsilon
I	ι	iota	Φ	φ	phi
K	κ	kappa	X	χ	chi
Λ	λ	lambda	Ψ	ψ	psi
M	μ	mu	Ω	ω	omega

ASCII 코드

<table>
<tr><th rowspan="2"></th><th colspan="10">ASCII</th></tr>
<tr><th>0</th><th>1</th><th>2</th><th>3</th><th>4</th><th>5</th><th>6</th><th>7</th><th>8</th><th>9</th></tr>
<tr><td>3</td><td></td><td></td><td></td><td>!</td><td>"</td><td>#</td><td>$</td><td>%</td><td>&</td><td>'</td></tr>
<tr><td>4</td><td>(</td><td>)</td><td>*</td><td>+</td><td>,</td><td>−</td><td>.</td><td>/</td><td>0</td><td>1</td></tr>
<tr><td>5</td><td>2</td><td>3</td><td>4</td><td>5</td><td>6</td><td>7</td><td>8</td><td>9</td><td>:</td><td>;</td></tr>
<tr><td>6</td><td>〈</td><td>=</td><td>〉</td><td>?</td><td>@</td><td>A</td><td>B</td><td>C</td><td>D</td><td>E</td></tr>
<tr><td>7</td><td>F</td><td>G</td><td>H</td><td>I</td><td>J</td><td>K</td><td>L</td><td>M</td><td>N</td><td>O</td></tr>
<tr><td>8</td><td>P</td><td>Q</td><td>R</td><td>S</td><td>T</td><td>U</td><td>V</td><td>W</td><td>X</td><td>Y</td></tr>
<tr><td>9</td><td>Z</td><td>[</td><td>\</td><td>]</td><td>∧</td><td>—</td><td>'</td><td>a</td><td>b</td><td>c</td></tr>
<tr><td>10</td><td>d</td><td>e</td><td>f</td><td>g</td><td>h</td><td>i</td><td>j</td><td>k</td><td>l</td><td>m</td></tr>
<tr><td>11</td><td>n</td><td>o</td><td>p</td><td>q</td><td>r</td><td>s</td><td>t</td><td>u</td><td>v</td><td>w</td></tr>
<tr><td>12</td><td>x</td><td>y</td><td>z</td><td>{</td><td>|</td><td>}</td><td>~</td><td>△</td><td></td><td></td></tr>
</table>

참고문헌(References)

1 Thomas Koshy, "Discrete Mathematics with Applications", Elsevier academic press, 2004

2 Peter Fletcher, Hughes Hoyle, C. Wayne Patty, "Foundations of Discrete mathematics, PWS-KENT, 1991

3 Kenneth A. Ross, Charles R. B. Wright, "Discrete Mathematics", Prentice Hall, 2003

4 Seymour Lipschutz, " Schaum's Outline Series Discrete Mathematics", McGRAW-HILL, 1997

5 Susannas Epp, "Discrete Mathematics with Applications, Thomson Brooks cole, 2004

6 John Truss, "Discrete Mathematics for computer Scientists", Addison-wesley, 1999

7 W.K.Grassmann, J.P.Tremblay, "Logic and Discrete Mathematics" Prentice Hall, 1996

8 김대수, 장재건 공저, “전산수학”, 생능출판사, 1997

9 박진홍 저, “전산학을 위한 이산구조”, 교우사, 1998

10 강홍식외 3인 공역, “이산수학”, 교보문고, 1999

11 조병호 저, “풍부한 예제와 완벽한 해설을 기반으로 이산수학”, 정일, 1998

12 황종선 외 1인 공저, “이산구조론”, 정익사, 1994

13 민용식 저, “C언어 자료구조론”, 교우사, 1998

14 이석호 역, “C로 쓴 자료구조론”, 사이텍미디어, 1993

15 전공교재연구회편, “ANSI C 규격의 C언어 기술사전”, 집문당, 1991

16 박봉구 외 2인 공저, “컴퓨터를 활용한 이산수학”, 경문사, 2003

17 이정복 저, “예제로 풀어보는 전산수학”, 이한출판사, 2

18 공은배외 5인 공역, “이산수학”, 도서출판 인터비젼, 2004

19 안사명 편역, “이산수학”, 정익사, 1988

20 김철언 저, “그래프론과 알고리듬”, 홍릉과학출판사, 1997

21 김문헌 외 4인 공역, “이산수학”, 사이텍미디어, 2001

22 황부현 외 1인 공저, “전산수학”, 도서출판 영과일, 1993

23 민용식 저, “오토마타이론”, 교우사, 1999

24 남영광 외1인 공역, “이산수학”, 희중당, 1997

25 심재홍 저, “컴퓨터과학을 위한 이산수학”, 이한출판사, 1994

26 정종인 외 1인 공저, “이산수학”, 상조사, 1999

27 황대훈 저, “이산수학”, 생능출판사, 2000

28 김수원 외 1인 공역, “디지털디자인”, 사이텍미디어, 2002

찾아보기(Index)

1

2

3

4

A

B

E

F

G

H

I

J

K

L

M

N

R

S

T

U

V

W

Z

기호

ㅂ

ㅈ

저자 약력

• **박 덕 원 (朴德元)**

숭실대학교 공과대학 전자계산학과 졸업(공학사)
숭실대학교 대학원 전자계산학과 졸업(공학석사)
충남대학교 이과대학 계산통계학과 졸업(공학박사)
대덕대학 조교수
현재: 세명대학교 컴퓨터학과 교수
저서: 컴퓨터 구조, 컴퓨터과학개론, 어셈블리 언어, C 언어

도서출판 **그 린**

컴퓨터학을 위한 **이산수학**

Green Pub.

초 판 발행일 ▶	2008년 7월 19일
수 정 판 발행일 ▶	2015년 2월 3일
저 자 ▶	박 덕 원
발 행 처 ▶	도서출판 그린
발 행 인 ▶	윤 덕 우
출판등록 ▶	제8-161호(1995. 5. 3.)
주 소 ▶	서울시 서대문구 연희로5길 50(연희동) (우)120-828
전 화 ▶	02)333-2574, 2575
Fax ▶	02)333-2561
E-mail ▶	greenpress@greenpress.co.kr
Homepage ▶	http://www.greenpress.co.kr

정가 : 20,000원

ISBN : 978-89-5727-110-0

기호 리스트

구 분	기 호	의 미
부울대수	$\{B, +, \cdot, ', 0, 1\}$	부울대수
	x, y	부울변수
	x'	x의 논리 NOT
	$x+y$	x와 y의 논리 OR
	$x \cdot y$(or xy)	x와 y의 논리 AND
	$x \uparrow y$	x와 y의 논리 NAND
	$x \downarrow y$	x와 y의 논리 NOR
	$x \oplus y$	x와 y의 논리 EX-OR
	$x \odot y$	x와 y의 논리 EX-NOR
관계	aRb	(a,b)는 관계 R의 순서쌍
	$a \not R b$	(a,b)는 관계 R의 순서쌍이 아니다.
	MR	관계 R의 행렬
	$R \circ S$	R과 S의 합성관계
	R^*	R의 추이 클로우저
	$R-1$	역관계
	$a \equiv b (\mathrm{mod}\ m)$	(a-b)는 m으로 나누어떨어진다.
	$a \not\equiv b (\mathrm{mod}\ m)$	(a-b)는 m으로 나누어떨어지지 않는다.
	$[a]$	원소 a의 동치류
	A/R	상집합
	$(A, \preceq)$	반순서 관계
	$a \prec b$	a가 b를 선행한다.
	$a \preceq b$	a가 b를 선행하거나 같다.
그래프와 트리	$\{u, v\}$	연결선
	$G=(V, E)$	정점 V와 연결선 E를 갖는 그래프 G
	$T=(V, E)$	루트트리
	$deg(v)$	정점 v의 차수
	$indeg(v)$	정점 v의 내입차수
	$outdeg(v)$	정점 v의 외입차수
	Kn	정점의 수가 n인 완전그래프
	Cn	정점의 수가 n인 순환그래프
	Wn	정점의 수가 (n-1)인 휠그래프
	Km, n	이분그래프
	Qn	n-큐브
	$G1 \cup G2$	G1과 G2 의 결합그래프
	$X(G)$	그래프 G의 채색수
	$m-ary$	m개의 자식노드를 갖는 트리